LES

ESSAIS DE MACHINES

PAR

R. ROYDS, M. Sc., A. M. I. Mech. E.

Directeur du Département des Machines Motrices
au Collège Technique de Dundee

TRADUIT DE L'ANGLAIS PAR

BENJAMIN GIRAUD

Ingénieur E. S. E.

PARIS

DUNOD

92, RUE BONAPARTE (VI)

1925

LES
ESSAIS DE MACHINES

LES

ESSAIS DE MACHINES

PAR

R. ROYDS, M. Sc., A. M. I. Mech. E.

Directeur du Département des Machines Motrices
au Collège Technique de Dundee

TRADUIT DE L'ANGLAIS PAR

BENJAMIN GIRAUD

Ingénieur E. S. E.

PARIS

92, RUE BONAPARTE (VI)

1925

LES ESSAIS DE MACHINES

INTRODUCTION

—

Pendant ces dernières années les essais des machines se sont révélés comme formant une branche importante de la science de l'ingénieur.

Peu d'installations de centrales sont réalisées à l'heure actuelle sans que de strictes garanties ne soient demandées en ce qui concerne le rendement des diverses parties de l'installation avec pénalités ou bonifications suivant que les chiffres de garantie ne sont pas atteints ou se trouvent dépassés.

Les essais de machines ont pris également un grand développement dans les laboratoires des écoles scientifiques et l'on peut en somme ramener à 3 les buts que l'on peut avoir en exécutant un essai de machines :

1º Garantie commerciale ;

2º Recherches scientifiques et garantie commerciale.

3º Recherches scientifiques.

De nombreux industriels ont installé des plateformes d'essai et se livrent à des essais ayant un caractère plus ou moins effectif sur tous les produits sortant de leurs usines. On ne peut pas en conclure cependant que ces industriels s'intéressent aux recherches purement scientifiques concernant leurs produits, sauf toutefois en ce qui pourrait conduire à un profit commercial immédiat. Aussi les essais effectués n'ont-ils pour but que de reconnaître si les conditions de garantie sont bien remplies et ne tendent-ils qu'incidemment à une recherche d'amélioration.

Les laboratoires d'essai de nos grandes écoles doivent non seulement être adaptés à la vérification des principes scientifiques, mais permettre encore le travail de recherche qui pourrait sembler sortir du domaine du laboratoire d'usine, ou qui ne saurait être entrepris économiquement par une seule firme, mais qui pourrait être utile à toutes les firmes susceptibles de connaître les résultats obtenus. Bien qu'un tel laboratoire doive être étudié de manière à donner des résultats pratiques immédiatement applicables dans l'industrie, on ne peut pas délimiter exactement ce qui est pratique et ce qui cesse de l'être, car ce qui ne présente qu'un intérêt scientifique à un moment donné, peut devenir d'un intérêt pratique quelques instants plus tard.

Les recherches menées sans ordre ni méthode ne doivent pas être tolérées, aussi bien dans les laboratoires que dans les usines. Il est des expérimentateurs qui se lancent dans des séries d'essais dispendieux, sans avoir aucune idée directrice et connaître les travaux exécutés sur le même sujet, c'est-à-dire faisant des répétitions inutiles et même, dans ce cas, ne comparant pas les résultats qu'ils obtiennent avec ceux déjà obtenus. Aussi avant de commencer une série d'essais doit-on s'efforcer de recueillir toutes les informations concernant des essais d'un caractère similaire. Les conditions d'opération doivent être parfaitement sélectionnées avant que les essais commencent et doivent être suivies d'un bout à l'autre de l'essai, à moins que des circonstances spéciales ne justifient des modifications pendant le cours des expérimentations. Si une longue série d'essais est prévu il sera bon de faire une série d'essais préliminaires de manière à se rendre compte si les limites que l'on s'est données sont bien normales.

Bien se persuader également que les conditions doivent être maintenues aussi uniformes que possible pendant toute la durée de l'essai.

Il n'est pas nécessaire d'insister sur le fait que la puissance et le rendement d'un type quelconque de machine primaire dépend d'un certain nombre de conditions variables, dont quelques-unes peuvent être indépendantes et d'autres interdépendantes. Nous insistons plus particulièrement sur cette question à la page 125 au sujet des machines à vapeur et turbines et à la page 246, au sujet des moteurs à combustion interne. On peut se poser comme règle fondamentale *que dans une série d'essais on ne doit faire varier qu'une seule quantité à la fois.*

Aussi soigneusement que l'on puisse conduire un essai, les résultats obtenus sont sujets à des erreurs provenant des 2 causes suivantes :

1º Erreurs des instruments de mesure.

2º Erreur personnelle.

Ces erreurs peuvent être systématiques, c'est-à-dire avoir une valeur donnée, ou varier suivant une loi connue, pendant la durée de l'essai, ou peuvent être accidentelles, ainsi que cela se produit en faisant les observations et les calculs sans un soin suffisant.

Les erreurs instrumentales ne peuvent pas être toujours corrigées ou éliminées, mais peuvent être très atténuées par une calibration périodique des instruments dans les conditions d'emploi. Les erreurs accidentelles peuvent être éliminées en portant les lectures en fonction du temps, sur un papier millimétré et au fur et à mesure de l'avancement de l'essai.

Toute erreur accidentelle d'une certaine importance a ainsi chance d'être immédiatement découverte par comparaison ; car un changement dans l'une des variables indépendantes produit généralement une variation correspondante d'une quelconque ou des autres conditions d'opération, ce qui sera décelé immédiatement par le relevé graphique. A noter que le tracé graphique doit être à une échelle telle que l'erreur de lecture de ce tracé corresponde sensiblement à l'erreur de l'instrument de mesure.

Sans entrer dans la théorie des calculs de probabilités en ce qui concerne l'influence des erreurs personnelles et des erreurs d'instrument, sur le résultat final, on peut admettre que l'erreur sur le chiffre final est inférieure à la somme des erreurs partielles ; mais de toutes façons il ne faut pas proclamer le résultat avec une trop grande précision, car il est évident que la lecture d'un instrument ne peut pas être plus précise que l'instrument lui-même. Il n'est pas rare, en effet, de rencontrer des personnes inexpérimentées qui donnent la puissance d'une machine avec plusieurs décimales, alors qu'il est évident que le meilleur indicateur ne peut pas donner des résultats à plus de 2 ou 3 0/0 près. C'est pourquoi dans le compte rendu des résultats d'essais, il est bon d'estimer l'erreur probable maximum de chaque instrument de mesure et de calculer l'erreur possible maximum sur le résultat final. D'une façon générale on obtient un degré suffisant de précision dans un essai industriel par l'emploi de tables de logarithmes à 4 décimales ou par l'emploi d'une règle à calcul ordinaire.

Il est quelquefois difficile de maintenir des conditions constantes pendant la durée d'un essai et la difficulté est encore bien plus grande quand ces conditions doivent être maintenues pendant une série d'essais. Les petites variations qui se produisent presque toujours n'ont pas une grande importance si les résultats moyens d'une série d'essais sont portés sur papier millimétré et servent au tracé de la courbe finale. La figure 98 représente une telle courbe correspondant à la consommation totale de vapeur par heure et a servi à la détermination de la consommation de vapeur par cheval-heure. Dans un cas quelconque où des réglages ont à être faits pour obtenir une constance suffisante des conditions d'opération pendant une série d'essais, il ne faut point réajuster les conditions d'une manière trop rapide, car il faut toujours un certain temps pour qu'une manœuvre quelconque se fasse sentir. En d'autres mots on doit éviter les fluctuations provenant d'un mauvais réglage.

La durée d'un essai dépend du degré de précision désiré. L'importance des erreurs instrumentales et personnelles doit être envisagée aussi bien que le degré de constance qui doit être maintenu pendant les essais. Pendant le cours d'un essai sur un moteur primaire, toutes les lectures portant sur les divers instruments de mesure doivent être, sauf de rares exceptions, prises à un signal donné et à des intervalles réguliers de 5, 10 ou 15 minutes, suivant la durée de l'essai. Chaque observation sera notée systématiquement et sans aucune correction et portée sur papier millimètré, en fonction du temps et pendant toute la durée de l'essai, de manière que celui-ci terminé aucune observation ne puisse s'élever au sujet de la valeur et de l'interprétation des résultats observés. Le nombre de personnes nécessaires à l'essai dépendra du nombre d'observations à faire simultanément, de l'emplacement des appareils de mesure, de l'habileté et de l'expérience des observateurs et de la durée de l'essai.

Les valeurs moyennes de la pression, température, sont généralement obtenues en additionnant les valeurs observées et en divisant leur somme par le nombre d'observations. Il est évident que le nombre d'observations est supérieur de 1 unité au nombre d'intervalles et que la valeur moyenne doit être obtenue en partant des *valeurs moyennes* dans chaque intervalle. Par exemple, considérons le tableau suivant qui résume des observations faites sur la pression de vapeur de 10 h. 10 à 10 h. 30. Il y a 5 valeurs observées et seulement 4 intervalles et le résultat peut être obtenu, soit de la manière générale, en additionnant ces 5 valeurs et divisant leur somme par 5 ou en prenant la moyenne des moyennes.

Temps	Pression en Kgs. : cm²	Moyenne	Moyenne	Moyenne	Moyenne
1	2	3	4	5	6
10,10	8,61				
10,15	8,54	8,575	8,547		
10,20	8,50	8,52	8.52	8,533	
10,25	8,54	8,52	8,537	8,523	8,528
10,30	8,47	8,555			
Total....	42,76	34,17	25,600	17,056	8,528
Valeur moyenne	8,55	8,54	8,534	8,528	8,528

Si l'on considère que les lectures ne peuvent être faites à plus de 1 0/0 près, le différence entre les valeurs moyennes ainsi déterminées ne semble pas sérieuse, même lorsqu'il ne s'agit que de 5 observations et pour un plus grand nombre d'observations présentant sensiblement les mêmes écarts, ces différences seraient sans doute encore plus faibles. Si toutefois les lectures présentent des différences assez sensibles pendant l'essai et que ces lectures soient en nombre restreint, la moyenne des moyennes de la colonne 3 peut être considérée comme plus exacte que la moyenne de la colonne 2.

Un certain nombre d'expériences et d'essais sur les machines primaires ont pour but la détermination du point de rendement maximum dans des conditions données d'opération. Dans ce cas l'on se rappellera que, règle générale, la variation du rendement de part et d'autre du maximum est relativement petite même pour une variation relativement grande des conditions correspondant au maximum.

CHAPITRE PREMIER

RAPPEL DE QUELQUES PRINCIPES GÉNÉRAUX

Travail. — Lorsqu'une force déplace son point d'application on dit qu'il y a production d'un travail et ce travail est égal au produit de la force par le déplacement du point d'application dans la direction de cette force.

Exemple : C'est ainsi qu'une force de 10 kilogrammes qui déplace son poids d'application de 10 mètres, effectue un travail de :

$$10 \times 10 = 100 \text{ kilogrammètres.}$$

Puissance. Cheval-vapeur. — La puissance est le travail développé pendant l'unité de temps. Le cheval-vapeur qui est l'unité de puissance correspond à un travail de 75 kilogrammètres par seconde.

Un moteur capable d'effectuer un travail de 187.500 kilogrammètres par minute a donc une puissance de :

$$\frac{187.500}{60 \times 75} = 37 \text{ chevaux-vapeur.}$$

Température. — La température d'un corps s'évalue en degrés centigrades dans les pays utilisant le système métrique. Le 0° de cette échelle correspond à la température de la glace fondante et le point 100° à la température de l'eau bouillante sous la pression de 760 mm. de mercure.

Température absolue. — La température absolue correspond aux températures mesurées à partir du « zéro absolu ».

La température absolue d'un corps s'obtient en ajoutant 273 à sa température exprimée dans l'échelle ordinaire des températures.

Unité de quantité de chaleur. — L'unité de quantité de chaleur est la « grande calorie ». C'est la quantité de chaleur nécessaire pour élever la température de 1 litre d'eau de 0° à 1° centigrade.

Chaleur spécifique. — La chaleur spécifique d'une certaine substance est le rapport de la capacité calorifique de cette substance à la capacité calorifique du même volume d'eau.

Equivalent mécanique de la chaleur. — Le Dr Joule de Manchester fut le premier à démontrer, d'une façon expérimentale, le rapport invariable du travail et de la chaleur. L'équivalent mécanique de la chaleur peut être défini comme le nombre d'unités de travail qui correspond à une unité de quantité de chaleur. La grande calorie vaut 425 kilogrammètres.

La vapeur et sa production. — La température d'ébullition de l'eau varie avec la pression qui règne dans la chaudière et la température de la vapeur produite est la même que celle de l'eau. Bien que le passage de l'eau de l'état liquide à l'état gazeux se fasse sans changement de température, ce changement d'état s'effectue avec absorption de chaleur et correspond à la « chaleur latente » de vaporisation de l'eau. Dans les conditions courantes, la vapeur que donne une chaudière ordinaire contient en suspension sous forme de gouttelettes une certaine quantité d'eau, de là son nom de « vapeur humide ». La vapeur saturée, quelquefois appelée « vapeur saturée sèche » est de la vapeur au contact de l'eau de la chaudière et à la température de vaporisation. La vapeur humide est à la même température que la vapeur saturée sèche, mais elle contient en suspension une certaine quantité d'eau. La « sécheresse » de la vapeur correspond au rapport suivant :

$$\frac{\text{Poids de vapeur humide.} - \text{Poids de l'eau en suspension}}{\text{Poids de vapeur humide}}$$

La vapeur est dite surchauffée lorsqu'elle est à une température plus élevée que la vapeur saturée.

Les tables de la fin de cet ouvrage donnent les pression volume et température de la vapeur saturée, de même que la chaleur latente de vaporisation et la chaleur totale de vaporisation de 1 kilogramme de vapeur.

Exemple : L'eau d'alimentation d'une chaudière est à la température de 24° C. et la température de la vapeur saturée est de 177° C, trouver la quantité de chaleur totale à fournir à chaque kilogramme de vapeur :

La chaleur nécessaire pour porter un kilogramme d'eau de 24° à 177° C est approximativement :

$$177 - 24 = 153 \text{ calories.}$$

La chaleur latente de vaporisation est d'après les tables de vapeur :

$$481,19 \text{ calories}$$

et la chaleur totale à fournir sera :

$$153 + 481,19 = 634,19 \text{ calories.}$$

Si la vapeur était humide et avait un degré d'humidité de 0,97, la chaleur latente de vaporisation ne serait que de :

$$481,19 \times 0,97 = 466 \text{ calories}$$

et la chaleur totale :

$$153 + 466 = 619 \text{ calories.}$$

La chaleur spécifique de la vapeur surchauffée à pression constante varie en fonction de la température et de la pression, mais les résultats donnés par les divers expérimentateurs ne concordent pas toujours. Dans les calculs courants on prend 0,225 pour valeur de la chaleur spécifique de la vapeur surchauffée à pression constante.

Exemple : On porte de la vapeur saturée de 177° C à 260° C à pression constante ; calculer la quantité de chaleur absorbée par kilogramme de vapeur.

Cette quantité de chaleur est :

$$(260 - 177)\,0,225 = 18,7 \text{ calories.}$$

Si l'on envoie de la vapeur humide dans un surchauffeur, cette vapeur reste à la température de saturation jusqu'à évaporation complète des gouttelettes d'eau en suspension (avec absorption de chaleur) et ce n'est qu'à ce moment que la température de la vapeur s'élève.

Dans une canalisation de vapeur il peut parfaitement subsister un dépôt d'eau du fait du contact peu intime de la vapeur avec cette eau.

Rendement thermique. — Le rendement thermique d'un moteur correspond au rapport :

$$\frac{\text{Chaleur convertie en travail}}{\text{Chaleur fournie au moteur}}$$

Exemples : Une machine à vapeur développe une puissance indiquée uniforme de 20 chevaux-vapeur. La quantité de chaleur fournie à la chaudière est de : 100.800 calories : heure. Déterminer le rendement thermique de la machine :

La quantité de chaleur convertie en travail est par seconde :

$$\frac{20 \times 75}{425} = 3,53 \text{ calories}$$

La quantité de chaleur fournie par seconde à la chaudière est :

$$\frac{100.800}{60 \times 60} = 30 \text{ calories.}$$

Le rendement thermique sera :

$$\frac{3.55}{30} = 11,7 \text{ %.}$$

Lois des gaz parfaits. — Les gaz « permanents » tels que l'oxygène, l'hydrogène, l'azote, sont presque des gaz parfaits dans les limites ordinaires de température et de pression. Ils obéissent très sensiblement à la loi :

$$\frac{PV}{T} = \text{Cte.}$$

Exemple : Une certaine quantité d'air à la pression de 1 kg. 05 par cm², qui occupe un volume de 163.870 cm³ à la température de : 15° C. est comprimée à la pression de 10,5 kg. par cm² et occupe un volume de 27.800 cm³ ; trouver sa nouvelle température.

Nous avons la relation :

$$\frac{1,05 \times 163.870}{15 + 273} = \frac{10,5 \times 27800}{T}$$

d'où

$$T = \frac{278.000 \times 288}{163.870} = 490° \text{ absolu}$$

soit

$$490 - 273 = 217° \text{ C.}$$

Si un tel gaz est comprimé ou détendu sans changement de température la variation est dite « isotherme » et la formule précédente se réduit à :

$$PV = \text{Cte.}$$

Exemple : Une certaine quantité de gaz à la pression de 1,05 kg. par cm² est comprimée isothermiquement du volume initial de 163.870 cm³ à 27.800 cm³ ; déterminer la pression nouvelle :

Nous avons :

$$1,05 \times 163.870 = P \times 27.800$$

d'où :

$$P = \frac{1,05 \times 163.870}{27.800} = 6,2 \text{ kgs : cm²}$$

La constante C est égale à 1320 pour l'air.

Exemple : Un kilogramme d'air sec à la pression de 1,029 kg. par cm²
est à la température de 15° C., en déterminer le volume :

Nous avons :

$$\frac{1,029 \times V}{15 + 273} = 1320$$

d'où :

$$V = \frac{1320 \times 288}{1.029} = 370.000 \text{ cm}^3.$$

Chaleur spécifique d'un gaz. — Quand un gaz subit un changement de
volume il y a production d'un certain travail. Si la pression P du gaz était
maintenue constante pendant que le volume passe de V_1 à V_2 le travail
externe effectué par le gaz serait :

$$P (V_2 - V_1)$$

et puisque $PV = $ Cte pour un gaz parfait, le travail effectué pourrait s'évaluer $c (T_2 - T_1)$ où T_2 et T_1 sont les températures absolues du gaz lorsqu'il occupe les volumes V_2 et V_1. La chaleur totale fournie au gaz pendant
cette transformation, sera partiellement utilisée pour la production du
travail externe et partiellement pour augmenter l'énergie interne du gaz.
Si nous considérons l'unité de masse d'un gaz et si K_p est la chaleur
spécifique à pression constante, la chaleur totale nécessaire serait :

$$(1) \qquad K_p (T_2 - T_1) = \text{gain d'énergie interne} + C (T_2 - T_1).$$

Si cette même quantité de gaz avait été chauffée à volume constant
entre T_1 et T_2 degrés il n'y aurait eu production d'aucun travail externe
et la chaleur absorbée correspondrait uniquement à l'augmentation d'énergie interne.

Si K_v est la chaleur spécifique à volume constant nous aurons donc :

$$K_p (T_2 - T_1) = K_v (T_2 - T_1) + C (T_2 - T_1).$$

or

$$(2) \qquad K_p = K_v + C.$$

Il va de soi que dans ces expressions K_p et K_v sont exprimées en unités
de travail, qui peuvent être converties en unités de chaleur en divisant
chacun des membres de l'expression (2) par l'équivalent mécanique de la
chaleur.

Travail effectué par la détente d'un gaz. — Si la masse unité d'un gaz parfait se détend de la pression absolue P_1 où il occupe le volume V_1 à la pression absolue P_2 pour le volume V_2 ; le travail effectué pendant la détente est représenté par la surface A. 1. 2. D. de la figure 1.

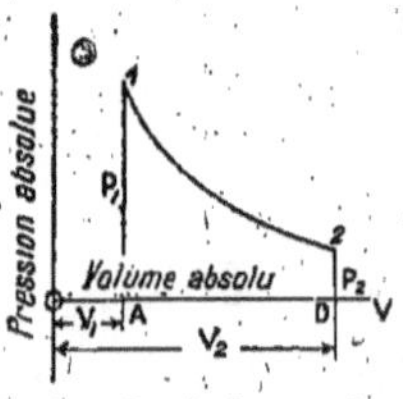

La détente ou la compression d'un gaz peut s'exprimer par la loi :

$$PV^n = Cte$$

Fig. 1. — Courbe des pressions et volumes.

équation où la valeur de n dépend des circonstances dans lesquelles se produit le travail du gaz.

La surface A. 1. 2. D. qui représente le travail W est telle que :

$$W = \int_{V_1}^{V_2} P\, dV$$

or :

$$P_1 V_1^n = P_2 V_2^n = PV^n$$

d'où

$$P = P_1 V_1^n \times V^{-n}$$

donc :

$$W = \int_{V_1}^{V_2} P_1 V_1^n \times V^{-n} dV$$

$$= P_1 V_1^n \left(\frac{V_2^{1-n} - V_1^{1-n}}{1 - n} \right)$$

$$= \frac{P_2 V_2^n \times V_2^{1-n} - P_1 V_1^n \times V_1^{1-n}}{1 - n}$$

$$= \frac{P_1 V_1 - P_2 V_2}{n - 1}$$

$$(3) \qquad = \frac{C (T_1 - T_2)}{n - 1} \text{ pour un gaz parfait}$$

ou encore :

$$W = \frac{P_1 V_1}{1 - n} \left[\left(\frac{V_1}{V_2} \right)^{n-1} - 1 \right] = \frac{CT_1}{n - 1} \left[1 - \left(\frac{V_1}{V_2} \right)^{n-1} \right]$$

ou :

$$(4) \qquad W = \frac{CT_1}{n - 1} \left[1 - \left(\frac{P_2}{P_1} \right)^{\frac{n-1}{n}} \right] \text{ pour un gaz parfait.}$$

Détente adiabatique. — Lorsqu'un gaz se détend en produisant un certain travail ou bien est comprimé sans qu'il y ait échange de chaleur avec le milieu ambiant on dit qu'il y a détente ou compression adiabatique.

Le travail correspondant à la détente adiabatique d'un gaz doit donc être fait aux dépens de l'énergie interne de ce gaz.

Etant donné que la détente s'effectue suivant la loi $PV^n = B$, le travail externe effectué par un gaz parfait est : $W = \dfrac{C(T_1 - T_2)}{n-1}$; mais cette quantité doit être égale à la perte d'énergie interne, $K_v(T_1 - T_2)$, de sorte que :

$$\frac{C}{n-1} = K_v.$$

Mais d'après l'équation (2) nous avons : $C = K_p - K_v$, donc :

$$(5) \qquad \frac{K_p}{K_v} - 1 = n - 1 \qquad \text{où} \qquad \frac{K_p}{K_v} = n = \gamma.$$

De sorte que l'expansion adiabatique ou compression d'un gaz parfait se produit suivant la loi :

$$PV^\gamma = B \qquad \text{où} \qquad \gamma = \frac{K_p}{K_v}$$

Pour une détente isotherme $PV = C^{te}$ les 2 termes $(T_1 - T_2)$ et $(n-1)$ sont nuls de sorte que l'expression trouvée ci-dessus pour W devient indéterminée.

Reprenons l'équation fondamentale :

$$W = \int_{V_1}^{V_2} PdV$$

on a :

$$PV = P_1V_1 = P_2V_2$$

donc :

$$W = P_1V_1 \int_{V_1}^{V_2} \frac{dV}{V} = P_1V_1 \log_e \frac{V_2}{V_1} = P_1V_1 \log_e \frac{P_1}{P_2}$$

$$(6) \qquad = C\,T_1 \log_e r$$

expression où :

$$r = \frac{V_2}{V_1} = \frac{P_1}{P_2}$$

Pendant sa détente isotherme le gaz absorbera une quantité de chaleur équivalente au travail externe effectué, puisque l'énergie interne du gaz ne doit pas varier.

Dans la pratique il est pratiquement impossible d'obtenir une expansion ou une compression adiabatique ou isotherme et la valeur de l'exposant n oscille généralement entre 1 et γ. Il s'en suit que si $n < \gamma$ le gaz recevra de la chaleur pendant sa détente ou en restituera pendant sa compression et par contre si $n > \gamma$, les phénomènes inverses se produiront.

Changements de température pendant la détente d'un gaz parfait. — Étant donné que :

$$P_2 V_1^n = P_3 V_2^n \qquad \text{et que} \qquad \frac{P_1 V^1}{T_1} = \frac{P_2 V_2}{T_2}$$

nous aurons :

(7)
$$\frac{T_1}{T_2} = \frac{P_1 V_1}{P_2 V_2} = \frac{P_1 V_1}{P_2 V_2} \times \frac{P_2 V_2^n}{P_1 V_1^n} = \left(\frac{V_2}{V_1}\right)^{n-1}$$

ou encore :

$$\frac{P_1}{P_2} = \left(\frac{V_2}{V_1}\right)^n$$

ou

(8)
$$\frac{T_1}{T_2} = \left(\frac{P_1}{P_2}\right)^{\frac{n-1}{n}}$$

Entropie. — Les courbes 1.2 et 1.3 de la figure 2 représentent respectivement les courbes de détente isothermique et adiabatique d'un gaz, en partant d'un point 1 à même pression et volume. Pendant la détente,

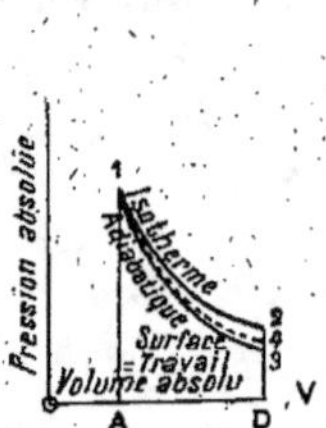

Fig. 2. — Expansions adiabatiques et isothermes.

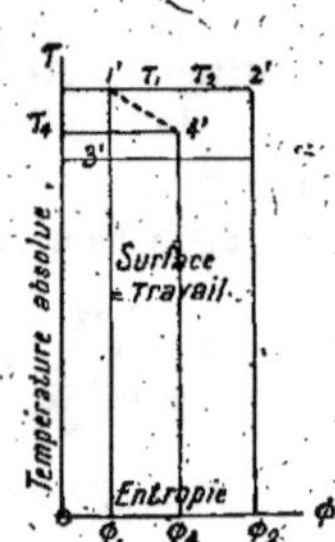

Fig. 3. — Diagramme entropique des températures correspondant à la fig. 2.

isothermique 1.2 le gaz recevrait une quantité de chaleur correspondant au travail effectué. La surface $\Phi_1 1'2'\Phi_2$ de la figure 3 représente à une certaine échelle la quantité de chaleur reçue par le gaz pendant la détente isothermique ; les ordonnées représentent les températures absolues et les abcisses « l'entropie ». Le changement d'entropie du gaz après la transformation est donc : $(O\Phi_2 — O\Phi_1)$ soit encore $(\Phi_2 — \Phi_1)$ si Φ_2 et Φ_1 représentent les valeurs correspondantes de l'entropie.

Pendant la détente adiabatique le corps n'a aucun échange de chaleur avec le milieu extérieur, mais sa température s'abaisse du fait de la perte d'énergie interne provoquée par le travail extérieur. L'entropie reste donc constante et une expansion adiabatique sera représentée sur le diagramme de la figure 3 par la ligne 1'3' parallèle à l'axe des températures absolues, le point 3' correspondant à la température absolue du gaz à la fin de la détente. Dans le diagramme TΦ toute expansion ou compression isothermique sera représentée par une ligne à température constante parallèle à l'axe de l'entropie et une expansion ou compression adiabatique par une ligne à entropie constante.

Si la détente n'a été ni isothermique ni adiabatique, mais intermédiaire entre les deux, ainsi que représentée par la courbe 1,4 de la figure 2, le gaz a reçu de la chaleur et sa température se sera également abaissée ; le phénomène est représenté sur le diagramme TΦ par la courbe 1'4' et la quantité de chaleur fournie au gaz correspondra à la surface $\Phi_1\,1'4'\,\Phi_4$. Le changement d'entropie est $(\Phi_4 - \Phi_1)$ et chacun des points de la courbe 1'4' sera déterminé par les conditions suivantes : Si l'on suppose la chaleur totale reçue par le gaz, divisée en un très grand nombre de tranches élémentaires correspondant chacun à dH unités de quantité de chaleur et si T est la température absolue qui régnait pendant l'absorption d'une quantité dH, nous aurons :

$$\delta H = T \times \delta\Phi$$

où $d\Phi$ représente le changement d'entropie correspondant. Le changement total d'entropie $(\Phi_4 - \Phi_1)$ sera donc :

$$\Phi_4 - \Phi_1 = \int \frac{\delta H}{T}$$

Le diagramme entropique des températures (TΦ) est utile pour l'étude des cycles théoriques des machines thermiques et son application à ces conditions est indépendantes de la nature de la substance envisagée.

Quand 1 kilogramme d'eau à la température absolue T_1 est porté à la température absolue T_2 la chaleur reçue est très sensiblement $(T_2 - T_1)$ calories et correspond à la surface $\Phi_1\,1'2'\,\Phi_2$ de la figure 4, l'augmentation d'entropie étant $(\Phi_2 - \Phi_1)$. Si l'eau est transformée en vapeur saturée à cette même température T_2, cette transformation est isothermique et la quantité de chaleur reçue est représentée par la surface $\Phi_2\,2'3'\Phi_3$, le changement d'entropie étant $(\Phi_3 - \Phi_2)$. Si la vapeur est surchauffée sous pression constante à la température absolue T_4, la chaleur correspondante

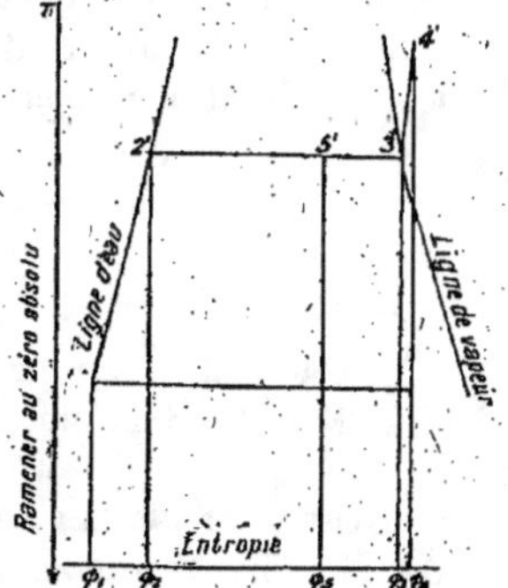

Fig. 4. — Diagramme entropique des températures pour l'eau et la vapeur.

est représentée par la surface $\Phi_2\,3'4'\,\Phi_4$ et le changement d'entropie sera $(\Phi_4 - \Phi_2)$.

Pendant l'échauffement de l'eau, si l'on suppose que l'eau reçoit la quantité de chaleur δH quand la température absolue est T l'augmentation d'entropie correspondante est :

$$\frac{\delta H}{T} = \delta\Phi$$

c'est-à-dire que :

$$(\Phi_2 - \Phi_1) = \int_{T_1}^{T_2} d\Phi = \int_{T_1}^{T_2} \frac{dH}{T} = \int_{T_1}^{T_2} \frac{dT}{T}$$

si la chaleur spécifique est égale à l'unité (1).

L'on a :

$$(9) \qquad \Phi_2 - \Phi_1 = \log_e \frac{T_2}{T_1}$$

Si L est la chaleur latente à la température d'évaporation T_2 nous aurons de même

$$(10) \qquad \Phi_3 - \Phi_2 = \frac{L}{T_2}$$

et pendant la période de surchauffe étant donné que :

$$\delta H = K_p\,\delta T$$

nous aurons :

$$(11) \qquad \Phi_4 - \Phi_3 = K_p \log_e \frac{T_4}{T_3}$$

où K_p est la chaleur spécifique de la vapeur surchauffée (2).

Si au lieu de vapeur saturée, on a de la vapeur humide à la qualité q, le changement d'entropie pendant l'évaporation est :

$$\Phi_5 - \Phi_2 = q\,(\Phi_3 - \Phi_2)$$

c'est-à-dire que :

$$q = \frac{\text{distance } 2' \text{ à } 5'}{\text{distance } 2' \text{ à } 3'}$$

La courbe de la vapeur saturée de la figure 4 donne le lieu des points 3' aux différentes températures.

Cycles théoriques des moteurs thermiques. Cycle de Carnot. — Le cycle des machines thermiques a été décrit pour la première fois par Carnot.

(1) En réalité la chaleur spécifique de l'eau varie légèrement. Voir les tables à la fin de cet ouvrage.

(2) La chaleur spécifique de la vapeur surchauffée varie avec la pression et la température.

Toute la chaleur fournie à la substance mise en jeu est supposée provenir d'une source à température constante T_1 et toute la chaleur non utilisée faire retour à une source froide à température constante T_2. Le diagramme idéal obtenu avec ce cycle dépend de la nature de la substance mise en jeu. Dans la figure 5 le point 1 définit les conditions initiales d'une masse de gaz à la température absolue T_1 et le gaz se détend isothermiquement jusqu'au point 2, absorbant une quantité de chaleur équivalent au travail effectué et correspondant à l'aire $a12b$. En 2 la détente isothermique cesse et le gaz est supposé se détendre adiabatiquement de 2 en 3, jusqu'à la température T_2, le travail effectué correspondant à l'aire $b23c$. De 3 en 4 le gaz est comprimé isothermiquement et restitue la quantité de chaleur équivalent au travail effectué (aire $c34d$), finalement le gaz est supposé être comprimé adiabatiquement pour faire retour à la condition initiale au point 1. Il est évident que le travail net effectué pendant le cycle est représenté par l'aire 1. 2. 3. 4. 1.

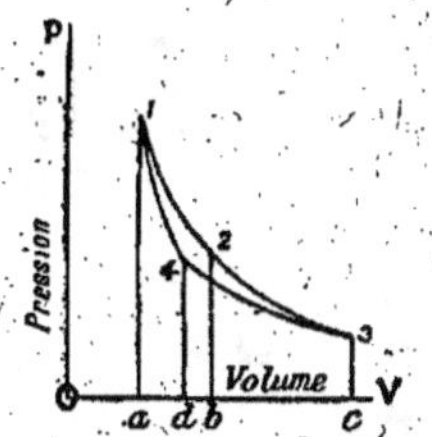

Fig. 5. — Cycle de Carnot appliqué aux gaz.

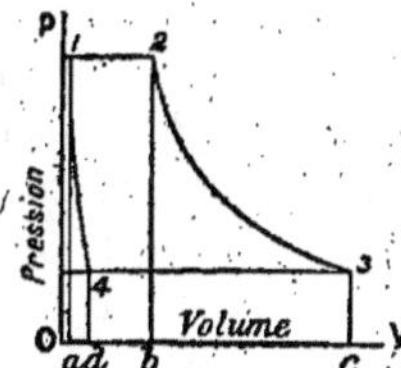

Fig. 6. — Cycle de Carnot appliqué aux liquides et vapeurs.

Si la substance est un liquide et sa vapeur, par exemple, eau-vapeur, le diagramme des pressions et volumes pour le cycle de Carnot est représenté par la figure 6. Au point 1 une masse d'eau à la température T_1 reçoit la quantité de chaleur correspondant à la chaleur latente pendant son action sous pression constante de 1 en 2. De 2 en 3 il se produit une détente adiabatique. De 3 en 4 la vapeur est supposée être condensée à la température T_2, la condensation étant arrêtée à un point 4, tel que la condition initiale 1 soit réatteinte à l'aide de la compression adiabatique 4,1. Le travail accompli par la vapeur est représenté par la surface 12341.

Le calcul du rendement thermique du cycle de Carnot déduit des diagrammes 5 et 6 est un procédé peu commode, spécialement lorsque la substance intermédiaire est de l'eau (fig. 6), mais il peut être facilement résolu en partant des diagrammes $T\Phi$. Quelle que soit la substance employée, la surface $\Phi_1 1 2 \Phi_2$ représente à une certaine échelle la chaleur reçue pendant la détente isothermique 1,2.

La détente adiabatique de 2 en 3 sera représentée par la ligne 23' à entropie constante. Pendant la restitution de la chaleur à la température T_3, la chaleur restituée est représentée par la surface :

$$\Phi_2\,3'4'\Phi_1 = h = (\Phi_2 - \Phi_1)\,T_3$$

Finalement la ligne adiabatique de compression est à entropie constante 4'1'.

Nous avons les différentes égalités :

$$\text{Chaleur convertie en travail} = \begin{cases} \text{Chaleur fournie à la substance} - \\ - \text{ Chaleur faisant retour à la} \\ \qquad \text{source froide.} \end{cases}$$

$$= T_1\,(\Phi_2 - \Phi_1) - T_3\,(\Phi_2 - \Phi_1)$$

$$\text{Rendement therminique} = \frac{\text{Chaleur convertie en travail}}{\text{Chaleur fournie}}$$

$$= \frac{T_1\,(\Phi_2 - \Phi_1) - T_3\,(\Phi_2 - \Phi_1)}{T_1\,(\Phi_2 - \Phi_1)}$$

$$(12) \qquad = \frac{T_1 - T_3}{T_1}$$

Exemple : Une machine idéale travaillant suivant le cycle de Carnot est alimentée par de la vapeur à 149° C. qui fait retour à un condenseur à 15°,5, déterminer son rendement thermique.

$$T_1 = 149 + 273 = 422° \text{ absolue}$$
$$T_3 = 15,5 + 273 = 288°,5 \text{ absolue.}$$

Le rendement thermique est :

$$\frac{T_1 - T_3}{T_1} = \frac{422 - 288,5}{422} = 0,316.$$

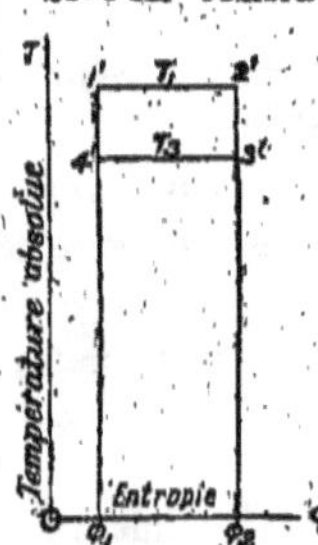

Fig. 7. — Diagramme entropique des températures pour le cycle de Carnot.

Si l'on considère une machine thermique idéale décrivant également le cycle de Carnot, mais en sens inverse, c'est-à-dire prenant de la chaleur à une source froide T_3 et la restituant à une source chaude T_1. L'ensemble des transformations peut être encore représenté par les figures 5, 6 et 7, mais parcourues en sens inverse. Dans ces conditions la machine fonctionne comme un réfrigérateur absorbant la quantité de chaleur $T_3(\Phi_2 - \Phi_1)$ et rejetant la quantité de chaleur $T_1(\Phi_2 - \Phi_1)$ à la source chaude. Le cycle de Carnot est donc réversible.

Par suite si l'on envisageait une machine motrice qui pourrait avoir un rendement supérieur au rendement correspondant au cycle idéal de Carnot, en accouplant cette machine à un réfrigérateur par un accouplement rigide il serait possible de transporter de la chaleur d'un corps froid à la température T_a à un corps chaud T_1 sans qu'il y ait à faire intervenir aucun agent extérieur. L'expérience démontrant que l'on ne peut transporter de la chaleur d'un corps froid à un corps chaud sans qu'il y ait à accomplir un effort externe, nous en concluons que le rendement thermique du cycle de Carnot correspond à un rendement idéal qui ne saurait être dépassé.

Les cycles de Sterling et d'Ericson sont également des cycles parfaits, applicables aux machines à air chaud et qui correspondent au même rendement idéal que le cycle de Carnot, pour des températures limites identiques. Nous n'insisterons pas d'ailleurs sur ces cycles vu leur peu d'importance.

Cycles de Rankine ou de Clausius pour les machines à vapeur à mouvement alternatif et pour les turbines. — Dans une machine à vapeur, la compression adiabatique de la vapeur d'eau représentée dans le cycle

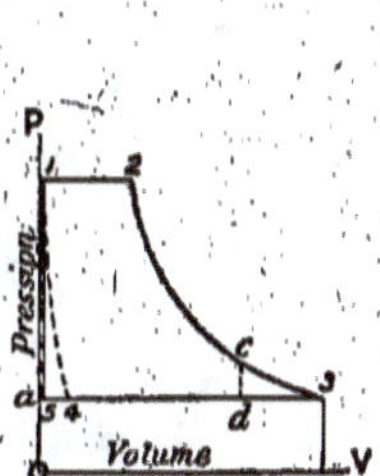

Fig. 8. — Cycle Rankine pour la vapeur d'eau.

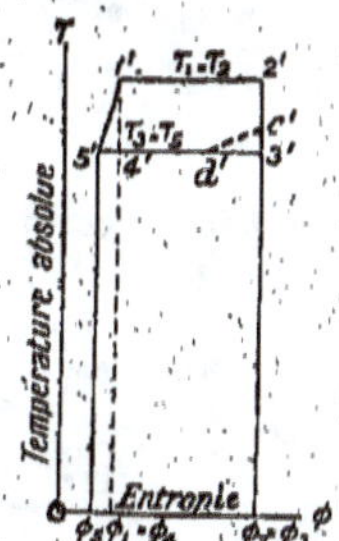

Fig. 9. — Diagramme entropique des températures pour le cycle de Rankine (vapeur saturée ou humide).

de Carnot ne correspond à rien de réel et Rankine proposa de substituer le chauffage de la substance à cette compression, comme plus conforme à la réalité. Le diagramme des pressions et volumes pour le cycle de Rankine est représenté par la figure 8 et le diagramme entropique correspondant $T\Phi$ par la figure 9. En partant du point 5 pour lequel la température absolue de l'eau est : $T_5 = T_a$, l'eau est portée à la température T_1 et sa pression est portée au point 1 ; la période d'action à température constante T_1 s'étend de 1 à 2, puis la détente adiabatique se produit de 2 en 3 et finalement la condensation à température constante T_a à la pression P_a jusqu'au retour au point initial 5. Les points correspondants du diagramme entropique sont représentés par les mêmes chiffres 1'2'3'4'5'.

Si nous considérons 1 kilogramme d'eau la quantité de chaleur reçue pendant le chauffage de 5′ à 1′ est représentée par l'aire : $(\Phi_5 5′1′\Phi_1) = (T_1 - T_3)$. Si q_2 est la qualité de la vapeur au point 2 et L_2 la chaleur latente par kilogramme de vapeur à cette température, la chaleur reçue pendant l'évaporation est représentée par la surface $(\Phi_1 1′2′\Phi_2) = q_2 L_2$.

La chaleur totale reçue :

$$H = T_1 - T_3 + q_2 L_2$$

et la chaleur totale restituée :

$$h = \text{surf. } \Phi_2\, 3′5′\Phi_5 = q_3 L_3$$

où q_3 et L_3 sont les qualités de vapeur et la chaleur latente du kilogramme de vapeur saturée à la température T_3.

La chaleur convertie en travail est représentée par :

$$= \text{surface } 5′1′2′3′5′$$
$$= H - h = T_1 - T_3 + q_2 L_2 - q_3 L_3$$

$$\text{Le rendement thermique} = \frac{\text{Chaleur convertie en travail}}{\text{Chaleur fournie}} = \frac{H - h}{H}$$

$$(13) \qquad = \frac{T_1 - T_3 + q_2 L_2 - q_3 L_3}{T_1 - T_3 + q_2 L_2}$$

Pour appliquer cette équation il faut déterminer tout d'abord la valeur q_3. Considérons la figure 9 :

$$(\Phi_1 - \Phi_5) = \log_e \frac{T_1}{T_3}$$

$$(\Phi_2 - \Phi_1) = \frac{q_2 L_2}{T_1}$$

d'où :

$$(\Phi_2 - \Phi_5) = \log_e \frac{T_1}{T_3} + \frac{q_2 L_2}{T_1} = (\Phi_3 - \Phi_5)$$

Mais

$$(\Phi_3 - \Phi_5) = \frac{q_3 L_3}{T_3}$$

de sorte que :

$$q_3 \frac{L_3}{T_3} = \log_e \frac{T_1}{T_3} + \frac{q_2 L_2}{T_1}$$

or :

$$q_3 = \frac{T_3}{L_3} \left(\log_e \frac{T_1}{T_3} + \frac{q_2 L_2}{T_1} \right)$$

et :

$$T_2 = T_1.$$

Si l'on porte la valeur trouvée pour q_3 dans l'équation (13) on a :

$$(14) \quad \text{Rendement thermique} = \frac{T_1 - T_3 + q_2 L_2 - T_3 \left(\log_e \frac{T_1}{T_3} + \frac{q_2 L_2}{T_1} \right)}{T_1 - T_3 + q_2 L_2}$$

Exemple : Un kilogramme d'eau à la température de 65°,5 C. est porté à la température de 165°,5 C. et évaporé à cette température. La vapeur est alors détendue adiabatiquement et sa température ramenée à 65°,5 C., puis condensée à cette même température. Calculer le rendement thermique correspondant au cycle de Rankine ainsi décrit.

Nous avons :

$$T_1 = 165.5 + 273 = 438.5 \text{ absolu}$$
$$T_3 = 65.5 + 273 = 273°.5 \text{ absolu}$$
$$L_2 = 489,57$$
$$q_2 = 1.$$

Le rendement thermique est : $= \dfrac{438,5 - 338,5 + 489,57 - 338,5 \left(\log_e \dfrac{438,5}{338,5} + \dfrac{489,57}{438,5} \right)}{438,5 - 338,5 + 489,57}$

$$= 0,208.$$

Avec le cycle de Carnot travaillant entre les mêmes limites le rendement théorique est un peu supérieur, il est de :

$$\frac{438,5 - 338,5}{438,5} = 0,228.$$

Quand on réalise le cycle de Rankine en utilisant de la vapeur surchauffée, le diagramme des pressions et volumes conserve la même forme que sur la figure 8, mais le diagramme entropique se modifie et devient semblable à la figure 10. L'eau à son état initial (5′) est à la température T_3, elle est tout d'abord portée à la température T_1, puis évaporée à cette même température pour le point 6′. La surchauffe a lieu à pression constante entre 6′ et 2′. La détente adiabatique ramène la pression à la valeur P_2, mais la température n'étant pas forcément T_3 à la fin de cette détente. Si cette coïncidence se produit, c'est-à-dire si 3′ coïn-

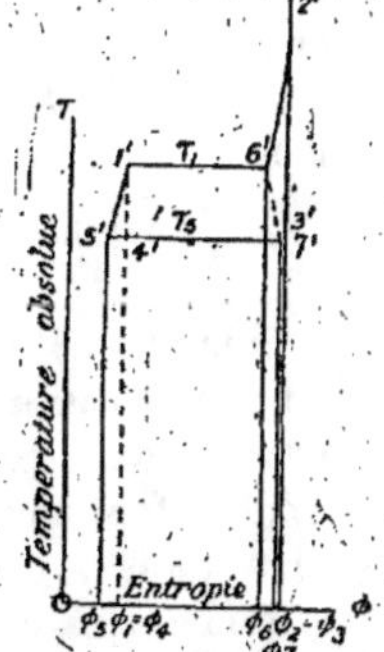

Fig. 10. — Diagramme entropique des températures pour le cycle de Rankine (vapeur surchauffée).

cide avec 7′, ou si l'adiabatique 2′3′ coupe la ligne de la vapeur saturée, nous avons : $T_3 = T_4$; tandis qu'autrement nous aurions : $T_3 > T_4$. Le refroidissement qui provoque la condensation a lieu à la pression constante P_2 et les conditions se ramènent aux conditions initiales.

Nous avons :

$$\text{Chaleur totale reçue} = \text{surface } \Phi_5 5'1'6'2\Phi_2$$
$$= H = T_4 - T_5 + L_4 + 0,5\,(T_2 - T_4)$$
$$\text{Chaleur totale restituée} = \text{surface } \Phi_2 3'7'5'\Phi_5$$
$$= h = 0,5\,(T_3 - T_5) + L_5$$

équation ou

$$L_4 = \text{chaleur latente par kg. d'eau à la température } T_4$$

et

$$L_5 = \text{chaleur latente par kg. d'eau à la température } T_5.$$

$$\text{Le rendement thermique est : } \frac{H - h}{H}$$

soit encore :

$$(15) \qquad \frac{\left[T_4 - T_5 + L_4 + 0,5\,(T_2 - T_4)\right] - \left[0,5\,(T_3 - T_5) + L_5\right]}{T_4 - T_5 + L_4 + 0,5\,(T_2 - T_4)}$$

La valeur de T_3 peut être déterminée en considérant les changements d'entropie

$$\Phi_2 - \Phi_5 = \log_e \frac{T_4}{T_5} + \frac{L_4}{T_4} + 0,5 \log_e \frac{T_2}{T_4}$$

$$\Phi_3 - \Phi_5 = \log_e \frac{T_3}{T_5} + \frac{L_5}{T_5}$$

or :

$$\Phi_2 - \Phi_5 = \Phi_3 - \Phi_5$$

d'où :

$$(16) \qquad 0,5 \log_e \frac{T_3}{T_5} = \left(\log_e \frac{T_4}{T_5} + \frac{L_4}{T_4} + 0,5 \log_e \frac{T_2}{T_4} \right) - \frac{L_5}{T_5}$$

Si le point 3' tombe sur la ligne à température constante T_5, la qualité de vapeur correspondant au point 3' se calcule de la même manière que décrite précédemment. Dans ce cas la chaleur restituée sera : $q_5 L_5$.

Reportons-nous de nouveau aux figures 8 et 9 et supposons que la détente de la vapeur soit arrêtée au point c (fig. 8) et que la vapeur soit refroidie dans le cylindre à volume constant de c en d, ou renvoyée au condenseur au point c ; le travail utilisable qui serait perdu de ce fait est représenté par la surface $c3d$. La ligne correspondante à volume constant est représentée en pointillé sur le diagramme entropique (fig. 9), et la perte de travail exprimée en unités de quantité de chaleur sera représentée par la surface $c'3'd'$.

L'application du cycle théorique de Rankine aux turbines à vapeur aussi bien qu'aux machines à vapeur à mouvement alternatif est basée sur les considérations suivantes. Si l'on se reporte à la figure 8, dans laquelle la surface 12351 représente le travail par kilogramme de vapeur pendant un cycle complet, il est évident que cette surface peut être décomposée en une série de surfaces élémentaires. Cette surface peut donc s'évaluer par l'intégrale : $\int P dv$ pour les machines à piston, ou par $\int V dp$ pour les turbines à vapeur.

Cycle d'Otto pour les moteurs à combustion interne.— Dans le cycle idéal d'Otto l'air est comprimé adiabatiquement du point 1 au point 2 (fig. 11), puis reçoit une certaine quantité de chaleur à volume constant (1) la

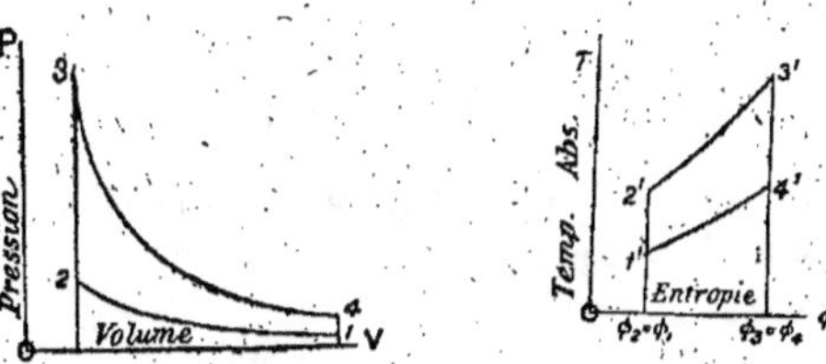

Fig. 11 et 12. — Cycle d'Otto et diagramme entropique des températures.

pression s'élevant de 2 à 3. La détente adiabatique a lieu de 3 à 4 ; après quoi la chaleur est éliminée à volume constant, la pression redescendant de 4 à 1.

Si P_1 P_2 P_3 P_4 sont les pressions absolues, V_1 V_2 V_3 V_4 les volumes et T_1 T_2 T_3 T_4 les températures absolues, correspondant aux différents points 1 2 3 4.

Nous avons :

$$V_4 = V_1 \qquad \text{et} \qquad V_3 = V_2$$

et si r est le taux de compression :

$$\frac{V_1}{V_2} = \frac{V_4}{V_3} = r$$

Mais :

$$\frac{V_1}{V_2} = \left(\frac{T_2}{T_1}\right)^{\frac{1}{\gamma - 1}}$$

et

$$\frac{V_4}{V_3} = \left(\frac{T_3}{T_4}\right)^{\frac{1}{\gamma - 1}}$$

____

(1) Cette quantité de chaleur peut être due à une combustion interne ou provenir d'une source externe de chaleur.

donc :

$$\frac{T_2}{T_1} = \frac{T_3}{T_4} \qquad \text{où} \qquad \frac{T_3}{T_2} = \frac{T_4}{T_1}$$

ou encore :

$$\frac{T_3 - T_2}{T_2} = \frac{T_4 - T_1}{T_1}$$

c'est-à-dire :

$$\frac{T_1}{T_2} = \frac{T_4 - T_1}{T_3 - T_2}$$

Or

$$\frac{T_1}{T_2} = \left(\frac{V_2}{V_1}\right)^{\gamma - 1} = \left(\frac{V_3}{V_4}\right)^{\gamma - 1} = \left(\frac{1}{r}\right)^{\gamma - 1}$$

d'où :

$$(17) \qquad \frac{T_4 - T_1}{T_3 - T_2} = \left(\frac{1}{r}\right)^{\gamma - 1}$$

Le diagramme entropique (fig. 12) correspond nombre pour nombre au diagramme de la figure 11.

Nous avons :

Chaleur reçue à volume constant de $2'$ en $3'$ = surface $\Phi_1 2'3'\Phi_2$

$$= K_v (T_3 - T_2 = H$$

Chaleur restituée à vol. constant de $4'$ en $1'$ = surface $\Phi_2 4'1'\Phi_1$

$$= K_v (T_4 - T_1) = h$$

Chaleur convertie en travail = surface $1'2'3'4'1'$

$$= H - h$$

$$= K_v (T_3 - T_2) - K_v (T_4 - T_1)$$

Le rendement thermique $= \dfrac{H - h}{H}$

$$= \frac{K_v (T_3 - T_2) - K_v (T_4 - T_1)}{K_v (T_3 - T_2)}$$

$$= 1 - \frac{T_4 - T_1}{T_3 - T_2}$$

$$= 1 - \frac{T_1}{T_2} = 1 - \frac{T_4}{T_3}$$

$$(18) \qquad = 1 - \left(\frac{1}{r}\right)^{\gamma - 1}$$

Ce qui montre que dans le cycle idéal d'Otto avec l'*air* comme *substance active*, le rendement dépend uniquement du taux de compression. Des expériences récentes ont montré que les valeurs de K_v pour les *substances* employées dans les moteurs à combustion interne augmentent avec l'élévation de température, condition que l'on ne doit point perdre de vue lorsque l'on compare le rendement réel du cycle d'Otto avec les valeurs théoriques trouvées ci-dessus.

Exemple : Un moteur à gaz fonctionnant suivant le cycle d'Otto, a un rapport de compression de 6. Si l'air est la *substance active* le rendement thermique idéal est égal à :

$$1 - \left(\frac{1}{6}\right)^{(1,41 - 1)} = 1 - 0,48 = 0,52.$$

Les températures limites extrêmes du cycle d'Otto sont : T_1 et T_2. Le rendement thermique idéal pour le cycle de Carnot serait entre ces mêmes températures : $1 - \dfrac{T_1}{T_2}$ et supérieur au rendement obtenu avec le cycle d'Otto.

Bien que les gaz brûlés soient en réalité évacués à l'extérieur on peut dans le cycle d'Otto considérer que tout se passe comme si le point *d'échappement* 4 était obtenu par refroidissement des gaz à l'intérieur même du cylindre. Le cycle théorique n'est en somme pas affecté par l'aspiration et l'échappement.

Cycle de Joule. — Bien que le cycle de Joule ait été essayé par divers inventeurs, il ne semble pas qu'aucun des moteurs établis suivant ce cycle aient reçu de grosses applications, sauf si l'on envisage le moteur Diesel comme travaillant sur une forme particulière de ce cycle.

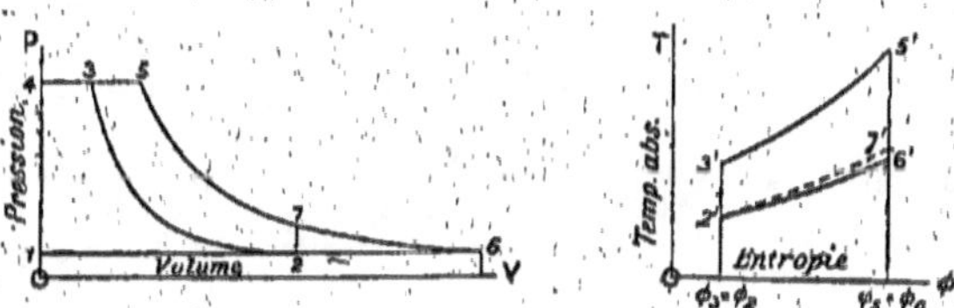

Fig. 13 et 14. — Cycle de Joule et diagramme entropique des températures.

Le diagramme des pressions et volumes, pour ce cycle, est représenté par la figure 13. La « substance active » est supposée être un gaz parfait, tel que l'air, qui est aspiré par une pompe auxiliaire à la pression constante P_1 et comprimé adiabatiquement à la pression constante P_2 dans un réservoir auxiliaire (2 à 3). L'air est ensuite introduit dans le cylindre moteur et reçoit une certaine quantité de chaleur qui lui donne une augmentation de volume (3 à 5). Il se détend adiabatiquement entre 5 et 6, pour s'échapper ensuite à pression constante entre 6 et 1. Le travail exécuté par la pompe auxiliaire est représenté par la surface 12341 et le travail effectué dans le cylindre du moteur par la surface 45614. Etant donné que le moteur conduit le compresseur auxiliaire, le travail net est représenté par la surface 23562. On arrive donc au même résultat que si l'air était adiabatiquement comprimé à l'intérieur du cylindre moteur, réchauffé à l'intérieur de ce cylindre, détendu puis finalement refroidi à pression constante ; sans que l'on fasse usage d'aucun compresseur auxiliaire.

Si K_p est la chaleur spécifique d'un gaz parfait à pression constante, nous aurons :

Chaleur reçue par unité de masse du gaz de 3 en 5 $= K_p (T_5 - T_3) = H$
 » restituée » » » » $= K_p (T_6 - T_2) = h$

$$\text{Rendement thermique} = \frac{H - h}{H} = \frac{(T_5 - T_3) - (T_6 - T_4)}{(T_5 - T_3)}$$

$$(19) \qquad = 1 - \frac{T_6 - T_2}{T_5 - T_2}$$

Les lignes 2, 3 et 5, 6 sont des adiabatiques régies par la loi :

$$PV^\gamma = \text{Cle.}$$

par suite :

$$\frac{T_5}{T_6} = \left(\frac{V_6}{V_5}\right)^{\gamma - 1} = \left(\frac{P_5}{P_6}\right)^{\frac{\gamma - 1}{\gamma}}$$

Mais

$$\frac{P_5}{P_6} = \frac{P_3}{P_2} \qquad \text{et} \qquad \frac{T_3}{T_2} = \left(\frac{P_3}{P_2}\right)^{\frac{\gamma - 1}{\gamma}} = \left(\frac{V_2}{V_3}\right)^{\gamma - 1}$$

donc :

$$\frac{T_5}{T_6} = \frac{T_3}{T_2} \qquad \text{ou} \qquad \frac{T_6}{T_2} = \frac{T_5}{T_3}$$

et par suite :

$$\frac{T_6 - T_2}{T_2} = \frac{T_5 - T_3}{T_3}$$

d'où :

$$\frac{T_6 - T_2}{T_5 - T_3} = \frac{T_2}{T_3} = \frac{T_6}{T_5}$$

Le rendement thermique est égal à :

$$(20) \qquad 1 - \frac{T_2}{T_3} = 1 - \frac{T_6}{T_5} = 1 - \left(\frac{1}{r}\right)^{\gamma - 1}$$

équation dans laquelle :

$$r = \frac{V_6}{V_5} = \frac{V_2}{V_3}$$

Etant donné que T_3 et T_4 sont les limites extrèmes de température, il s'ensuit que les rapports $\frac{T_2}{T_3}$ et $\frac{T_6}{T_5}$ sont forcément supérieures à $\frac{T_2}{T_5}$ et que le cycle de Joule a, par suite, un rendement inférieur au cycle de Carnot fonctionnant entre les mêmes limites.

Dans le moteur Diesel, l'air est comprimé dans le cylindre moteur entre 2 et 3. Le combustible est alors injecté et brûlé à pression relativement constante dans le cylindre, puis le gaz se détend et est ensuite échappé à l'extérieur. La compression et la détente étant adiabatiques, le cycle du moteur Diesel peut être représenté par le diagramme 23572 de la figure 13. Le travail perdu correspondant à l'échappement est représenté théoriquement par la surface 2762 ; en réalité la détente ne peut être poussée à son extrême limite et le rendement pratique sera un peu plus faible que l'indique le cycle de Joule.

Le diagramme entropique correspondant est figuré sur la figure 14.

Réfrigération. — Nous avons déjà signalé la réversibilité du cycle de Carnot et la possibilité de son application à une étude de réfrigération. Pour des raisons pratiques on a trouvé que lorsque l'air est utilisé comme « substance active » le cycle de Joule convient mieux pour cette application que le cycle de Carnot, mais depuis l'utilisation de machines réfrigérantes basées sur la compression de vapeurs, le cycle de Carnot légèrement modifié donne les meilleurs résultats.

Dans le cycle de Joule inversé, on peut supposer que l'air est la « substance active ». Le cylindre de compression aspire l'air de 1 en 6 (fig. 13). Cet air est comprimé adiabatiquement pendant la course de retour du piston de 6 en 5 et est rejeté de 5 en 4 dans un réfrigérant à pression constante, où l'air est refroidi quelque peu au moyen d'une circulation d'eau. L'air est alors retiré du refroidisseur et introduit dans un cylindre détendeur de 4 en 3, où la détente adiabatique se produit entre 3 et 2 et à la course suivante du piston, envoyé à la chambre de réfrigération à pression et température constante, de 2 en 1.

Il est évident que si les cylindres de compression et de détente sont montés sur le même arbre, le résultat net correspond au cycle 32653. Pour simplifier les calculs supposons qu'un seul cylindre muni d'un piston renferme une certaine masse d'air et supposons que cet air parcourt les cycles 32653. Au point 3 le piston est à l'extrémité de sa course et le volume d'air est V_3 (fig. 13). L'air se détend adiabatiquement entre 3 et 2 : le corps à refroidir est alors amené au contact de l'air, ce dernier absorbant de la chaleur, tandis que son volume augmente jusqu'au point 6. Le corps à refroidir est alors retiré du contact de l'air comprimé adiabatiquement de 6 en 5. Au point 5 l'air est refroidi, jusqu'à ce que le volume soit de nouveau revenu au point 3 et le cycle est complètement fermé.

Soit K_p la chaleur spécifique à pression constante. Si T_2 T_3 T_5 et T_6 représentent les températures absolues de l'air pour ces différents points, nous aurons :

$$\text{Chaleur reçue de 2 en 6 par kg d'air} : = K_p (T_6 - T_2) = h$$
$$\text{Chaleur rejetée de 5 en 3} \quad » \quad » \; : \quad = K_p (T_5 - T_3) = H$$

Le travail net exécuté est représenté par l'air 32653 et la chaleur équivalente est $(H - h)$ par kilogramme d'air.

Le rendement idéal a donc pour valeur :

$$= \frac{\text{Chaleur retirée de réfrigérant}}{\text{Chaleur équivalente au travail fourni}}$$

$$= \frac{K_p (T_6 - T_2)}{K_p (T_5 - T_3) - K_p (T_6 - T_2)}$$

$$= \frac{1}{\dfrac{T_5 - T_3}{T_6 - T_2} - 1}$$

Mais nous avons vu à l'article précédent que :

$$\frac{T_5 - T_3}{T_6 - T_2} = \frac{T_5}{T_2} = \frac{T_5}{T_6}$$

Donc :

(21) $$\text{Rendement idéal} = \frac{T_2}{T_3 - T_2} = \frac{T_6}{T_5 - T_6}$$

On voit par suite que pour des conditions de température données T_3 ou T_5, plus la différence $(T_3 - T_2)$ ou $(T_5 - T_6)$ est petite plus le rendement idéal est élevé.

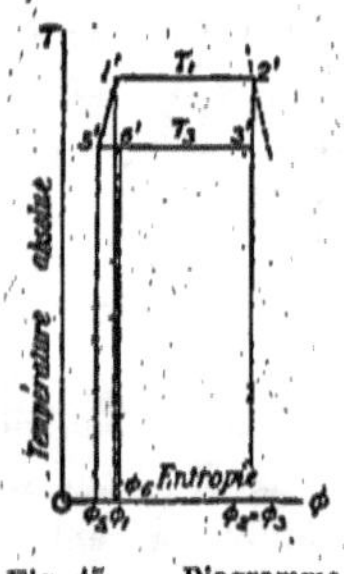

On utilise de plus en plus l'ammoniaque, l'anhydride sulfureux et l'acide carbonique qui permettent de réaliser des installations de réfrigération plus économiques que les machines à air. Au chapitre XIII nous donnons un diagramme correspondant à une telle installation et en décrivons en même temps le mode opératoire. Le cycle de Rankine inversé correspond aux conditions idéales de marche d'un tel système. Si nous nous reportons à la figure 8 le piston compresseur est supposé au bout de sa course au point 3, lorsque le cylindre contient le volume de vapeur a. Cette vapeur est comprimée adiabatiquement suivant la ligne 32 et est condensée dans le condenseur à eau pendant sa décharge 2,1 à pression et température constantes. Le liquide circule alors dans le réfrigérant et se refroidit jusqu'à ce que sa température corresponde à la pression de vapeur

Fig. 15. — Diagramme entropique des températures pour les réfrigérants marchant suivant le cycle de Rankine inversé (compression humide).

au point 5, quand elle franchit la valve et se vaporise au contact de la chaleur extraite du réfrigérant, la vapeur étant aspirée dans le cylindre pendant la course 5,3.

Le diagramme entropique correspondant est reproduit sur la figure 15. De 3′ à 2′ se produit la compression adiabatique, de 2′ à 1′ évacuation de la chaleur latente au condenseur, de 1′ à 5′ refroidissement du liquide dans le réfrigérant avant de franchir ou lorsqu'il franchit la valve d'étranglement, de 5′ à 3′ vaporisation.

En 3′ la vapeur doit être suffisamment humide pour que l'on obtienne en 2′ de la vapeur saturée. Ce système est dit à « compression humide ».

Si nous considérons un kilogramme de vapeur et que :

$$L_1 = \text{Chaleur latente par kg de vapeur saturée en } 2'$$
$$L_3 = \qquad \text{»} \qquad \text{»} \qquad \text{»} \qquad \text{» } 3'$$
$$q_3 = \text{qualité de la vapeur en } 3'$$
$$s = \text{chaleur spécifique du liquide}$$

nous aurons :

$$\text{Chaleur totale rejetée au condenseur} = \text{surf. } \Phi_2 2'1' \Phi_1 = L_1$$

$$\left.\begin{array}{l}\text{Augmentation de la quantité de chaleur contenue} \\ \text{dans le liquide entre 5' et 1'}\end{array}\right\} = \text{sup. } \Phi_1 1'5' \Phi_5 = s\,(T_1 - T_3)$$

$$\left.\begin{array}{l}\text{Chaleur totale nécessaire à la vaporisation de liquide} \\ \text{entre 5' et 3'}\end{array}\right\} = q_3 L_3$$

Le liquide étant supposé envoyé au réfrigérant au point 1 et refroidi jusqu'à la température correspondant au point 5, la chaleur $S(T_1 - T_5)$ que renferme le liquide au point 1 sera employée à vaporiser une partie du liquide qui a déjà franchi la valve d'étranglement ou encore sera absorbée par la substance à refroidir (avant l'étranglement) et en sera ensuite extraite pendant la vaporisation. La quantité de chaleur retirée de la substance à refroidir correspondra à :

$$\text{Surface } (\Phi_5 5'3' \Phi_3) - \text{surf. } (\Phi_1 1'5' \Phi_5) = \text{surf. } (\Phi_5 6'3' \Phi_3)$$
$$= q_3 L_3 - s(T_1 - T_3).$$

La chaleur équivalente au travail effectué par le compresseur est :

$$= \text{surface } (3'2'1'5'3)$$
$$= \text{surf. } (\Phi_2 2'1'5' \Phi_5) - \text{surf. } (\Phi_5 5'3' \Phi_2)$$
$$= L_1 + s\,(T_1 - T_3) - q_3 L_3$$

et le rendement sera :

$$(22) \qquad \frac{q_3 L_3 - s\,(T_1 - T_2)}{L_1 + s\,(T_1 - T_3) - q_3 L_3} \quad (1)$$

(1)   Si P_1 = pression des vapeurs dans le serpentin du condenseur en kg par cm³
$\quad P_2$ =   »   »   »   réfrigérant en kg : cm²
$\quad v$ = volume de 1 kg de liquide en m³

On évalue généralement le travail exécuté par le liquide, dans son passage à travers la

La valeur de q_i peut être obtenue ainsi que décrit à l'article sur le cycle de Rankine.

Dans les systèmes à « compression sèche » la vapeur est pratiquement saturée à la fin de l'aspiration et la vapeur comprimée adiabatiquement devient surchauffée, ainsi que le représente la figure 16.

Soit K_p la chaleur spécifique de la vapeur saturée à pression constante.

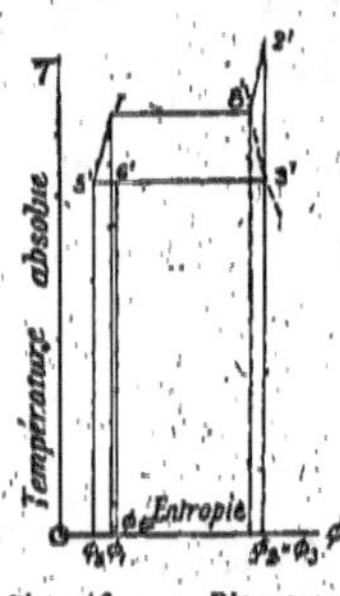

Fig. 16. — Diagramme entropique pour réfrigérant marchant suivant le cycle de Rankine inversé (compression sèche).

$$\text{La chaleur totale rejetée au condenseur} = K_p (T_2 - T_1) + L_1$$

$$\text{La quantité totale de chaleur enlevée au réfrigérant ou effet de réfrigération} = \text{surf.} (\Phi_3 5'3'\Phi_2) - (\Phi_1 1'5'\Phi_3)$$

$$= \text{surf.} (\Phi_0 6'3'\Phi_2)$$

$$= L_3 - s(T_1 - T_3)$$

$$\text{La chaleur équivalente au travail effectuée} = \text{surf.} 3'2'8'1'5'3'$$

$$= K_p (T_2 - T_1) + L_1 + s(T_1 - T_3) - L_3$$

$$\text{Le rendement} = \frac{\text{Effet de réfrigération}}{\text{Chaleur équivalente au travail effectué}}$$

$$(24) \qquad = \frac{L_3 - s(T_1 - T_3)}{K_p (T_2 - T_1) + L_1 + s(T_1 - T_3) - L_3}$$

En remplaçant Φ_1 et Φ_i par leurs valeurs, la température T_i peut être calculée, ainsi qu'indiquée pour le cycle de Rankine de la vapeur saturée.

Pression moyenne effective. — La force effective moyenne agissant sur le piston d'une machine par unité de surface du piston est généralement

valve d'étranglement à : $(P_1 - P_3)v$ kilogrammètres et la quantité de chaleur équivalente à : $\dfrac{(P_1 - P_3)\,v}{425}$ calories. La chaleur totale transportée au réfrigérant par kilogramme de liquide est : $S(T_1 - T_3) + \dfrac{(P_1 - P_3)\,v}{425}$ CALORIES. Cette dernière expression ne correspond pas parfaitement à ce qui se passe pendant l'étranglement du liquide, car une partie de ce liquide se vaporise en passant à travers la valve d'étranglement ; tandis que l'équation semble indiquer que l'évaporation ne se produit que lorsque l'étranglement est terminé ; au fond le résultat est pratiquement le même.

On a pour valeur du rendement :

$$(23) \qquad \frac{q_3 L_3 - s(T_1 - T_3) - \dfrac{(P_1 - P_3)v}{425}}{L_1 + s(T_1 - T_3) - q_3 L_3}$$

Dans le cas de machines à l'ammoniaque et à l'anhydride sulfurique, le travail correspondant à l'étranglement du liquide est pratiquement négligeable, mais pour la machine à acide carbonique elle est appréciable et ne doit pas être négligée.

appelée « pression moyenne effective » (P. M. E). Il y a deux méthodes
qui permettent de déterminer la valeur de la pression effective moyenne :

1° Par la méthode des ordonnées ;

2° A l'aide d'un planimètre.

La figure 17 représente la méthode des ordonnées moyennes appliquées
au diagramme d'une machine à vapeur. AL est la ligne correspondant à la
pression atmosphérique et les ordonnées 1, 2, 3, ... 10 sont perpendiculaires à cette ligne et espacées de telle façon que les distances entre les
ordonnées 1.2, 2.3, 3.4, ..., 8.9, 9.10 soient le double des distances des
ordonnées extrêmes 1 et 10, aux points A et L. Le tracé de ces ordonnées
peut être réalisé en menant les ignes GF et HI tangentes aux extrémités

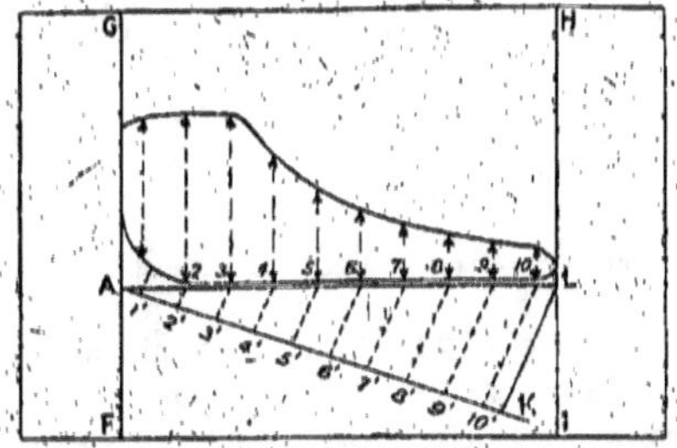

Fig. 17. — Méthode de l'ordonnée médiane permettant de mesurer la pression effective moyenne.

du diagramme et perpendiculaire à la ligne AL. Puis en menant la droite AK
faisant avec AL un angle convenable et en portant sur cette ligne et à
partir de A des longueurs A1′, 1 2′, 2′3′, 3′4′ .... telles que 1′2′ = 2′3′ = ...
= 8′9′ = 9′10″ et que A1′ = 10′K = $\dfrac{1'2'}{2}$ Joignons KL et menons
par 1′, 2′, 3′ ... des parallèles à cette droite. Ces lignes déterminent sur AL
les points 1, 2, 3, 4 ... que nous cherchions.

Cette détermination peut encore être faite rapidement en plaçant un
double décimètre sur le diagramme, de manière que le *zéro* de la graduation tombe sur la droite FG et le 50 millimètres de la graduation tombe
sur la droite IH. On pointe sur le diagramme les valeurs suivantes lues
sur le double décimètre :

2,5 mm. — 7,5 — 12,5 — 17,5 — 22,5 — 27,5 — 32,5 — 37,5 — 42, — 47,5 —

et les parallèles à FG passant par ces différents points sont les ordonnées
cherchées.

Quand un grand nombre de diagrammes ont à être étudiés par cette
méthode et particulièrement lorsque les diagrammes ont des longueurs
variables, une méthode rapide pour la détermination des ordonnées est

représentée par la figure 18. On trace BC et BE à angle droit, en donnant
à BC de 125 à 150 millimètres de longueur et à BE environ 250 millimètres.
On détermine sur BC les points 1, 2, 3 .... 9, 10, de telle sorte que B,1 et

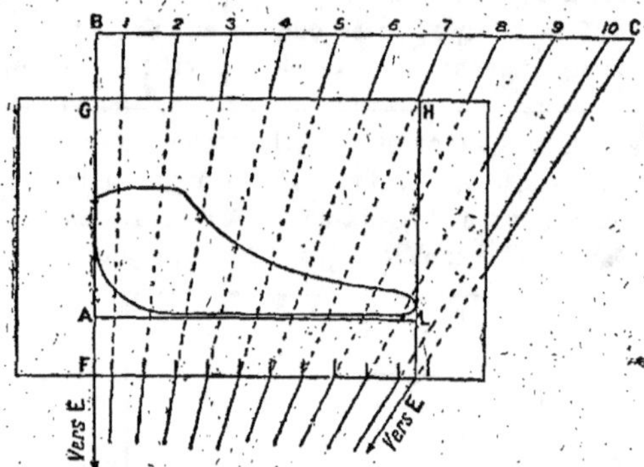

Fig. 18. — Méthode des diagonales pour la détermination des ordonnées médianes.

10,C soient la moitié de 12, 23, 34 .... . On joint tous ces points à E et l'on
trace les droites joignant E à ces divers points. Sur chaque diagramme
on trace les droites GF et HI perpendiculaires à la ligne de pression atmosphérique AL et l'on présente ces diagram-
mes les uns après les autres en faisant
glisser la droite GF sur la ligne EB jusqu'à
ce que le point I se trouve sur la ligne
EC. Les différentes lignes EI, F2, E3, ...
déterminent sur la branche FI les points
de passage des ordonnées cherchées.

Les ordonnées ayant été tracées sur les
diagrammes on mesure leur longueur, on
totalise ces 10 longueurs et on en calcule la
moyenne. La valeur trouvée donnera après
comparaison, à l'échelle, la pression moyenne
effective cherchée en kg. : cm^2.

En se servant d'un planimètre on obtient la surface du diagramme en cm^2.
Cette surface divisée par la longueur du
diagramme en cm^2 donne l'ordonnée mo-

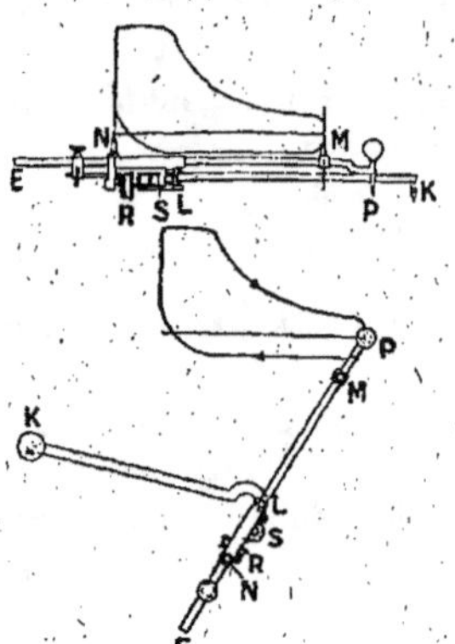

Fig. 19. — Planimètres de mesure des
surfaces.

yenne qui permet de ca'culer la pression effective moyenne. La figure 19
représente le planimètre de Amsler, qui est l'un des modèles les plus
employés. I' se compose de 2 leviers KL, PLE et d'une roulette R

portée par ce dernier levier. Généralement le pivot L et l'axe de la roulette R sont portés sur curseur glissant, de telle sorte que la distance PL peut être réglée à volonté. Si la surface à mesurer doit être évaluée en cm² on amène le curseur mobile en face d'un repère convenable tracé sur la tige PE. Pour se servir du planimètre le point K est fixé sur la planche et le point P décrit le diagramme dans le sens des aiguilles d'une montre, tandis que la roulette R roule sur la planche et que KL pivote par rapport au point K. On procédera donc de la façon suivante :

1º On fixe le diagramme à l'aide de punaises, sur une planche à dessin et l'on amène le point P du planimètre en un point convenable du diagramme.

2º On fixe l'axe K en l'enfonçant légèrement dans la planche à dessin.

3º On dépose sur le chemin qu'aura à parcourir la roulette R une feuille de papier à dessin et on la fixe convenablement sur la planche.

Il est bon de choisir le point K de telle façon que les leviers KL et PL soient à angle droit lorsque le point P est au milieu du diagramme. Noter soigneusement les indications du cadran S et de la roulette R ; généralement un vernier permet de faire les lectures sur R avec grande précision. Promener la pointe P sur le contour du diagramme dans le sens des aiguilles d'une montre (1) jusqu'à ce qu'elle revienne à sa position initiale et noter à nouveau les indications du cadran S et de la roulette R. La différence entre les lectures faites au début et à la fin de l'opération donne la surface du diagramme en cm². Il est prudent de décrire le diagramme 2 à 3 fois, en notant chaque fois les indications données par le cadran S et la roulette R, de manière à contrôler les résultats et diminuer les chances d'erreur. La longueur du diagramme est la distance entre les parallèles GF et III menées perpendiculairement à la ligne de pression atmosphérique (fig. 17).

La hauteur moyenne du diagramme peut être obtenue directement en amenant la distance entre la pointe M sur le levier PE et la pointe N sur le curseur à être égale à la longueur du diagramme. La pointe P est promenée sur le diagramme comme dans le premier cas et l'on note les lectures faites. La différence entre ces lectures donne la hauteur moyenne du diagramme, à une échelle qui peut être aisément déterminée en mesurant un rectangle de dimensions connues.

Avant d'utiliser un planimètre, il doit être examiné et essayé de manière à voir si la roulette R peut tourner librement sans qu'il y ait aucun jeu entre l'axe et son support. Le pivot L ne doit présenter également aucun

____

(1) Si la courbe de détente coupe la ligne de compression il y a formation d'une boucle, qui se trouvera tracée, cela va de soi, en sens inverse des aiguilles d'une montre, par le planimètre.

jeu et permettre la rotation facile du levier EP. On peut également essayer l'appareil en mesurant une surface comme celle d'un rectangle.

Dans tous les cas le diagramme et la feuille de papier sur laquelle roule la roulette R doivent être parfaitement tendus et ne présenter aucune dénivellation et lorsqu'un grand nombre de diagrammes ont à être relevés, il est nécessaire de changer le papier sur lequel roule la roulette R qui autrement aurait tendance à marquer le papier si elle parcourait plusieurs fois le même circuit.

En prenant des précautions les deux méthodes que nous venons d'indiquer pour la mesure de la surface d'un diagramme, donneront des résultats comparables.

Exemple : La surface moyenne d'un diagramme est de : 14, 95 cm² et sa longueur de : 9,55. cm., L'échelle des pressions du diagramme est de : 1,653 kg., par centimètre. Calculer la pression effective moyenne.

$$\text{L'ordonnée moyenne du diagramme est} : \frac{14,95}{9,55} = 1,56 \text{ cm}$$

$$\text{La pression effective moyenne est} : 1,653 \times 1,56 = 2,58 \text{ kg. : cm}^2.$$

Puissance indiquée. — Au chapitre II nous exposons le mode d'emploi des indicateurs et l'on devra se reporter à ce chapitre, pour toutes les questions concernant ce sujet. Le présent paragraphe n'a trait qu'au calcul de la puissance.

Nous avons :

$$\text{Puissance indiquée} = \frac{\text{Travail sur le piston en kgm par seconde}}{75}$$

$$= \frac{\text{Pression effective moyenne sur le piston} \times \text{Course du piston en mètres-seconde}}{75}$$

Si A = surface moyenne du piston en cm²
P_m = pression effective moyenne en kgs : cm²
L = longueur de la course, en mètres
N = nombre de tours par seconde.

La poussée effective moyenne sur le piston est :

$$P_m \times A \text{ kgs.}$$

La course utile du piston par seconde est pour une machine à double effet :

$$2 \times L \times N.$$

La puissance indiquée est donc :

$$\frac{(P_mA) \times (2LN)}{75}$$

Exemple : Dans une machine à double effet :
La pression moyenne sur la face supérieure du piston est :

$$P_m = 2,45 \text{ kg.}$$

La pression moyenne sur la face inférieure du piston est :

$$P_m = 2,345$$

le diamètre du piston est de : 30,5 cm.
le diamètre de la tige du piston est : 7 cm.
la course est de : 0m, 915
le nombre de tours par seconde : $\dfrac{115}{60}$

La pression effective moyenne est approximativement :

$$P_m = \frac{2,45 + 2,345}{2} = 2,40 \text{ kg. : cm}^2$$

La surface utile moyenne du piston est :

$$A = \frac{\frac{\pi}{4}\left[\overline{30,5^2} + (\overline{30,5^2} - \overline{7^2})\right]}{2} = 760 \text{ cm}^2$$

La puissance indiquée est donc :

$$\frac{(2,40 \times 760) \times \left(2 \times 0,915 \times \frac{115}{60}\right)}{75} = 85,25 \text{ chevaux.}$$

On serait arrivé au même résultat en considérant séparément chacune des extrémités du cylindre et en additionnant les 2 valeurs ainsi obtenues.

Des calculs semblables peuvent être entrepris pour chacun des cylindres d'une machine compound et la puissance totale développée par la machine sera la somme des puissances de chacun des cylindres.

Rapport des cylindres. —Si V_L est le volume balayé par le piston à basse pression à chacune de ses courses et V le volume balayé par le piston d'un quelconque autre cylindre, tel le cylindre haute pression, le rapport des cylindres est :

$$\frac{V_L}{V}$$

Pression moyenne effective ramenée au cylindre basse pression. —Dans le cas de machines à expansion *multiple*, il est quelquefois intéressant de déterminer la pression effective moyenne, ramenée au cylindre basse pression. Cette pression fictive étant telle, que le cylindre basse pression développe la même puissance que la machine tout entière.

On peut déterminer cette valeur soit en partant de la puissance totale développée par la machine et en calculant la pression effective, qui agissant sur le piston basse pression développerait la même puissance ou encore en divisant la pression effective moyenne dans chaque cylindre par le rapport des cylindres et en additionnant ensemble les résultats obtenus.

Expansion. — Dans une machine monocylindrique la valeur de l'expansion est définie par le rapport :

$$= \frac{\text{Volume balayé par le piston à chaque course}}{\text{Volume balayé par le piston pendant la pleine admission.}}$$

Pour une machine polycylindrique ce rapport a pour valeur :

$$\frac{\text{Volume balayé par le piston basse pression à chaque course}}{\text{Volume balayé par le piston haute pression pendant la plein admission}}$$

ou encore : (Rapport des cylindres basse et haute pression).

$$\frac{\text{Course du piston H. P.}}{\text{Course du piston HP pendant la pleine admission}}$$

Exemple : Une machine compound a les dimensions suivantes :

	Cylindre H. P	Cylindre B. P
Diamètre du cylindre	30,5 cm.	57 cm
Diamètre de la ligne du piston	7 cm	7 cm.
Course	0,90 m	1,00 m.
P_m	3,57 kg. : cm²	1,150 kg : cm²
Course à pleine admission	0,225	

Le rapport des cylindres basse et haute pression est égal à :

$$\frac{\dfrac{\pi}{4}\left[\dfrac{57^2 + (57^2 - 7^2)}{2}\right] \times 1^m}{\dfrac{\pi}{4}\left[\dfrac{30,5^2 + (30,5^2 - 7^2)}{2}\right] \times 0,9} = 3,88.$$

La pression effective moyenne ramenée au cylindre basse pression est donc :

$$1,15 + \frac{3,57}{3,88} = 2,07 \text{ kg. : cm}^2$$

L'expansion s'évalue de même à :

$$\frac{0,225}{0,90} \times 3,88 = 15,5$$

Puissance au frein. — La puissance au frein d'une machine correspond à la puissance réellement développée sur l'arbre de cette machine.

Si le travail absorbé par le frein s'évalue en kilogrammètres par seconde, la puissance de la machine est en chevaux :

$$\frac{\text{Travail absorbé par le frein en kgm par seconde}}{75}$$

Au chapitre III nous exposons les diverses méthodes employées, pour l'essai au frein d'une machine.

Rendement mécanique. — Le travail disponible sur l'arbre de la machine est toujours inférieur au travail interne disponible, le rapport de ces deux valeurs donne le rendement mécanique de la machine :

Exemple : La puissance interne d'une machine est de 79 chevaux et sa puissance externe de 65 chevaux : déterminer quel est son rendement mécanique :

$$\text{Rendement mécanique} = \frac{\text{Travail externe de la machine}}{\text{Travail interne} \quad \text{»}}$$

Ce rendement est :

$$\frac{65}{79} = 0,823 \quad \text{soit} \quad 82,3\,\%$$

Quand la puissance est transmise à la machine d'utilisation par une série d'organes intermédiaires, le rendement mécanique global est égal au produit des rendements séparés de ces diverses machines.

Exemple : Une machine à vapeur conduit une machine-outil par l'intermédiaire d'une transmission. A pleine charge le rendement mécanique de la machine est 0,87, celui de la transmission et des courroies est de 0,7 et celui de la machine-outil de 0,75. Calculer le rendement mécanique global.

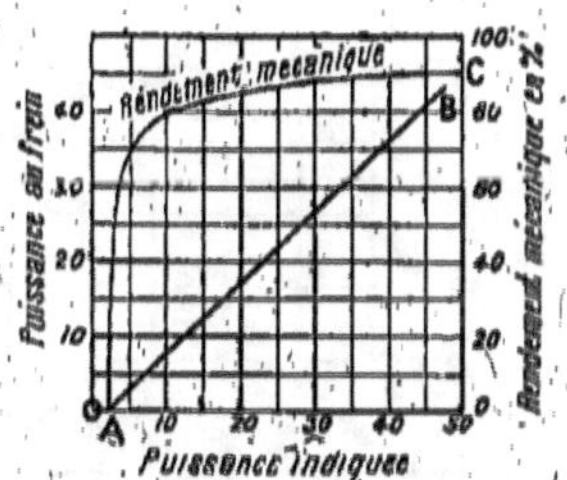

Fig. 20. — Relation entre la puissance indiquée et la puissance au frein et rendement mécanique à vitesse constante.

Le rendement mécanique global est :

$$0,87 \times 0,7 \times 0,75 = 0,457 \quad \text{soit} \quad 45,7\,\%$$

La puissance externe d'une machine travaillant à vitesse constante est sensiblement une fonction linéaire de la puissance interne développée par la machine (courbe AB fig. 20).

Quant au rendement mécanique, il croît tout d'abord très rapidement avec la charge, puis tend vers une valeur constante à pleine charge.

Si nous représentons la puissance externe par P_e et la puissance interne par P_i, la courbe AB peut être représentée par l'équation :

$$P_e = a \times P_i - b$$

où a et b sont des constantes, a représentant la pente de la ligne et $\frac{b}{a}$ la valeur OA.

La courbe OC est de même représentée par l'équation :

$$\frac{P_e}{P_i} = a - \frac{b}{P_i} = \frac{a \times P_e}{P_e + b}$$

Les valeurs de a et de b dépendent de la puissance, du type, de la disposition de la machine et de sa conduite ; mais pour les machines de grosses puissances, à bonne lubréfication, la valeur de a est légèrement inférieure à l'unité. Si l'on suppose pour un calcul approximatif que : $a = 1$ la puissance externe est inférieure à la puissance interne d'une quantité fixe b, qui peut être déterminée en relevant un diagramme à vide sur la machine. On pourra donc déduire pour une valeur quelconque de la puissance interne et par simple différence, la puissance externe disponible. Cette méthode est utile quelquefois lorsque la puissance externe n'est pas mesurable directement, bien qu'elle puisse entraîner des erreurs en négligeant le facteur a et par suite de la difficulté d'estimer le facteur b d'une façon *précise*.

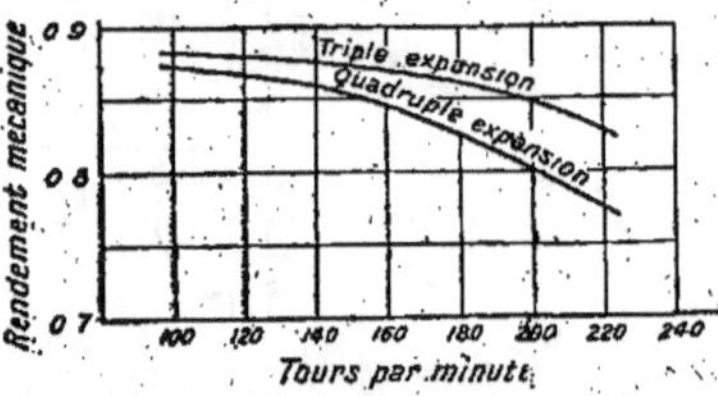

Fig. 21. — Variation de rendement mécanique avec la vitesse de la machine.

Dans le cas du moteur à combustion interne à 4 temps, travaillant suivant le cycle d'Otto, il se produit un travail négatif pendant les temps d'aspiration et de refoulement. Ce travail négatif peut être relevé au moyen d'indicateurs sensibles, mais la méthode la plus usuelle consiste à considérer ce travail négatif comme des pertes par frottement, à moins toutefois que le moteur ne fonctionne avec réglage par étranglement des gaz à l'admission.

Les pertes par friction augmentent légèrement avec la vitesse, toutes les autres conditions restant constantes ; c'est pourquoi le rendement mécanique d'un moteur décroît avec l'augmentation de vitesse. La figure 21 représente les valeurs obtenues à différentes vitesses, pour la même machine fonctionnant à *triple* et *quadruple expansion* dans des conditions identiques de pression et de détente (1). La machine est à quadruple expansion et l'essai à triple expansion est réalisé en alimentant directement au 2e cylindre haute pression. Les courbes montrent que le rendement mécanique tombe rapidement aux grandes vitesses et que le rendement mécanique de la machine fonctionnant à triple expansion est pour toutes les vitesses supérieur au rendement de la machine à quadruple expansion.

Les pertes par friction entre le piston et l'arbre du moteur peuvent dans de certaines limites s'évaluer par la formule :

$$P_i - P_e = AN^m$$

où N est la vitesse, et A et m des constantes dépendant de la puissance et du type de la machine.

Les valeurs suivantes ont été déduites par l'auteur, des essais du professeur Weighton ; elles sont applicables pour des valeurs de N comprises entre 100 et 200 $l : m$.

1º Quadruple expansion :

$$P_i - P_e = 0,0222 \times N^{1,3} \text{ chevaux-vapeur.}$$

2º Triple expansion :

$$P_i - P_e = 0,0922 \times N^{1,02} \text{ chevaux-vapeur.}$$

Le Vernier. — Le vernier permet d'augmenter la précision de la lecture d'une échelle, sans qu'il soit nécessaire d'augmenter, outre mesure, le nombre de divisions de cette échelle. Considérons par exemple la figure 22. L'échelle du vernier V glisse le long de l'échelle principale S et le zéro

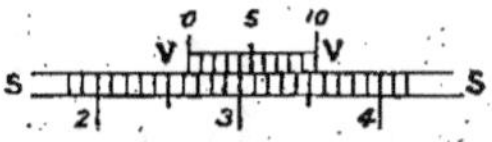

Fig. 22. — Principe du Vernier.

du vernier indique la lecture à faire. Dans la position que montre la figure on voit que la lecture est comprise entre 2,6 et 2,7, la position exacte étant donnée par la coïncidence d'une division du vernier V avec une division de l'échelle principale S ; dans ce cas c'est la 4e division de V qui coïncide avec une division de l'échelle S et la lecture est par suite : 2,64.

Dans ce cas la distance de 0 à 10 sur le vernier est égale à 9 divisions de l'échelle principale S, chacune des petites divisions de V n'est que les 9/10 des petites division de S. Mais il va de soi que le principe du vernier ne se limite pas aux graduations décimales.

---

(1) Essais réalisés par le professeur WEIGHTON. *Trans. North-East Coast Engineers and Shipbuilders*, 20 mars 1908.

Appareils enregistreurs. — Bien que des appareils enregistreurs soient employés communément pour divers usages, dans les conditions normales, ces appareils ne sont pas absolument nécessaires pour les essais de machines motrices, sauf peut-être le cas où il faut enregistrer les variations de vitesse dues à la charge ou les variations de vitesses pendant un cycle, auquel cas l'usage d'un tachographe se montre très utile. Les parties mobiles d'un tel appareil doivent avoir une inertie aussi faible que possible, de sorte qu'il n'y ait aucun retard dans l'enregistrement et pour la même raison, aucun flottement dans la courroie de commande ou aucun jeu dans les engrenages de commande du tachographe ne doivent exister. Une description complète de différents appareils enregistreurs a paru dans une série d'articles parus dans le *Mechanical Engineer* en 1910.

CHAPITRE II

—

MESURE DES PRESSIONS, TEMPÉRATURES...

La mesure des pressions. — La mesure précise des pressions est de la plus haute importance, pour l'essai des machines.

La méthode de mesure variera suivant la valeur de la pression, la précision désirée et le caractère de stabilité ou de fluctuation de la pression. On peut utiliser des manomètres métalliques ou à colonne de liquide pour la mesure des pressions stables ou de celles ayant des petites variations peu rapides ; mais pour des pressions variant rapidement, ainsi que cela se passe dans un cylindre de moteur à gaz ou de machines à vapeur, l'emploi de l'indicateur est nécessaire.

Le baromètre. —Le baromètre est un instrument qui permet la mesure de la pression atmosphérique, le type à colonne de mercure est le plus convenable. Un baromètre de Fortin semblable à celui de la figure 23 peut être acheté à un prix raisonnable dans n'importe quelle maison fabricant des appareils de mesure. La partie supérieure du tube T est fermée, tandis que sa partie inférieure débouche bien au-dessous du niveau du mercure contenu dans le récipient V; dont le fond est mobile et peut être réglé à l'aide de la vis S, de manière que le niveau du mercure vienne au contact d'un repère fixe en ivoire I. Avec un bon éclairage et si la surface du mercure est bien propre, l'image du repère est visible à la surface du mercure et le contact peut être déterminé d'une façon très précise. La pression atmosphérique agit à la surface du mercure et la hauteur de la colonne mesure cette pression. L'échelle porte généralement un vernier, de manière à faciliter les lectures. La

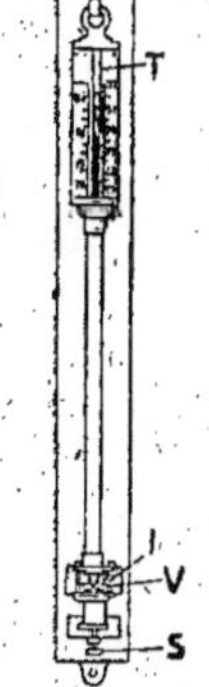

Fig. 23. — Baromètre à mercure

partie supérieure du tube aura une section suffisamment grande de manière à réduire l'effet capillaire à la surface du mercure. Pour obtenir une bonne précision on doit prendre les précautions suivantes :

1º Le tube barométrique doit être vertical.

2º La partie supérieure du tube doit être exempte d'air et de vapeur d'eau.

3º Le niveau du mercure dans le récipient V sera ajusté au point zéro et la hauteur de la colonne de mercure lue au sommet du ménisque.

Pour reconnaître la présence de l'air dans un baromètre incliner légèrement la cuve à mercure et amener le tube du baromètre, en l'inclinant progressivement, jusqu'à être presque horizontal. Si le tube est vide d'air, le mercure doit rendre un son métallique lorsqu'il vient en frapper l'extrémité. Par contre, s'il reste de l'air ou de la vapeur d'eau le son rendu est beaucoup plus sourd. En inclinant suffisamment le tube, l'air qu'il peut contenir se rassemble à la surface du bac V et peut être ainsi éliminé. Si, par contre, nous avons de la vapeur d'eau il y aura lieu de vider le baromètre, de faire chauffer légèrement le mercure de manière à en éliminer l'humidité et de procéder à nouveau au remplissage du thermomètre.

Des baromètres à colonne de mercure ayant l'apparence des manomètres à vide, des figures 24 et 25, sont quelquefois utilisés pour les expériences courantes. Le sommet du tube est alors généralement clos et l'échelle ne s'étend que sur quelques centimètres au-dessus et au-dessous de la graduation 750 mm.

Manomètre à vide. — On utilise fréquemment une colonne de mercure

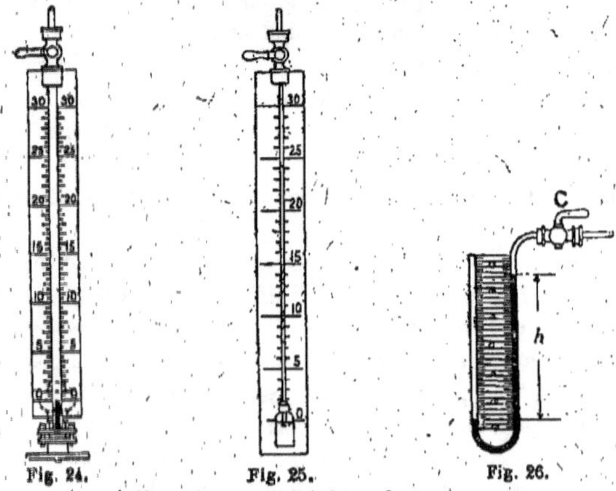

Fig. 24.   Fig. 25.   Fig. 26.

Manomètre à vide à colonne de mercure.

pour la mesure du vide au condenseur et les figures 24, 25 et 26 représentent de tels manomètres. Dans la figure 24 le tube plonge dans un réservoir à mercure de grande dimension, de sorte que lorsque le niveau du mercure s'élève dans le tube, le niveau du mercure dans la cuve ne baisse qu'insensiblement ; la graduation est cependant établie pour tenir compte de cette dénivellation. Dans la figure 25 le réservoir de mercure affecte la forme d'un flacon et l'échelle est également graduée pour tenir compte de la dénivellation du mercure dans ce réservoir.

Le manomètre de la figure 26 se compose d'un tube en V, chaque branche du V portant une graduation. Une extrémité du tube s'ouvre à l'atmosphère et le mercure est protégé de la poussière, par un petit morceau de coton hydrophile inséré dans le tube. L'autre extrémité du tube est reliée au condenseur par l'intermédiaire du robinet C. Quand le robinet C est ouvert la différence du niveau du mercure dans les 2 tubes, h représente le vide au condenseur. Cet appareil a cependant l'inconvénient d'exiger 2 lectures.

La vapeur arrive à l'échappement par intermittence et de légères fluctuations de pression peuvent se produire au condenseur. En fermant légèrement le robinet C, il est possible de restreindre l'influence de ces variations de pression sur le manomètre et de faire une lecture suffisamment précise. Le robinet du manomètre doit être tenu fermé en dehors des périodes de mesure, sans cela il se produit une condensation de vapeur à la surface du mercure. Si le condenseur est en opération on peut éliminer cette eau en chauffant légèrement le tube au voisinage du dépôt d'eau (le robinet C étant ouvert) et en laissant le tube du manomètre et le tube de connection au condenseur se remplir plusieurs fois d'air (en soulevant le robinet C sur son siège).

Il est possible de mesurer directement la pression absolue dans un condenseur au moyen d'une colonne de mercure telle que celle représentée figure 27. Le tube de verre gradué a environ 9,55 mm. d'alésage intérieur, l'une de ses extrémités est close et l'autre connectée au condenseur par l'intermédiaire du robinet C. Au début le tube est rempli avec du mercure sec de sorte que lorsque l'on ouvre le robinet C, le mercure descend jusqu'à ce que la hauteur h corresponde à la pression absolue au condenseur. Le tube aura de 175 millimètres à 200 millimètres de longueur pour un vide d'environ 660 millimètres de mercure.

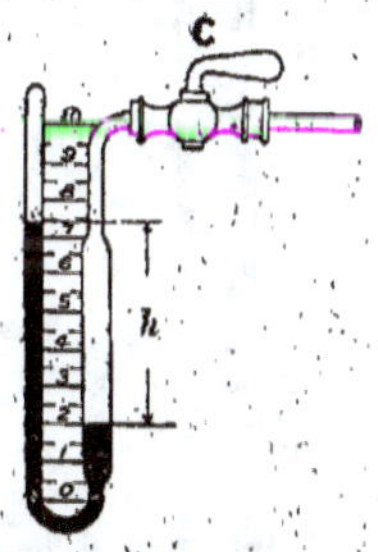

Fig. 27. — Mercure de la pression absolue à l'aide de la colonne de mercure.

La mesure d'une pression à l'aide d'une colonne de liquide demande dans certaines circonstances les corrections suivantes :

1° correction due à la température du liquide
2°   »   » à la dilatation de l'échelle graduée
3°   »   » à la latitude
4°   »   » à l'altitude

Ces corrections ne sont pas à envisager pour les essais industriels.

Exemple. —La pression barométrique est de 750 millimètres de mercure et le vide au condenseur est de 610 millimètres de mercure. Evaluer la pression atmosphérique, le vide et la pression absolue au condenseur en kgs : cm².

A la température ordinaire une colonne de 10 millimètres de mercure est équivalente à une pression de 0,0135 kg. par cm².

Par suite la pression atmosphérique est :

$$\frac{0,0135 \times 750}{10} = 1,01 \text{ kg. : cm}^2$$

le vide au condenseur est de :

$$\frac{0,0135 \times 610}{10} = 0,82 \text{ kg. : cm}^2$$

la pression absolue au condenseur est de :

$$\frac{0,0135 \times (750 - 610)}{10} = 0,189 \text{ kg. : cm}^2$$

On fait également des manomètres à vide du type métallique (fig. 33), qui ont, par suite, les défauts de ce type d'appareils (manque de précision). Des pressions relativement faibles et constantes telles que celles qui existent dans les conduites de distribution de gaz de ville, peuvent être mesurées à l'aide d'un manomètre à colonne d'eau. Quand une très grande précision n'est pas nécessaire il est en général suffisant de plier, sous forme d'U, un tube de verre ordinaire de 6 millimètres de diamètre intérieur et de le fixer sur une planchette portant une graduation en centimètres. Cette graduation est tracée sur une feuille de papier préalablement collée sur la planchette, puis vernie après sa graduation. La figure 28 représente un manomètre ainsi réalisé. Lorsque l'on peut on utilisera du tube de 12 millimètres de diamètre intérieur, avec curseur à vernier sur chaque échelle. L'on vérifiera la verticalité des tubes et la coïncidence de zéro des deux échelles. Il est généralement suffisant de connecter le manomètre au moyen d'un tube de caoutchouc.

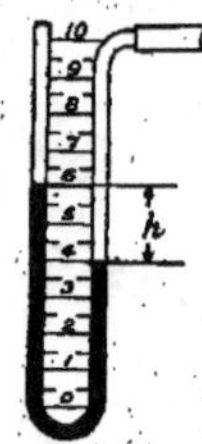

Fig. 28.
Manomètre en U pour petites pressions.

Les établissements Poulenc frères ont réalisé un micromanomètre pour les mesures très précises qui sont quelquefois nécessaires, dans l'évaluation des très petites différences de pression.

Ainsi qu'on peut le voir sur la figure 29, cet appareil comporte une vis micrométrique à tête graduée M, que l'on règle jusqu'à ce que sa pointe

vienne au contact de la surface du liquide contenu dans le tube B. La différence de niveau se lit sur l'échelle graduée. Cet instrument a été spécialement étudié pour travailler en connection avec les tubes de Pitot, pour
la mesure de l'écoulement des gaz dans les conduites.

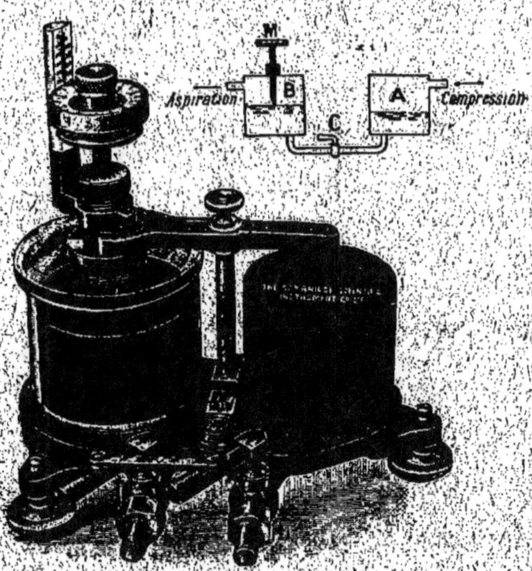

Fig. 29. — Manomètre pour la mesure des petites pressions.

Quand un liquide tel que l'eau circule dans une conduite ou un système
de conduite, il se produit une perte de charge entre l'entrée et la sortie de
la canalisation. Cette perte de charge correspondant aux résistances à
vaincre pour l'écoulement du li-
quide. Par exemple, dans un condenseur à surface, plus la vitesse
d'écoulement de l'eau est grande et
plus la résistance à l'écoulement est
grande. La différence de pression
nécessaire à la circulation du liquide est produite par les pompes
de circulation, de sorte qu'il peut

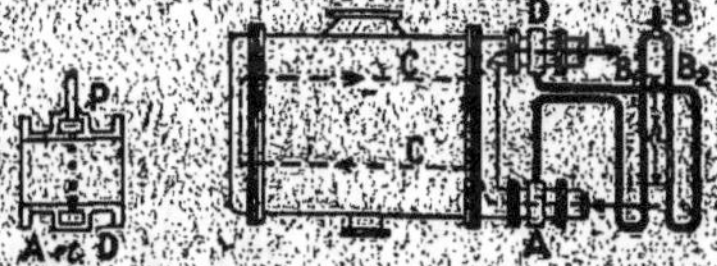

Fig. 30. — Disposition à adopter pour la mesure de
faibles différences de pression dans des liquides
en mouvement, à l'aide du manomètre à tube
d'eau.

être intéressant dans un cas particulier de mesurer la différence de
pression, d'une manière rapide et précise et sans qu'il en résulte des dé-
penses exagérées en acquisition de manomètres spéciaux. La figure 30
représente une telle réalisation où C est le condenseur, l'eau entrant en A

et sortant en D. Les connections sont faites aux points P sur des poches spéciales destinées à éliminer l'influence de la circulation d'eau dans les conduits. Cette poche communique avec la canalisation au moyen de 3 ou 4 petits trous soigneusement ébarbés. Les prises A et D devront avoir les mêmes dimensions.

La pression dans le tube A est transmise à la branche B_1 du manomètre, la connection étant faite au moyen d'un fort tube de caoutchouc ou mieux d'un tube de cuivre. La pression en D est de même transmise à la branche B_2 et la différence du niveau h de l'eau, dans les deux branches, représente la différence de pression due à la résistance à l'écoulement du fluide entre les points A et D.

En branchant une petite pompe à main sur le robinet B, la pression sur la surface de l'eau dans les tubes B_1 et B_2 peut être réglée suivant la pression absolue d'eau dans la conduite, de manière à maintenir les niveaux à une position convenable sur l'échelle des mesures. Le fait que les points A et D ne sont pas au même niveau, n'influe pas sur la différence des niveaux $B_1 B_2$, autant que les tubes du condenseur sont remplis d'eau et les tubes de connection du manomètre aux canalisations du condenseur exemptés d'air.

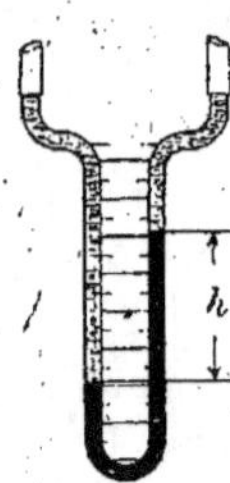

Fig. 31. — Manomètre à colonne de mercure pour la mesure des différences de pression dans des fluides en mouvement.

Si l'on ne désire pas une très grande précision on peut supprimer les poches P et connecter le manomètre à deux petits trous percés directement sur la conduite et convenablement ébarbés. Les deux tubes de connection ne doivent d'ailleurs pas pénétrer à l'intérieur de la conduite principale et leurs diamètres intérieurs doivent être identiques. La longueur des tubes B_1 et B_2, dans le cas d'un condenseur ordinaire de dimension modérée sera de 1,20 m. à 1,5 m., mais pour les condenseurs à grande vitesse le tube manométrique de la figure 31 conviendra mieux. Dans le cas où la circulation d'eau dans le condenseur est réglée à l'aide d'une vanne, cette vanne doit être ouverte et fermée très doucement, car une variation brusque de la circulation d'eau provoque des oscillations de l'eau dans le manomètre et peut provoquer le passage de l'eau de B_1 en B_2.

Un tel accident n'a d'ailleurs pas d'importance autant que les niveaux de l'eau se maintiennent sur les échelles ; autrement un réajustement de la pression de l'eau dans le manomètre est nécessaire.

La figure 31 représente une autre disposition du manomètre. Le mercure est placé à la partie basse du manomètre et les canalisations d'eau débouchent aux extrémités supérieures des tubes. La différence de niveau h donne la différence de pression entre les 2 points connectés, mais dans l'évaluation de cette pression en kg. : cm² il faut tenir compte de la hauteur d'eau h.

Exemple : La pression à l'intérieur d'une canalisation de gaz de ville est de : 5,6 cm. d'eau au-dessus de la pression atmosphérique, évaluer cette pression en kg. : cm².

Un volume d'eau de 1000 centimètres de hauteur correspond à une pression de 1 kg. : cm², donc :

$$p = \frac{1 \times 5,6}{1000} = 0,0056 \text{ kg. : cm}^2$$

Exemple : Dans un manomètre du type 31, la différence de niveau est de 40 millimètres de mercure, évaluer la différence de pression correspondante en kg. : cm².

Un volume de mercure de 760 millimètres correspond à une pression de 1,033 kg. : cm², donc nous aurons :

$$p = \frac{1,033 \times 40}{760} = 0,0544 \text{ kg. : cm}^2$$

Manomètre à colonne de mercure pour essai. — La figure 32 représente un manomètre à colonne de mercure du type ouvert, fabriqué en France par la maison F. Martin et qui permet la comparaison et le contrôle des manomètres industriels. L'échelle porte 2 graduations, l'une en kg. : cm², l'autre en atmosphère et l'on a tenu compte dans ces deux graduations de la baisse de niveau dans le réservoir principal. Pour permettre d'atteindre une pression de 21 kg. : cm² le tube manométrique doit avoir une hauteur de 15,6 m. et peut être fixé à un mur quelconque ayant la hauteur nécessaire ; il est préférable cependant de choisir un mur intérieur.

Le mercure peut être aisément versé dans le réservoir à l'aide d'un entonnoir fait d'une feuille de papier épaisse et propre. Une petite vis est ménagée au fond du réservoir dans le but de permettre la vidange du mercure et pour permettre l'ajustement précis du niveau du mercure avec le zéro de l'échelle. Le mercure aussi bien que les tubes de verre doivent être toujours parfaitement propres ; le tube sera nettoyé au mieux, à l'aide d'un petit morceau de coton attaché à un fil de bronze et légèrement imprégné d'acide sulfurique.

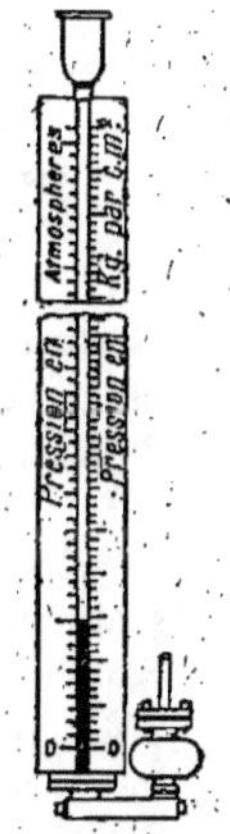

Fig. 32.
Colonne de mercure pour la mesure des pressions.

Manomètre. — Le manomètre ordinaire à aiguilles et cadran est généralement d'un emploi plus pratique que le manomètre à colonne de mercure, chaque fois qu'une précision extrême n'est pas nécessaire ou lorsque la pression à mesurer est trop grande pour permettre une mesure facile avec un manomètre à colonne de liquide, ou encore lorsque la pression subit de petites variations périodiques. Il nous suffira de décrire l'un de ces types d'appareils (fig. 33).

Le raccord fileté A est en relation avec le tube T en acier ou bronze, dit

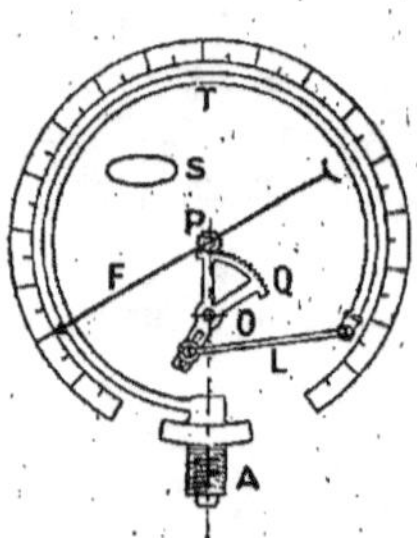

Fig. 33. — Mécanisme des manomètres ordinaires.

tube deBourdon, dont une vue en coupe est donnée en S. L'autre extrémité de ce tube est fermée et est reliée au secteur denté Q, au moyen du levier L. Quand le tube est soumis à une pression interne, il se dilate, ce qui entraîne une augmentation de rayon des courbures du tube et le déplacement de son extrémité libre. Le pignon P sur lequel est colé l'aiguille indicatrice F, engrène avec le secteur denté Q, de telle sorte que lorsque le secteur tourne, l'aiguille se déplace sur la graduation du cadran. Un ressort spirale agit généralement sur l'axe du pignon P et sert à rattraper le jeu qui pourrait exister dans les divers organes. A noter que le point d'articulation de la biellette sur le bras du secteur Q est variable et peut être réglé suivant l'échelle du cadran. Un siphon doit être ménagé sur la canalisation du manomètre, afin d'éviter le contact d'un fluide à température élevée avec le spirale.

Le meilleur de ces manomètres est capable de donner des erreurs, spécialement s'il est employé pour mesurer des pressions à grande variation, ou au-dessus de la valeur normale, ou encore si l'on n'a point fait usage d'un siphon et que le spirale soit venu en contact avec la vapeur chaude.

Appareils à poids pour le contrôle des manomètres. —La figure 34 représente un appareil très simple pour l'essai des manomètres. L'appareil est rempli de glycérine et la mise en charge se fait par l'intermédiaire d'un piston qui se déplace dans un cylindre. Le poids du plongeur et de la plateforme correspond à une pression de 0,7 kg. : cm² et un ensemble de poids livrés avec l'instrument permet d'élever cette pression jusqu'à 14 kg. : cm², par échelon de 0,35 kg. : cm² à 0,7 kg. : cm². Dans un type légèrement différent une pompe à main est utilisée pour ramener le niveau du plongeur à un niveau fixe après chaque variation de la charge. Pour permettre le remplissage le plongeur peut être retiré de son logement et on verse la glycérine jusqu'à ce que son niveau atteigne les connections du manomètre. Le manomètre à essayer est alors mis en place et l'on finit de remplir complètement le cylindre du plongeur avec de la glycérine. Afin d'éliminer les résistances dues au frottement du plongeur dans le cylindre, la lecture sera faite tandis qu'on applique un mouvement de rotation au piston et autant que possible pour une hauteur constante. A la fin de l'essai les poids sont retirés du plateau.

Fig. 34. — Appareil de contrôle des manomètres.

La figure 35 représente un appareil qui comporte un appareil à poids, une presse hydraulique et un appareil pour essai du vide. Il permet l'essai de manomètres jusqu'à des pressions de 21, 35 et 70 kg. : cm² au moyen de la série de poids et l'essai de pression jusqu'à 140 kg. : cm² et même plus, au moyen de la pompe à vis et du manomètre étalon. Les manomètres à vide peuvent également être essayés au moyen de la pompe à vide F, par comparaison avec le manomètre étalon à colonne de mercure.

Pour tous les étalonnages réalisés au moyen des poids seuls, la valve D qui commande le manomètre étalon reste fermée et ne devra point être ouverte tant que la pression subsistera sous peine d'être détériorée. Les poids seront soigneusement mis en place ou retirés et leur ensemble sera animé d'un léger mouvement de rotation de manière à éliminer l'influence des frottements. Si les manomètres doivent être essayés à des pressions supérieures au moyen de la pompe à vis et du manomètre étalon, la valve D est ouverte, tandis que la valve B conduisant au cylindre est fermée. Les manomètres à vide que l'on désire essayer sont simplement attachés au raccord situé au-dessus de la valve E, le vide étant créé au moyen de la pompe à air F actionnée à la main et le vide mesuré à l'aide du manomètre étalon à colonne de mercure.

Pour obtenir une très grande précision, il est préférable de faire l'étalonnage à l'aide d'un manomètre à colonne de mercure et la maison Schäffer et Budenberg fabrique également un tel appareil.

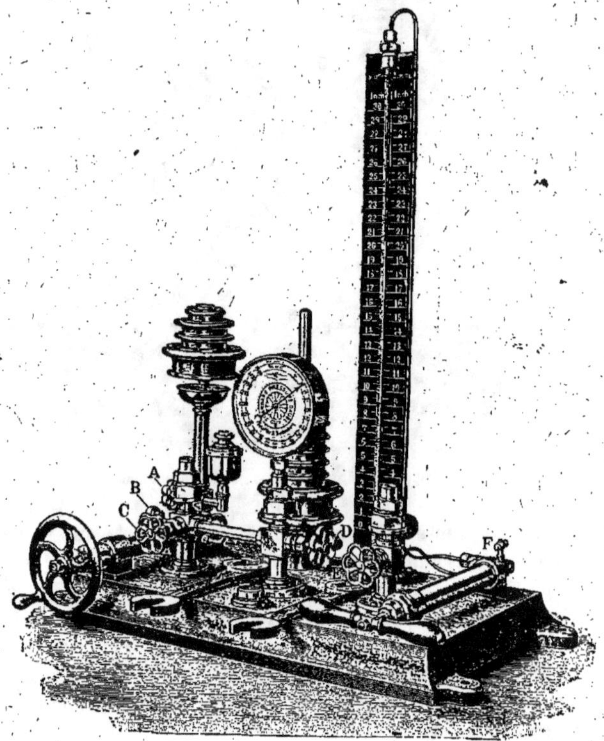

Fig. 35. — Appareil de contrôle des manomètres de pression combiné avec une colonne de mercure pour l'essai des manomètres à vide.

Des manomètres étalon d'un modèle spécial sont utilisés par les inspecteurs de chaudières. Une connection spéciale est généralement ménagée sur le siphon du manomètre de la chaudière de manière que l'on puisse raccorder aisément et rapidement le manomètre étalon et faire toutes comparaisons utiles.

Erreur des manomètres. — Les manomètres peuvent présenter des erreurs ayant les caractères suivants :

(1) Erreur constante.

(2) Erreurs croissant ou décroissant graduellement, sur toute la gamme des pressions.

(3) Erreurs variant sans loi définie.

(4) Erreurs par défaut pour les lectures nécessaires faites en augmentant la pression, ou erreur par excès pour les lectures faites en diminuant la pression.

L'aiguille du cadran est généralement montée à cône sur l'axe du pignon central, aussi l'erreur constante (1) peut être éliminée facilement en démontant l'aiguille et en la remettant en place en position correcte. La cause d'erreur (2) peut être corrigée par un choix judicieux de la longueur d'un des leviers connectant le tube flexible au secteur denté. Les erreurs (3) sont difficilement corrigeables à moins que l'on s'aperçoive qu'elles sont dues à un contact entre l'aiguille mobile et le cadran. Si elles sont faibles elles sont dues probablement à un mauvais établissement des pivots ou des engrenages ; elles se rencontrent surtout dans les appareils à bon marché. Si ces erreurs sont importantes elles peuvent être dues au manque d'élasticité du tube provenant d'un manque de soin de l'appareil qui aura été utilisé pour mesurer une pression trop élevée ou pour mesurer une pression à fluctuations rapides sans avoir fermé suffisamment le robinet de connection. Il est toujours mauvais de mettre un manomètre sous pression d'une façon brusque et le robinet-valve doit être manœuvré dans chaque cas très progressivement.

Un manomètre donne généralement des indications par défaut lorsque les lectures sont faites en augmentant la pression, ou par excès lorsque les lectures sont faites en diminuant la pression ; du fait de jeux, frottement et du manque d'élasticité du tube. Ces différences peuvent être appréciables avec les appareils à bon marché mais sont généralement faibles avec les appareils de bonne qualité. De toutes façons il est bon de faire un étalonnage de l'appareil pour les pressions croissantes et décroissantes et de tracer des courbes représentatives des pressions lues et des pressions réelles.

Pour obtenir un bon joint entre le manomètre et le siphon on intercalera une rondelle de plomb, en prenant garde que l'ouverture centrale de la rondelle soit suffisante pour éviter son obturation au moment du serrage. L'emploi de rondelles en caoutchouc ou en cuir n'est pas recommandable, car ces matières se désagrègent et peuvent obturer la connection.

Partout où des chaudières exigent le maintien d'une pression constante à une valeur donnée, on utilisera un manomètre avec courbe de correction.

Indicateur pour machines à vapeur et moteurs à gaz

Indicateur Crosby. —La figure 36 montre la coupe d'un indicateur Crosby pour machine à vapeur. Le piston de l'indicateur se déplace à l'intérieur d'un cylindre 4, muni d'enveloppes de vapeur et se trouve relié rigidement à la partie inférieure d'un ressort en acier, la partie supérieure de ce ressort étant vissée au couvercle 2 de l'indicateur. Sous l'influence de la pression de la vapeur, le ressort est comprimé et son degré de compression est proportionnel à la valeur de la pression. La face supérieure du piston est en re'ation avec l'atmosphère et des trous sont ménagés à cet effet dans le

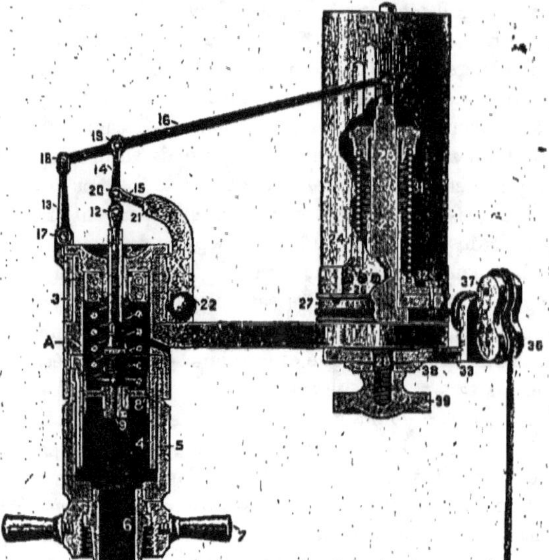

Fig. 36. — Indicateur standard Crosby pour machines à vapeur.

corps de l'indicateur pour permettre l'écoulement de la vapeur de fuite. Afin de prévenir les effets dus à l'inertie du piston lors de variations rapides de la pression, sa course est réduite à quelques millimètres et afin d'obtenir un diagramme ayant des dimensions raisonnables, cette course est amplifiée au moyen d'un système de levier. Le déplacement du crayon 23 est parallèle à celui du piston de l'indicateur et son amplitude atteint 6 fois celle du piston. Le tracé du diagramme se fait sur une feuille de papier fixée sur le tambour 24, au moyen de deux languettes flexibles 25. Le mouvement de rotation du tambour 24 autour de son axe vertical 28 est commandé par une corde qui a son point d'attache sur le tambour et s'enroule sur ce tambour, tandis que son autre extrémité est attachée à un système réducteur quelconque qui se meut au synchronisme du piston du moteur. Le ressort spiral 31 tend constamment cette corde et sa tension peut être réglée au moyen d'un écrou moleté. Le manchon 3 supporte l'équipage mobile et tourne autour du cylindre de l'enregistreur, permettant ainsi d'amener la pointe du crayon au contact du papier. La rotation est limitée par la vis d'arrêt 22. Le ressort de l'indicateur a son extrémité inférieure ramenée suivant un diamètre et renferme une bille qui vient s'enchâsser dans une alvéole fixée au piston. Pour fixer le ressort sur le piston, on divise tout d'abord la vis 9 placée à la partie inférieure du piston, la bille du ressort est introduite dans son logement et l'on visse alors la tige du piston 10 sur sa portée ; la bille étant lâche dans son alvéole. La vis 9 est alors vissée jusqu'à ce que son extrémité s'applique sur la bille ; il y aura lieu de fixer le ressort spiral concentriquement avec l'axe du piston. Tout manque de soin dans la connection du ressort au piston pourra causer des grippements ou des frottements excessifs entre le piston et le cylindre. La tige du piston est alors attachée aux leviers de commande en vissant la chape 12, non sans avoir préalablement fixé l'anneau de bronze placé à la partie supérieure du ressort, sur le couvercle du cylindre. La hauteur de la bielle est alors réglée en vissant la tige du piston sur la chape jusqu'à ce que le crayon occupe une position convenable. On graisse le piston avec une huile claire et on l'insère dans le cylindre, puis on visse en place le couvercle du cylindre. Les divers axes et pivots seront huilés de temps en temps au moyen d'huile d'olive claire. Les pivots de bielles sont coniques et permettent ainsi un rattrapage facile du jeu qui aurait pu se produire.

L'indicateur Crosby pour moteur à gaz est semblable à l'indicateur ci-dessus, la surface du piston n'étant cependant que la moitié (1,66 cm²) de celle de l'indicateur à vapeur. Il existe du même type un indicateur pour machines à vapeur et moteur à gaz, livré avec pistons et 2 équipages mobiles, l'un quelconque de ces équipements pouvant être monté sur le corps de l'indicateur. Afin de limiter la température du ressort de l'indicateur, on construit également un autre type d'indicateur pour moteur à gaz, avec ressort *extérieur* ; mais la longueur et la masse des parties mobiles sont le défaut de ce type d'indicateur.

On peut utiliser un tambour spécial pour le relevé de diagrammes continus particulièrement dans le cas de machines soufflantes ou de trains de laminoir... auxquels cas les variations de charge sont très grandes. Dans les essais sur des machines à plusieurs cylindres, il est bon de relever tous les diagrammes en même temps ; la présence d'une indicateur particulier et d'un opérateur étant nécessaire pour chaque cylindre. Par un dispositif électro-magnétique monté sur chaque indicateur un seul opérateur pourrait cependant relever automatiquement plusieurs diagrammes, par la simple fermeture d'un circuit.

Les apareils de ce type sont construits en France par MM. J. Demay, Thiebaux et Cie.

Indicateur Hopkinson à inscription lumineuse. — Le grand nombre de pivots du système de leviers de l'indicateur ordinaire est capable d'intro-

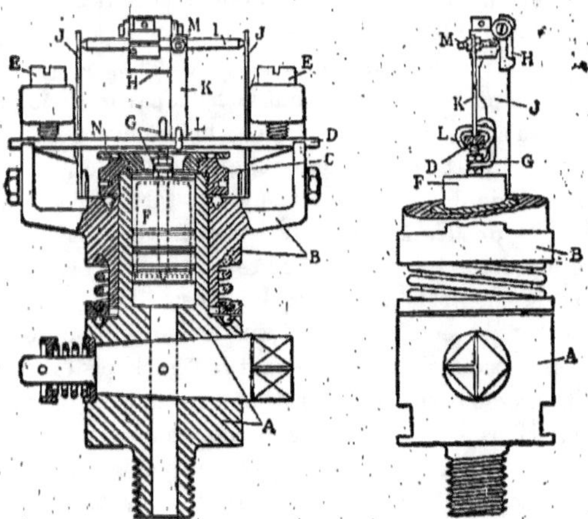

Fig. 37. — Indicateur optique Hopkinson.

duire un certain jeu entre le piston et le crayon de l'indicateur et le frottement du crayon sur le papier est encore capable d'introduire des causes d'erreur si l'indicateur n'est pas soigneusement manipulé. L'inertie des leviers et des autres parties mobiles tend à introduire un décalage. Pour éviter ces défauts le professeur Hopkinson a étudié l'indicateur de la figure 37, qui est fabriqué par MM. Dobbie, Mc Innès et Co de Glasgow. Le corps de l'indicateur A est vissé sur le robinet du cylindre de la machine.

La monture B se fixe sur le corps de l'indicateur avec un jeu suffisant pour permettre les dilatations et est maintenue en place par un ressort qui vient l'appliquer par l'intermédiaire d'un roulement à billes sur la bague C, vissée à l'extrémité du corps de l'indicateur. Le ressort D se compose d'une lame d'acier reposant dans des encoches ménagées dans les bras de la monture B et maintenue en place par les vis E. Le ressort D est légèrement cintré de sorte que lors de son montage et sous la pression des vis E, il devient sensiblement rectiligne. Le piston F se déplace dans le cylindre ménagé dans le corps de l'indicateur.

Ce piston est alésé complètement d'un bout à l'autre et l'une de ses extrémités est fermée à l'aide d'une plaque. L'attache G est d'une part fixée sur le piston et, d'autre part, vient entourer le ressort plat D mais avec un jeu suffisant pour permettre le glissement de la gaine. Un miroir H est fixé sur un axe en acier I, dont les extrémités pivotent dans de petits trous percés dans les joues verticales J. Le déplacement du ressort D est communiqué à l'axe du miroir au moyen d'une lame élastique K, dont l'extrémité inférieure est fixée sur le ressort D au moyen des mâchoires L et dont l'extrémité supérieure est fixée rigidement au bras M monté à angle droit avec le miroir. Le miroir tourne donc d'un angle proportionnel au déplacement du ressort principal D et par suite à la pression sous le piston. La rotation de l'équipage mobile B (environ 16 radian) est obtenue au moyen d'un dispositif spécial directement connecté à la machine.

L'angle de rotation du miroir H est mesuré à l'aide d'un rayon lumineux qui vient donner une image sur un verre dépoli. Le diagramme tracé par le « spot » se présente sous la forme d'un tracé lumineux du fait de la persistance des impressions lumineuses. Le verre dépoli porte des lignes verticales et horizontales et l'on peut ainsi aisément relever la pression en un point quelconque ou faire le relevé de ce diagramme sur une feuille de papier millimétré. On peut encore remplacer le verre dépoli par une plaque photographique et obtenir une photographie du diagramme.

L'appareil est livré avec 3 pistons dont les surfaces sont dans les rapports 1, 2, 4 et avec 2 ressorts dont les élasticités sont dans le rapport de 1 à 10 ; ce qui permet une variation importante de la sensibilité de l'appareil. Les plus petits pistons se montent dans des fourrures qui viennent s'engager dans les cylindres. Le ressort est facilement changé en dévissant les vis F et en retirant l'ensemble *ressort*, axe et miroir ; les plaquettes J étant légèrement écartées pour permettre de retirer l'axe. Quand le ressort est retiré, le piston peut être lui-même retiré en enlevant le couvercle N, qui sert en même temps d'arrêt pour éviter une déformation excessive du ressort.

La figure 38, représente un diagramme relevé à l'aide de l'indicateur d'Hopkinson sur un moteur fonctionnant suivant le cycle d'Otto (1).

Le professeur Burstall (2) a comparé les résultats donnés par l'indicateur

(1) Le professeur HOPKINSON, résume quelques relevés effectués avec cet indicateur dans le *Proc. Inst. Mech. Eng.*, 1907, part. IV.

(2) Voir *Proc. Inst. Mech. Eng.*, 1909, page 785.]

de Crosby et l'indicateur d'Hopkinson, les deux diagrammes étant relevés simultanément sur le même moteur à gaz. Il résume ainsi le résultat de ses expériences : « Bien que les résultats ne prouvent pas une parfaite précision de ces appareils, ils montrent que les chiffres obtenus sont très proches de la vérité. Ces deux modèles d'indicateurs sont cependant entièrement différents, l'un amplifie les déplacements du piston dans le rapport de 1 à 6 et l'autre dans le rapport de 1 à 120 ; tandis que les rotations du tambour et du miroir sont également dans le même rapport. Dans l'indicateur optique l'inertie est certainement négligeable et que les deux appareils donnent des résultats différents de moins de 3 0/0 pour la pression moyenne et très comparables pour la pression initiale, montre avec suffisamment d'évidence que lorsque les indicateurs sont utilisés avec les précautions que nous avons indiquées, les résultats obtenus sont au moins aussi précis que les autres mesures effectuées dans l'essai des moteurs. »

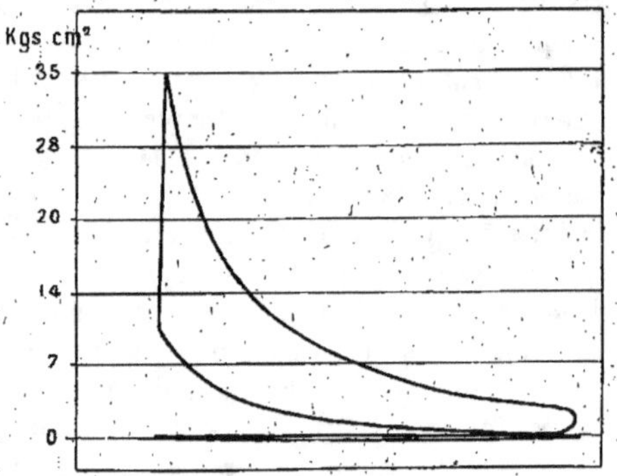

Fig. 38. — Diagramme obtenu avec l'indication optique Hopkinson.

L'indicateur à piston et crayon enregistreur est très utile et donne une précision suffisante pour les vitesses modérées (300 à 400 $t:m$) lorsque le dispositif de commande est bien réalisé et la connection au cylindre suffisamment courte, mais il est pratiquement sans emploi aux grandes vitesses en raison de l'inertie des parties mobiles. On a donc construit des indicateurs spéciaux pour les moteurs tournant à 2.000 $t:m$ et même plus. Ces indicateurs comportent au lieu d'un piston, une membrane déformable, dont les déplacements sont enregistrés par un procédé lumineux.

Ce type d'indicateur ou manographe qui semble avoir été introduit par le professeur Perry, a reçu de nombreuses modifications. Si nous nous reportons à la figure 39 qui représente le manographe dans sa forme schématique, nous voyons le diaphragme flexible en acier Q, qui est connecté au cylindre du moteur au moyen d'un court tuyau E. R est une petite manivelle qui attaque une biellette V, les dimensions de ces organes étant telles que le rapport de la longueur de la manivelle à la longueur de la bielle corresponde au rapport normalement adopté pour le moteur à explosion. Le miroir M repose sur 3 points, l'un à l'extrémité de la tige L qui commande le diaphragme, le 2e à l'extrémité de la tige S qu'actionne la manivelle R et le 3e F qui est situé au centre du miroir. Le miroir reste maintenu au contact de ces 3 points, au moyen d'un ressort convenable. Un faisceau lumineux passé à travers une légère ouverture ménagée dans la plaque O et traverse un prisme à angle droit P, qui le dirige sur le centre du miroir M. La manivelle R tourne au synchronisme avec la manivelle du moteur et provoque des oscillations du miroir autour de l'axe LF. Le diaphragme Q s'infléchie proportionnellement à la pression et fait osciller le miroir autour de l'axe FS, à angle droit de l'axe LF. Le *spot* (1) trace donc l'image du diagramme sur l'écran D,D, et du fait de la persistance des impressions lumineuses, l'œil perçoit un diagramme complet.

Le planimètre ordinaire ne peut pas être utilisé pour déterminer la pression effective moyenne dans le diagramme, l'échelle des pressions pouvant ne pas être directement proportionnelle à la pression réelle. L'échelle des pressions doit être déterminée expérimentalement, pour chaque instrument et pour chaque diaphragme.

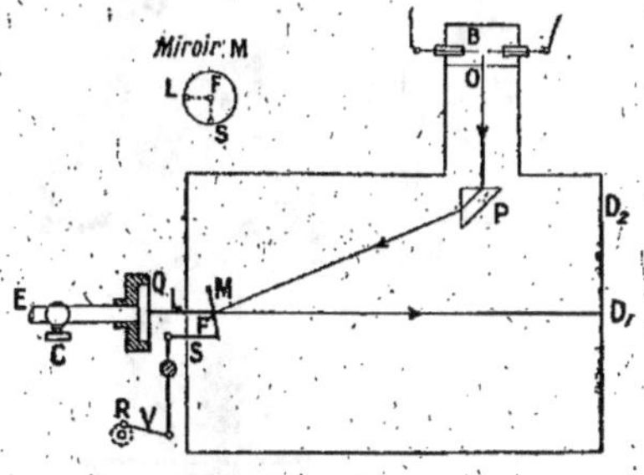

Fig. 39. — Schéma d'un manographe type pour machine à grande vitesse.

Quelques fabricants de ce type de manographe utilisent un long tube de connection entre le cylindre du moteur et le diaphragme Q et connectent l'axe de la petite manivelle R à l'axe du moteur par un flexible. Une telle disposition est susceptible d'introduire des erreurs considérables car le décalage entre la pression dans le cylindre et la pression derrière le diaphragme sont susceptibles d'être fortement décalées aux grandes vitesses ; tandis que d'autre part l'emploi d'un long tube provoque un étranglement des gaz et augmente le volume de la chambre de compression. Pour vaincre ces difficultés, les constructeurs préconisent l'emploi d'un système d'engrenages épicycloïdaux, monté entre le moteur et la manivelle R, qui permet de décaler le mouvement de la manivelle R en arrière de la mani-

_____

(1) Spot ou petite tache *lumineuse*.

velle du moteur. Malheureusement le retard dans la transmission de la pression au cylindre, varie avec la vitesse du moteur et le réglage devient incertain et compromet l'exactitude de la méthode. Il est préférable d'avoir une connection courte et d'employer une transmission par chaîne ou par engrenage entre l'arbre principal et l'arbre de la petite manivelle R.

Dans les moteurs à gaz pauvre et dans les moteurs à essence le caractère de l'explosion et de la détente varie considérablement d'un cycle à l'autre et ces moteurs ne développent point une puissance constante, particulièrement lorsqu'ils opèrent sous charge très variable. Quelques-unes des causes de cette non-constance de la nature des explosions sont très obscures

Fig. 40. — Compteur d'explosion système Mathot monté sur un indicateur Dobbie Mc Innes pour moteur à gaz.

et le relevé d'une série d'explosions pendant une longue période de temps, ne permet pas quelquefois de localiser la faute. Quand le caractère de la combustion varie d'un cycle à l'autre, la détermination de la pression effective moyenne exige le relevé d'un grand nombre de diagrammes, ce qui entraîne une grande quantité de travail pour l'étude de ces diagrammes. La plus grande partie de ce travail peut être évitée par l'emploi d'un enregistreur spécial.

La figure 40 représente un enregistreur Mathot à enregistrement continu, adapté à un indicateur Mc-Innes-Dobbie pour moteur à gaz. Le tambour enregistreur A a 95 millimètres de diamètre et permet d'utiliser une bande d'enregistrement de 330 millimètres de longueur. Ce tambour est entraîné par un mécanisme d'horlogerie et un tour complet du tambour s'effectue en 2 minutes environ. Le départ ou l'arrêt du tambour sont commandés par le bouton D. On construit également un enregistreur Mathot, spécialement étudié pour les moteurs à grande vitesse et qui comporte deux vitesses du tambour.

Un enregistreur étudié par l'auteur et dont la réalisation est facile est représenté par la figure 41. Cet appareil construit par W. B. Nicolson de Glascow convient particulièrement pour les moteurs fixes à gaz et pour les moteurs à essence. La figure montre l'appareil fixé sur un moteur à gaz pauvre. Le raccordement est fait par un tuyau coudé en T qui porte sur chacune de ses branches un robinet. L'enregistreur E est fixé de la manière la plus convenable. Dans le cas présent il est supporté par une légère plaque P, fixée sous l'un des écrous de la culasse du moteur. Une bande de papier D est placée sur l'appareil et ses deux extrémités sont collées ensemble. La petite poulie G attachée sur un prolongement de l'arbre entraîne la poulie de l'enregistreur au moyen d'une corde, laquelle poulie transmet son mouvement au papier au moyen d'un train épicycloïdal. Le tambour de l'indicateur peut rester stationnaire, car le papier D glisse aisément à la surface du tambour. On dispose de deux vitesses de déplacement du papier (grande et petite vitesse) et le passage d'une vitesse à l'autre se fait en quelques secondes par changement d'une des roues du train épicycloïdal. Un autre montage pratique de l'indicateur consiste à le fixer sur le robinet A et à fixer le tambour enregistreur E verticalement et à une distance convenable de l'indicateur, en entraînant la poulie F à l'aide de la partie supérieure de l'axe du régulateur.

Le procédé exact de détermination de la véritable pression effective moyenne, quand on utilise l'indicateur et l'enregistreur à déroulement continu est le suivant. On monte tout d'abord l'indicateur sur le robinet A et l'on relève sur la même feuille de papier une série de 6 ou 7 diagrammes. Ces diagrammes différeront probablement les uns des autres et ne se

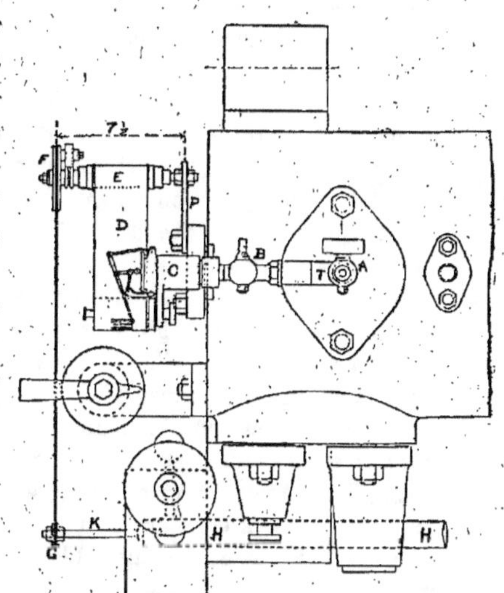

Fig. 41. — Montage d'un compteur d'explosion sur un petit moteur à gaz.

recouvriront pas sur la carte. L'indicateur est immédiatement après fixé au robinet B et le diagramme tracé sur le papier à mouvement continu D avec la petite vitesse de déroulement. Si deux indicateurs semblables étaient disponibles, les deux ensembles de diagrammes pourraient être relevés simultanément mais ceci n'est pas essentiel. Si l'on enlève sur l'indicateur G fixé au robinet B, le ressort du tambour et la butée du tambour, ce tambour peut être entraîné par E à l'aide d'une ficelle ; une feuille de diagramme ordinaire étant utilisé sur ce tambour au lieu du papier mobile D. Les hauteurs variables des lignes d'explosion indiqueront le caractère de ces explosions et en repérant le nombre d'explosion fortes, moyennes et faibles

et en les comparant avec les diagrammes obtenus par les méthodes ordinaires il est facile de voir ce que sera le coefficient relatif à affecter à chacun
des diagrammes quand on calculera la pression effective moyenne.

L'augmentation brusque de pression qui a lieu dans le cylindre d'un
moteur à gaz provoque des efforts sur les axes de l'équipage mobile, du fait
de l'inertie des pièces et peut, par suite, provoquer un certain jeu en ces
points. Un enregistreur ne devra donc jamais être laissé en service pendant
une période plus longue qu'il n'est nécessaire.

Les caractéristiques essentielles que doit présenter un bon indicateur
sont :

1º Résistance de frottement minimum entre pièces mobiles, sans pour
cela qu'entre le piston et le cylindre il y ait plus qu'une légère fuite de
vapeur.

2º Absence de jeu dans toutes les parties de l'équipage mobile. Légèreté
et indéformabilité de ces pièces.

3º Avec l'emploi d'un système amplificateur le mouvement du crayon
doit être parallèle au mouvement du piston et le rapport des déplacements
doit être constant. L'axe de l'indicateur doit être exactement parallèle à
l'axe du tambour enregistreur.

4º Pendant l'essai de l'indicateur sous pression croissante, l'erreur ne
doit pas être supérieure à 0,07 k. par cm², même avec les ressorts les plus
forts. Il est nécessaire d'essayer les indicateurs pour machines à vapeur
sous une pression de vapeur.

Pour éviter tout ennui lors de l'achat d'un indicateur et lorsque l'on n'a
pas une très grande pratique de ce matériel, il est nécessaire de s'adresser
à une maison connue et de prendre un type d'indicateur ayant fait ses
preuves. Ce choix est d'une très grande importance et nous allons étudier
plus en détail les quatre ensembles de qualités que doit posséder un bon
indicateur.

Pour se rendre compte de l'importance des frottements dans un indicateur, on procède au montage de cet appareil, mais sans introduire le ressort
du piston et en mettant un peu d'huile sur le piston. Le poids des parties
mobiles doit provoquer la descente lente du piston dans le cylindre, le
piston étant soumis sur ses deux faces à la pression atmosphérique, si le
piston tombait très rapidement ce serait l'indice d'un trop grand jeu entre
piston et cylindre. Cette méthode n'est cependant pas complète, car elle
ne permet pas de se rendre compte de ce que seront les frottements lorsque
le ressort sera en place.

Une autre méthode consiste à montrer l'indicateur en entier et de tracer
sur le papier enregistreur une ligne correspondant à la pression atmosphérique. L'on appuie alors légèrement sur le crayon de l'enregistreur, on le

laisse remonter de son propre mouvement ; puis l'on trace une nouvelle ligne horizontale. Après quoi on soulève légèrement le crayon de l'enregistreur et on le laisse redescendre de son propre mouvement ; puis l'on trace une nouvelle ligne horizontale. Si ces 3 lignes coïncident pratiquement pour un ressort de tension modérée (par exemple, 4,2 kg. : cm²), cela dénotera une faible résistance de frottement ; mais si les 3 lignes sont écartées les unes des autres (leur distance représentant par exemple 0,07 kg. : cm²), ce résultat montre que le piston se déplace à frottement trop dur dans le cylindre, ou que l'un des axes demande à être huilé ou légèrement desserré. Cet essai doit être fait non seulement avec un indicateur neuf, mais encore sur les indicateurs en service lorsque l'on craint des frottements trop grands ou que l'indicateur a été malmené. Pour réduire les frottements au minimum il est bon de graisser à l'huile d'olive tous les axes mobiles et de les nettoyer périodiquement.

Après avoir fait usage d'un indicateur, on doit nettoyer le système de commande, le piston et le barillet avec un chiffon bien sec et exempt de poussière. Il ne sera jamais fait usage, pour ce faire, d'un essuie-main quelconque. L'appareil doit être manié délicatement et la chute du piston ou du système enregistreur sur le sol est suffisante pour enlever toute précision à l'appareil.

Bien qu'il y ait 5 ou 6 pivots et une connection à vis entre le piston de l'indicateur et le crayon, on ne devra pas tolérer le plus petit jeu dans le système. Quelques fabricants usent des axes coniques qui permettent le rattrapage de jeu. L'axe à vis peut également être une cause de jeu dans certains types d'indicateurs.

Le poids excessif des parties mobiles peut provoquer des vibrations de l'appareil pour des changements brusques de pression, par exemple au point d'explosion dans le cycle d'Otto.

Si l'on possède un indicateur de bonne marque, bien employé, il donne des résultats suffisamment approchés pour les besoins de la pratique. Mais lorsque l'on désire une précision extrême il devient nécessaire d'essayer les indicateurs et de calibrer leurs ressorts périodiquement.

Appareils pour l'essai des indicateurs. — Les meilleurs fabricants d'indicateurs, essayent leurs indicateurs et leurs ressorts avant que ces appareils quittent leurs usines ; mais pour les essais importants il est quelquefois nécessaire de déterminer le degré de précision d'un indicateur, soit avant, soit après l'essai d'une machine. Il est un fait connu, que l'élasticité d'un ressort dépend de la température, aussi l'essai d'un indicateur destiné à une machine à vapeur doit être essayé sous la pression de *vapeur*, tandis qu'un indicateur destiné à une pompe à vis ou à une pompe à eau doit être essayé à la température ordinaire.

Par une disposition spéciale les appareils d'essais à poids mort des figures 34 et 36 peuvent être utilisés, pour essayer des indicateurs sous la pression de vapeur, en employant des limiteurs pour réduire la course du piston. Les robinets d'admission et de fermeture devront permettre un réglage très précis. Pour un travail bien précis, l'indicateur devra être essayé à l'aide d'une colonne de mercure, mais pour des résultats approchés il est souvent suffisant d'essayer l'indicateur sur un cylindre à vapeur spécial (par comparaison avec un manomètre étalonné), portant des robinets d'entrée et de sortie de vapeur pour le réglage exact de la pression de vapeur.

Une certaine habileté est nécessaire pour régler la pression de vapeur exactement à la pression représentée par la charge sur un piston plongeur et si l'on dépasse la pression désirée il est préférable de revenir à la pression initiale et tâcher d'atteindre à nouveau le réglage désiré.

L'appareil d'essai représenté par la figure 35 peut également être employé pour essayer un indicateur « à froid », en adoptant un « nipple » spécial permettant l'usage d'un liquide tel que de la glycérine pour la transmission de la pression. Si le piston a du jeu dans le cylindre (un piston d'indicateur a toujours un peu de jeu), la glycérine fuira entre le piston et les parois du cylindre et exercera une pression sur le piston, affectant ainsi les indications de l'indicateur.

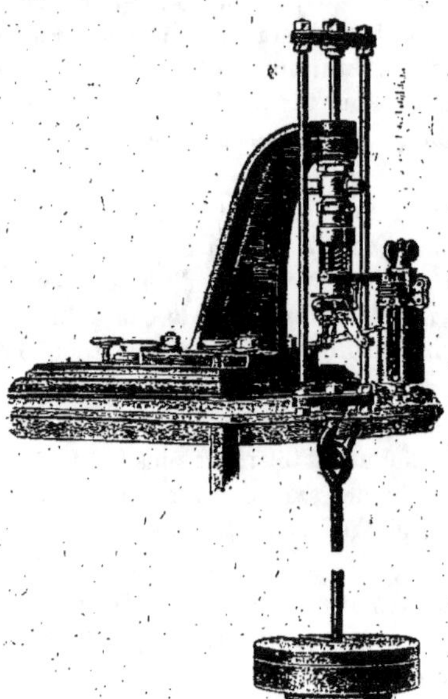

Fig. 42. — Essai d'un indicateur pour des pressions supérieures à la pression atmosphérique.

La fig. 42 représente un appareil d'essai à poids pour l'essai à froid des indicateurs marchant au-dessus de la pression atmosphérique, tandis que la figure 42 A montre la disposition de l'appareil pour les pressions inférieures à la pression atmosphérique. Il n'est pas nécessaire d'insister sur la nécessité d'ajouter et de retirer les poids très doucement.

De tels essais révèlent presque toujours des résistances statiques de frottement, les valeurs enregistrées étant généralement plus élevées pour les pressions allant en croissant que pour les pressions allant en décroissant, ainsi que le montre le résultat d'essai de la figure 43 ; mais à moins que les différences soient excessives, ceci n'affecterait pas sérieusement la précision de l'indicateur fonctionnant normalement. Si un indicateur était reconnu sujet à de sérieuses erreurs, il faudrait faire corriger ce défaut par le constructeur avant de faire aucun travail important.

Le professeur Osborne Reynolds a étudié l'influence de l'inertie et des résistances de frottement des parties mobiles d'un indicateur et également d'influence possible de l'allongement de la corde de commande du tambour de l'indicateur. Ces résultats ont été rendus publiques dans une communication à l'*Institution of Civil Engineers* (vol. LXXXIII). Les erreurs probables dans les diagrammes, dues à ces causes, sont très faibles avec les bons indicateurs soigneusement entretenus, bien que les indicateurs des moteurs à gaz soient quelquefois sujets à de grosses erreurs.

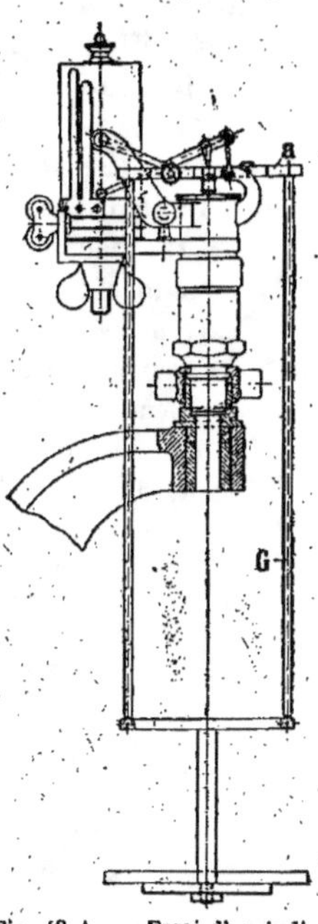

Fig. 42 A. — Essai d'un indicateur pour des pressions inférieures à la pression atmosphérique.

Organes de commande des tambours d'indicateurs. — Le mouvement du tambour de l'indicateur doit être une copie correcte du déplacement du piston de la machine et la méthode à adopter dans ce but est généralement déterminée par la course du piston et la position des robinets de l'indicateur. Un dispositif qui est vendu par quelques fabricants d'indicateurs pour être adapté à l'indicateur même se compose d'une grande et d'une petite poulie ou tambour attachées l'une à l'autre de manière à tourner autour d'un axe commun. Une cordelette venant de la tige du piston de la machine est fixée à la jante de la grande poulie et s'enroule sur la gorge de cette poulie, cette cordelette étant maintenue tendue au moyen d'un ressort spiral. La cordelette commandant l'indicateur est fixée à la petite poulie. Le déplacement de la tête de bielle se trouve donc transmis au tambour de l'indicateur avec une réduction proportionnelle au rapport des

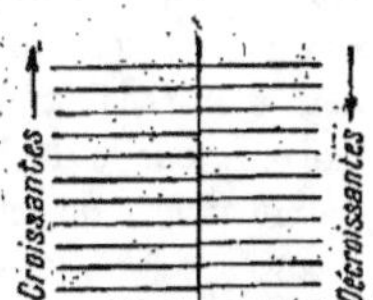

Fig. 43. — Résultat d'essai d'indicateur pour des pressions d'abord croissantes puis décroissantes.

diamètres des deux poulies. Cette disposition bien que peut-être *suffisante* avec de faibles vitesses et pour des essais peu précis, ne convient guère, lorsque l'on veut une certaine précision et pour les vitesses courantes, du fait de l'inertie des poulies qui provoque des lancés et du fait de la difficulté provenant de l'accrochage et du décrochage de la cordelette de l'indicateur pendant la marche de la machine.

La figure 44 représente un bon type de réducteur souvent utilisé sur les petites machines. L'axe A est fixé par un support convenable sur le bâti de la machine et B est fixé directement sur la tige du piston, ses positions extrêmes étant B_1 et B_2. Le levier AB a une section de 25×7 et porte un moyeu qui reçoit l'axe A autour duquel il pivotera. La cordelette I de l'indicateur est attachée au point E de façon à être sensiblement parallèle à la course du piston B_1B_2 et l'indicateur se meut en fonction du déplacement du point E. Si la longueur AB n'est pas inférieure à 1 fois et demie

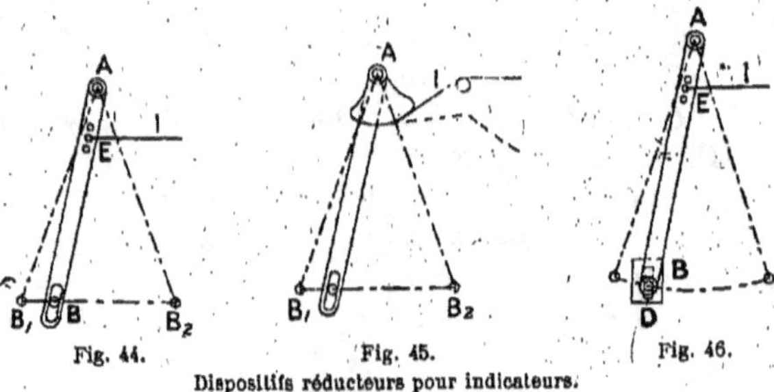

Dispositifs réducteurs pour indicateurs.

la course du piston, le déplacement de E sera une représentation du déplacement du piston, à quelques petites erreurs près, car B se déplace sur une ligne droite, tandis que E se déplace suivant un arc de cercle. Si l'on fixe un secteur (fig. 45), sur lequel vient se fixer une cordelette, on pourra prévoir un système de poulies-guide permettant un angle d'attaque quelconque de la cordelette ; mais il est généralement meilleur d'éviter l'emploi de ces poulies. Ce système réducteur est également incorrect, car le déplacement du tambour enregistreur ne peut pas être une copie exacte de celui du piston.

Un système réducteur très précis utilisé pour les petites machines est représenté (fig. 46). Le levier AB oscille autour de l'axe A, tandis que l'axe B se déplace dans la gong D d'une pièce fixée sur la tête du piston. Du fait que E et B se déplacent sur des arcs de cercles, le déplacement horizontal de E est la fraction $\dfrac{AE}{AB}$ du déplacement de B. Le léger déplacement vertical du point E, dû à son mouvement sur un arc de cercle, se trouve neutralisé par la longueur de la cordelette de commande de l'indicateur. Si le système doit rester fixé à demeure sur la machine, pour permettre des expériences, on pourra adopter le montage représenté par la figure 47. Le fil I en acier est attaché d'une part au point E et d'autre part à un ressort léger S qui n'a pour but que de maintenir le fil tendu mollement lorsque la machine tourne à pleine vitesse. Les crochets C fixés sur le fil servent à la connection des cordelettes des indicateurs. De cette manière on évite l'allongement que donnerait une longue cordelette. Quand deux indicateurs sont montés simultanément sur un cylindre, ils doivent être installés de façon que les ressorts spiraux

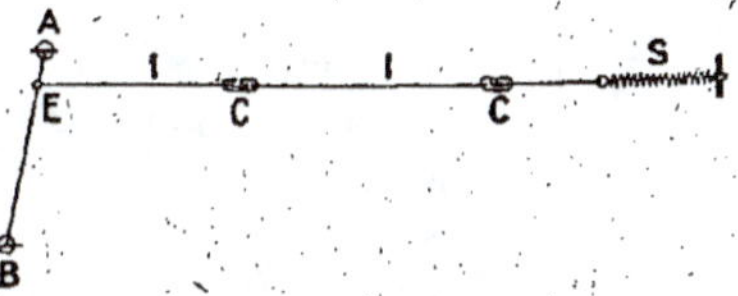

Fig. 47. — Dispositif de commande d'indicateur pour fil d'acier I.

des tambours d'enregistreurs agissent dans le même sens sur le fil I.

Une disposition très pratique mais coûteuse, qui est destinée à éviter l'allongement donné par les cordes d'indicateurs, est représentée figure 48. Le levier oscille autour de son axe, sous l'influence du doigt B qui est fixé sur la tige du piston. Au lieu d'un fil ou d'une corde, une réglette rectangulaire D de longueur convenable est supportée par des rouleaux mobiles ou poulie R et reçoit son mouvement du levier par l'intermédiaire d'un

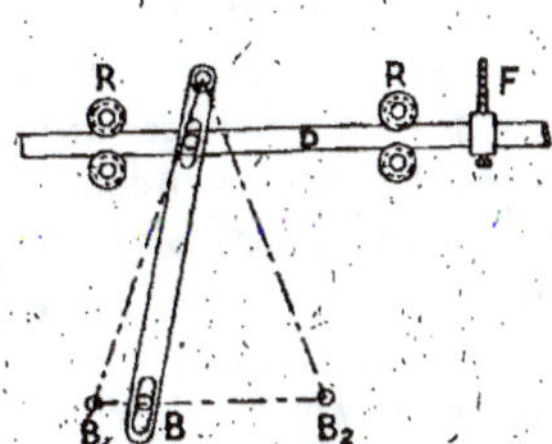

Fig. 48. — Dispositif de commande impérative, pour indicateur.

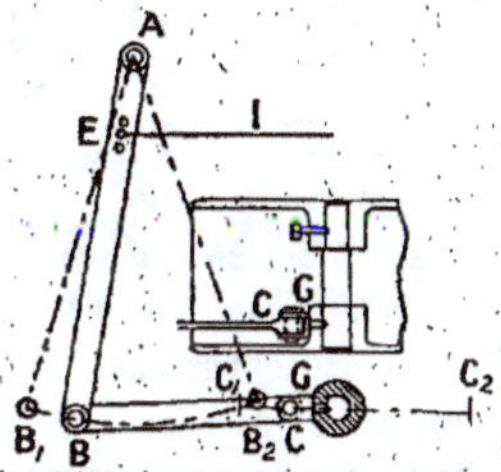

Fig. 49. — Dispositif de commande d'indicateur pour moteur à gaz

axe qui se déplace dans une rainure ménagée sur la réglette. Le mouvement alternatif du piston est ainsi transmis à D, à une échelle réduite. L'anneau de la cordelette de l'indicateur est attaché au doigt F. Ce dispositif convient parfaitement pour une machine avec cylindres en tandem, ou pour un compresseur d'air conduit par machine à vapeur.

La figure 49 représente un système réducteur employé pour les moteurs à combustion interne à simple effet. L'axe A est fixé à la machine par un support convenable. La pièce G vissée sur un bossage du piston, commande par l'intermédiaire d'un axe, la bielle CB qui transmet le mouvement du piston au levier AB. La cordelette de l'indicateur est connectée au point E et restera sensiblement parallèle à l'axe du piston pendant l'opération. Etant donné que les points E et B se déplacent autour de A, le déplacement de E est très sensiblement une représentation exacte du mouvement du piston et le levier AB sera étudié de telle façon que le point B reste autant que possible sur la ligne moyenne.

Système réducteur pour machines de grandes puissances. — Le système réducteur type pantographe de la figure 50, peut être utilisé pour les machines à petite et à grande course ; mais pour les petites courses son emploi est inutile, vu le prix de l'appareil et la plus grande possibilité d'avoir du jeu, par suite du grand nombre d'axes. Le système comporte quatre pièces parallèles deux à deux : ACF et DG, CED et FGB. A est un axe fixé sur le corps de la machine et B est actionné par le piston. La longueur CD est égale et parallèle à FG et de même DG est égale et parallèle à CF. L'axe F situé sur la ligne des centres AB commande le déplacement de la cordelette de l'indicateur I, dont le déplacement correspond à celui du piston

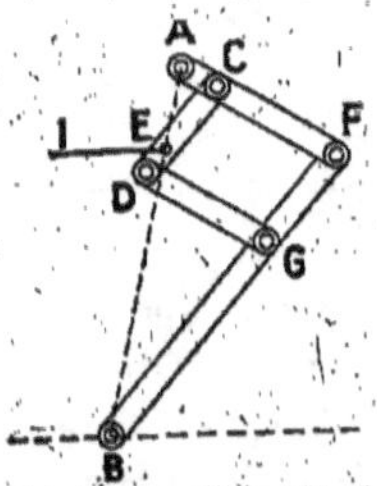

Fig. 50 — Dispositif de commande d'indicateur pour moteur de puissance moyenne.

réduit dans le rapport : $\dfrac{AE}{AB}$. Les différentes pièces du pantographe peuvent être en bois dur avec coussinets bronze et axes en acier.

La figure 51 représente une disposition simple et facilement réalisable, employable avec une machine à longue course. Une corde de 5 millimètres de diamètre s'enroule sur une gorge ménagée sur les poulies A et C de construction légère et ses deux extrémités sont attachées ensemble sur le point B dépendant du piston et qui se déplace entre les positions extrêmes B_1 et B_2. Un petit tambour D venu de fonte avec C ou rapporté (C est la poulie la plus proche du cylindre de la machine), reçoit la corde

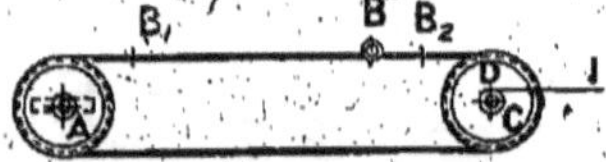

Fig. 51. — Dispositif de commande d'indicateur pour machines de grande puissance.

de commande I de l'indicateur. Les axes qui supportent les poulies A et C sont fixés sur le bâti de la machine ou à des supports convenables fixés sur le bâti, l'axe A étant déplaçable dans une glissière, pour permettre le réglage correct de la corde. Si la gorge sur la poulie C est en forme de V, la corde entraîne la poulie sans glissement lorsque l'on accrochera la corde de commande de l'indicateur. Il est évident que le rapport des diamètres des poulies C et D donnera le rapport des courses du piston et du tambour de l'indicateur.

Le réducteur représenté par la figure 52 convient pour les moteurs à axe vertical et axe horizontal. L'axe A est attaché à un support convenable fixé sur le bâti du moteur et supporte le levier léger BAE. L'axe C est relié au piston par l'intermédiaire de la biellette CB ; la cordelette de commande I de l'indicateur étant attachée au point F et disposée de manière à être parallèle à l'axe du piston. Au lieu d'une cordelette on peut employer un fil d'acier, maintenu tendu au moyen d'un ressort, suivant le dispositif représenté sur la figure 47. L'emploi de poulies-guide pour le fil de commande sera évité autant que possible.

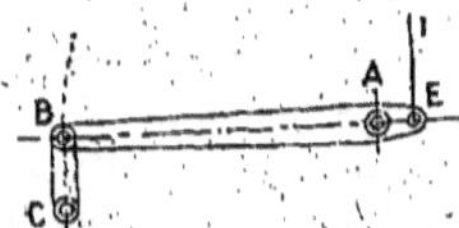

Fig. 52. — Dispositif de commande d'indicateur pour moteurs verticaux.

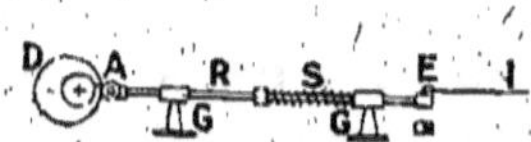

Fig. 53. — Dispositif de commande d'indicateur.

La figure 53 représente un type de réducteur qui a quelquefois été utilisé. Un excentrique D est calé sur l'arbre manivelle et exactement en ligne avec la manivelle. Une tige R guidée par deux supports G vient porter par un galet sur l'excentrique et est maintenu au contact par l'action du ressort S. La corde I de l'indicateur vient s'attacher sur la pince E.

Si L est la course du piston du moteur ; C la longueur de la tige de connection C ; l le déplacement que l'on désire donner au tambour de l'indicateur ; r_1 le rayon de la roulette A et r_2 le rayon du disque D.

Le mouvement du piston sera convenablement reproduit si la relation suivante est satisfaite :

$$\frac{l}{r_1 + r_2} = \frac{L}{C}$$

Ce système présente plusieurs inconvénients. En premier lieu il est d'un prix de revient assez élevé et exige soit une longue tige R, soit une longue corde de commande du tambour de l'indicateur, bien que dans quelques grandes machines terrestres le disque D est placé sur l'arbre de commande des soupapes au voisinage des cylindres, cet arbre tournant à la même vitesse que l'arbre principal. De même le ressort S doit être suffisamment puissant pour vaincre l'inertie et les résistances de frottement de toutes les parties du réducteur, aussi bien que pour vaincre l'effort provenant des ressorts des tambours des enregistreurs. Pour ces raisons ce dispositif n'est pas à recommander à moins qu'il n'y ait quelque raison spéciale pour rejeter les réducteurs des types précédemment décrits.

Fixation des indicateurs sur les cylindres. — La figure 54 représente un montage couramment employé ; des conduites de 12 millimètres à 18 millimètres de diamètre reliant les fonds de cylindre à un robinet à 3 voies. Ce dispositif a l'avantage de n'exiger qu'un seul indicateur par cylindre et

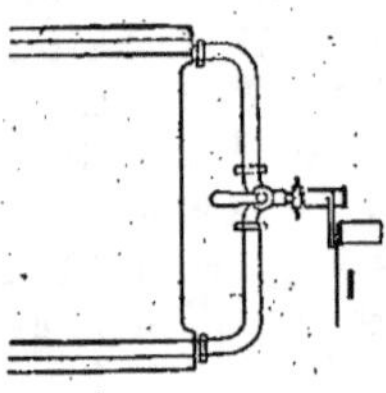

Fig. 54. — Disposition à rejeter.

d'être d'un emploi facile, mais il n'est pas à recommander chaque fois que l'on désire obtenir des résultats précis (sauf peut-être avec les petites machines), par suite de l'influence des canalisations. La théorie et l'expérience montrent que ces canalisations provoquent le décalage de la pression dans l'indicateur en arrière de la pression dans le cylindre et la pression moyenne effective sera de 2 à 3 0/0 trop grande, suivant le diamètre et la longueur de ces canalisations. Une meilleure disposition consiste à monter directement les indicateurs sur chaque extrémité de cylindre. Le tube étiré de 3/4 inch (environ 18 millimètres) est le plus généralement employé pour faire les connections des cylindres aux indicateurs.

Relevé des diagrammes. — Le relevé du diagramme d'une machine est considéré très souvent comme une opération très simple et bien que le meilleur indicateur convenablement manié ne donne pas une absolue précision, il n'est pas rare de voir déduire d'un diagramme relevé dans les plus mauvaises conditions une puissance en chevaux-vapeur évaluée avec 5 ou 6 chiffres significatifs ! Il est donc tout d'abord intéressant de se rendre compte de l'importance des erreurs pouvant provenir des imperfections de l'indicateur et de la plus ou moins grande habileté de l'opérateur.

Quand on monte un indicateur, le ressort devra être choisi de manière que le diagramme ait une hauteur convenable, bien que pour les machines à grande vitesse où l'emploi d'un ressort assez tendu soit nécessaire pour éviter les « lancés ». Toutes les parties de l'indicateur devront être parfaitement assemblées et le piston de l'indicateur légèrement huilé avec de l'huile à cylindre avant sa mise en place, tout particulièrement dans le cas de vapeur surchauffée ou de moteur à gaz. L'opérateur s'assurera que le raccord de l'indicateur est convenablement vissé sur 3 ou 4 tours, de façon qu'il n'y ait point risque de dévissage et chute de l'indicateur au cours des opérations. Avant que la cordelette de l'indicateur ne soit accrochée elle doit être réglée en longueur de manière qu'il n'y ait ni flottement, ni crainte de rupture de la corde, ni crainte de voir le tambour de l'indicateur venir en contact avec les butées. Ce choc pourra être perçu en plaçant le doigt sur l'indicateur dans le voisinage du tambour. On devra soigneusement inspecter les diagrammes de manière à se rendre compte que la cordelette ne glisse pas. La figure 55 montre en traits pleins le diagramme qui sera obtenu quand le tambour vient toucher à une butée et le tracé en trait pointillé représente la partie du diagramme qui est ainsi omise. Il va de soi que le même phénomène pourrait se produire à l'autre extrémité du diagramme si c'est l'autre butée qui entre en jeu.

Une bonne manière de monter une feuille d'indicateur sur le tambour consiste à replier l'une des extrémités de cette feuille et d'engager cette partie sous l'extrémité supérieure de la plus grande languette ; puis d'enrouler la feuille sur le cylindre en engageant son autre extrémité sous la plus courte languette. Faire alors glisser la feuille jusqu'au bas du tambour en la maintenant bien serrée de manière qu'elle ne risque plus de tourner sur le tambour. La plupart des fabricants d'indicateurs fournissent maintenant un crayon métallique qui exige l'emploi de feuilles de diagrammes spécialement traitées. Un crayon au graphite est cependant capable de donner le tracé le plus précis par suite de son faible coefficient

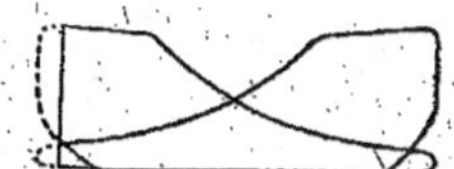

Fig. 55. — Diagramme relevé avec un indicateur dont le tambour butte avant fin de course.

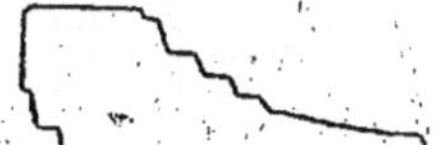

Fig. 56. — Résultat d'un frottement dans l'indicateur.

du frottement. La pression du crayon sur le papier sera soigneusement réglée à l'aide de la vis de butée de manière que le tracé soit très léger ; de même la pointe du crayon sera convenablement entretenue à l'aide d'une petite lime ou d'une feuille de papier émeri. Si le crayon presse trop fortement sur le papier la résistance de frottement pourra influer sur la précision du diagramme. La figure 56 représente un diagramme relevé avec un indicateur présentant des résistances de frottement, soit entre crayon et papier soit dans le mécanisme.

Dans le cas de machine à vapeur à grande vitesse ou de moteur à combustion interne, travaillant suivant le cycle d'Otto, le diagramme enregistre souvent des vibrations du mécanisme après un changement brusque de charge, ainsi que cela se présente à l'admission de la vapeur, ou au point d'allumage dans les moteurs à gaz. La figure 57 montre un tel diagramme dans une machine à vapeur, tandis que la figure 58 représente le type de diagramme souvent obtenu avec les moteurs à gaz et particulièrement avec les petits moteurs marchant au gaz de ville. Il est à noter que les résistances de frottement amortiront généralement ces vibrations très rapidement et une méthode courante pour éviter ces vibrations consiste à faire peser fortement le crayon sur la feuille d'enregistrement ; ce remède n'est d'ailleurs pas à recommander car il introduit des erreurs qui peuvent être supérieures à celles dues à l'inertie des pièces. Généralement on trace une ligne moyenne pour représenter la pression effective dans la période d'oscillations lorque l'on veut faire usage d'un planimètre, mais quand on utilise la méthode des ordonnées et qu'une série de diagrammes a été relevée, l'effet des oscillations peut être pratiquement éliminé en considérant un diagramme moyen correspondant à la valeur moyenne des ordonnées similaires dans les divers diagrammes. Les indicateurs à piston utilisés pour les relevés de diagramme sur les moteurs à gaz sont particulièrement susceptibles d'être détériorés par suite des efforts violents sur les axes, dus à l'inertie du mécanisme. Lorsque l'on vient de relever quelques dia-

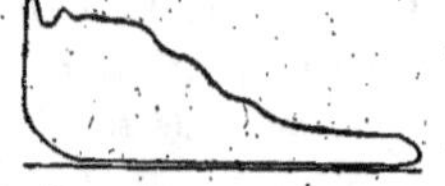

Fig. 57. — Diagramme de machine à vapeur relevé avec indicateur ayant des vibrations.

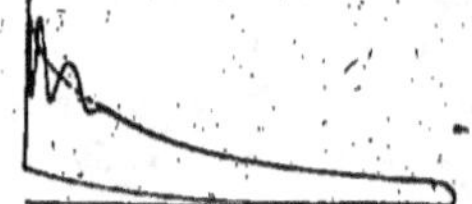

Fig. 58. — Diagramme de moteur à gaz Otto relevé avec indicateur ayant des oscillations.

grammes sur un moteur à gaz ou à huile, il est toujours bon de retirer l'indicateur, de le nettoyer et d'huiler le piston et le cylindre et de les laisser se refroidir avant d'entreprendre une nouvelle série d'essais. Le robinet de l'indicateur ne doit rester ouvert que le temps nécessaire pour le relevé des diagrammes. En prenant des précautions, la vie d'un indicateur peut être prolongée, tandis qu'un usage irraisonné réduira sensiblement sa durée.

Il est toujours difficile de relever un diagramme sur une petite machine ou un compresseur, spécialement avec les machines à haute pression et surtout lorsque la chambre de compression est réduite. L'ouverture du robinet de l'indicateur provoque non seulement l'augmentation de la chambre de compression, mais provoque des fuites autour du piston de l'indicateur ; aussi les diagrammes relevés dans ces conditions peuvent-ils être tout à fait erronés.

Thermomètre et thermométrie. — Pour la mesure des températures courantes le thermomètre à mercure est généralement employé. Pour le relevé des températures il est préférable d'utiliser un thermomètre dont le réservoir a une section moindre que celle du tube, de manière à faciliter son insertion dans les poches prévues à cet effet et de ménager au sommet du tube capillaire un élargissement de la section intérieure du tube de manière à éviter l'éclatement du thermomètre au cas où il est soumis à une température trop élevée. Les graduations devront être gravées sur le verre et rendues plus visibles à l'aide d'une couche d'émail blanc placée derrière le tube capillaire. Les plus basses températures doivent être tracées à 50 ou 75 millimètres au-dessus du réservoir pour faciliter la lecture du thermomètre. Toutes les principales maisons de fabrication d'instruments sont capables de fournir rapidement les types courants de thermomètre à mercure et les types spéciaux en un temps relativement court. Pour le travail de laboratoire il est quelquefois intéressant d'avoir des séries spéciales de thermomètres pour des zones successives de températures, l'échelle des différentes séries se recouvrant légèrement l'une l'autre et les graduations étant suffisamment espacées pour permettre les lectures à 1/10 de degré.

Les thermomètres à mercure donnent des indications sujettes à erreur. Quand on relève une température, éviter l'influence de la parallaxe, en se plaçant perpendiculairement au tube et s'assurer que la colonne de mercure n'est pas interrompue. Toute parcelle de mercure qui se serait détachée de la colonne principale peut être ramenée en place en secouant le thermomètre, tandis qu'il occupe la position verticale ou en élevant la température à une valeur telle que la colonne principale rejoigne la section détachée. Quand on met en place un thermomètre pour le relevé d'une température, plusieurs minutes sont généralement nécessaires avant que le thermomètre ait atteint sa position d'équilibre, aussi bien prendre garde de ne point faire de lecture avant que le thermomètre donne l'indication exacte. Dans aucun cas un thermomètre ne devra être exposé à une pression supérieure à la pression atmosphérique, à moins que l'on ait tenu compte de cette pression au moment de la calibration. Si le tube capillaire du thermomètre est trop petit, le mercure peut avoir une tendance à adhérer au tube et à s'élever ou à descendre dans le tube par saccades, sous l'influence des changements de température. Des erreurs peuvent provenir également de la non-uniformité de la section du tube, ou si le thermomètre est placé dans des conditions thermiques différentes de celles qu'il avait lors de la détermination de sa graduation. Dans les thermomètres ordinaires, les degrés sont également espacés sur le tube, ce qui provoque une petite erreur, du fait de la dilatation non uniforme du mercure tout le long de l'échelle des températures.

Les erreurs expérimentales ci-dessus sont très faibles avec les bons thermomètres, mais quand il est essentiel de faire des mesures aussi précises que possible avec des thermomètres à mercure, il faut procéder à un étalonnage de ces appareils comparativement à un thermomètre étalon et noter soigneusement les erreurs. Pour la plupart des cas il est généralement suffisant d'essayer le thermomètre pour les points 0° et 100° de l'échelle. La figure 59 montre un appareil convenant à la comparaison du point 0°. Le réservoir du thermomètre est entouré bien complètement avec de la glace pilée finement et le thermomètre est mis en place de manière que la lecture se fasse presque au niveau de la couche de glace. On laisse le thermomètre en place jusqu'à ce que l'indication de la colonne de mercure devienne constante et l'on note soigneusement l'erreur correspondante. La glace fondue s'écoule par le trou de l'entonnoir. Le thermomètre sera ensuite laissé au repos pendant plusieurs jours, puis essayé à la température de la vapeur d'eau bouillante à la pression atmosphérique. La figure 60 représente un appareil qui convient parfaitement à ce genre d'essai. Le réservoir du thermomètre est entouré par de la vapeur à la

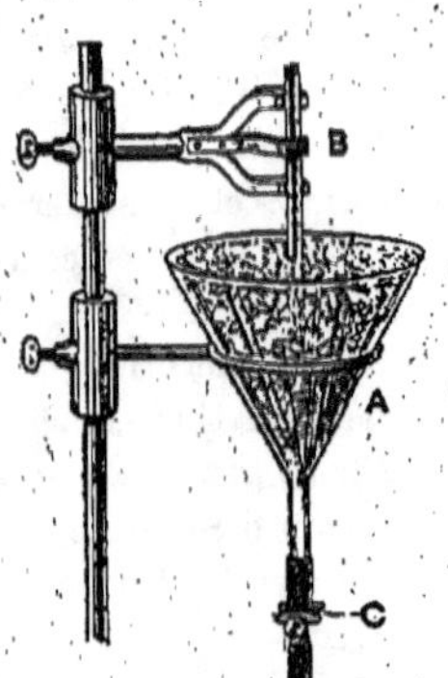
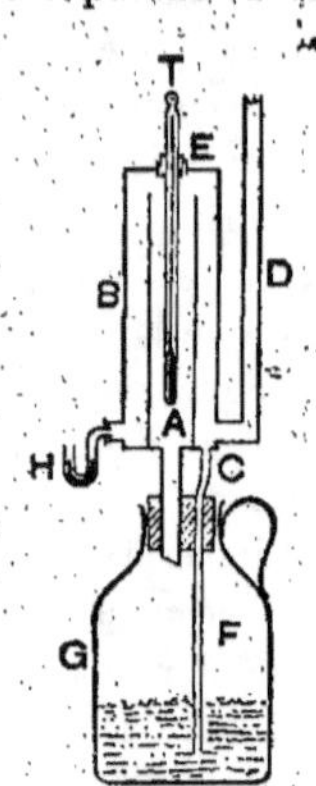

Fig. 59. — Appareil pour la détermination de 0° Centigrade.

Fig. 60. — Appareil pour la détermination de la température 100° Centigr.

pression atmosphérique qui prend naissance dans le récipient G. Il est préférable de placer le tube du thermomètre en dehors de la circulation de vapeur, de manière à se trouver dans les conditions d'emploi. On fait la lecture lorsque l'indication du thermomètre devient constante et l'on note en même temps la pression barométrique de laquelle dépend la température d'ébullition. Les tables de la page 372 donnent la température d'ébullition pour diverses températures et l'on voit que la température d'ébullition de 100° C. correspond à une pression barométrique de 760 millimètres, soit 1,033 kg. par cm². La différence entre la température donnée par les tables et celle indiquée par le thermomètre donne l'erreur au point d'ébullition. De même un thermomètre donnant des températures supérieures à 100° peut être comparé au point d'ébullition de diverses substances telles que : l'aniline dont le point d'ébullition est : 184° C. ou du soufre 445° C. Dans la plupart des cas il est suffisant de supposer, que l'erreur relevée se répartie proportionnellement entre les points 0° et 100°, bien que ce ne soit pas absolument exact, surtout si le tube capillaire n'a pas une section absolument uniforme. Ce dernier défaut peut être constaté en détachant une fraction de la colonne de mercure, en secouant le ther-momètre la tête en bas, et en constatant si la longueur de cette fraction reste constante lorsque l'on provoque son déplacement tout le long du tube. La méthode à adopter pour corriger les indications du thermomètre dues à la section variable du tube peut être déduite de tout bon ouvrage sur les expériences de physiques élémentaires. Pour obtenir un plus grand degré de précision, on peut apporter des corrections pour le point d'ébulli-tion pour les variations de la pression barométrique dues à la latitude, à l'altitude au-dessus du niveau de la mer et la température du mercure dans le baromètre, mais de telles corrections sont généralement trop pe-tites pour avoir de l'importance pour le travail des ingénieurs.

Quand on dispose d'un thermomètre étalon, dont la courbe d'erreurs est connue on peut procéder à l'essai d'un thermomètre ordinaire entre 0° et 100° en les liant ensemble et en les plongeant dans un tube à essai ou dans un récipient contenant de l'eau, qui sera recouvert par une feuille de papier ou d'amiante. On chauffera l'ensemble au bain de sable pour les températures supérieures à la température ambiante et on l'entourera d'un bain de glace fondante pour les températures inférieures à la tempé-rature ambiante. Pour faire des comparaisons au-dessus de 100° on rem-placera l'eau du tube à essai par de l'huile ou du mercure. Soit que l'on utilise de l'eau ou du mercure, les comparaisons seront faites pour des tem-pératures décroissant très lentement, la flamme de chauffage étant retirée et en prenant soin que le liquide dans le tube à essai soit bien agité pendant l'essai. Après quoi les résultats sont portés sur une feuille de papier millimétré en utilisant une échelle telle que la précision soit la même que pour la lecture des thermomètres. Un thermomètre doit être recalibré périodiquement et particulièrement s'il est neuf, car le volume du réservoir à mercure varie légèrement avec le temps. L'étalonnage des thermomètres étalons peut également changer légèrement avec le temps et il sera bon de les envoyer pour comparaison au Laboratoire National pour compa-raison avec le thermomètre à air, si l'on désire entreprendre un travail où la question température soit primordiale. D'une façon générale cependant les essais industriels ne demandent pas une telle précision, qui n'est néces-saire que pour les recherches d'ordre purement scientifique.

Dans de nombreux essais les calculs reposent sur des petites différences de température ; ainsi par exemple le changement de la température de l'eau de condensation ou de circulation dans un condenseur et pour des résultats approximatifs la connaissance des erreurs absolues des thermomètres n'est pas nécessaire, et il suffit de connaître leurs erreurs relatives. On peut d'ailleurs obtenir une comparaison grossière et une correction automatique, quand les erreurs des thermomètres ne sont pas connues, en changeant entre eux les thermomètres au cours de l'essai, quand on est certain que les conditions sont pratiquement constantes, mais dans ce cas une lecture ne doit pas être faite moins de 5 minutes après le changement. C'est ainsi que si les températures relevées pour l'eau de condensation à son entrée et à sa sortie du condenseur étaient 18°,5 C. et 34° C. respectivement et qu'après changement des thermomètres les nouvelles températures relevées étaient 18° C. et 34°,5 C. ; les conditions étant restées sensiblement les mêmes on peut en conclure que la différence de température serait très voisine de : 34°,25 — 18°,25 = 16° C.

Cette méthode ne devra pas être employée d'une façon générale et chaque fois on fera les réserves convenables.

On fabrique maintenant des thermomètres à mercure avec atmosphère d'hydrogène ou d'un autre gaz inerte au-dessus du mercure, mais ces appareils ne sont pas à recommander, particulièrement pour les températures supérieures à 316° C. où ils donnent quelquefois des erreurs de plusieurs degrés, bien qu'ils puissent donner pour les besoins courants une précision suffisante s'ils sont soigneusement manipulés.

Pour la mesure des températures jusqu'à 540° C. on peut également faire usage de pyromètres à mercure à tube d'acier. Ces instruments se composent essentiellement d'un tube cylindrique en acier d'environ 200 millimètres de longueur, rempli de mercure et communiquant au moyen d'un tube capillaire en acier avec le ressort-tube en acier d'un manomètre spécial. Quand le récipient de mercure est exposé à la chaleur, le mercure se dilate et communique un déplacement à l'extrémité du doigt indicateur. Ces appareils peuvent être livrés avec un long tube de connection ayant jusqu'à 50 mètres de longueur pour permettre la lecture à distance d'une température. Ce type de pyromètre doit être recalibré périodiquement car il est susceptible de donner de sérieuses erreurs.

Thermomètres électriques. — Le thermomètre électrique à résistance de platine de Callendar et Griffiths est parmi les thermomètres électriques les plus précis, il permet la mesure des températures depuis des valeurs très basses jusqu'à 1100° C. Son principe repose sur l'augmentation de la résistance électrique d'un fil de platine avec la température. Dans ce type le fil de platine est enroulé en forme de spirale sur un support en mica convenablement disposé (fig. 61). Des conducteurs de cuivre ou de platine connectent l'enroulement à un galvanomètre spécial et à une boîte de résistance, qui permet d'évaluer la résistance de l'enroulement. Généralement la résistance de platine est établie de manière à donner une variation de résistance de 1 ohm entre 0° et 100° C. Si R_t est la résistance à $t°$ C. et R_0 la résistance à 0° C., on a la relation :

$$R_t = R_0 (1 + at + bt^2)$$

Les valeurs de R° et des constantes a et b sont obtenues en mesurant la résistance pour 3 températures bien définies, soit par exemple 0° C., 100° C. et 229° C. qui correspondent respectivement à la température de la glace fondante, de l'ébullition de l'eau et de l'ébullition du soufre, sous la pression normale de 760 millimètres. Lorsqu'il est nécessaire les fabricants donnent une table des températures correspondant aux diverses valeurs de la résistance.

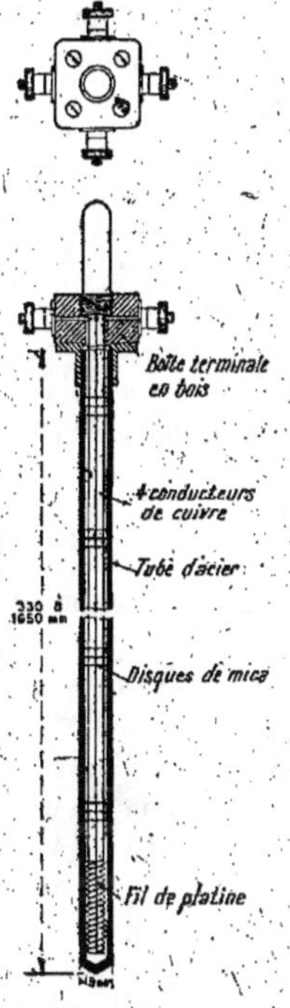

Fig. 61. — Thermomètre à résistance de platine utilisable pour les gaz de la combustion.

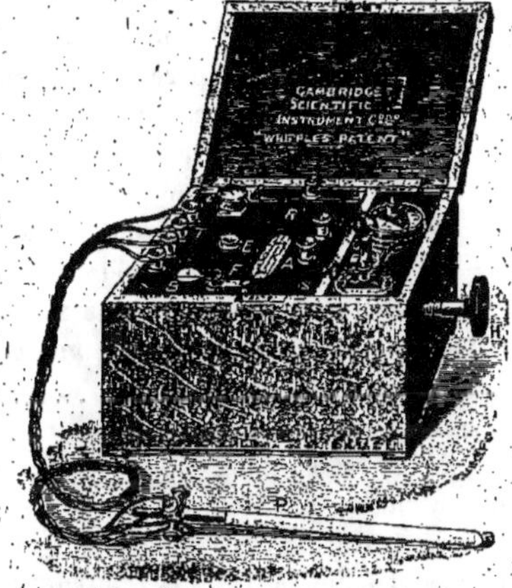

Fig. 62. — Indicateur de température de Whipple connecté avec un thermomètre Callendar à résistance de platine.

La figure 62 représente un pont à fil connecté au thermomètre P. Les câbles de connection venant de la résistance sont connectés aux bornes T, les deux autres bornes étant reliées aux conducteurs de compensation dont nous parlerons plus loin. En appuyant sur la clef F pour fermer le courant, l'aiguille du galvanomètre reste au repos si les résistances sont dans le rapport convenable et l'on fait là lecture sur l'échelle A. Mais si les résistances ne sont pas équilibrées, le sens du déplacement de l'aiguille B du galvanomètre indique si la température indiquée sur l'échelle A est trop forte ou trop faible. On tourne donc la poignée H dans le sens convenable jusqu'à ce que l'équilibre soit obtenu. Pour chaque observation la clef F ne doit être pressée que juste le temps nécessaire à la lecture.

L'enroulement de platine et les conducteurs reliant cette résistance aux bornes de sortie du thermomètre sont enfermés dans un tube de verre de 12,5 mm. de diamètre lorsque les températures à mesurer ne dépassent pas 260° C., dans une enveloppe de fer ou de porcelaine pour les températures jusqu'à 480° C. et en porcelaine pour les températures jusqu'à 1320° C. Dans ces derniers cas on utilise des fils de connection en platine entre la résistance et la borne de sortie du thermomètre. Ces thermomètres

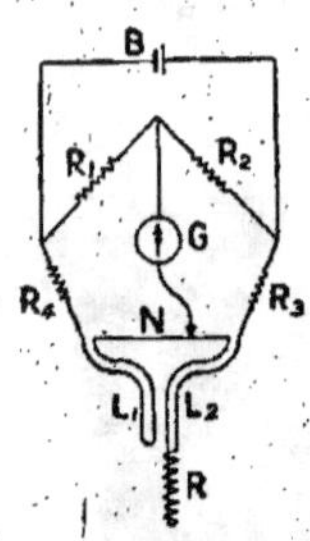

Fig. 63.— Diagramme de connexions d'un thermomètre Callendar à résistance de platine.

doivent être soigneusement manipulés, spécialement pour la mesure des hautes températures, mais donnent de bonnes indications pour toutes les températures comprises entre les valeurs limites mesurables. Lorsqu'un thermomètre est mis en place pour la mesure d'une température il y aura lieu de le laisser s'échauffer progressivement de manière à prévenir tout danger de rupture du tube de porcelaine ou de verre.

Pour les essais ordinaires de machines, ces thermomètres sont d'une façon générale d'un prix trop élevé; mais ils peuvent par contre être employés avantageusement pour mesurer la température des gaz d'échappement, des gaz combustibles et fours à gaz. On doit remarquer d'ailleurs que du fait de la radiation, la véritable température d'un gaz ne peut pas être déterminée à moins que les parois de la chambre ne soient à la même température que l'enveloppe du thermomètre. C'est ainsi qu'il est pratiquement impossible de mesurer la température d'un gaz de four à l'intérieur de ce four tant que les murs n'en sont point portés à la température du gaz.

La figure 63 représente le schéma des connections du pont à fil et du galvanomètre employé pour la mesure de la résistance des thermomètres électriques. Afin d'éliminer l'influence de la résistance des connections allant du thermomètre au front, qui varie avec la température, le professeur Callendar utilise des connections de compensation L_1 pour équilibrer la résistance des câbles de connection L_2. Ces quatre conducteurs étant torsadés ensemble et venant s'attacher à l'extrémité du thermomètre, ce qui permet d'employer une connection de longueur quelconque sans nuire à la précision de la mesure. On déplace le fil de connection du galvanomètre sur le fil du pont N, jusqu'à obtention de l'équilibre du galvanomètre. La position d'équilibre détermine la valeur de la résistance R et par suite la température. On peut trouver dans l'industrie des thermomètres à résistance ayant des dimensions à peine supérieures à celles d'un thermomètre ordinaire à mercure.

On utilise également les thermomètres thermo-électriques ou pyromètres, pour la mesure des hautes températures. Quand deux métaux différents sont au contact et que leur point de contact est à une plus haute température que les autres parties de ces métaux, il se développe entre parties à différentes températures une différence de potentiel. C'est cette proprité que l'on utilise dans le pyromètre thermo-électrique (fig. 64) et la mesure des d. d. p. se fait à l'aide d'un galvanomètre à grande résistance. Si E est la force électromotrice du couple thermo-électrique en micro-volts t, la température de la soudure chaude (la soudure froide étant à 0° C.) sera donnée par la formule :

$$\log E = A \log t + B$$

où A et B sont des constantes dont les valeurs courantes sont consignées ci-dessous :

Pour le couple (cuivre) — (constantan) que l'on utilise pour la mesure des températures jusqu'à 600° C.

$$A = 1,14 \qquad B = 1,34$$

Pour le couple (platine) — (platine + 10 0/0 d'iridium) que l'on utilise pour la mesure des températures jusqu'à 1040° C, :

$$A = 1,10 \qquad B = 0,39$$

Pour le couple (platine) — (platine + 10 0/0 rhodium) que l'on utilise pour la mesure des températures jusqu'à 1600° C. :

$$A = 1,19 \qquad B = 0,52$$

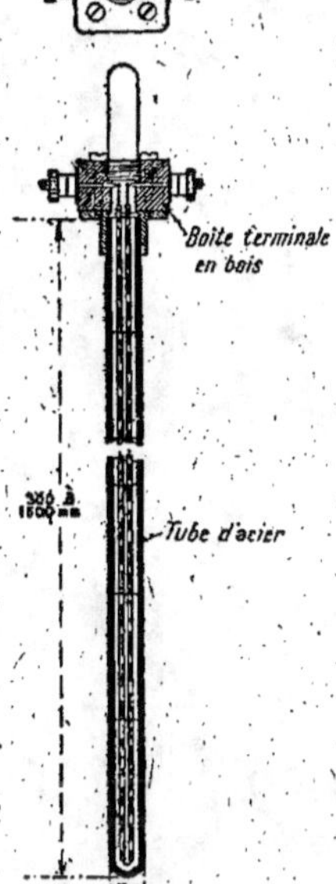

Fig. 64. — Pyromètre à couple thermo-électrique cuivre-constantan convenant pour la mesure des températures des gaz de la combustion.

Le couple thermique et les conducteurs réunissant ce couple aux bornes du pyromètre sont protégés par un tube de fer ou de porcelaine.

Ces pyromètres doivent être essayés périodiquement par comparaison à un thermomètre-électrique, car ils sont sujets à erreur : en fait ils sont

plus aucune variation de température pendant le cycle à 12,5 millimètres de la paroi interne. Pour cette raison et par suite du temps qu'exige le thermomètre à mercure pour prendre la température du milieu ambiant, ce thermomètre ne peut pas être employé pour la mesure de la variation de température du métal dans un cycle ; il ne peut d'ailleurs pas non plus être utilisé pour la mesure des températures des minces parois — telles par exemple un tube de condenseur.

Le couple thermo-électrique est particulièrement utile pour la mesure des températures de parois. La figure 65 représente la disposition adoptée par M. H. P. Jordan, pour relever la température d'un tube de cuivre dans lequel circule de l'air chaud : ce tube étant refroidi extérieurement par circulation d'eau. On visse tout d'abord une chemise S en acier ou en bronze jusqu'à ce que son extrémité inférieure amincie vienne former joint au contact du tube cuivre intérieur. A l'intérieur de cette chemise on visse une longue tige de cuivre P qui porte 2 encoches longitudinales dans lesquelles sont insérés les fils de cuivre et de constantan W. A l'extrémité de cette tige de cuivre est fixée une pièce V en vulcanite dont l'extrémité vient s'encastrer dans un petit évidement de 3 millimètres de diamètre ménagé dans l'épaisseur du tube de cuivre (1/2 épaisseur). Deux trous de très petit diamètre sont percés dans l'extrémité de la pièce V et servent au passage des fils de cuivre et de constantan. Ces fils sont dénudés à leur extrémité, sur 6 millimètres et dépassent à l'extérieur de la pièce de vulcanite d'environ 4/10 à 8/10 de millimètre. Au moment du montage on prendra soin de visser la tige de cuivre jusqu'à ce que son extrémité vienne au contact de la conduite cuivre, la petite extrémité en vulcanite venant se placer dans le logement ménagé à cet effet. La soudure froide sera maintenue à une température constante dans un bain d'huile.

La face électromotrice correspondant à la différence des températures des soudures chaudes et froides, est mesurée par déviation directe, à l'aide du galvanomètre de D'Arsonval. On fait tout d'abord un étalonnage du galvanomètre en maintenant une des soudures à une température constante et en chauffant la 2e soudure dans un bain d'huile à l'aide d'un brûleur Bunsen, les températures des deux bains étant relevées à l'aide de thermomètres étalons à mercure. A l'aide des valeurs relevées on trace une courbe des déviations du galvanomètre en fonction des différences de température. Et à l'aide de ces courbes les températures du métal de la canalisation se déduira immédiatement de la déviation du galvanomètre.

On peut reprocher à ce dispositif, la portion appréciable de surface qui se trouve protégée du contact de l'eau par l'enveloppe S, ce qui peut influer légèrement sur la température en ce point. Il ne semble pas que quoi que ce soit s'oppose à la réduction du diamètre de l'enveloppe en ce point et en la réduction résultante de l'extrémité V. Pour effectuer des relevés à de plus hautes températures, on aura recours à une partie isolante en verre ou en porcelaine au lieu de vulcanite.

Le professeur Hopkinson (1) a employé des couples nickel-fer pour la mesure des températures moyennes des parois des cylindres du piston et des valves d'un moteur à gaz Crossby. Le couple était formé par un fil de nickel brasé dans un boulon fer vissé dans la paroi de métal de telle façon que son extrémité affleure la paroi interne. Le fil de nickel passe dans un trou foré suivant l'axe du boulon et est isolé au moyen d'un tube de verre fixé avec du plâtre de Paris ; l'extrémité du fil de nickel passe à travers un petit trou percé à l'extrémité du boulon, il est alors brasé, puis affleuré avec l'extrémité du boulon. Des conducteurs de cuivre connectés respectivement aux fils de nickel et de fer à une distance de 1 mètre du boulon réunissent le couple thermo-électrique au galvanomètre par l'intermédiaire d'une résistance réglable. Chaque soudure est étalonnée au four électrique par comparaison avec un pyromètre à résistance Callendar. On utilise les mêmes connexions, les mêmes résistances et le même galvanomètre lors de l'étalonnage et lors des mesures. La soudure froide est suffisamment éloignée de la machine de manière à avoir la température de l'air environnant (relevé à l'aide d'un thermomètre). La relation entre la force électromotrice du couple thermo-électrique et la température varie légèrement avec la température de la soudure froide et il y a lieu d'en tenir compte.

Plusieurs tentatives ont été faites par divers expérimentateurs, pour mesurer la variation de la température des parois des cylindres des machines à vapeur pendant un cycle. M. Bryan Doukin (2) essaya d'utiliser à cet effet des thermomètres à mercure très sensibles, mais les résultats ne furent pas satisfaisants pour les raisons mentionnées précédemment.

MM. Callendar et Nicolson semblent avoir été les premiers expérimentateurs à utiliser avec succès le couple thermo-électrique pour le relevé de cette température. Ils utilisent comme élément du couple thermo-électrique, un fond de cylindre en fonte, spécialement étudié. On fore dans ce fond de cylindre plusieurs petits trous de profondeur variable et dont le plus profond est encore à 1/1000 de la surface interne du cylindre. Les couples thermo-électriques sont obtenus en appuyant l'extrémité d'une mince tige de fer contre la fonte de chaque trou et en connectant toutes ces tiges à un commutateur spécial à mercure. La soudure froide étant prise sur un bloc de fonte provenant de la même coulée que le fond du cylindre et que l'on maintient à une température constante. En em-

(1) *Proc. Inst. Civil. Eng.*, vol. CLXXVI, 1909-09, part. II.
(2) Voir *Proc. Inst. Civil. Eng.*, vol. CXV, 1893-94, part. I.

ployant un galvanomètre et un commutateur spécial conduit par le moteur, on pouvait déterminer la force électromotrice et par suite les températures correspondantes à chacune des soudures et à un instant quelconque du cycle (1). Ces essais montrèrent que la fluctuation de la température des parois est petite comparée à la variation de la température de la vapeur dans le cylindre.

En utilisant un dispositif similaire le professeur Coker a déterminé les fluctuations de température des parois de cylindre d'un moteur à gaz de 12 chevaux. Il trouva que dans ce cas le maximum de variation de la température pendant un cycle et de 3,9° C. et la température moyenne de la paroi dépasse rarement 255° C.

Si l'on suppose que la variation périodique de température de la paroi d'un cylindre de dimensions courantes peut être exprimée par la loi : $\theta_1 \operatorname{Sin} 2\pi nt$, la température instantanée en un point quelconque du métal peut être calculé, par la formule suivante à condition que le cylindre soit protégé, mais n'ait pas d'enveloppe de vapeur :

$$\theta = \theta_1 e^{-ax} \sin (2\pi nt - ax) \quad (2)$$

formule dans laquelle :

θ = variation de température par rapport à la temp. moyenne, à la profondeur x

θ_1 = variation de la température par rapport à la temp. moyenne à la surface (soit la moitié de la variation totale.

n = nombre de cycles par seconde,

t = temps en seconde

x = distance à la surface du métal

$$a = \sqrt{\frac{\pi n \mathrm{R} \mathrm{S}}{k}}$$

où :

R = densité du métal

s = chaleur spécifique du métal

k = conductivité du métal

e = 2,7183

MM. Callendar et Nicolson ont également réussi à mesurer les températures réelles de la vapeur à l'intérieur du cylindre en utilisant un thermomètre à résistance de platine fixé sur le piston de la machine.

(1) Voir vol. CXXXI, 1897-98, part. I. — Il faut un certain temps pour mesurer toutes les températures pendant un cycle, de sorte que tout changement de la température moyenne affecte les résultats. MM. Callendar et Nicolson perfectionnèrent ce procédé en posant la soudure froide sur un point du cylindre à la température moyenne. Les indications obtenues étaient alors fonction de la température moyenne.

(2) Voir le volume *Steam Enging*, de PERRY, page 381, édition 1904.

Plusieurs expérimentateurs ont essayé de mesurer la température réelle des gaz de la combustion dans un moteur à gaz en utilisant un thermomètre à résistance de platine ou un couple thermo-électrique ; mais la haute température atteinte à la fin de l'explosion est capable de provoquer la fusion du fil du thermomètre. MM. Callendar et Dalby réussirent cependant cet essai en utilisant une résistance de platine constituée par un fil de 0,025 millimètre de diamètre, muni de dispositions spéciales pour éviter la fusion du platine. Le thermomètre est attaché à une valve spéciale commandée à l'aide d'un dispositif placé sur le bout de l'arbre et qui peut s'ouvrir à l'instant choisi, de sorte que les gaz à haute température ne viennent pas au contact du fil de platine. Pendant ces expériences on a pu relever la température des gaz pendant l'aspiration et pendant une partie de la compression, tandis que les températures pendant la détente étaient déterminées à l'aide de la formule $\frac{PV}{T} = $ Cte. Les diagrammes étaient relevés dans ce but à l'aide d'un manographe semblable à celui représenté par la figure 39.

Humidité de l'atmosphère. — La pression exercée par un mélange de gaz ou par un mélange de gaz et de vapeur est égale à la somme des pressions qu'exercerait chacun des gaz ou des vapeurs supposée occupant à elle seule le même volume que l'ensemble des deux gaz. A mentionner que ceci ne serait plus vrai dans le cas où le mélange de gaz ou de vapeur ne serait plus en équilibre. L'atmosphère dans les conditions ordinaires contient plus ou moins de vapeur d'eau et la pression atmosphérique est la somme des pressions dues à l'air et à la vapeur d'eau, considérées comme agissant séparément. Un gaz tel que l'air n'est pas capable de renfermer une quantité illimitée de vapeur d'eau ; c'est-à-dire que l'air peut être saturé de vapeur d'eau à une température quelconque et plus cette température est élevée plus la quantité de vapeur nécessaire à la saturation est grande ; mais dans les conditions normales on n'atteint point la condition de saturation. Si de l'air contenant de la vapeur d'eau en suspension est refroidi, on peut atteindre une température telle que la quantité de vapeur présente est suffisante pour saturer l'air, on dit qu'on a obtenu le « point de rosée ». Des obser-

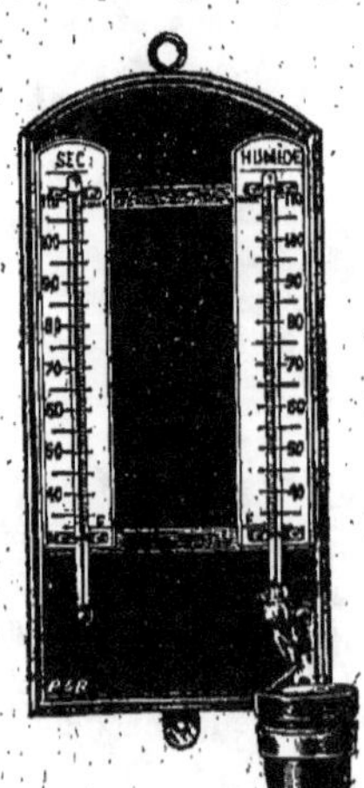

Fig. 66. — Psychromètre.

vations sur le point de rosée peuvent servir à déterminer la quantité de vapeur contenue dans une atmosphère quelconque et les instruments employés pour l'observation du point de rosée sont appelés « hygromètres à condensation ».

Nous n'entreprendrons point la discussion des différents types d'hygromètres en usage, mais seulement du plus employé. C'est le psychromètre à réservoir sec et humide représenté sur la figure 66. Il se compose de deux thermomètres fixés côte à côte et portant des échelles de températures appropriées. Le thermomètre de gauche est installé dans les conditions normales, tandis que celui de droite est recouvert d'une mousseline mise en relation avec un petit récipient d'eau à l'aide d'une mèche appropriée. La mousseline se sature donc d'humidité, qui s'évapore à un taux qui dépend de la différence entre la température réelle et la température correspondant au point de rosée, et le thermomètre s'en trouve refroidi. Avant de faire une lecture l'appareil doit être promené dans l'atmosphère. Pour obtenir le point de rosée en partant des différences des lectures sur les deux thermomètres, on multiplie cette valeur par le facteur de Glaisher (table, page 382) et on déduit la valeur obtenue de la température du thermomètre sec. Un exemple d'emploi de cet appareil sera donné ultérieurement, ainsi que la manière de calculer la pression et la quantité de vapeur contenue dans l'atmosphère.

CHAPITRE III

MESURE DE LA PUISSANCE AU FREIN

Freins et Dynamomètres. — La puissance au frein d'un moteur correspond à la puissance disponible sur l'arbre de ce moteur. La méthode employée pour réaliser cet essai dépend des conditions particulières et de la puissance de l'engin. On peut évaluer approximativement cette puissance en relevant un diagramme sur la machine lorsqu'elle marche à vide et en supposant que cette valeur correspond aux pertes à toutes les charges. Mais cette méthode n'est pas exacte, car les pertes de puissance augmentent légèrement avec la charge et plus particulièrement dans les petits moteurs et dans les machines mal conçues.

La puissance d'un moteur peut être évaluée directement en utilisant un dynamomètre.

Ces appareils se classent en dynamomètres d'absorption dans lesquels le travail est absorbé dans l'appareil et qui sont en somme des freins et en dynamomètres de transmission qui n'absorbent qu'une faible fraction du travail mesuré.

Freins à ruban. — Supposons 2 tambours de rayon R_1 et R_2 montés sur l'arbre de la machine, et sur lesquels s'enroulent 2 cordes ainsi que le représente la figure 67. Les poids W et w sont attachés aux extrémités de ces cordes de telle sorte que W monte, tandis que w descend et évaluons le travail fait pendant un tour de l'arbre. Le déplacement de W est $2\pi R_1$ et le déplacement de w est $2\pi R_2$, le travail effectué par W étant : $W\,2\pi R_1$ et le travail effectué par w : $w \times 2\pi R_2$. Le travail accompli pendant 1 tour complet est donc :

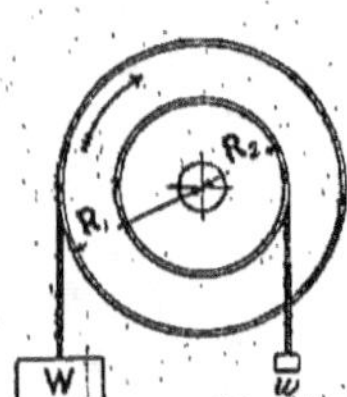

Fig. 67. — Principe du frein à corde.

$$2\pi\,(WR_1 - wR_2) = 2\pi\,(\text{Moment résultant})$$

Si les forces sont évaluées en kilogrammes et les distances en mètres, N étant le nombre de tours par minute, le travail effectué par minute est :

$$2\pi \times (\text{Moment résultant}) \times N = \text{kilogrammètres}$$

et la puissance correspondante est :

$$\frac{2\pi \ (\text{Moment résultant}) \times N}{60 \times 75}$$

s'il ne se produit aucun déplacement et si les poids restent simplement suspendus dans la position représentée sur la figure, il est évident que le mouvement résultant par rapport au centre est encore le même que lorsqu'il y a déplacement, de sorte que dans la pratique il est intéressant de s'arranger pour qu'il y ait glissement entre le ruban (ou la corde) et la poulie, le poids restant en place pendant la rotation de la machine. Tel est le principe du frein à ruban dont la réalisation pratique est représentée fig. 68 et fig. 69. Pour les petites machines on utilise une corde de coton

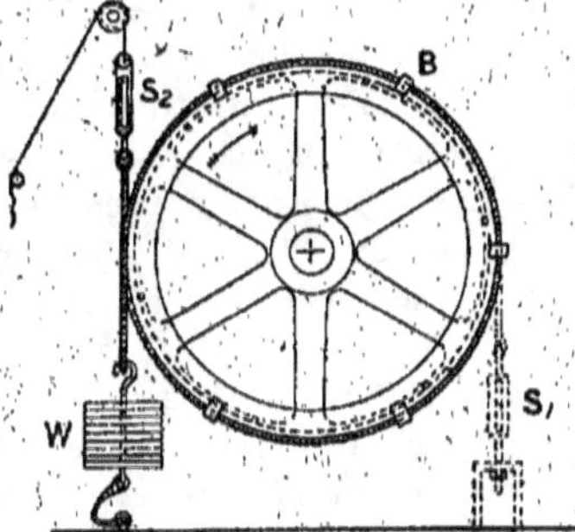

Fig. 68. — Montage courant du frein à coude.

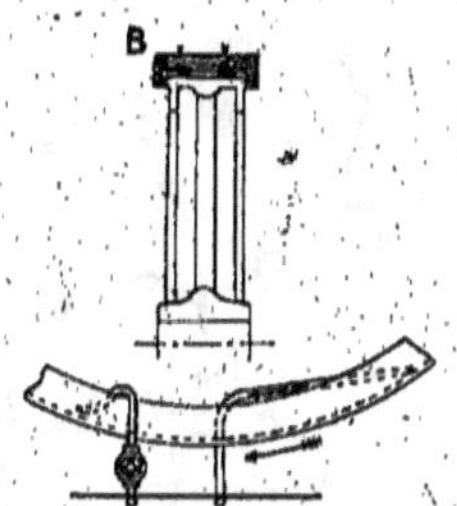

Fig. 69. — Dispositif de refroidissement pour la jante de la roue du frein.

de 12 à 16 millimètres de diamètre trempée dans un mélange de *tallow et de blacklead* fondu et pour les machines de 50 à 60 chevaux une corde de 19 à 25 millimètres de diamètre. Cette corde étant enroulée autour de la poulie, après avoir été repliée en deux de manière à former une boucle pour la suspension des poids W. Par suite de la difficulté d'agir sur 2 séries de poids, la charge w est plus commodément obtenue à l'aide d'un peson placé en S, lorsque la corde ne fait qu'un demi-tour sur la roue ou en S, lorsque la corde fait un tour entier. Pour régler la hauteur du poids W, le peson S, est attaché à une corde de 6 millimètres de diamètre qui passe sur une poulie de renvoi. En ajustant cette corde au commencement de l'essai le poids W pourra être soulevé légèrement au-dessus du sol jusqu'à ce qu'il devienne suspendu à la hauteur convenable.

Pour éviter tout accident pouvant provenir du grippement de la corde sur la poulie, il est bon de prévoir un amarrage de ce poids à un crochet scellé dans le sol, cette amarre devant toutefois rester molle pendant toute la durée de l'essai. Une disposition commode pour maintenir la corde dans une position convenable sur la poulie consiste à attacher sur cette corde plusieurs blocs de bois B (au moyen d'un fil de cuivre passant à travers un élément de la corde), munis de joues qui viennent s'appliquer sur les côtés de la poulie.

Dans la charge W il y a lieu de comprendre, non seulement les poids, mais encore le poids de la portion de corde soutenant les poids et le poids de la corde d'ancrage. D'une façon similaire le poids de la portion de corde comprise entre le peson et le point où la corde vient au contact de la poulie sera déduit de la lecture faite sur le peson. Pour les faibles charges il peut être avantageux d'employer la disposition avec corde portant sur la moitié de la poulie et peson S_2. Dans ce cas la charge W comprend non seulement la lecture au peson, mais encore le poids du peson et le poids de la portion de corde qui le suspend. L'arbre d'un moteur à mouvement alternatif est soumis à des variations de vitesse pendant le cycle, ce qui peut provoquer de sérieuses oscillations dans le frein ; on y remédiera en n'ayant qu'une résistance de frottement relativement faible en S_1 ou S_2, à l'extrémité à moindre charge de la corde.

Au lieu de se servir de poids pour charger l'extrémité de la corde on peut utiliser un puissant peson disposé suivant un angle convenable. Cette disposition est surtout commode lorsqu'on ne dispose que de peu de place entre le frein et le sol.

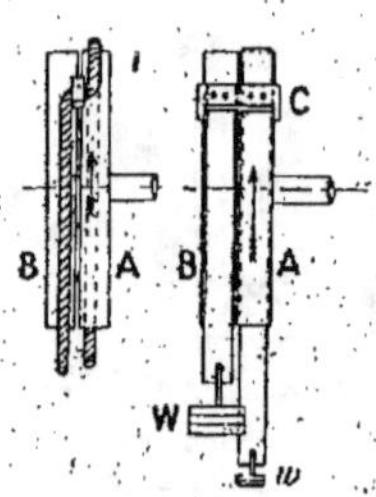

Fig. 70. — Montage d'un petit frein à corde pour essai de moteur à grande vitesse.

La figure 70 représente un autre type de frein à corde utilisable pour les tambours à grande vitesse. Il convient d'ailleurs encore pour les faibles vitesses quand le couple est constant pendant le cycle et la vitesse pratiquement uniforme. Dans le cas d'un couple non constant, le frein aurait tendance à osciller. On utilise 2 poulies, l'une A calée sur l'arbre, l'autre B folle sur l'arbre. Un morceau de corde de faible diamètre ou un ruban supportant le poids w s'enroule sur une portion de la poulie A et vient se fixer à l'attache C. Une corde similaire fixée à l'attache G s'enroule sur une portion de la poulie folle B et supporte le poids w. Sur la portion gauche de la figure 70 on a représenté une disposition semblable, les 2 cordes au lieu de venir s'attacher à une agrafe c sont constituées par un seul et unique filin qui passe par un œil ménagé dans la jante de la poulie folle. L'avantage spécial de ce dispositif pour les petites puissances est de maintenir un couple sensiblement constant malgré les variations du coefficient du frottement entre corde et poulie. Par exemple si la résistance au frottement décroît, la charge W aura une tendance à s'abaisser tandis que w s'élèvera, il en résulte une augmentation de l'angle d'enroulement de la corde sur la poulie A, ce qui ramène automatiquement l'équilibre.

Si la corde de coton servant au frein est humide où se trouve placée de telle façon qu'au cours des essais elle puisse absorber de l'humidité, elle occasionne des variations brusques de la résistance au frottement jusqu'à évaporation complète de l'humidité par suite de l'échauffement. Pour cette raison il est toujours profitable de faire tremper la corde dans un mélange de tallow et blacklead ou graphite fondu avant de construire le frein. La graisse absorbée empêche l'absorption de l'humidité et lubréfie la poulie, évitant ainsi les frottements anormaux et les entraînements.

Pour des essais de courte durée, on place couramment le frein sur la jante du volant (lorsque celui-ci est usiné) ; mais pour des essais qui doivent durer plusieurs heures, une telle façon de faire pourrait provoquer des ruptures du fait de la dilatation de la jante du volant, sous l'influence de la chaleur développée et du non échauffement des bras et du moyeu du volant. Dans ces conditions il est donc préférable d'employer une poulie à refroidissement par circulation d'eau, fig. 69 et 71. Grâce à la forme en U de la jante de ces poulies l'eau que l'on verse pendant la rotation s'applique sur la face interne de la jante sous l'influence de la force centrifuge et limite la température du métal. Les poulies de frein de dimension moyenne seront construites avec une nervure centrale au milieu de la partie interne de la jante et pour permettre à l'eau d'aller d'un côté à l'autre de la poulie, cette nervure sera interrompue de place en place. Quant aux poulies de frein de petites dimensions jusqu'à 0,90 m. et 1,20 m. elles pourront être construites avec voile plein suivant le type de la figure 71.

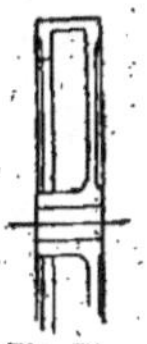

Fig. 71.

Coupe de la roue d'un petit frein.

La figure 69 montre un dispositif réalisé pour obtenir une circulation continue d'eau à la jante de la poulie de frein. L'eau froide est amenée à l'intérieur de la jante d'une façon continue et l'eau chaude est recueillie à l'aide d'une canalisation formant siphon et venant plonger dans la veine liquide de manière à être sensiblement parallèle à la jante, dans la direction indiquée et à environ 3 à 4 millimètres de distance de la face interne de la jante. Il sera bon de tailler l'extrémité de cette tuyauterie de manière que la partie basse de la bouche soit plus proche de la jante que la partie haute, autrement la lèvre supérieure aurait tendance à fendre l'eau et à causer des éclaboussements. On pourra utiliser à cet effet une pièce de bronze convenablement usinée mais un tel raffinement n'est pas nécessaire pour les besoins ordinaires. Pour les petites roues de frein il est souvent suffisant d'ajouter de temps en temps une petite quantité d'eau dans la jante et de la laisser ensuite s'évaporer, mais si on laisse la jante devenir complètement sèche et s'échauffer, l'introduction d'une nouvelle quantité d'eau froide peut provoquer une contraction brusque de la jante et provoquer une rupture de la jante et même un accident plus grave. Quelques minutes avant la fin de l'essai et lorsque l'on travaille avec une poulie à refroidissement par circulation d'eau, on ferme l'arrivée d'eau et on laisse s'évaporer l'eau qui est à la jante, en procédant autrement au moment de l'arrêt du moteur, l'eau viendrait à retomber et éclabousser tout à l'entour de la roue.

Si

W = poids à l'extrémité lourde de la corde du frein
w =   »   »   légère   »   »   »
R = rayon de la poulie en mètres
N = nombre de tours par minute

La puissance en chevaux est :

$$P = \frac{(W - \omega)\, 2\pi RN}{75 \times 60}$$

Frein de Prony. — Ce frein convient particulièrement pour les machines de petite puissance à vitesse de rotation élevée, lorsque l'on ne désire pas une précision extrême, mais il ne convient pas pour les machines à petite vitesse de moyenne ou petite puissance. Il se compose de 2 blocs de bois A et B (fig. 72), taillés de manière à venir s'appliquer sur la jante de la poulie qui a de 0,30 m. à 0,60 m. de diamètre suivant la puissance du moteur. Deux boulons avec écrous à oreilles permettent d'appliquer les blocs sur la poulie. Le couple créé par les frottements à la jante de la pou

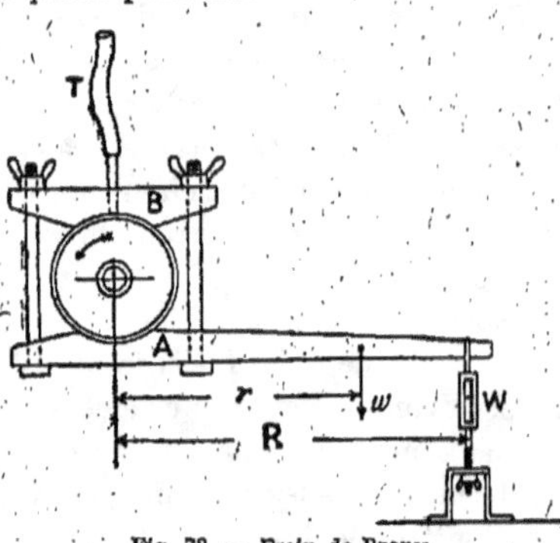

Fig. 72. — Frein de Prony.

lie équilibre le mouvement dû à la charge placée à l'extrémité du bras de levier du frein. Il est généralement plus avantageux d'utiliser un peson disposé ainsi que le montre la figure 72, que d'employer des poids. Si le frein n'est pas symétrique par rapport à l'axe de la poulie, il y a lieu de tenir compte de l'effet de la portion non équilibrée qui agit comme une charge w placée à la distance r du centre. Pour assurer la constance des frottements on utilise comme lubréfiant de l'eau savonneuse. L'eau arrive par un tuyau flexible T à la partie supérieure du frein ; à noter que cette eau doit également absorber l'échauffement de la jante (si la poulie n'est pas à refroidissement d'eau) et doit être fournie en grande quantité, de manière à éviter les grippements. Avec la disposition adoptée sur la figure 72 le frein sera très stable : par exemple si la résistance de frottement augmente légèrement, non seulement la charge due au peson augmentera, mais la distance R augmentera légèrement. Cette dernière question prend surtout de l'importance si l'on utilise des poids au lieu d'un peson.

Si W = charge en kilogrammes à l'extrémité du levier.

R = distance en mètre entre les verticales passant pas l'axe de la poulie et le centre de gravité du poids W.

w = poids en kilogrammes de la portion non équilibrée du frein.

r = distance en mètre entre les verticales passant par l'axe de la poulie et centre de gravité de la partie non équilibrée du frein.

N = nombre de tours par minute

la puissance développée est :

$$P = \frac{(WR + wr)\, 2\pi N}{75 \times 60}$$

Frein à bande. — La figure 73 représente un frein à bande dont le mode d'action est similaire à celui du frein de Prony. Une mince bande

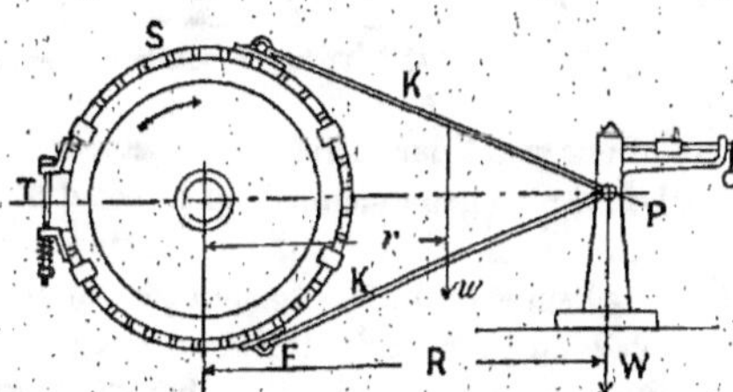

Fig. 73. — Frein à bande, la charge étant mesurée à l'aide d'une bascule.

d'acier S entoure la roue du frein B et ses 2 extrémités sont réunies par un ou deux boulons T. Des blocs de bois, de cuir, ou de coton tressé sont fixés sur la bande et leur pression sur la jante de la roue crée la résistance de frottement. Ce frein exige un graissage soit sous forme d'eau savonneuse, soit sous forme de graisse et paraffine avec application fréquente. Les pièces de forge FF sont boulonnées sur la bande d'acier et reçoivent par l'intermédiaire d'axe les extrémités des tiges K, connectées d'autre part à l'axe P. La charge en P peut se mesurer facilement à l'aide d'une balance sur le plateau de laquelle la pression vient s'exercer. Cette disposition donne satisfaction quand la vitesse et le couple sur l'arbre sont pratiquement uniformes, mais avec les machines à mouvement alternatif les variations de vitesse tendent à provoquer des oscillations dans le frein, qui se transmettent à la bascule et rendent les lectures difficiles. Le calcul de la puissance développée est le même que pour le frein de Prony et l'on doit également tenir compte du poids des pièces K non équilibrées.

On a :

$$P = \frac{(WR + wr) \times 2\pi N}{60 \times 75}$$

Frein à bande type Appold à compensation. — La figure 74 montre la disposition couramment adoptée pour ce frein. Deux bandes d'acier sont

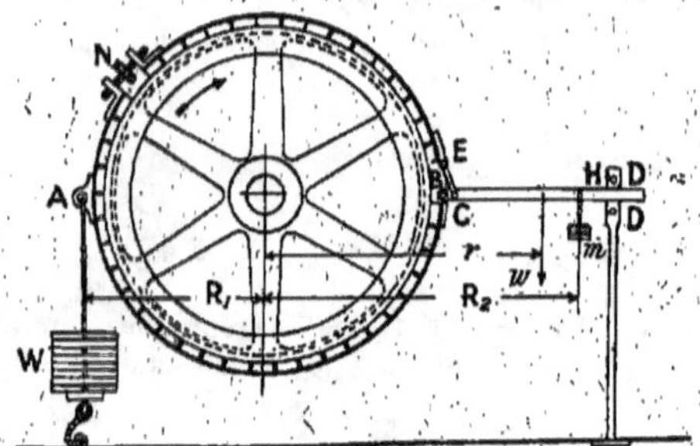

Fig. 74. — Frein à bande du type Appold.

connectées d'une part par le tendeur N et par le système de bielle et levier EC, BD. Le plus généralement on utilise des patins de bois boulonnés sur les bandes d'acier, mais des pièces de cuir ou de coton tressé donnent souvent de meilleurs résultats. La charge est supportée par l'axe A et pour des raisons de sécurité on prévoit son amarrage. Le levier BD est connecté à la bande inférieure par l'axe B et à la bande supérieure par l'intermédiaire de la bielle EC ; il reçoit une charge m ajustable en valeur et en position. Il est évident que la valeur de m détermine la tension des bandes et par suite les résistances de frottement entre les blocs et la roue, de sorte que pour une charge quelconque W le frein peut être amené à la position d'équilibre en augmentant la charge m jusqu'à ce que le levier de frein reste à mi-distance entre les butées D et D. Si la résistance de frottement vient à décroître légèrement, la charge W va descendre et le levier HB se relèvera jusqu'à venir au contact de la butée supérieure. Ce contact provoquera la tension des bandes et augmentera la résistance de frottement, aussi le levier quittera à nouveau la butée, pour y revenir d'ailleurs de nouveau si la résistance au frottement ne s'est pas accrue pendant cette période ou si m n'a pas été augmentée. Si la résistance au frottement augmentait, le cycle inverse de phénomène se produisait.

Si w = poids en kilogrammes de la partie HB non équilibrée.

r = distance en mètre du centre de l'arbre au centre de gravité de HB

on aura :

$$P = \frac{(WR_1 - mR_2 - wr)2\pi N}{75 \times 60}$$

La figure 75 représente une modification du frein à bande de type Appold, utilisée par le professeur J. T. Nicolson pour essayer un moteur à gaz Crossley pouvant développer jusqu'à 600 chevaux (1). La principale modification consiste dans l'introduction des bras BD et CD, dont l'emploi tend à réduire la valeur des poids en augmentant le bras de levier du couple et de permettre d'avoir un espace suffisant pour placer ces poids. Les détails de construction s'expliquent d'eux-mêmes, sauf peut-être la fixation de la poulie de frein à refroidissement par eau, sur la jante du volant que nous signalons particulièrement. Sur les bandes de frein viennent se boulonner des blocs de hêtre et pour permettre l'absorption de la puissance à 600 chevaux pendant les 2 ou 3 heures que dure l'essai il a été nécessaire de percer dans la jante de la poulie une trentaine de trous de 4,5 mm. de manière à assurer le refroidissement constant des blocs de bois. On peut également utiliser des déchets d'huile pour la lubrification des blocs. D'ailleurs que l'on ait l'intention de procéder ou non au graissage à l'huile, il sera toujours bon de ménager une chambre de lubrification disposée ainsi que le montre la figure. L'huile devra être fourni en assez large quantité si l'on désire obtenir un frottement uniforme des blocs de bois sur la jante de la poulie et dans ce cas les projections de résidus d'huile par la jante de la roue sont très désagréables.

En collaboration avec le professeur A. L. Mellanby nous avons établi un type de frein à ruban représenté sur la figure 76. Ce frein est symétrique par rapport à l'axe de l'arbre et comme il peut être arrangé pour supporter la moitié de la charge de chaque côté, les poids peuvent être arrangés de manière à donner le couple exact sans augmenter le poids mort sur l'arbre. Les 2 bandes d'acier SS ont 4,7 mm. d'épaisseur et sont garnies de pièces de coton tressées. Elles sont réunies sur le côté droit par des boulons et sur le gauche par un système tendeur en forme de parallélogramme déformable. Les boulons sont utilisés pour mettre le frein en charge, tandis que

(1) *Proc. Inst. Mech. Eng.*, mars-mai 1908.

les petits réglages toujours nécessaires pendant la durée d'un essai (occasionnés par de légères variations de pression de la vapeur...), sont obtenus

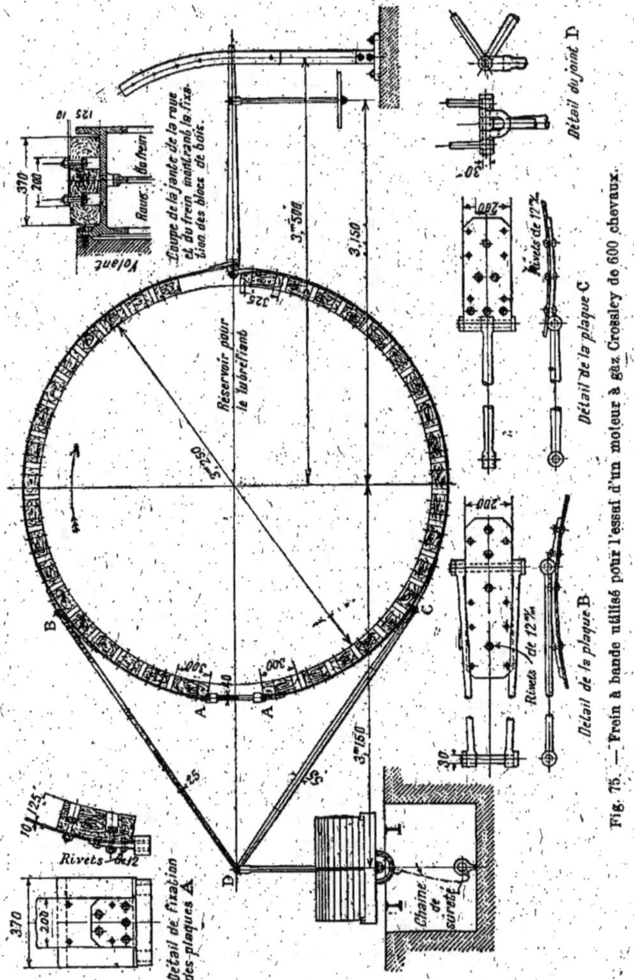

Fig. 75. — Frein à bande utilisé pour l'essai d'un moteur à gaz Crossley de 600 chevaux.

en manœuvrant un petit levier à main qui commande la déformation du parallélogramme de tension et relâche ou tend les bandes. Le tambour à

refroidissement d'eau a une section en U et se trouve boulonné directement
sur le volant.

On a également construit des freins à bande d'acier avec circulation d'eau
dans les bandes, de manière à éviter l'emploi de jantes à circulation d'eau.

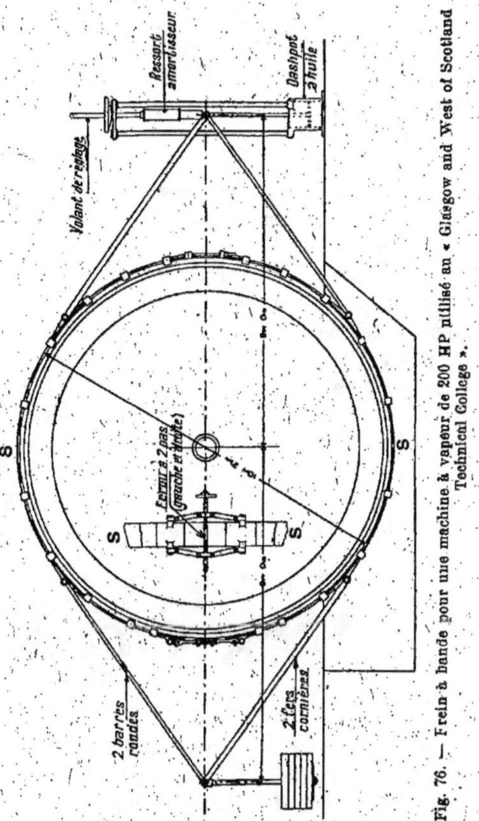

Fig. 76. — Frein à bande pour une machine à vapeur de 200 HP utilisé au « Glasgow and West of Scotland Technical College ».

Des blocs de bois sont généralement boulonnés à la jante du frein et la
chaleur développée est absorbée par l'eau qui circule dans la partie annulaire de la bande du frein. Les arrivée et sortie d'eau de refroidissement
se font par l'intermédiaire de joints flexibles. Une autre disposition consiste
à placer un filet de cuivre à la surface extérieure de la bande du frein et de
soumettre ce filet à un arrosage continu. De toutes façons et quelles que

puissent être les dispositions prises, il est toujours bon de rejeter les patins de bois, à moins qu'une lubrification très abondante ne soit assurée. Le coefficient de frottement entre bois et métal étant sujet à des variations très grandes qui influent sur la précision des essais.

Avec la plupart des freins à bande il est évident qu'une partie de la résistance de frottement est due au poids du frein lui-même, il convient donc de supprimer autant que possible cette cause d'erreur (surtout quand on agit sur de faibles charges), en supportant la plus grande partie du poids du frein. Ceci se réalise facilement en suspendant le frein par un point pris à l'aplomb de l'arbre.

Surface de la jante du tambour de frein. — Dans l'étude d'un frein à tambour, à refroidissement par eau, il convient de prévoir une surface de refroidissement suffisante si l'on désire avoir des conditions de marche stable à pleine charge. Une largeur de jante de 100 millimètres à 150 millimètres est en général suffisante pour les tambours ayant 1,80 m. à 2,10 m. de diamètre, tournant à une vitesse moyenne ; mais pour de grandes puissances et avec l'emploi de freins tels que ceux des figures 75 et 76, il faut compter un minimum de 1,8 dm² de surface de refroidissement par cheval-vapeur ; l'eau de refroidissement étant également prévue en quantité suffisante.

Freins à air. — Le Colonel Renard a imaginé un frein qui permet la mesure approximative des puissances aux grandes vitesses de rotation.

Fig. 77. — Moulinet à air de Walker.

La figure 77 représente ce type de frein et montre clairement la possibilité de régler la position des panneaux sur les bras du frein, suivant la puissance à absorber. Le frein est simplement serré sur l'arbre et la puissance est absorbée par l'action de ventilation des panneaux sur l'air ambiant, *action* qui varie :

1º En fonction de la dimension des panneaux et de leur position sur les bras.

2º En fonction du *cube* de la vitesse de rotation.

Ce frein est établi en 4 types correspondant aux puissances maxima suivantes : 150-60-30 et 6 chevaux-vapeur, pour des vitesses maxima allant de 2 000 tours par minute, pour les plus forts à 3 000 tours par minute, pour les plus petits modèles. Une table des constantes adaptée à chaque appareil donne immédiatement par simple multiplication par le cube de la vitesse, la puissance cherchée.

Freins à courants de Foucault. — Ce frein convient pour l'essai de moteurs de petite et de moyenne puissance tournant à grande vitesse. Il se construit généralement avec un certain nombre d'électro-aimants et un ou plusieurs disques de cuivre. Les disques ou inversement les électro-aimants sont calés sur l'arbre tandis que l'autre organe est maintenu stationnaire par l'application d'un couple réglable. Le mouvement relatif des électro-aimants et du disque de cuivre provoque un couple résistant qui est dû à la production des courants de Foucault dans le disque. Ce couple est évalué de la même manière que dans le frein Reynolds-Froude décrit plus loin. La quantité de chaleur développée dans le disque de cuivre par les courants de Foucault s'évacue par l'air ambiant ou par un système de refroidissement par circulation d'eau. Pour une description plus détaillée de la construction et des applications que permet ce frein, voir la communication de MM. Morris et Lister publiée dans le *Journal of Institute of Electrical Engineers*, vol. 35, 1904-05.

Freins à liquide. — Pour des moteurs de petite et moyenne puissance, tournant à grande vitesse, on peut utiliser comme freins de simples disques tournant dans un liquide. Le frein se compose alors d'une chambre à circulation d'eau, à l'intérieur de laquelle tournent un ou plusieurs disques calés sur l'arbre moteur. L'équation montre que lorsque la chambre est entièrement remplie d'eau, le couple varie comme le carré de la vitesse. Par suite le couple ne peut être modifié, indépendamment de la vitesse, qu'en faisant varier la quantité d'eau contenue dans la chambre, c'est-à-dire en laissant le frein tourner avec la chambre partiellement vide. Hors dans ce cas le couple résistant devient éminemment variable.

S'il ne se produit aucun mouvement désordonné du liquide à l'intérieur de la chambre quand la chambre est en partie vide, le couple agissant sur la chambre est égal au couple agissant sur les disques et ce couple se mesure de la même façon qu'avec le frein Reynolds-Froude décrit plus loin.

Pour éviter le mouvement désordonné de l'eau il est bon de munir les faces internes de la chambre de quelques nervures radiales et qui viennent presque au contact des 2 faces des disques.

Pour un disque simple tournant dans une chambre entièrement pleine d'eau le couple résistant s'exprime par la formule :

$$M = 3360 . f . N^2 . R^5 \quad \text{mètre-kilogramme}$$

où

N = nombre de tours par seconde
R = rayon du disque en mètre
f = 0,002 à 0,003 pour les disques métalliques pleins

Si une série de disques sont disposés sur le même arbre, l'équation précédente s'applique encore à chacun des disques en supposant, bien entendu, que chaque disque est séparé de son voisin par une cloison convenable.

La résistance du fluide au frottement varie légèrement avec la température de l'eau et l'écartement entre les disques mobiles et les parois de l'enveloppe, mais ces considérations ont peu d'importance, en ce qui nous concerne.

Frein Alden. — La figure 78 représente le frein Alden utilisé sur la plate-forme d'essais des locomotives de la « Pensylvania Raibroad company » à l'exposition de la Louisiane en 1904 (voir également la figure 91, pour la disposition de l'ensemble). Ce frein qui est dû à M. G. I. Alden se compose de disques D venus de fonte avec le moyeu qui est lui-même claveté sur l'arbre. De chaque côté des disques sont disposés des diaphragmes en cuivre C, fixés à la périphérie de l'enveloppe et qui tendent à être appliqués sur les disques par la pression de l'eau dans les chambres W. Les étroits espaces entre les disques D et les diaphragmes C sont remplis avec de l'huile lubrifiante qui entre près du moyeu et se trouve rejetée à la circonférence par l'action de la force centrifuge, où elle est recueillie et ramenée au moyeu par une tuyauterie extérieure. Un réservoir d'huile, qui est en communication avec ces tuyauteries, permet de compenser les pertes dues aux fuites. Les surfaces portantes entre le moyeu et l'enveloppe sont lubrifiées par l'huile qui réussit à franchir les points e. A sa sortie des paliers cette huile est recueillie.

De l'eau sous pression circule dans les chambres W et applique les diaphragmes de cuivre sur les disques, la résistance à la rotation étant due à la viscosité de l'huile. L'eau sert également à éliminer la chaleur développée par les frottements.

Dans le cas particulier de la figure 91, la puissance absorbée au frein n'était pas mesurée et les enveloppes des freins étaient seulement amarrées à la fondation par les cordes R. Normalement, le couple et la puissance développée sont mesurés de la même manière que pour le frein Reynolds-Froude de la figure 92.

Un frein du type Alden a permis l'essai d'une turbine hydraulique de 3 000 chevaux-vapeur, tournant à la vitesse de 200 tours par minute. Toute une série de disques et de diaphragmes pouvant être enfermée dans une seule enveloppe on arrive à réaliser un frein permettant l'absorption d'une forte puissance pour de faibles dimensions d'encombrement.

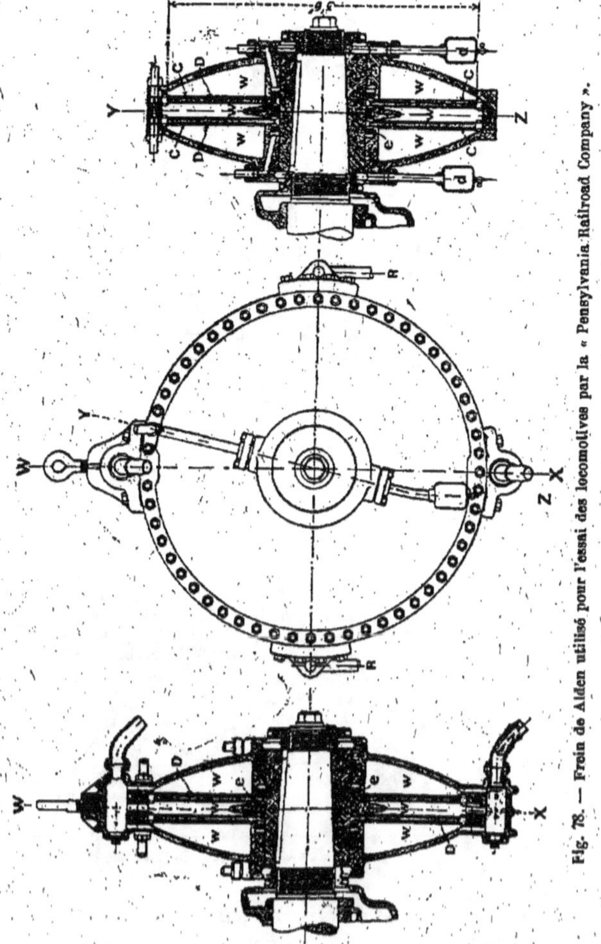

Fig. 78. — Frein de Alden utilisé pour l'essai des locomotives par la « Pennsylvania Railroad Company ».

Freins hydrauliques. — Une pompe centrifuge convenablement montée peut être utilisée comme frein. Si l'enveloppe de la pompe est équilibrée et supportée par l'arbre de la pompe, par l'intermédiaire de paliers, on pourra empêcher sa rotation en créant un couple, qui pour la position d'équilibre sera égal au couple développé sur l'arbre de la pompe.

La puissance développée sur l'arbre sera donnée par la formule :

$$P = \frac{C\omega}{75} \text{ chevaux vapeur}$$

où

$$C = \text{couple en mètre kilogramme}$$
$$\omega = 2\pi\,\frac{N}{60}$$

où

$$N = \text{nombre de tours par minute.}$$

Du fait de leur construction, les pompes centrifuges ordinaires ne sont pas d'un emploi aussi commode que le frein hydraulique Froude qui a été spécialement étudié dans ce but.

Frein hydraulique Reynolds-Froude. — Ce frein a été tout d'abord établi par feu M. William Froude puis modifié par le professeur Osborne Reynolds,

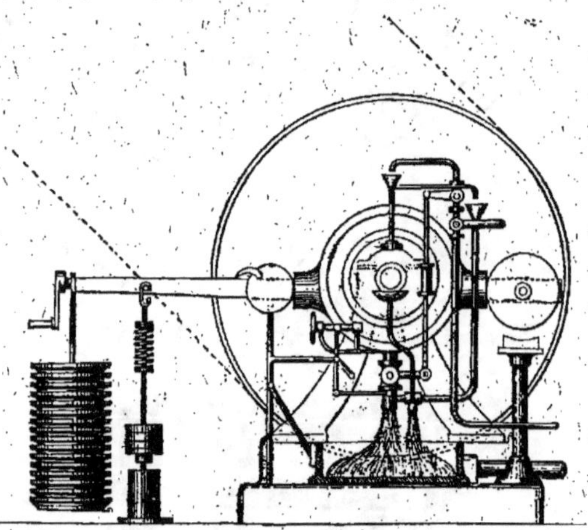

Fig. 79. — Frein hydraulique Reynolds-Froude.

afin d'obtenir des résultats plus précis. Ce frein est représenté sur les figures 79 à 83. Il se compose d'une roue en bronze calée sur l'arbre et portant sur ses 2 faces 24 alvéoles de forme sensiblement semi-cylindrique et ayant leur axe incliné de 45° sur le plan de la roue (voir fig. 83). L'enveloppe du frein est montée sur l'arbre à l'aide de coussinets à rattrapage de jeu à cône de manière à permettre le rattrapage du jeu et éviter en même temps des fuites d'eau exagérées.

En regard des alvéoles de la roue mobile, un nombre égal d'alvéoles de formes identiques sont ménagées à l'intérieur de l'enveloppe. Mais ces dernières sont inclinées en sens inverse par rapport au plan médian, de telle sorte que chaque alvéole mobile et alvéole fixe forme très sensiblement un cylindre incliné de 45° par rapport au plan de la roue.

De l'eau sous pression arrive à l'enveloppe du frein par l'intermédiaire d'un robinet régulateur et d'une connection souple, de là elle se rend dans la chambre interne de la roue mobile, par un conduit percé dans la roue, parallèlement

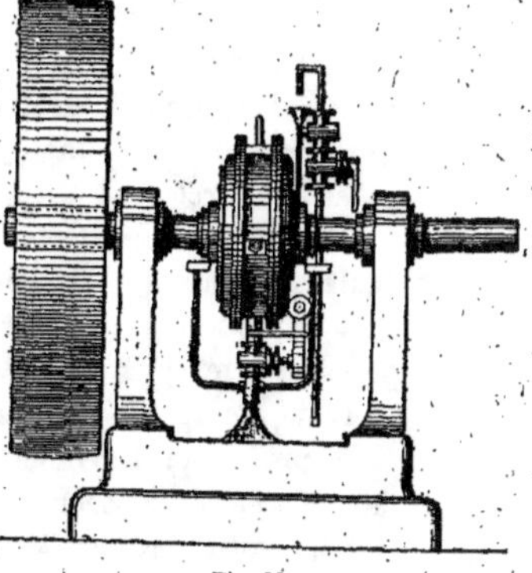

Fig. 80.

à l'axe de l'arbre. L'eau passe de cette chambre jusque dans les augets par des trous et conduits ménagés dans les parois de ces augets.

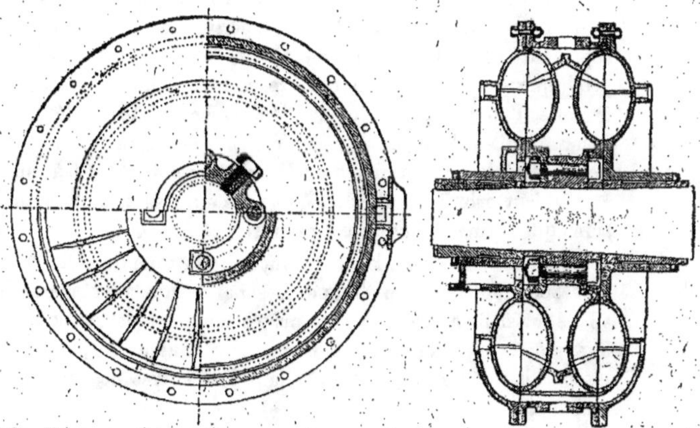

Fig. 81.—Vue en coupe d'un frein hydraulique Reynolds-Froude.   Fig. 82.

La rotation de la roue produit sur l'enveloppe un couple égal au couple sur l'arbre et ce couple est équilibré au moyen des poids agissant sur les bras du balancier visible sur les figures 79 et 83. La puissance développée par le moteur est dès lors immédiatement calculable à l'aide de la formule de la page 98.

Au début des expériences qu'il réalisa avec ce frein le professeur Reynolds rencontra quelques difficultés. Quand, en effet, la vitesse dépassait une certaine limite assez basse, déterminée par la hauteur d'eau sous laquelle travaillait le frein, le couple résistant variait dans des proportions formidables. Ce défaut était dû à la présence d'une certaine quantité d'air provenant de l'eau employée, et qui s'assemblait dans les augets. En effet, grâce à la force centrifuge, la pression au centre d'un tourbillon est moindre qu'à la périphérie, de telle sorte que si la pression à la périphérie était égale à la pression atmosphérique augmentée de la faible hauteur d'eau sous laquelle le frein travaille, la pression au centre était inférieure à la pression atmosphérique. Le dégagement de l'air en dissolution dans l'eau pouvait donc se faire aisément et gêner l'opération du frein.

Le professeur Reynolds surmonte cette difficulté en perçant des trous dans les parois séparant les augets fixes ainsi que le montrent les figures 82 et 83, c'est-à-dire connectant directement le centre des tourbillons avec l'atmosphère et fixant ainsi la pression en ces points.

Le réglage du frein se fait à l'aide de poids mobiles suspendus à l'extrémité du bras et à l'aide d'un poids qui peut glisser sur le bras, le long d'une règle graduée. On peut donner une certaine automaticité à ce frein en reliant l'enveloppe aux robinets d'arrivée et de sortie d'eau, dispositif représenté sur la figure 79. Si la vitesse du moteur augmente légèrement et provoque une augmentation correspondante du mouvement agissant sur la roue, l'enveloppe se déplace légèrement et ferme légèrement l'arrivée d'eau tandis qu'elle ouvre la sortie d'eau, réduisant ainsi automatiquement la quantité d'eau contenue dans le frein et tendant ainsi à ramener le couple à sa valeur primitive. Un dash-pot relié au bras du frein amortit les oscillations qui auraient tendance à prendre naissance.

La figure 83 montre l'une des faces de la roue du frein et la face interne correspondante de l'enveloppe. Les parois dés augets sont nettement visibles aussi bien que les trous percés dans ces parois pour l'arrivée d'eau aux augets mobiles, aussi bien que les trous correspondants percés dans les parois des augets fixes et reliant les centres des tourbillons avec l'atmosphère.

Le travail effectué correspond à un échauffement de l'eau de circulation. Le professeur Reynolds a employé ce type de frein pour renouveler les expériences sur le calcul de l'équivalent mécanique de la chaleur, sur une très grande échelle.

Le type de frein construit par MM. Mather et Platt, ayant un diamètre de 685 millimètres est capable d'absorber une puissance de 1.000 chevaux à la vitesse de 200 tours par minute.

L'*Engineering* du 3 décembre 1909 donne la description d'un frein hydraulique spécial destiné aux essais d'une turbine à vapeur Westinghouse de 6.000 chevaux vapeur. La turbine tourne à 1.500 tours par minute et commande un train d'engrenage démultiplié dans le rapport de 5 à 1. Le rotor du frein se compose de 10 couronnes d'aubes similaires aux aubes

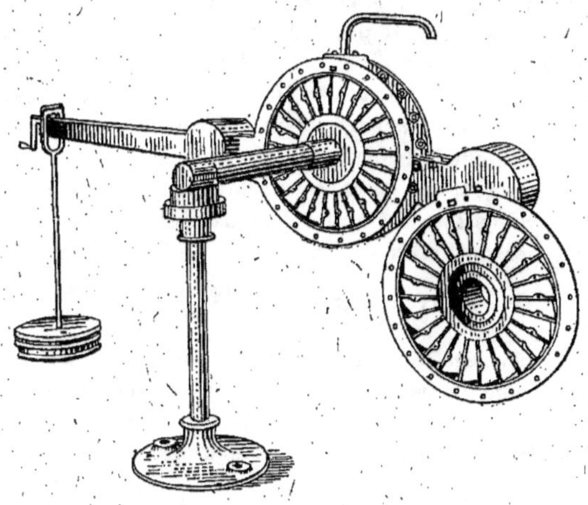

Fig. 83. — Vue générale d'un frein hydraulique Reynolds-Froude, avec couvercle enlevé.

d'une turbine à vapeur Parsons et l'enveloppe comporte 10 couronnes d'aubes plates dont les faces sont parallèles à l'axe de la turbine. L'eau traverse successivement toutes les couronnes d'aubes, l'énergie communiquée par chaque couronne d'aubes mobiles étant absorbée dans la couronne d'aubes fixes suivante. Le couple total sur l'enveloppe du frein est évalué au moyen d'une bascule à plateforme.

Dynamomètres de transmission. — La dynamo peut être aisément employée comme dynamomètre de transmission, par accouplement avec un moteur. La puissance développée par la génératrice électrique se déduit immédiatement des lectures faites sur le circuit électrique :

$$P = \frac{E \times I}{736} \text{ chevaux vapeur}$$

Au cas où l'on aurait employé un alternateur, la puissance développée dans le circuit électrique est donnée par la formule :

$$P = \frac{EI \cos \varphi}{736} \text{ chevaux vapeur}$$

ou encore par :

$$P = \frac{P'}{736} \text{ chevaux vapeur} \qquad \text{si } P'$$

représente une lecture faite directement à un wattmètre.

Il est évident que si l'on désire faire un essai probant la charge doit être maintenue constante pendant un certain temps. Mais dans un réseau il est généralement très difficile de réaliser cette condition, aussi doit-on se servir de résistances spéciales en cours d'essai. Ces résistances peuvent être constituées par des lampes dans le cas de petite puissance ou par des résistances liquides dans le cas de résistances plus élevées.

Il va de soi que le rendement de la dynamo doit être connu, de manière à pouvoir passer aisément de la puissance lue à la puissance réellement développée sur l'arbre du moteur.

$$\text{Puissance du moteur} = \frac{\text{Puissance développée dans le circuit électrique}}{\text{Rendement de la dynamo}}$$

On peut également utiliser une dynamo dynamométrique. C'est une dynamo dont la carcasse inductrice au lieu d'être fixée au bâti, repose sur l'arbre par l'intermédiaire de paliers. L'ensemble est convenablement équilibré et l'on équilibre le couple créé par la rotation de l'induit, au moyen d'un poids mobile sur un levier gradué fixé à la carcasse inductrice. Le poids a une valeur connue et sa distance à l'axe est donnée par la graduation de la règle, comme dans un frein ordinaire.

Dynamomètre de transmission Tatham. — La figure 84 donne la disposition générale de ce dynamomètre : qui d'ailleurs ainsi que tous les autres dynamomètres à transmission mécanique ne convient que pour les petites et moyennes puissances.

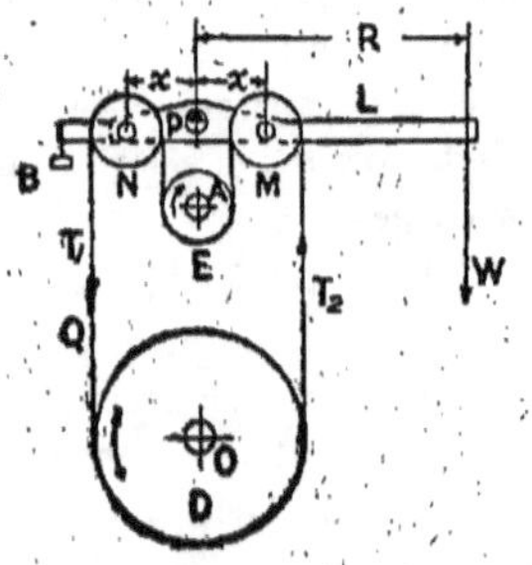

L'arbre A reçoit son mouvement de l'arbre O, calé sur l'arbre moteur, par l'intermédiaire de la courroie Q et des poulies de renvoi N et M montées de chaque côté de l'axe d'articulation du frein. Quand le moteur tourne à vide le levier est équilibré à l'aide du poids B.

En charge si T_1 représente la tension du brin menant de la courroie, il est évident que l'effort qui tend à attirer la poulie N vers le bras est $2T_1$ kgs et de même si T_2 est la tension du brin mené, l'effort

Fig. 84. — Dynamomètre de transmission à courroie.

exercé sur la poulie M est : $2T_2$ kgs. Si les axes de ces 2 poulies sont à égales distance x du centre P de l'axe du levier, nous aurons pour la position d'équilibre correspondant à l'adjonction d'un poids W à la distance R de ce même axe :

$$WR = 2x\,(T_1 - T_2)$$

d'où

$$T_1 - T_2 = \frac{WR}{2x} \text{ kilogrammes}$$

Le couple développé sur la poulie D est :

$$C = (T_1 - T_2)\left(\frac{D + t}{2}\right) \text{ kg. mètre}$$

où t = épaisseur de la courroie et en supposant qu'il n'y a aucun glissement ou aucune adhérence de la part de la courroie.

La puissance en chevaux vapeur est donc :

$$P = C\omega = (T_1 - T_2)\left(\frac{D + t}{2}\right)\frac{2\pi N}{60} \times \frac{1}{75}$$

ou en remplaçant $T_1 - T_2$ par sa valeur et en réduisant :

$$P = \left(\frac{WR}{2x}\right)\frac{\pi\,(D + t)\,N}{4500} \text{ chevaux vapeur}$$

A moins que la courroie Q ne soit très tendue, le levier L aura toujours tendance à osciller. On peut éliminer cet inconvénient en attachant un dash-pot au levier.

Différentes formes de dynamomètres de transmission à engrenage ont également été utilisés, mais en fait ils ne conviennent guère que pour les petites puissances. On peut leur reprocher en général une tendance au « pompage » pour des couples variables et l'absorption d'une partie de la puissance à l'intérieur même du dynamomètre.

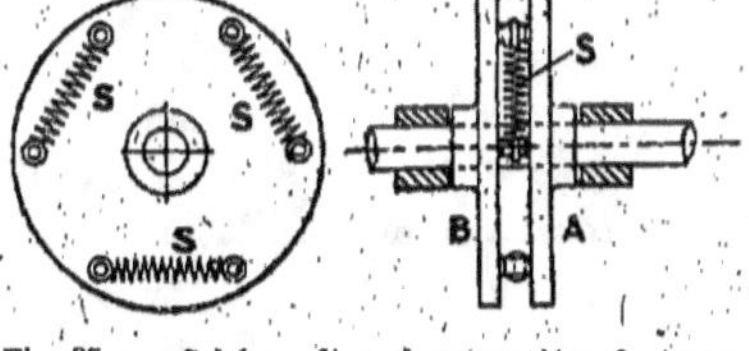

La figure 85 représente un dyna-momètre de transmission qui con-

Fig. 85. — Schéma d'un dynamomètre de transmission à ressorts.

vient parfaitement pour les faibles puissances et lorsque le couple moteur est suffisamment constant. On remplace l'accouplement ordinaire par un système de 2 plateaux A et B reliés par l'intermédiaire de ressorts S convenablement établis. Le couple moteur est transmis par l'intermédiaire de ce système, mais non sans que les plateaux A et B ne se déplacent relativement l'un par rapport à l'autre ; l'amplitude de ce déplacement étant fonction de la valeur du couple. La mesure du déplacement angulaire pourra se faire par un procédé analogue à celui employé dans le torsiomètre Föttinger (décrit plus loin), mais avec une amplification moins forte. Avant de monter le dynamomètre sur l'arbre moteur il est bon de l'étalonner en immobilisant par exemple l'un des plateaux, et en soumettant l'autre à un couple variable ; on note pour chaque valeur du couple, la valeur du déplacement angulaire.

Dans le calcul d'établissement d'un dynamomètre à ressorts pour un couple peu élevé et pour de grandes vitesses, on adoptera autant que possible des ressorts courts afin de diminuer l'action de la force centrifuge sur ces ressorts. On peut encore par exemple réunir les 2 arbres au moyen d'un ressort spiral dont l'arbre se confond avec l'axe commun aux 2 arbres. De toutes façons il faudra prendre garde à ce que la force centrifuge n'influe pas sur les lectures.

MM. W. H. Bailey et Cⁿ de Manchester construisent un dynamomètre à ressort disposé pour être utilisé avec une transmission par courroie. Sur un bâti spécial est monté un arbre supportant 3 poulies. Si une de ces poulies est clavetée sur l'arbre, la 2ᵉ est montée folle et la 3ᵉ est connectée à la première par l'intermédiaire d'un ressort. La courroie motrice peut passer de la 2ᵉ à la 3ᵉ poulie, tandis que la courroie réceptrice est montée sur la première poulie. Un dispositif spécial indique à chaque instant la valeur du couple transmis.

Torsiomètres. — Quand un arbre est soumis à un couple, il subit une torsion qui est directement proportionnelle à ce couple ; c'est-à-dire que si θ représente l'angle de torsion, entre 2 sections d'un arbre transmettant un couple T, on peut écrire la relation :

$$T = A\theta$$

Equation dans laquelle A dépend de l'élasticité du métal et des dimensions de l'arbre. Si T est le couple en mètre-kilogramme et N le nombre de tours par minute, la puissance transmise est :

$$P = T \times \frac{2\pi N}{60 \times 75}$$

Bien que les torsiomètres soient applicables pour la mesure d'une puissance quelconque, il semble que ces appareils aient été plus spécialement utilisés pour la mesure de la puissance développée par les turbines marines et par les moteurs marins à mouvement alternatif. En dépit de la petitesse de l'angle de torsion, ces appareils doivent donner des indications suffisamment précises et c'est plutôt dans la manière d'évaluer ces angles que les divers torsiomètres se différencient.

Le torsiomètre de Föttinger est l'un des premiers instruments réalisés sur le principe ci-dessus. Il a été employé sur les machines marines à mouvement alternatif et depuis l'apparition des turbines il a été modifié. La figure 86 représente schématiquement cet appareil.

A et C sont deux bras ou disques tournant avec l'arbre M, A étant directement claveté sur l'arbre et C étant fixé sur le manchon rigide S qui

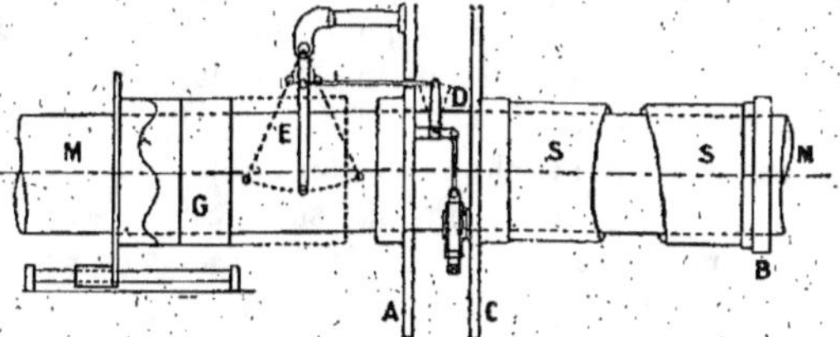

Fig. 86. — Torsiomètre de Föttinger.

est claveté en B sur l'arbre M, à 3 mètres environ de A. Quand l'arbre transmet de la puissance le disque C prend une position qui correspond à celle de son point d'attache B et il se produit par suite un léger déplacement angulaire entre A et C (par rapport à leur position relative, lorsque le couple est nul). Ce déplacement est amplifié à l'aide d'un système de leviers coudés et transmis jusqu'au levier porte-crayon E, dont les déplace-

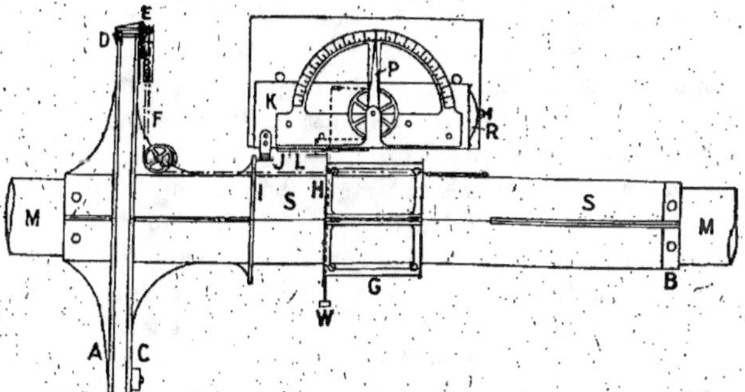

Fig. 87. — Torsiomètre de Denny-Edgecombe.

ments s'enregistrent sur le tambour fixe G, quel que soit le sens de rotation de l'arbre. Le jeu du système de levier est annulé au moyen de ressorts légers et la position zéro du crayon se relève lorsque l'arbre tourne doucement et sans transmettre de couple.

La figure 87 représente le torsiomètre Denny-Edgecombe. Les bras A et C sont reliés à l'arbre M d'une manière identique à celle utilisée dans le torsiomètre Fottinger, A étant directement fixé sur l'arbre et C étant fixé sur l'arbre en B par l'intermédiaire d'un manchon S. Le bras C supporte le système amplificateur E, qui est commandé par l'intermédiaire d'un cadran D fixé sur le bras A. Le mouvement de torsion de l'arbre se traduit donc par l'intermédiaire d'un fil sans fin F par un déplacement longitudinal de l'équipage G. Cet équipage comporte une flasque H convenablement dressée et qui fait face à l'autre flasque I montée sur le tube lui-même. Le déplacement relatif de ces 2 flasques mesurera le couple de torsion et par suite la puissance transmise.

L'indicateur K vient s'appliquer sur les flasques par l'intermédiaire de 2 petites roues. L'une d'elles J est fixée sur le corps de l'indicateur et est constamment maintenue au contact de la flasque I par l'intermédiaire du ressort R. De cette façon l'ensemble de l'indicateur suit tout déplacement longitudinal de l'arbre dû à la poussée de l'hélice ou à la dilatation et par suite ces causes d'erreur se trouvent éliminées. L'autre petite roue L est montée sur une glissière mobile sur l'indicateur et suit les déplacements de la flasque H, grâce à l'action du poids W qui par l'intermédiaire d'un système de poulies et renvois tend à la maintenir au contact de cette flasque. L'arbre tournant lentement sans transmettre aucun couple et les roulettes étant appliquées contre leurs flasques correspondantes, l'aiguille P peut être réglée sur le zéro de l'échelle.

L'indicateur à aiguille convient pour les turbines et pour les machines à mouvement alternatif lorsque l'on désire connaître simplement le couple moyen ; si l'on désire au contraire connaître le couple instantané pendant toute une série de révolutions, on disposera un enregistreur.

Un dispositif permet d'écarter les roues des flasques dans les périodes où l'on n'utilise pas l'appareil.

De nombreux torsiomètres ont été établis, qui utilisent une méthode optique pour la mesure de l'angle de torsion. La figure 88 représente un appareil de ce type désigné sous le nom de torsiomètre Hopkinson Thring est construit par MM. Siemens Bros. Le collier A claveté directement sur l'arbre porte une flasque. Le manchon S dont la longueur varie de 0,30 m. à 1 mètre est claveté en B sur l'arbre et porte également un flasque. Le déplacement relatif de ces 2 flasques est mesuré au moyen d'un ou plusieurs systèmes de miroirs montés entre les 2 flasques et qui réfléchissent, sur une échelle graduée, un rayon lumineux provenant d'une lampe convenable.

Chaque système de miroirs se compose d'une monture portant deux miroirs placés dos à dos ; la monture s'articulant sur 2 pivots fixés sur l'une quelconque des flasques. Cette monture porte un levier dont l'extrémité vient se fixer par l'intermédiaire d'un ressort à lame sur une portée de réglage ménagée sur l'autre flasque. Le déplacement relatif des deux flasques provoque la rotation du miroir et par suite le déplacement du rayon lumineux sur l'échelle, la déviation étant directement proportionnelle au couple moteur.

Avec la disposition indiquée on aura 2 indications par tour de l'arbre. Lorsque le couple varie pendant un tour (cas des machines à mouvement alternatif) on peut disposer un 2e système de miroirs, ce qui permet d'obtenir 4 lectures par tour avec un seule échelle ou bien 8 lectures par tour par l'emploi de deux échelles graduées.

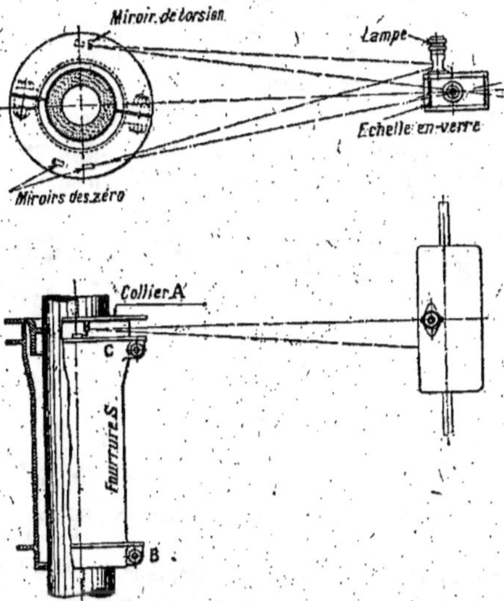

Fig. 88. — Torsiomètre optique Hopkinson Thring.

La figure 88 montre le chemin parcouru par le rayon lumineux lorsqu'il vient frapper le miroir dans sa position haute. Le rayon réfléchi vient passer par la moitié supérieure de l'échelle graduée et du côté gauche du zéro. Quand l'arbre a fait un demi-tour le rayon réfléchi passe par la moitié inférieure de l'échelle et du côté droit du zéro. Les miroirs fixes sont attachés à l'une des flasques de l'appareil (dans ce cas à la flasque C du tambour S) et doivent être réglés de façon que les rayons qu'ils réfléchissent viennent tomber au même point de l'échelle que le rayon réfléchi par le miroir tournant lorsque le couple transmis est nul. Pour faciliter la mise en place et le réglage des appareils l'ensemble formé par la lampe et l'échelle graduée est monté sur rotule, de sorte qu'il peut être incliné à la position requise. Si la position de l'appareil se modifie par rapport à la position de l'échelle, du fait de la dilatation de l'arbre ou pour une cause quelconque, l'observateur s'en aperçoit immédiatement au déplacement du zéro donné par le miroir fixe.

L'appareil se construit en 5 modèles types alésés de manière à pouvoir être montés sur tous les diamètres d'arbre actuellement en usage. Les plus petits modèles sont étudiés pour une vitesse de rotation allant jusqu'à 3.000 tours par minute.

Le torsiomètre Devis-Gibson est représenté par la figure 89. Cet appareil comporte en principe 2 disques blancs A et B montés sur l'arbre moteur à une distance convenable l'un de l'autre. Chaque disque a une petite fente radiale au voisinage de la périphérie et ces fentes sont dans le même plan radial lorsque l'arbre ne transmet aucun couple. En arrière de A est placée une lampe électrique placée dans une boîte étanche, dans laquelle on a ménagé une fente juste en regard de la fente du disque A. En arrière du disque B est placé un indicateur de couple F qui se compose d'un oculaire

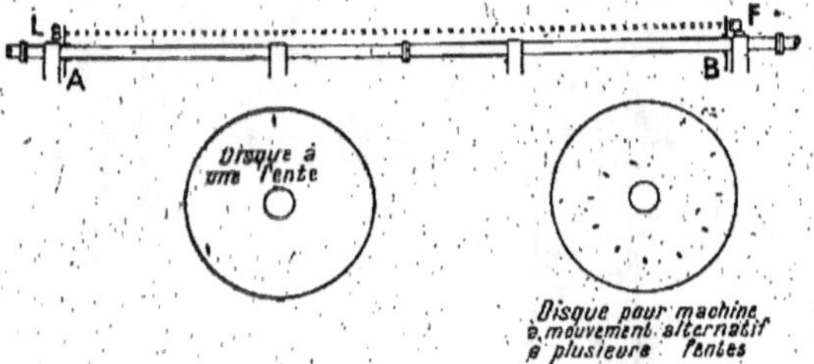

Fig. 89. — Torsiomètre optique Bevis-Gibson.

avec vis micrométrique permettant le déplacement de cet oculaire suivant une circonférence. L'extrémité de l'oculaire, côté B, porte un masque dans lequel on a ménagé une fente identique à celle du disque. Quand les 4 fentes sont en ligne droite, on aperçoit dans l'oculaire, un éclat lumineux continu pour des vitesses de rotation supérieures à 100 tours par minute, ou une série d'éclats lumineux pour les vitesses inférieures (ce qui d'ailleurs n'influe pas sur la précision de la mesure).

Quand l'arbre transmet un couple, le disque B se déplace par rapport à A et par suite la fente du disque B se trouve reportée en dehors de la ligne primitive et l'oculaire se trouvera masqué par une partie pleine de ce disque lorsque se produit la lueur. Pour réapercevoir cette lueur il faudra déplacer l'oculaire B sur l'échelle micrométrique ; l'angle indiqué par l'échelle indiquera alors la valeur de l'angle de torsion. Les fentes dans les disques A et B ont nécessairement une largeur appréciable et pour remédier à toute erreur pouvant en résulter, l'oculaire est toujours déplacé de la position correspondant à l'éclat lumineux maximum jusqu'au point où la lumière est prête à disparaître. L'œil est tellement sensible qu'une différence de 1/100 de degrés est suffisante pour marquer la différence entre la lumière et l'obscurité. On repère le zéro de l'échelle micrométrique par une lecture faite à vide, l'arbre tournant autant que possible à sa vitesse normale, mais ne transmettant aucun couple.

Pour les machines à mouvement alternatif, il est nécessaire de faire plusieurs lectures pendant un tour (généralement douze), dans ce but on utilise des disques munis de 12 perforations ou fentes convenablement décalées et placées à des distances variables du centre du disque. La lumière et l'oculaire doivent alors pouvoir se déplacer radialement de manière à être mis en regard des différentes fentes de disques. En portant les lectures faites sur un papier millimétré on obtient la courbe du couple pendant un tour complet de l'arbre, et l'on peut en déduire la valeur moyenne du couple.

Un défaut que l'on reproche à ce type d'appareil est la possibilité de distorsion du rayon lumineux par suite des différences de température de l'air entre divers points de la salle des machines. L'instrument peut être alors disposé de telle façon que *les prises* sur l'arbre soient à une faible distance l'une de l'autre. Dans ce cas on utilise au lieu des disques un système de 2 cylindres s'emboîtant l'un dans l'autre et portant tous les 2 une fente sur leur circonférence. La lampe est placée à l'extrémité du cylindre intérieur. L'oculaire se déplace encore suivant une circonférence et mesure le déplacement relatif des 2 cylindres.

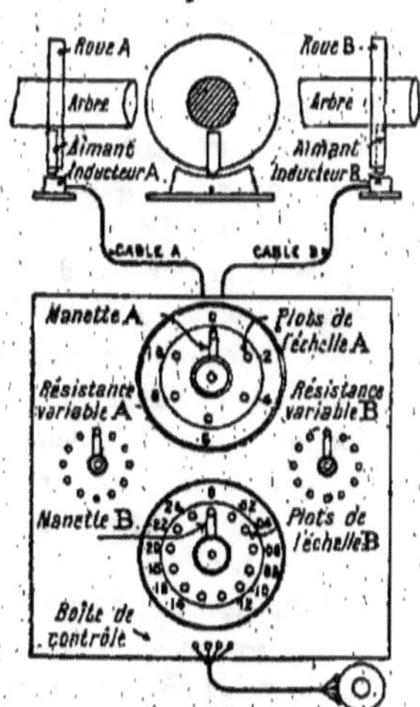

Fig 90. — Représentation schématique du torsiomètre Denny-Johnston.

Le torsiomètre Denny-Johnston est une très heureuse application d'une méthode électrique à la mesure du couple transmis par un arbre. Cet appareil est construit par MM. Kelvin et White de Glascow et convient particulièrement à la mesure du couple donné par une turbine marine.

La figure 90, la disposition générale des appareils, pour la mesure du couple développé par une turbine marine. Sur l'arbre et à une certaine distance l'une de l'autre sont fixées 2 roues en bronze A et B. Sur chacune de ces roues est monté un aimant permanent dont l'un des pôles est terminé en forme de V, de manière à donner en ce point un champ intense et parfaitement délimité. Sous l'arbre, et placés concentriquement aux roues supports d'amiante sont fixés 2 induits A et B composés chacun d'un secteur en fer doux, supporté par une pièce de bronze muni de vis de réglage. Sur chacune des pièces de fer doux sont montés un certain nombre de bobines de fil isolés, réparties uniformément sur la longueur de ces pièces. Une boîte portant deux séries de contact A et B est également jointe. Chaque plot du commutateur A correspond à une bobine particulière d'un des induits et chaque plot du commutateur B correspond de même à une bobine particulière de l'autre induit. Dans chacun de ces 2 circuits est intercalé *un enroulement* d'un écouteur de téléphone à enroulement différentiel et une résistance variable permettant le réglage de l'intensité du courant. La circonférence du commutateur A est divisée en 6 parties égales correspondant chacune à un plot et à un enroulement distinct sur l'induit correspondant. La longueur de 5 divisions du commutateur représente donc la longueur circonférencielle occupée par tous les enroulements sur l'induit, chaque division correspondant à la distance qui sépare 2 enroulements voisins, distance qui est généralement de 5 millimètres. La circonférence du commutateur B est divisée en 14 parties égales correspondant chacune à un plot et à un enroulement distinct sur l'induit correspondant. La longueur de 13 divisions du commutateur représente donc la longueur circonférencielle occupée par tous les enroulements sur l'induit, chaque division correspondant à la distance qui sépare 2 enroulements, voisins, distance qui est généralement de 0,5 mm.

Pour faciliter la mise en place précise des aimants par rapport à leurs induits respectifs, on a ménagé des repères sur la face interne des enduits à l'endroit exact où cessent les enroulements ; il suffit donc d'amener les aimants à l'aplomb de ces repères et de les fixer alors sur l'arbre. Quand l'arbre tourne sans transmettre aucun couple, les manettes des 2 commutateurs étant ramenées au zéro un courant induit prend naissance à chaque tour dans la bobine finale de chaque induit. Les 2 bobines différentielles de l'écouteur du téléphone étant telles que parcourues au même instant par deux courants égaux, l'écouteur ne donnera aucun son, on règle donc, au moyen des résistances de réglage, l'intensité du courant dans chacun des 2 circuits jusqu'à ce que le téléphone ne rende plus aucun son.

Cet équilibre subsistera aussi longtemps que l'arbre ne transmettra aucun couple, mais dès qu'il transmettra une certaine puissance l'enroulement induit le plus rapproché de la turbine se trouvera excité avant l'autre enroulement et le téléphone fera entendre des « tops » violents.

La manette du commutateur B est alors déplacée de plot en plot jusqu'à ce que l'on obtienne la position du plus grand silence. Quand cette position est atteinte on *en* déduit immédiatement la valeur de l'angle de torsion de l'arbre. Si par hasard l'angle de torsion était trop grand pour être donné par simple actionnement du commutateur B on déplacerait A jusqu'à ce que B permette d'obtenir la position d'équilibre. La valeur de l'angle de torsion correspond alors à la somme des déplacements des manettes A et B.

La boîte des commutateurs sera placée dans un endroit tranquille, car bien que l'écouteur soit excessivement sensible il est nécessaire d'avoir aussi peu que possible du bruit extérieur si l'on désire obtenir des réglages précis.

La relation entre l'angle de torsion et le couple auquel est soumis un arbre à section circulaire de dimensions données peut être approximativement donnée par la formule :

$$\theta = \frac{32\ TL}{\pi CD^4} \quad \text{pour un arbre plein}$$

et

$$\theta = \frac{32\ TL}{\pi C(D^4 - d^4)} \quad \text{pour un arbre évidé}$$

formules où :

$\theta =$ angle de torsion en radians
$T =$ couple en dyne centimètre
$D =$ diamètre extérieur de l'arbre en cm.
$d =$ » intérieur » »
$L =$ longueur de l'arbre en cm.
$C =$ module de torsion $= 850.000$ (kgs. cm²).

pour l'acier doux.

La valeur de C varie quelque peu avec la nature de l'arbre et il est toujours préférable d'essayer directement en usine la portion d'arbre qui doit être utilisée pour le torsiomètre. A cette fin on fixe rigidement l'une des extrémités de cette portion d'arbre, tandis que l'autre extrémité est simplement *supportée*, de manière à pouvoir tourner sans frottements appréciables. Près de l'extrémité libre on créera au moyen de poids et de pesons un couple de valeur connue, en agissant aux extrémités de 2 bras égaux et opposés (de façon à ne faire supporter à l'arbre aucun effort de flexion). Deux aiguilles légères, de longueur convenable, sont fixées sur l'arbre à une distance convenable l'une de l'autre et l'extrémité de chacune de ces aiguilles se déplace devant un secteur divisé en degrés ou en radians. Lorsque le couple est appliqué à l'arbre, la différence des déplacements angulaires des 2 aiguilles mesure l'angle de torsion de la portion d'arbre considérée. En appliquant successivement différents couples et en faisant chaque fois les lectures correspondantes on détermine la relation moyenne qui existe entre les couples et l'angle de torsion et l'on établit ainsi une base certaine pour les essais futurs au torsiomètre. (Le coefficient d'élasticité des matériaux constituant l'arbre étant supposé ne pas s'altérer sensiblement entre ces 2 essais).

Les matériaux usuels ne sont pas parfaitement élastiques, c'est-à-dire que les angles de torsion pour des couples décroissants peuvent différer légèrement des angles de torsion obtenus pour des couples croissants. On peut éliminer presque complètement cette cause d'erreur en frappant l'arbre avec un marteau en plomb, pendant la durée de l'essai. L'arbre se trouve alors placé dans les mêmes conditions que pendant un essai en marche normale.

L'arbre d'une machine marine supporte non seulement un effort de torsion, mais subit encore une poussée. M. J. Hamilton Gibson (1) a effectué des expériences pour reconnaître l'influence de ces 2 efforts sur la valeur de l'angle de torsion et il a trouvé que la poussée due à l'hélice augmentait l'angle de torsion d'environ 1 à 1,5 0/0 pour les arbres pleins et de 3 à 4 0/0 pour les arbres creux. Mais ces expériences ne peuvent être considérées comme concluantes.

Le couple instantané sur l'arbre manivelle d'un moteur marin à mouvement alternatif varie généralement beaucoup par rapport au couple moyen et ces variations sont transmises le long de la ligne d'arbre avec plus ou moins de déformation. Pour une certaine vitesse critique dépendant du moment d'inertie de l'hélice, de la longueur de l'arbre et de la rigidité de l'arbre, les variations du couple sur l'arbre manivelle provoqueront des oscillations de torsion dans l'arbre, augmentant ainsi les variations du couple instantané par rapport au couple moyen. Si la vitesse critique de l'arbre n'est pas supérieure à la vitesse de rotation de la machine, l'arbre pourra travailler dans de mauvaises conditions. En plus de ce fait il peut y avoir encore des variations du couple de torsion se reproduisant au bout d'un certain nombre de tours. Il s'en suit que pour les machines à mouvement alternatif le torsiomètre, qui permettra de retirer le plus de renseignements est celui qui est capable de donner un diagramme continu suffisamment précis pendant une série de révolutions de l'arbre.

(1) *Trans. Inst. Naval Architects*, 1907, page 126.

CHAPITRE IV

—

Les essais de locomotives. — Les locomotives peuvent être essayées de 2 manières différentes :

1° Directement sur voie ferrée et dans leurs conditions normales d'exploitation.

2° A l'aide d'un dynamomètre spécial, la locomotive restant en place tandis que les organes moteurs sont en mouvement.

Un essai conduit suivant la première manière doit inévitablement être moins exact qu'un essai effectué sur une chaudière ou une machine à vapeur au point fixe, les exigences du trafic empêchant de maintenir des conditions uniformes pendant un temps suffisamment long et de plus les instruments de mesure étant plus difficiles à mettre en place et à régler.

Si l'on considère une locomotive travaillant dans les conditions normales de service, l'essai devra porter en plus des questions de démarrage et de freinage sur les questions suivantes :

1° Consommation moyenne de combustible pour des trains de charge donnée.

2° Evaluation de la puissance moyenne développée.

3° Etude de la distribution en partant de l'observation des diagrammes, pour diverses valeurs de l'admission et dans les divers cylindres.

4° Evaluation de la consommation moyenne de vapeur, aussi bien en ce qui concerne la production de vapeur à la chaudière, que la consommation de vapeur par cheval heure développée à la machine.

5° Mesure de la pression de vapeur, de la qualité de la vapeur, température des gaz dans le foyer et dans la boîte à fumée, tirage au foyer et dans la boîte à fumée, analyse des gaz de la combustion, analyse et détermination du pouvoir calorifique du combustible et des cendres..., de manière à estimer les pertes dans la chaudière.

6° Mesure de l'effort au crochet.

Il est d'une pratique courante chez les ingénieurs des chemins de fer de mesurer la consommation de charbon sur un parcours donné et pour un

train de poids donné et d'en déduire la consommation moyenne de charbon
par tonne kilométrique. Il suffit, d'évaluer le poids moyen du train non
compris la locomotive et le tender et de peser le poids de combustible
contenu dans le tender avant le départ et après l'arrivée, en tenant compte
de la quantité de combustible nécessaire à la mise sous pression de la machine et de la quantité de combustible restant dans le foyer à la fin du
parcours.

Le foyer et les chaudières doivent être autant que possible dans les
mêmes conditions au début et à la fin de l'essai, mais si l'essai ne dure que
3 ou 4 heures on peut laisser le feu s'éteindre à la fin de l'essai (si le temps
le permet) et l'on tient alors compte du poids de combustible non consumé
restant sur la grille du foyer. Dans certaines circonstances il peut être intéressant de connaître la consommation de combustible pendant diverses
étapes du parcours, dans ce cas il suffira d'avoir enfermé le combustible
préalablement séché par sacs de 50 kilogrammes et de noter la consommation de combustible tout le long du parcours.

Dans des conditions spéciales il est possible de mesurer le rendement
moyen de la chaudière et le rendement thermique moyen de la machine, et
d'évaluer les diverses pertes dans la chaudière et dans la machine. Les
observations à faire sont indiquées sous les numéros 1, 2, 4 et 5 au début
de cet article. Mais les appareils de mesure deviennent si compliqués et
sont si difficiles à manipuler dans les conditions de marche que l'on réalise
rarement un essai complet. Les essais ordinaires de locomotive portent
généralement sur la consommation de combustible et sur la puissance
moyenne indiquée.

Le relevé des diagrammes est grandement facilité en fixant l'indicateur
de chaque cylindre à un robinet à 3 voies connecté à chacune des extrémités des cylindres au moyen de tuyaux de 20 millimètres soigneusement
calorifugé et dont la longueur est aussi réduite que possible (sans toutefois
qu'il puisse en résulter des difficultés dans la manœuvre de l'indicateur).

On pourra employer suivant chaque cas particulier un des systèmes de
réduction représentés page 64 et 65, bien que le dispositif de la figure 50,
page 66, convienne généralement bien et particulièrement pour les machines à cylindres extérieurs. Il est également préférable de déterminer
la pression à la chaudière au moyen d'un indicateur plutôt que d'utiliser
un manomètre, la pression y étant sujette à des variations périodiques
importantes aux grandes vitesses. L'opérateur chargé de cet indicateur
sera convenablement protégé par un écran placé en avant de la boîte à
fumée. Le système réducteur pourra également être arrangé de manière
à actionner un compteur de tours. L'observateur tiendra compte des indications du compte-tours et fera des relevés de diagrammes non pas à des

intervalles de temps égaux, mais pour des nombres de tours déterminés.

La meilleure méthode pour mesurer la quantité approximative d'eau d'alimentation consiste à placer un compteur sur la conduite d'eau ; un filtre étant placé entre le compteur et la bâche d'alimentation d'eau. Bien que les compteurs à eau ne soient pas utilisables dans toutes les circonstances ils sont généralement très commodes si on les utilise soigneusement et si on les étalonne fréquemment. L'observateur en charge du compteur d'eau fera ses lectures au signal donné par l'observateur chargé du contrôle du nombre de tours. Toute l'eau en excès ou provenant des fuites aux pompes d'alimentation et injecteurs sera recueillie et mesurée et sera déduite des lectures faites au compteur.

On peut encore utiliser un flotteur en cuivre supportant une échelle graduée traversant la partie supérieure du réservoir d'eau par l'intermédiaire d'un guidage qui la maintient en alignement avec le centre de gravité du réservoir. Le niveau d'eau ainsi observé sera indépendant de l'inclinaison de la voix ferrée. Les lectures seront faites autant que possible quand la vitesse de la locomotive sera uniforme ; une accélération positive ou négative pouvant influer sur le niveau de l'eau. L'étalonnage du réservoir d'eau est nécessaire et se réalise en faisant le plein, puis en laissant s'écouler l'eau et en marquant sur une échelle le niveau de l'eau chaque fois que l'on a laissé s'écouler 250 litres. L'échelle pourra être par la suite subdivisée. Tout excès d'eau ou toute fuite aux injecteurs sera repris et retourné au réservoir. On note également la température de l'eau d'alimentation, la pression de la vapeur, la hauteur d'eau dans les chaudières (notée sur les tubes de niveau d'eau) et dans certaines circonstances on branche également un calorimètre pour la mesure de la qualité de la vapeur. Le niveau de l'eau dans les tubes de niveau d'eau de la chaudière est influencé par la pente de la voie et par le taux d'évaporation, de sorte qu'une évaluation correcte du niveau de l'eau au début et à la fin de l'essai est assez difficile.

Autant que possible on évite le fonctionnement des soupapes de sûreté. Si l'on ne peut l'empêcher on note soigneusement les périodes d'ouverture.

Le tirage à la boîte à fumée, à la grille et au cendrier peut être mesuré à l'aide d'un manomètre ordinaire à eau. Des expériences tendent à prouver que le tirage dans la boîte à fumée est pratiquement le même pour tous les points situés en dessous de la tuyère (1). Les cendres et les matières combustibles qui tombent de la grille et celles qui sont entraînées à la boîte à fumée doivent être évaluées.

Pour évaluer complètement les pertes de chaleur il est également nécessaire de connaître le pouvoir calorifique du combustible et d'en faire l'analyse complète. Il faut également analyser les cendres et le gaz de la com-

(1). Voir *Locomotive Performance* de Goss, page 210.

bustion, relever les températures au foyer et à la boîte à fumée, et connaître la qualité de la vapeur. Les méthodes employées sont les mêmes que pour un générateur fixe. Le Dr F. J. Brislee (1) a effectué des expériences sur le caractère de la combustion dans certaines locomotives d'express du « London and North Western Railway ». Pour le rendement des chaudières de locomotive et le caractère de la combustion dans les conditions de laboratoire on peut se reporter à une communication faite par M. L. H. Fry (2) relative aux essais de locomotive réalisés à l'Exposition de Louisiane en 1904.

L'effort nécessaire au remorquage d'un train dépend d'une multitude de facteurs, dont les principaux sont : Le poids du train, et sa vitesse, la résistance de l'air (y compris l'effort dû au vent), les résistances de frottement dans les coussinets et aux boudins de roue, l'état de la voie. La plupart des grandes compagnies de chemins de fer ont construit des voitures dynamométriques qui permettent l'évaluation de l'effort au crochet de la locomotive et l'étude des conditions générales du problème. Nous ne pouvons nous étendre sur l'installation de ces voitures, mais nous renvoyons pour de plus amples informations aux communications suivantes :

ASPINALL,   *Proced. Insl. Civil Ing.*, 1901-02, part. I.
MC MAHON,   —   *Elecl. Eng.*, 1899, May.
CARUS-WILSON,   —   *Civil Eng.*, 1907-1908, vol. CLXXI.
FRY,   *The Engineer*, 1909, 26 mars.
SCHMIDT,   *Bullelin* 43, de l'Université d'Illinois.

La résistance de l'air due au déplacement du train a été mesuré dans des conditions particulières par plusieurs expérimentateurs, mais l'influence du vent n'a pas encore été déterminée.

Le professeur W. F. M. Goss a expérimenté sur des modèles réduits de voitures. Il a mesuré l'effort agissant sur ses modèles lorsqu'ils sont placés dans un courant d'air. Les expériences ont conduit aux conclusions suivantes.

L'effort résultant d'un courant d'air agissant directement sur l'extrémité d'un modèle réduit, peut être considéré comme représentant la somme de 3 efforts partiels :

1° L'effort dû à l'action directe de l'air sur l'extrémité du modèle, directement exposée à son action.

---

(1) « Combustion Processes in English Locomotive Fire-Boxes ». *Proceed Ins. Mech. Eng.*, 1908, p. 237.
(2) « Combustion and Heat Balances ». *Proc. Inst. Mech. Eng.*, 1908, page 269.

2° L'effort dû à l'action de l'air sur les parois latérales et sur le sommet du modèle.

3° L'effort provenant de la diminution de pression sur la face arrière du modèle ou effort de succion.

Quand un modèle représentant à une échelle réduite un wagon de marchandise ou quand un train composé d'une série de ces modèles est soumis à un courant d'air, la direction du train étant parallèle à celle du vent, les effets observés peuvent se résumer ainsi :

1° L'effort sur chaque élément constituant le train ou sur l'ensemble du train considéré comme un tout, croît comme le carré de la vitesse.

2° L'effort (sur un modèle considéré isolément) évalué en kilogrammes par unité de surface de section transversale est environ la moitié de la *pression* par unité de surface mesurée à l'aide du tube de Pitot.

3° L'effort sur les différents modèles composant un train varie avec la position de ces modèles. Il est maximum sur le 1er modèle, puis, dans l'ordre des efforts décroissants, l'on trouve le dernier modèle, puis l'un quelconque des autres modèles composant le train (sauf le 2e), puis en dernier lieu le 2e.

4° L'effort relatif sur les différentes parties du train est approximativement le même pour toutes les vitesses. Par exemple, chaque modèle intermédiaire (autre que le 2e) supporte l'effort qui est approximativement le 1/10 de l'effort supporté par le 1er modèle, tandis que le dernier modèle subit un effort qui est égal au 1/4 de l'effort supporté par le 1er modèle.

5° Le rapport de l'effort sur chacun des différents modèles composant un train mesuré en kilogrammes par unité de surface, à la pression par unité de surface donnée par le tube de Pitot, est approximativement de 0,4 pour le 1er modèle composant le train; de 0,1 pour le dernier modèle, de 0,04 pour les modèles compris entre le 2e et le dernier et de 0,032 pour le 2e.

Le professeur Goss est un pionnier dans l'essai expérimental des locomotives dans les conditions de laboratoire. Il a étudié et installé à l'Université de Purdey un dynamomètre spécial dans lequel les roues motrices de la locomotive reposent sur des roues supports couplées à des freins de Alden. L'effort au crochet était évalué dans un cas à l'aide d'un système de leviers à poids mobiles et à l'aide d'une bascule Emery dans le 2e cas. On pourra trouver une description complète de ces installations dans le livre du professeur Goss sur les « Locomotive-Performance » ainsi d'ailleurs que de nombreux résultats d'essai.

L'avantage d'une telle installation est de faciliter l'étude des divers facteurs qui peuvent influer sur le rendement d'une locomotive en permettant de les faire varier indépendamment les uns des autres.

Un dynamomètre pour locomotives de grande puissance était installé à l'Exposition d'achat de Saint-Louis en 1904, par la « Pennsylvania Railroad Company » (1), agissant d'un commun accord avec l' « American Society of Mechanical Engineers » et l' « American Railway Master Mechanics Association ». Un grand nombre d'expériences ont été faites sur de fortes machines américaines de différents types et les résultats de ces expériences ainsi que la description de l'installation ont été publiés dans un rapport établi par la Pennsylvania Railroad Company et distribué très largement à toutes les sociétés et écoles techniques. Une étude minutieuse de ce rapport ne manquera pas d'intéresser au plus haut point ceux qui se consacrent plus particulièrement à l'étude des locomotives. Nous donnons ci-après une description rapide des parties essentielles de cette installation.

La figure 91 représente une vue générale de l'installation. Les roues motrices de la locomotive reposent sur des roues calées sur des arbres reposant sur des coussinets fixés dans le bâti B. Deux types de bâtis de hauteur différente, ont été établis, l'un (élevé) correspondant à des roues support de 1,270 m. de diamètre et l'autre (moins élevé) correspondant à des roues support de 1,830 m. de diamètre. Les roues de petit diamètre sont utilisées pour l'essai des locomotives de trains de marchandises et les roues de grand diamètre pour les locomotives de trains de voyageurs. Ces roues support ont leur jante profilée suivant le rail type de 50 kilogrammes.

Le travail développé par la locomotive est absorbé à l'aide de freins de Alden (fig. 78), montés par 2 sur chaque arbre et dont les parties fixes sont ancrées dans les fondations. L'effort au crochet développé par la locomotive est absorbé et mesuré au moyen du dynamomètre de traction G. Ce dynamomètre se compose d'un bâti en fonte fixé solidement au massif en béton armé et disposé de façon à recevoir un quelconque des dynamomètres figurés en détail sur la figure 92. Le crochet de la locomotive est relié à l'étrier EE par l'intermédiaire d'un joint à genouillère et est disposé de telle façon que l'ensemble de l'accouplement puisse être élevé ou abaissé d'environ 300 millimètres de manière à s'adapter aux locomotives de tous types. Le poids de l'accouplement est supporté par 2 lames flexibles en acier et l'accouplement est maintenu en alignement par 2 tiges flexibles de manière à éviter tout frottement pendant le déplacement des organes.

La figure 92 montre en détail le système dynamométrique. Les leviers (1 et 2) sont en double et placés symétriquement de part et d'autre de l'axe du frein. Au lieu d'entrer en contact par l'intermédiaire de couteaux, les leviers portent en leur point de contact des lames d'acier qui fléchissent

______

(1) Cette plateforme d'essai est maintenant installée aux usines de cette société à Altona en Pennsylvanie.

lorsque les leviers se déplacent (voir dessin de détail à grande échelle). Pour empêcher une tension initiale de la plaque horizontale N chacun des 4 leviers repose sur une plaque M, placée dans le plan vertical. Ces plaques verticales se coupent avec les plaques horizontales N au centre de rotation. L'effort est transmis par la locomotive soit sur la droite de E, soit sur la gauche suivant qu'il s'agit d'un effort de poussée ou de traction.

Dans le cas d'un effort de traction, la barre d'accouplement se meut sur la droite dans le sens indiqué par la flèche et l'effort se produit sur le point E gauche de l'étrier. Le levier 1 tourne autour de son point d'articulation *f* et transmet l'effort par l'intermédiaire de la plaque Q au levier 2, qui le transmet à son tour à la plaque R jusqu'à ce que le levier 1 de droite vienne reposer sur la butée fixe T. Ce levier est donc inactif dans ce cas, mais le phénomène inverse se produirait si la locomotive au lieu d'exercer un effort de poussée exerçait un effort de traction (ce serait alors le levier 1 gauche qui deviendrait inactif et la butée de gauche T qui supporterait l'effort). Le déplacement des leviers 2 est contrebalancé en partie par l'action des ressorts V.

Le déplacement total de la barre d'accouplement dû au mouvement du système de leviers ne dépasse pas 1 millimètre pour la pleine charge, de sorte que la locomotive exerçant son effort maximum sur la barre d'accouplement ne se déplace pas de plus de 1 millimètre sur les roues support, cette condition étant nécessaire si l'on veut que les axes de roues motrices restent à l'aplomb des axes des roues support.

Ce déplacement est amplifié 200 fois à l'aiguille de l'enregistreur. Le déplacement de cette dernière étant de 200 millimètres pour 1 millimètre de déplacement de la barre d'accouplement.

Les bras O (voir coupe AB) s'étendent horizontalement de chaque côté de l'extrémité inférieure des leviers 2 et sont connectés à un tambour J au moyen de minces bandes d'acier N ; de sorte que le mouvement des leviers provoque la rotation du tambour. Ce tambour J est fixé sur un tube résistant H qui est d'autre part fixé au centre du bras supportant la plume de l'enregistreur. A l'intérieur du tube est une barre de torsion I. Cette barre est maintenue de façon à ne pouvoir tourner à son extrémité L, tandis que son autre extrémité est fixée à la partie supérieure du tube. Le tambour et le système enregistreur sont montés sur roulements à billes. Le tube H tournant sous l'influence des leviers la barre I subit un couple de torsion et c'est ce *couple* qui constitue la résistance finale offerte à l'effort de la machine.

L'extrémité du 3e levier D décrit donc un arc de cercle, aussi pour rectifier ce déplacement, l'extrémité de ce levier est reliée par l'intermédiaire de minces bandes d'acier à un petit chariot mobile se déplaçant dans une rainure rectiligne. A l'extrémité opposée P du levier un dashpot agissant par rotation amortit les vibrations du dynamomètre.

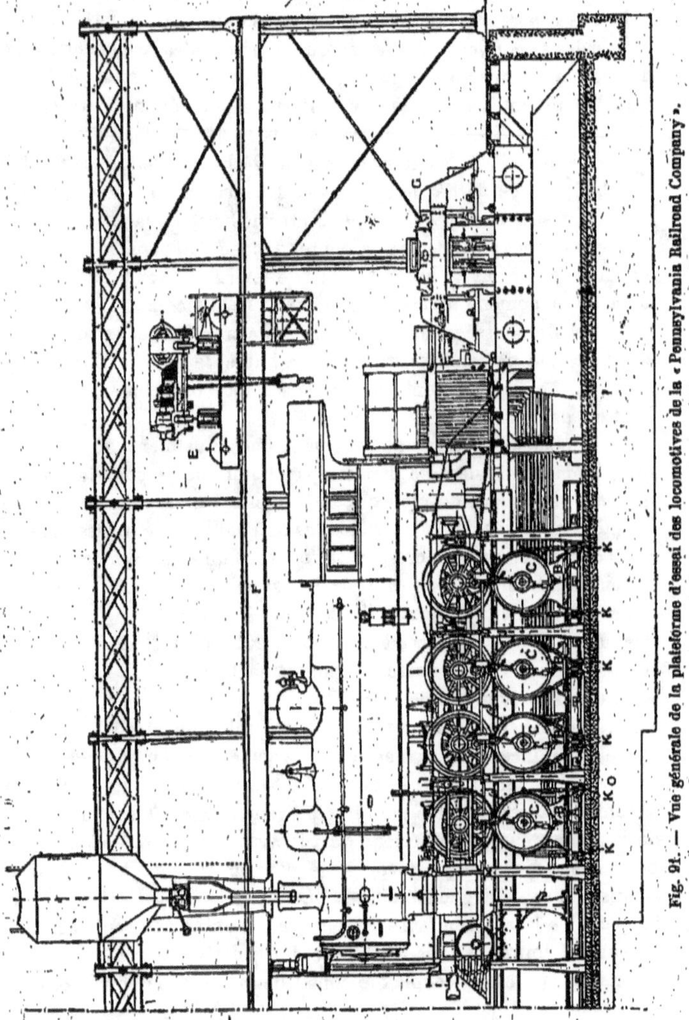

Fig. 21. — Vue générale de la plateforme d'essai des locomotives de la « Pennsylvania Railroad Company ».

L'effort maximum pour lequel a été prévu le dynamomètre est de 36.000 kilogrammes. En remplaçant les ressorts V par d'autres ressorts,

la capacité maximum peut être ramenée à 18.000 lkilogrammes ou 7.200 kilogrammes. En d'autres termes, avec le 1er système de ressort, l'échelle

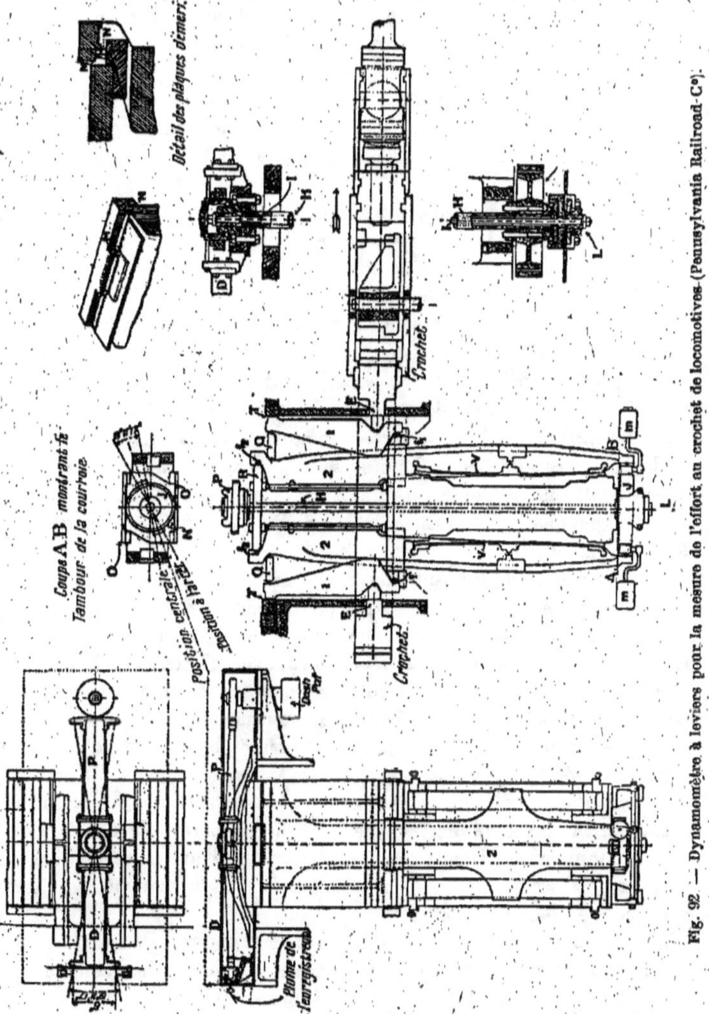

Fig. 92. — Dynamomètre à leviers pour la mesure de l'effort au crochet de locomotives. (Pennsylvania Railroad-Cⁱᵉ).

des efforts tracée à partir du point à effort nul est de 450 kilogrammes par
millimètre. Avec le 2e système il est de 225 kilogrammes par millimètre et

avec le 3e système de ressorts de : 90 kilogrammes par millimètre.

Le papier sur lequel se fait l'enregistrement reçoit son mouvement d'un arbre de roue support et sa vitesse de déroulement est proportionnelle à la vitesse circonférencielle de ces roues, c'est-à-dire à la vitesse de la locomotive en ne tenant pas compte du glissement. La démultiplication du système d'entraînement est tel qu'un déplacement de 100 millimètres de papier correspond à 118 mètres de parcours de la locomotive. Pour de très faibles vitesses de la locomotive la vitesse de déplacement du papier peut être doublée.

Le papier reçoit plusieurs enregistrements :

1º Une molette encrée trace la ligne d'effort zéro.

2º Une plume portée par le chariot mobile et actionnée comme décrit plus haut trace la courbe des efforts.

3º D'autres plumes commandées électriquement font l'une une marque tous les 250 millimètres de papier, l'autre une marque toutes les secondes.

Un planimètre intégrateur spécial est également connecté au système enregistreur de telle manière que le planimètre suit le tracé de la courbe des efforts. De cette façon la surface comprise entre la ligne des efforts zéro et la ligne des efforts développés est automatiquement intégrée, chaque tour du planimètre représente une surface de 323 cm². Un contact électrique provoque l'actionnement d'une plume pour chaque tour de la molette du planimètre.

Pour éviter tout accident pouvant résulter de la rupture de la barre d'accouplement on utilise 2 barres d'accouplement de sécurité qui sont fixées d'une part sur le bâti du dynamomètre et d'autre part sur la locomotive. Leur longueur qui est réglée au moyen de tendeurs à vis correspond à un jeu de 6 millimètres suffisant pour qu'aucun effort ne soit supporté par ces barres dans les conditions normales d'essai.

On s'est rendu compte au cours des essais de la nécessité d'amortir les oscillations de la locomotive aux grandes vitesses de manière à éviter les chocs au dynamomètre et sans que toutefois l'exactitude des mesures ait à en souffrir. On a été ainsi amené à établir des barres d'accouplement de sécurité munies de dashpots à huile qui absorbent les oscillations aux grandes vitesses provoquées principalement par le mauvais équilibrage des pièces en mouvement.

La cheminée contient un système d'aubages en forme de spirale destinée à diminuer la vitesse de sortie de la fumée et des gaz et à leur communiquer un mouvement de rotation, de façon à éliminer les étincelles qui pourraient être entraînées et à les accueillir dans une trémie spéciale. Avec certaines locomotives à fort tirage des étincelles parvenaient cependant à s'échapper au sommet de la cheminée.

Le manque d'adhérence entre les roues motrices et les roues supports a provoqué des ennuis pendant certains essais. Il est certain que la surface de contact entre deux roues est beaucoup plus réduite qu'entre une roue et un rail. De plus dans ce cas les roues motrices travaillent toujours sur la même surface de support qui se recouvre inévitablement d'huile et d'eau, tandis que sur une voie ordinaire les roues motrices roulent toujours sur une surface fraîche. Au cours des essais la *vapeur* qui s'échappe des robinets purgeurs des cylindres, des joints des tiges de piston, entraîne avec elle de l'huile de graissage. Cette vapeur se condense au contact des parties froides, des roues motrices et supports et une pellicule d'eau et d'huile ne tarde pas à se former à la jante de ces roues. L'adhérence se trouve alors réduite, il en résulte des glissements et la formation de surfaces planes sur les roues supports. Pour vaincre cette difficulté on dispose des protecteurs en tôle à la partie supérieure des roues supports et une équipe de manœuvres est employée en permanence pour frotter les roues alternativement avec des déchets de coton et avec de la toile émeri, de manière à conserver leur surface aussi propre que possible.

Le charbon utilisé pendant les essais est pesé dans des boîtes d'une contenance d'environ 500 kilogrammes et la valeur calorifique du charbon mesurée au moyen d'un calorimètre de William Thomson modifié, essayé par comparaison avec dix calorimètres à bombe, en opérant sur des échantillons de charbon de valeur calorifique connue. On note également pour chaque essai le poids de cendres recueillies dans la boîte à fumée et le poids d'étincelles recueillies dans la trémie spéciale de la cheminée.

L'eau d'alimentation est mesurée dans des réservoirs étalons d'environ 680 litres de capacité, placés au-dessus du réservoir d'eau d'alimentation. Le fond de ces réservoirs étalon est légèrement incliné de manière à permettre leur complète vidange et leur partie supérieure se termine en cône effilé de manière à donner une grande précision au moment de leur remplissage.

Des diagrammes sont relevés périodiquement aux 2 extrémités de chaque cylindre et dans les boîtes à vapeur. A l'exposition de Saint-Louis les systèmes réducteurs étaient du type représenté par la figure 48.

Un calorimètre à étranglement branché sur le dôme de la chaudière permet de connaître la qualité de la vapeur.

Un manomètre enregistreur est également branché sur le dôme de la chaudière.

Le tirage à la boîte à fumée, à la grille et au cendrier est mesuré au moyen du manomètre ordinaire à eau en forme d'U (fig. 28).

On utilise des couples thermo-électriques (platine et platine rhodium) pour mesurer les températures au foyer (1) et à la boîte à fumée. La force électro-motrice développée aux bornes du couple thermo-électrique est évaluée au moyen d'un millivoltmètre.

On mesure également la température de l'eau d'alimentation de la vapeur et de l'air ambiant. On mesure la pression barométrique. L'appareil Orsat (fig. 123) décrit plus loin est utilisé pour l'analyse des gaz de la combustion.

Les divers instruments de mesure employés sont soigneusement étalonnés avant le commencement des essais et périodiquement pendant le cours des essais.

A l'Exposition de Saint-Louis on a réalisé une série d'essais sur 8 locomotives, dont 4 étaient des locomotives pour trains de marchandises et 4 des locomotives pour trains de voyageurs. 2 locomotives de la première catégorie étaient à simple expansion et 2 du type compound, tandis que les locomotives à voyageurs étaient toutes du type compound à 4 cylindres équilibrés, l'une d'elles était munie d'un surchauffeur Pielock.

On aurait voulu faire plusieurs séries d'essais sur chaque locomotive pour diverses valeurs de l'admission, diverses vitesses et diverses pressions de vapeur ; mais le manque de temps a empêché de réaliser complètement ce programme, de sorte que les essais à pression variable n'ont pas été réalisés pour l'une des locomotives de trains de marchandises et pour les 4 locomotrice de la 2e catégorie.

Lorsque la plateforme d'essais a été transportée de l'Exposition de Saint-Louis à Altoona (ateliers de la Pennsylvanie Railroad Cy), on réalisa quelques expériences sur une locomotive Atlantic à simple expansion du type à grande vitesse. Les résultats d'essais, ainsi que les résultats comparatifs obtenus sur une locomotive compound à 4 cylindres équilibrés sont consignés dans le *Bulletin* N° 5 de cette compagnie.

Résumé des résultats obtenus. — Nous résumons ci-dessous les résultats obtenus au cours de l'essai et conseillons à nos lecteurs la lecture du document original.]

Chaudière. — 1° Contrairement à une opinion courante, les résultats montrent que poussées à leur maximum de puissance les grosses chaudières produisent autant de vapeur par mètre carré de surface de chauffe que les petites chaudières.

2° En pleine charge la majorité des chaudières essayées donnait 58 kilo-

---

(1) Il arrive souvent que les valeurs ainsi obtenues soient inférieures aux valeurs vraies, l'enveloppe du pyromètre rayonnant une quantité de chaleur appréciable aux parois du foyer.

grammes et plus de vapeur par m² de surface de chauffe et par heure ; 2 donnaient plus de 68 kilogrammes et 1 la deuxième au point de vue dimensions : 79 kilogrammes.

3° Les 2 chaudières qui venaient en tête au point de vue du poids de vapeur par m² de surface de chauffe appartenaient à des locomotives pour trains de voyageurs.

4° La qualité de la vapeur fournie par les chaudières dans les mêmes conditions d'opération est très élevée, variant quelque peu avec les locomotives et avec la puissance développée, entre 98,3 et 99,0 0/0.

5° Le rendement maxima de la chaudière au point de vue quantité d'eau évaporée par kilogramme de charbon est maximum lorsque la charge est minimum. La plupart des chaudières évaporent entre 10 et 12 kilogrammes d'eau par kilogramme de charbon sec. Le rendement tombe lorsque le taux d'évaporation s'élève et quand la chaudière est à son maximum de production la quantité d'eau évaporée oscille en 6 kilogrammes et 8 kilogrammes par kilogramme de charbon sec.

6° Les températures relevées à la grille pour les allures réduites de combustion varient entre 760 et 1100° cent. suivant la locomotive. Lorsque l'allure de la combustion s'accélère la température augmente lentement et la valeur maxima observée est généralement comprise entre 1150 et 1260° c.

7° Les températures relevées à la boîte à fumée, sont pour toutes les chaudières voisines de 260° cent. pour la marche à allure lente. Pour les marches à allure forcée la température est plus élevée et sa valeur dépend de la locomotive. Pour les machines essayées elle varie entre 316° et 370° c.

8° En ce qui concerne la surface de la grille, les résultats prouvent de façon évidente que les pertes dues aux rentrées d'air n'augmentent pas avec la surface de la grille. En général il semble que les chaudières pour lesquelles le rapport de la surface de grille à la surface de chauffe est le plus grand sont les chaudières à grande capacité.

9° La présence d'une voûte en briques dans le foyer provoque une augmentation de la température à la grille et améliore la combustion des gaz.

10° La perte de chaleur provenant d'une combustion incomplète est faible dans la plupart des cas, si toutefois l'on ne tient pas compte des particules du combustible solide entraînées par la cheminée.

11° Le plus large dimensionnement des parois du foyer ne semble pas augmenter ni la capacité de vaporisation ni le rendement. Il semble que la surface de chauffe des tubes est capable d'absorber toute la quantité de chaleur qui n'a pas déjà été absorbée par la chaudière

12° L'avantage du tube *Serve* (tube à ailettes internes) sur le tube ordinaire de même diamètre extérieur, soit au point de vue de la vaporisation soit du rendement, n'a pas été parfaitement démontré.

13° Le tirage sous la grille mesuré en centimètres d'eau, dépend des dimensions de la locomotive et de l'épaisseur et de l'état de la couche combustible. Pour des charges légères sa valeur peut ne pas dépasser 25 millimètres, mais elle augmente rapidement avec la charge. Les valeurs maximum constatées au cours des essais sont comprises entre 127 et 220 millimètres d'eau.

14° Les ouvertures insuffisantes au cendrier et au diaphragme conduisent à une réduction considérable du tirage.

La Machine. — 15° La puissance indiquée d'une machine de train de marchandise peut atteindre 1.000 à 1.100 chevaux et celle d'une locomotive de train de voyageurs peut dépasser 1.600 chevaux.

16° La puissance maximum indiquée par mètre carré de surface de grille varie pour les premières locomotives entre 336 et 228 chevaux et entre 360 et 300 chevaux pour les locomotives de trains de voyageurs.

17° La consommation de vapeur par cheval indiqué et par heure varie nécessairement avec la vitesse et avec l'admission. Pour les locomotives de train de marchandises essayées le minimum moyen relevé est de 10,75 kg. Pour le maximum de puissance ce chiffre atteint 10,80 kg. et dans les conditions les plus défavorables il atteint 13,15 kg.

18° Les locomotives compound utilisant de la vapeur saturée consomment de 8,4 à 12,25 kg. de vapeur par cheval indiqué et par heure. Avec l'emploi d'un surchauffeur le minimum de consommation est de 7,5 kg. de vapeur surchauffée dans les mêmes conditions.

19° En général la consommation de vapeur augmente avec la vitesse pour les locomotives compound, tandis qu'elle diminue avec les locomotives à simple expansion. Il semble résulter de ce fait que les avantages de la locomotive compound décroissent au fur et à mesure que la vitesse augmente.

20° Des essais avec admission partiellement ouverte montrent que pour un faible étranglement de vapeur le rendement n'en est point affecté, mais pour un plus fort étranglement le rendement est moins bon que si l'on soutient la même charge avec admission totale et un plus fort étranglement.

La Locomotive considérée comme un tout. — 21° Le rapport de la puissance développée au cylindre à la puissance recueillie au crochet de la locomotive diminue lorsque la vitesse augmente ! A 40 tours par minute le maximum est de 94 0/0 et le minimum de 77 0/0 ; à 280 tours par minute le maximum est de 87 et le minimum de 62 0/0.

22° La perte de puissance entre le cylindre et le crochet varie considérablement avec la nature du graissage. Les essais ont montré une augmentation de 75 0/0 des pertes par frottement par suite de la substitution de la graisse à l'huile pour la lubrification des axes et des manetons de manivelle.

23° La consommation de charbon par cheval vapeur développé au frein et par heure avec les locomotives à simple expansion est comprise pour les faibles vitesses entre 1,59 et 2,04 kg. suivant les conditions d'essai. Aux plus grandes vitesses que permettait l'installation la consommation de charbon dépassait 2,25 kilog.

24° La consommation de charbon par cheval vapeur développé au frein et par heure avec les locomotives compound de train de marchandise est comprise pour les faibles vitesses entre 0,9 et 1,67 kg. Aux grandes vitesses les essais n'ont porté que sur une locomotive compound à 2 cylindres dont le rendement s'est révélé très supérieur dans toutes les conditions de marche. La consommation était comprise entre 1,45 et 1,63 kg par cheval-heure.

25° La consommation de charbon par cheval vapeur développé au frein et par heure avec les locomotives de train de voyageurs essayés, varie de 1,00 à 2,27 kg. suivant les conditions de marche. Pour toutes ces machines la consommation augmente rapidement avec la vitesse.

26° La comparaison des résultats obtenus avec une locomotive compound avec les résultats obtenus avec une locomotive à simple expansion (locomotives de train de marchandise) se montre très favorable à la première. Pour un effort donné au crochet la plus mauvaise machine compound réalise encore une économie de charbon de 10 0/0 par rapport à la meilleure machine à simple expansion, tandis qu'inversement la meilleure locomotive compound réalise une économie de 40 0/0 par rapport à la plus mauvaise machine à simple expansion. Il est à remarquer cependant que les conditions d'essai qui correspondent à une marche à pleine charge et à vitesse constante sont favorables à la machine compound.

27° Il est tout à fait important de noter que la locomotive à vapeur est capable de développer un effort de 75 kilogrammes au crochet pour une consommation de charbon à peine supérieure à 0,9 kg par heure, ce qui place dans un très bon rang la locomotive considérée en temps que machine à vapeur.

Une étude minutieuse de ces essais au point de vue de « la combustion et l'utilisation de la chaleur dans les locomotives » a été présentée par M. L. H. Fry dans les *Procee. Ins. Mech. Eng.* de 1908.

Le professeur Dalby a également étudié ces résultats au sujet de la transmission de la chaleur par unité de surface de la chaudière dans l'*Engineering* du 19 août et du 26 août 1910.

De la puissance développée au dynamomètre. — Si :

F est l'effort de traction en kilogrammes
N le nombre de tours par seconde des arbres supports
D le diamètre des roues supports en mètre

La puissance développée au dynamomètre est :

$$P = F \times \pi D \times N \text{ kilogrammètre}$$

et le rendement mécanique de la machine est :

$$= \frac{\text{Puissance au dynamomètre}}{\text{Puissance à l'indicateur}}$$

Il est à noter que le rendement mécanique d'une locomotive travaillant sur un dynamomètre est un peu supérieur à ce qu'il serait dans les conditions normales d'opération, du fait de la résistance de l'air qui n'intervient pas ou très peu dans le premier cas.

La Compagnie du Great Western Railway a installé une plate-forme d'essai de locomotives dans ses ateliers de Swindon (voir à ce sujet l'*Engineer* du 22 décembre 1905).

Essais des voitures automobiles. — Les voitures automobiles sont très fréquemment essayées sur route dans le but de connaître leur consommation d'essence ou de combustible dans des conditions données et de reconnaître également leur souplesse en côte et leur plus ou moins grande résistance. Il est pratiquement impossible sur route de relever des diagrammes sur le moteur du fait de la grande vitesse de rotation du moteur, des cahots, des vibrations et des difficultés d'accessibilité ; aussi ne procède-t-on que très rarement à ces essais. Par contre il n'y a aucune difficulté à faire un prélèvement des gaz de la combustion au cours de l'essai sur route.

Il va de soi que les exigences de la circulation sur route empêchent de maintenir des conditions uniformes pendant une longue période de temps à moins d'utiliser pour les essais un circuit privé. Aussi la meilleure manière d'étudier indépendamment les différentes variables du problème consiste-t-elle à étudier la voiture à l'arrêt.

Certains clubs automobiles organisent périodiquement des concours entre voitures, qui portent sur des essais en pleine route et sur le banc d'essai. Pour des informations de détail concernant l'organisation et le règlement de ces essais on pourra avantageusement se reporter aux rapports publiés par ces diverses organisations. L'organisation de ces essais reposant le plus souvent sur l'évaluation de la puissance des moteurs en fonction de leurs dimensions (alésage et course).

La plupart des constructeurs de voitures automobiles essayent leurs moteurs au frein avant de les monter sur les châssis dans le double but de reconnaître si tous les organes du moteur se comportent normalement et d'assurer un premier réglage de ces moteurs. Pour ce faire certains utilisent le frein de Prony de la figure 72 qui est à la fois pratique et économique tandis qu'une majorité de jour en jour plus grande préfère utiliser la dynamo dynamométrique. Ainsi que nous l'avons déjà mentionné l'indicateur du type classique est ici inutilisable vu les grandes vitesses de rotation et il convient d'utiliser le manographe.

Quelques constructeurs essayent les voitures complètement terminées sur un dynamomètre spécial comportant un axe monté sur billes qui supporte 2 roues. Les roues motrices de la voiture reposent sur ces 2 roues et par leur intermédiaire transmettent la puissance motrice au dynamomètre. La voiture est maintenue en position fixe au moyen de cordes sensiblement horizontales. Le rapport entre la puissance développée au dynamomètre et la puissance relevée au manographe représente le rendement mécanique de l'ensemble moteur et transmission (boîte de vitesses et différentiel).

Si l'on mesure l'effort de traction de la voiture il n'est plus nécessaire de mesurer la puissance développée au dynamomètre. L'effort de traction peut être exactement mesuré en utilisant un manomètre à diaphragme. La partie arrière de la voiture est reliée au manomètre au moyen de 2 câbles horizontaux et deux glissières latérales maintiennent la voiture dans une position convenable. Pour mesurer correctement l'effort de traction il est nécessaire de s'assurer que les points inférieurs des 4 roues de la voiture sont bien dans le même plan horizontal et que l'axe des roues motrices est dans le plan vertical passant par l'axe des roues du dynamomètre.

Il est évident que la nature du contact entre les pneumatiques et les roues supports est bien différente des conditions que l'on rencontrera sur la route. Pour tâcher de s'en rapprocher on fait passer sur les roues supports des courroies de coton ou de cuir de telle manière que les pneumatiques roulent au contact de ces courroies. Ces courroies exigent d'être parfaitement tendues afin d'éviter les plus petites oscillations, ou dans le cas contraire leur emploi entraîne des mouvements désordonnés de la voiture qui rendent toute lecture du dynamomètre impossible. L'usure des pneumatiques pendant ces essais est quelquefois excessive du fait d'un contact imparfait qui entraîne des glissements anormaux.

Les méthodes de calcul pour l'évaluation de la puissance développée au dynamomètre et pour le calcul du rendement mécanique sont les mêmes que celles données au paragraphe précédent.

Mesure des accélérations. — La connaissance du taux d'accélération positive ou négative d'un train ou d'un véhicule quelconque est très souvent de la plus extrême importance pour la comparaison de différents types de locomotives, de véhicules ou de freins.

Nous savons que l'inertie d'un corps s'oppose au changement de vitesse de ce corps. Si par exemple nous supposons un pendule suspendu à l'intérieur d'une voiture d'un train, ce pendule restera vertical aussi longtemps que le train restera au repos ou qu'il restera animé d'un mouvement uniforme. Si par contre la vitesse du train augmente, le pendule se décalera en arrière d'un angle qui sera fonction de l'accélération du train. Bien que le pendule sous sa forme ordinaire ne soit point un instrument pratique pour la mesure des accélérations, tous les instruments qui servent à évaluer cette quantité reposent sur son principe.

L'un des accéléromètres le plus précis est dû à M. H. E. Wimperis ; il est

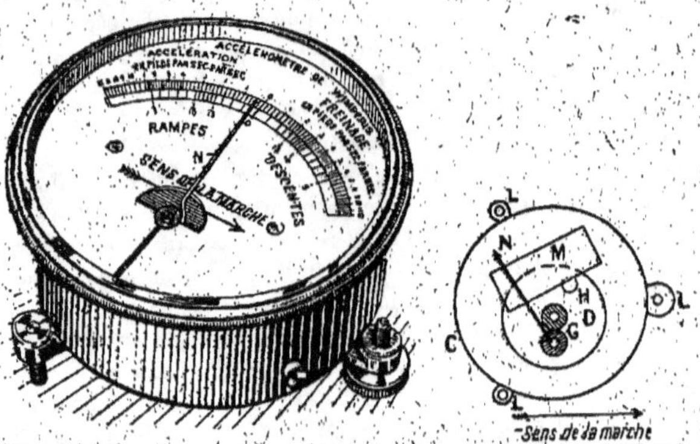

Fig. 93. — Accéléromètre de Wimperis.   Fig. 94. — Vue schématique de l'accéléromètre de Wimperis.

construit par Elliot Bros de Londres. Cet appareil mesure 100 millimètres de diamètre. Les figures 93 et 94 en montrent les caractéristiques principales. C représente le boitier en bronze de l'instrument, L les supports à vis, D un disque fixé sur un axe vertical et susceptible de prendre un mouvement de rotation, H est un petit trou percé dans le disque et dont la présence rejette le centre de gravité du disque en dehors de l'axe, M un aimant destiné à amortir les oscillations du disque de cuivre, G un système de 2 engrenages de même diamètre dont l'un est calé sur l'axe du disque de cuivre tandis que l'autre porte une aiguille qui se déplace sur un cadran. Un ressort spirale non visible sur la figure sert à ramener l'aiguille au zéro.

Quand l'instrument est entraîné sur la droite dans un mouvement accéléré la partie la plus lourde du disque tend à se décaler en arrière. Il en résulte un mouvement de rotation du disque qui entraîne la rotation du système d'engrenages G et par suite celui de l'aiguille. La graduation du cadran est tracée en mètres par seconde-seconde. Si pendant le même temps l'appareil est soumis à une accélération dirigée à angle droit de la première et dans le même plan (provenant par exemple de l'entrée du véhicule dans une courbe), il y aurait introduction d'une nouvelle force qui tendrait à modifier à nouveau la position du disque et ainsi à fausser les indications. Cette cause d'erreur est heureusement éliminée par l'action de la deuxième couronne d'engrenages et de l'aiguille qui équilibre dynamiquement le disque de cuivre. Les lectures sont de ce fait correctes pour les accélérations dirigées dans le sens de la flèche quelles que soient les accélérations parasites. C'est ce fait qui distingue cet appareil de tous les appareils anciens qui avaient été étudiés dans le but de résoudre ce problème.

Les principales applications de cet appareil sont :

1o Mesure des accélérations positives et négatives des trains électriques et à vapeur, des tramways, des autobus, des automobiles, des bateaux...

2o Mesure de l'accélération négative due aux frottements quand on marche en vitesse acquise et comparaison des divers systèmes de frein.

3o Mesure de l'effort tracteur des locomotives, automobiles...

4o Mesure des pentes et montées sur voie ferrée ou sur route en utilisant un véhicule marchant à vitesse constante.

Ainsi que nous l'avons mentionné le principal avantage de cet instrument est de sélectionner et d'indiquer directement la valeur de l'accélération produite par la force agissant sur le véhicule et d'éliminer toutes les influences perturbatrices qui pourraient agir sur les véhicules. C'est ainsi que si un tramway est muni de moteurs électriques suffisamment puissants pour donner à la voiture une accélération de 0,65 m. par seconde-seconde en palier, l'accéléromètre donnera encore *la même indication* si le démarrage se produit en côte ou en descente, à condition que le couple au moteur soit le même que dans le 1er cas. Si l'instrument indiqué une accélération de 0,65 m. par seconde-seconde, alors que le tramway marche à vitesse constante dans une montée, l'effort accélérateur dû au couple moteur est exactement équilibré par l'effort retardateur dû à la rampe et comme ce dernier est égal à $g \sin \Phi$ (g étant l'accélération de la pesanteur et Φ l'angle de la pente), la valeur de la pente se déduit de la lecture faite par la formule :

$$\sin \varphi = \frac{0,65}{9,81}$$

Le cadran porte une échelle graduée en rouge qui donne immédiatement sans aucun calcul la valeur de l'accélération.

Le même principe s'applique également à la mesure de l'effort retardateur dû aux freins. Dans ce cas encore l'appareil agit sélectivement et donne la valeur de l'accélération négative due à cet effort seul.

Quand un véhicule continue à marcher par sa vitesse acquise la valeur de l'effort retardateur dû aux résistances de frottement mesuré en kilogrammes par tonne, s'obtient en multipliant par 101,9 la lecture faite sur l'instrument. Cette constante s'obtient en divisant 1.000, soit le nombre de kilogrammes par tonne par l'accélération de la pesanteur 9,80. Pour évaluer l'effort de traction d'une locomotive électrique ou à vapeur à différentes vitesses, la résistance de la route mesurée ainsi que nous venons de le dire sera ajoutée à la valeur de l'accélération lue, multipliée par 101,9. Par exemple si un train électrique se meut à une certaine vitesse et que la valeur de l'accélération soit 0,36 m. et que la résistance au roulement de la voie ait été précédemment trouvée égale à 9 kilogrammes par tonne pour le même train, l'effort de traction sera de : $9 + 0,36$ m. $\times$ 101,9 = 45,6 kg. par tonne de charge effective.

La puissance P des freins d'une voiture automobile peut être mesurée par la même méthode.

Si F = résistance totale (comprenant les résistances mécaniques de la voiture) en kilogrammes par tonne à la vitesse de N kilomètres à l'heure.

W = poids du véhicule y compris la charge en tonnes :

On aura :

$$P = \frac{F \times W \times N}{270}$$

A noter que dans W nous tenons compte non seulement du poids mort du véhicule, mais encore de l'inertie des parties tournantes. Si I est le mouvement d'inertie des parties tournantes par rapport à leur centre de rotation et si R est le rayon de giration, la charge additionnelle provenant de l'inertie des parties tournantes sera :

$$\frac{I}{R^2}$$

M. Wimperis a donné dans un rapport publié dans l'*Engineering* du 16 sept. 1910, une série de résultats obtenus au moyen de cette accéléromètre.

CHAPITRE V

—

ESSAIS DES MACHINES A VAPEUR A MOUVEMENT ALTERNATIF ET DES TURBINES A VAPEUR

L'importance des essais à faire subir aux moteurs primaires est de plus en plus reconnue par les constructeurs et les acheteurs de matériel, et la plupart des contrats importants contiennent des spécifications concernant les essais à effectuer et font mention de pénalités à appliquer en cas de non satisfaction aux conditions prévues. Les essais de réception de matériel n'ont donc pour but que le relevé des quantités spécifiées au contrat, soit par exemple la consommation de vapeur et le rendement mécanique pour une ou plusieurs valeurs de la charge ou encore les variations de vitesse provoquées par des changements brusques de charge. De nombreux constructeurs de machines à mouvement alternatif, à grande vitesse et de turbines à vapeur ont des plateformes d'essais qui permettent l'essai des machines de puissance moyenne à l'usine même, mais les machines de grande puissance ne sont généralement essayées qu'après installation définitive.

Quand un moteur est installé à demeure dans un laboratoire industriel, pour permettre des recherches industrielles ou pour servir à l'enseignement des méthodes d'essais (à des élèves-ingénieurs) ; il va de soi que les conditions d'essais permettent un essai plus complet que dans le cas d'un essai commercial. Mais qu'il s'agisse d'un essai scientifique ou d'un essai industriel les conditions fondamentales mentionnées *page* 2 ne doivent pas être transgressées, sauf circonstances exceptionnelles.

Dans le cas d'une machine à vapeur à mouvement alternatif ou d'une turbine à vapeur, les différentes variables qui peuvent être modifiées indépendamment les unes des autres sont les suivantes :

(1) Pression initiale de *vapeur*.

(2) Contre pression (ou pression au condenseur).

(3) Nombre d'expansions (pour machine à mouvement alternatif).

(4) Qualité de la vapeur.

(5) Vitesse de rotation.

(6) Conditions internes du cylindre.

(7) Modifications de construction, portant sur le nombre de cylindres en série et sur les passages et vannes de vapeur dans les machines à mouvement alternatif ou sur la disposition des aubes et ajutages et sur le nombre d'étages des turbines à vapeur.

Il est évident que l'on peut agir indépendamment sur chacune de ces variables et que chacune de ces modifications aura sur le rendement de la machine une répercussion entièrement indépendante des autres conditions. C'est pourquoi lorsque l'on envisage de faire plusieurs séries d'essais, l'on doit ne faire varier qu'une seule variable à la fois. Par exemple si l'on désire connaître l'effet de la pression initiale de vapeur sur le rendement d'une machine on s'efforcera pendant la variation de cette quantité, de maintenir à des valeurs constantes toutes les autres variables (ces valeurs étant fixées convenablement). Quand une série d'essais est terminée on passe à une 2e variable, par exemple le nombre d'expansions et l'on fait varier cette quantité, tandis que toutes les autres restent aussi constantes que possible (1). Dans quelques circonstances il est cependant nécessaire de faire varier simultanément plusieurs des conditions mentionnées, par exemple dans le cas des essais de bateaux où la variation de la vitesse du navire, qui est le facteur principal, exige non seulement la variation de la vitesse de la turbine (dans le cas d'un bateau à commande par turbines), mais encore la variation de la pression de vapeur à l'admission ou le nombre d'expansions et quelquefois même de ces 3 quantités simultanément.

Afin de se trouver dans les conditions normales, toute machine à essayer doit être mise en route suffisamment à l'avance. Les très petites machines acquièrent leurs conditions normales après une demi-heure de marche, mais les machines de puissance moyenne ne doivent pas tourner moins de 1 heure avant le commencement des essais. Entre deux essais, cette période pourra être réduite, si l'on maintient la machine en mouvement.

Avant d'entreprendre une série d'essais on doit apporter une attention toute particulière sur les différents points suivants : 1º Placer un bon séparateur de vapeur aussi près que possible de la boîte de vapeur haute pression. L'eau qui aura été éliminée s'échappant librement du séparateur.

2º Quand la pression de vapeur que l'on peut obtenir à la chaudière est de beaucoup supérieure à la pression nécessaire, placer une vanne d'étranglement à l'entrée du séparateur de vapeur (côté chaudière), de telle sorte que l'on puisse étrangler la vapeur avant élimination de l'eau de freinage. Si en effet l'étranglement se faisait sur la vanne d'admission de la boîte

---

(1) Pour étudier l'influence de la variation de la pression de la vapeur et du nombre d'expansions sur de grandes limites se reporter à la page 146.

de vapeur, après passage de la vapeur dans le séparateur, la vapeur pour-rait être légèrement surchauffée alors qu'elle est supposée n'être que saturée et la consommation en serait modifiée. Si toutefois la machine est à régulation par étranglement de vapeur, la vanne préconisée ci-dessus n'est plus nécessaire.

3º La canalisation d'échappement entre le moteur et le condenseur devra être aussi courte que possible et autant qu'il se pourra, le sommet du condenseur sera à un niveau inférieur à celui de l'orifice d'échappement de la vapeur.

4º Tous les conduits de purge des cylindres et des boîtes de vapeur au-ront leurs extrémités nettement visibles, de manière à rendre facilement visibles toutes les fuites. Ces purges pourraient être également connectées au condenseur, de sorte que l'on tiendrait automatiquement compte des fuites ; seule l'eau condensée dans le séparateur et dans la boîte de vapeur à haute pression sera évacuée si toutefois cette clause est admise dans le programme des essais.

5º Si le condenseur a une connection quelconque avec un moteur autre que celui en essai cette connection sera complètement interrompue et l'on montera des joints pleins ou bien l'on introduira un joint plein entre les brides de la conduite (légèrement écartées), ce joint ayant un diamètre extérieur supérieur à celui de la bride de manière à être aisément visible. *Toutes* les valves perdent plus ou moins en général, il ne faudra jamais compter sur l'étanchéité d'une valve pour empêcher les rentrées au conden-seur.

Toutes les purges de l'enveloppe de vapeur de la machine (au cas où elle est à enveloppe de vapeur) seront connectées à un récipient calibré par-faitement étanche et muni d'un tube de niveau (fig. 95). La vapeur con-densée après mesurage dans ce récipient sera rejetée ou bien renvoyée au réservoir à eau chaude pour être pesée en même temps que la vapeur condensée provenant des cylindres du moteur. Pour des essais industriels on pourra utiliser un ou deux réservoirs calibrés dans lesquels viendra s'écouler l'eau provenant de toutes les enveloppes de vapeur ; mais pour des essais très précis il sera meilleur de prévoir un réservoir calibré par en-veloppe de vapeur, spécialement si la machine est très puissante. Il est aussi intéressant d'avoir des valves d'étranglement indépendantes placées sur l'arrivée de vapeur aux enveloppes de vapeur de chaque cylindre de ma-nière à pouvoir maintenir exactement la pression nécessaire dans chaque enveloppe.

Dans les essais importants on mesure la pression et la température de la vapeur :

1º Dans la canalisation d'arrivée de vapeur avant la vanne d'étranglement.

2º Dans la boîte de vapeur haute pression.

3º Dans tous les réservoirs intermédiaires placés entre les divers cylindres.

4º Dans toutes les enveloppes de vapeur.

5º Dans la conduite allant au condenseur (à proximité de l'orifice d'échappement).

Chaque manomètre sera connecté par un tube en forme de siphon et sera muni d'un robinet. Autant que possible chaque manomètre aura une échelle des pressions adaptée à la pression à mesurer.

Toutes les poches destinées à recevoir les thermomètres seront placées de manière à maintenir les thermomètres dans la position verticale. Les poches seront à mince paroi, en bronze ou en acier et seront assez longues de manière à pénétrer suffisamment à l'intérieur des conduites de *vapeur* (fig. 96). L'alésage intérieur de la poche pourra varier entre 6 millimètres

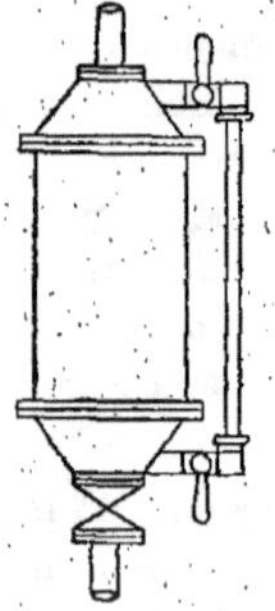

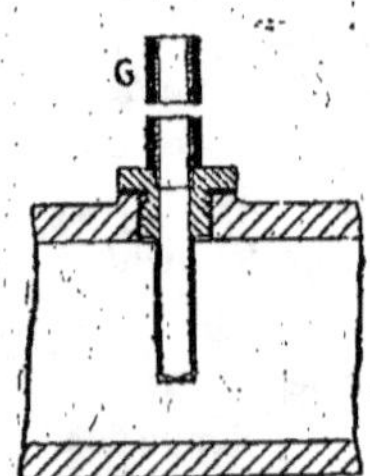

Fig. 95. — Récipient pour la mesure de l'eau de condensation des enveloppes de vapeur.   Fig. 96. — Poche à thermomètre avec garde.

et 10 millimètres. La rouille qui a tendance à se former sur l'acier, pouvant affecter les indications du thermomètre, il est intéressant d'utiliser pour les installations permanentes de laboratoire, des poches en bronze à parois aussi mince que possible de manière à réduire les pertes de chaleur par conductivité. Afin d'augmenter la surface de contact entre le thermomètre et la poche il est préférable de placer un peu de mercure dans le fond de la poche et d'y immerger le réservoir du thermomètre. Dans les conditions ordinaires d'essais on utilise souvent de l'huile à machines au lieu et place de mercure. On peut également visser un protecteur métallique G dans la poche du thermomètre (fig. 96), de manière à protéger le thermomètre contre les risques de rupture et pour empêcher la radiation de chaleur par le thermomètre. Ce protecteur sera muni d'une fente longitudinale de manière à permettre la lecture du thermomètre, et il sera recouvert d'un bon calorifuge.

La vitesse de la machine sera obtenue au moyen d'un compteur de tour entraîné d'une façon rigide.

Machines à vapeur de laboratoire. — Le type de machine qui convient le mieux à un laboratoire dépend du but que l'on se propose. S'il ne s'agit que d'enseigner, une machine de faible puissance et à simple effet sera suffisante, tandis que si l'on désire se livrer à des recherches il faudra utiliser une machine de puissance moyenne si l'on désire obtenir des résultats ayant une valeur commerciale ; la nature de la machine dépendant cependant des recherches que l'on a en vue d'entreprendre. D'une façon générale une machine horizontale convient mieux qu'une machine verticale au point de vue expérimentation, car elle permet une disposition plus commode de tous les thermomètres, manomètres, indicateurs...

L'importance de la température des cylindres et des valves d'admission et d'échappement ainsi que la nature du métal de ces valves est de plus en plus reconnue aujourd'hui. Le professeur Mellanby donne dans le *Proc. Inst. Mech. Engineers* de juin 1905, des renseignements intéressants concernant la mesure de la température moyenne des parois des cylindres au moyen de thermomètres à mercure, et le professeur J. T. Nicolson donne dans le *Bulletin* de là « Manchester Association of Engineers » du 25 avril 1903, quelques détails de dispositifs appliqués à la même machine. Ces 2 communications intéresseront celui qui se propose l'établissement d'une machine à vapeur pour laboratoire, non pas parce qu'ils devront s'efforcer de copier, mais seulement pour se pénétrer de ce qui a été établi antérieurement dans un but identique.

Pour des détails plus circonstanciés au sujet de la mesure des températures des parois des cylindres se reporter aux pages 70 à 82.

Condenseurs pour machines à vapeur. — La méthode la plus commode et la plus précise pour mesurer la consommation de vapeur d'une machine consiste à condenser la vapeur dans un condenseur à surface et de mesurer les poids de l'eau condensée à sa sortie du condenseur. Le type normal de condenseur à surface se compose d'une série de tubes horizontaux en laiton insérés à leurs extrémités dans des plaques en laiton. Le joint des tubes sur ces plaques étant assuré au moyen de garnitures qui permettent la libre dilatation des tubes en empêchant les rentrées de l'eau de circulation. La vapeur est généralement condensée à l'extérieur des tubes et l'eau de circulation passe à l'intérieur des tubes.

Les pompes à air peuvent être du type à air sec ou à air humide, mais avec les premières la pompe est établie de manière que l'air seul avec la vapeur que cet air contient est aspiré par la pompe. Si l'on utilise des pompes à air humide les tuyaux de sortie seront munis de robinets de désaération, autrement l'écoulement de l'eau dans les réservoirs mesureurs se fera par saccades. Dans quelques installations les pompes à air sont directement commandées par la machine, mais pour le travail de laboratoire il est préférable de prévoir une commande indépendante, par exemple par un moteur électrique à vitesse variable. Pour les recherches expérimentales il est quelquefois intéressant d'avoir un petit robinet sur le condenseur de manière à permettre un réglage facile du vide ; mais il est préférable de placer ce robinet près de l'aspiration d'air du condenseur ou sur le tuyau d'aspiration de la pompe à air, autrement l'introduction d'air au condenseur aura tendance à réduire le taux de transmission de chaleur de la vapeur aux tubes du condenseur.

Les dimensions des réservoirs de pesée de l'eau de condensation devront correspondre à au moins 15 à 20 minutes de consommation à pleine charge et ces réservoirs devront autant que possible être couverts de manière à empêcher une évaporation exagérée. Pour plus de précision on peut utiliser 2 réservoirs que l'on peut alimenter à volonté à l'aide d'un robinet à 3 voies placé sur la conduite d'eau condensée. Si l'on ne dispose pas de *bascules* pour effectuer les pesées, les réservoirs de mesure peuvent être établis ainsi que représenté sur la figure 120, mais de toute façon un robinet d'évacuation sera placé à la partie inférieure de ces réservoirs, de manière à permettre leur vidange complète en un temps au maximum égal à la moitié du temps minimum nécessaire pour les remplir. (Pour le calcul des diamètres approximatif des robinets se reporter à la page 225). Dans les grandes installations on mesurera la quantité d'eau condensée en se servant de déversoirs à mince paroi (page 224).

On vérifiera périodiquement le condenseur à surface au point de vue des pertes d'eau. Par exemple pour un essai portant sur plusieurs jours on fera cette vérification chaque soir. Une méthode commode pour faire cette vérification consiste à maintenir le vide normal au condenseur, en y laissant fonctionner la circulation d'eau de refroidissement et cela après que la machine a été arrêtée. On observe alors la sortie d'eau condensée. Si la sortie de l'eau cesse environ 10 minutes après l'arrêt de la machine, les tubes du condenseur sont bien ajustés, mais si l'écoulement de l'eau continue en quantités appréciables on peut en déduire l'existence de fuites. L'importance de ces fuites pourra être évaluée approximativement en continuant l'essai jusqu'à ce que la sortie de l'eau se fasse d'une façon uniforme. Il n'y a cependant aucune garantie que cette valeur ainsi mesurée représente le taux réel des fuites pendant l'essai de la machine. Si le chiffre trouvé représente cependant une proportion appréciable de la quantité d'eau condensée en marche normale, les tubes seront retirés pour être examinés un à un, puis soigneusement remontés. Si l'eau de circulation provient d'un canal ou d'une rivière dont les eaux sont contaminées on pourra déceler un excès de fuite à l'odeur caractéristique et à la mousse qui s'échappe de la pompe à air. On doit bien se pénétrer du fait que les fuites d'un condenseur à surface peuvent varier considérablement d'un jour à l'autre, de sorte que si l'on est contraint d'utiliser un condenseur ayant des fuites pour une série d'essais, ce condenseur devra être essayé après chaque journée de marche.

On a proposé l'emploi d'essais chimiques pour la mesure des fuites dans les condenseurs, mais de telles méthodes ne donnent pas satisfaction, sauf dans des circonstances tout à fait exceptionnelles. La méthode préconisée consiste à placer du sel de cuisine dans l'eau de circulation et de faire ensuite une étude de la proportion de sel contenue dans l'eau condensée. Cette méthode est non seulement difficile à appliquer, mais encore sujette à erreur du fait de la présence possible de sel dans l'eau d'alimentation de la chaudière.

Pour obtenir une information complète « au sujet de la chaleur » dans un essai de machine, il est nécessaire de mesurer la quantité de chaleur emportée par l'eau de circulation en mesurant sa température à l'entrée et à la sortie du condenseur et en évaluant le taux de circulation.

Si l'on ne dispose pas d'un condenseur à surface et que la machine soit reliée à un condenseur à trompe ou éjecto-condenseur, une mesure approchée de la consommation de vapeur est possible. Il suffit de mesurer la quantité d'eau et sa température à l'entrée et à la sortie du condenseur. Pour être certain que la vapeur d'échappement arrivant au condenseur est pratiquement sèche il est préférable de recouvrir les tuyauteries d'échappement avec un calorifuge et d'introduire un séparateur sur la conduite d'échappement et près du condenseur. Si l'on peut monter un tube de niveau et calibrer le séparateur, la rapidité avec laquelle l'eau s'accumule pourra être mesurée périodiquement. L'eau sera ensuite rejetée au condenseur, soit par simple gravité, soit à l'aide d'une pompe, si le sommet du condenseur est au même niveau ou à un niveau supérieur à celui du séparateur. Les températures de l'eau à l'entrée et à la sortie du condenseur peuvent être mesurées commodément à l'aide de thermomètres à mercure insérés dans des poches verticales ou sensiblement verticales ménagées dans les tuyauteries. Les quantités d'eau étant mesurées par l'une quelconque des méthodes exposées pages 222-225.

Si

$t_1 =$ température moyenne de l'eau de condensation à son entrée au condensateur

$t_2 =$ »   »   »   »   sa sortie   »

$t_0 =$ température moyenne de la vapeur d'eau condensée

$L =$ la chaleur latente de vaporisation à la température de t_0^o (exprimé en calories par kilogramme de vapeur)

$W =$ le poids (en kgs) de l'eau de condensation et de la vapeur d'eau condensée par heure

$w =$ le poids (en kgs) de vapeur condensée par heure

$u =$ la quantité d'eau recueillie en une heure dans le séparateur d'eau placé sur la conduite d'échappement

Le poids d'eau de condensation est donc :

$$(W - w) \text{ kilogs}$$

et la quantité de chaleur absorbée par cette eau est :

$$(W - w) (t_2 - t_1) \text{ calories}$$

D'autre part la quantité de chaleur abandonnée par la vapeur s'évalue :

$$w (L + t_0 - t_2) \text{ calories}$$

S'il n'y avait aucune perte de chaleur on devrait avoir :

$$w (L + t_0 - t_2) = (W - w) (t_2 - t_1)$$

d'où l'on déduit :

$$w = \frac{W (t_2 - t_1)}{(L + t_0 - t_2) + (t_2 - t_1)} \text{ kilogs (1)}$$

et le poids total de vapeur est de :

$$(w + m) \text{ kilogs}$$

S'il n'était pas possible de placer un séparateur de vapeur dans la conduite d'échappement et que la qualité de vapeur à son entrée dans la machine soit approximativement connue, on peut encore obtenir une approximation grossière de la consommation de vapeur en relevant la puissance indiquée et en évaluant les pertes par radiation (environ 2-3 0/0 dans les machines bien calorifugées).

On a l'égalité :

$$\begin{pmatrix} \text{Chaleur four-} \\ \text{nie par la vap.} \\ \text{au-dessus de } t_2^o \end{pmatrix} = \begin{pmatrix} \text{Chal. commu-} \\ \text{niquée à l'eau} \\ \text{de condensat.} \end{pmatrix} + \begin{pmatrix} \text{Chal. équival.} \\ \text{au trav. effect.} \\ \text{dans les cylind.} \end{pmatrix} + \begin{pmatrix} \text{Chal. perdue par} \\ \text{radiation, dans la} \\ \text{mach. et canalis.} \end{pmatrix}$$

C'est-à-dire que si H représente la quantité de chaleur contenue dans chaque kilogramme de vapeur fournie à la machine ou plus exactement

(1) La petite quantité de chaleur correspondant à l'évaluation des m kilogrammes d'eau dans le condenseur est négligeable.

la quantité de chaleur récupérable entre la température initiale et la température t_2 si k représente le pourcentage des pertes par radiation on aura :

$$wH (1 - k) (W - w) (t_2 - t_1) + \frac{P_{ind} \times 75}{425}$$

d'où l'on déduit :

$$w = \frac{W(t_2 - t_1) + \dfrac{P_{ind} \times 75}{425}}{H (1 - k) + (t_2 - t_1)} \text{ kilogs. par heure}$$

L'emploi d'un condenseur à jet n'est pas à recommander lorsque l'on désire obtenir avec précision la consommation de vapeur, mais il peut être intéressant pour obtenir des résultats approximatifs.

La consommation de vapeur peut encore être évaluée lorsque les circonstances l'exigent, en mesurant la quantité d'eau refoulée aux chaudières par un des procédés décrits page 182-184. Le chiffre obtenu sera malheureusement approché du fait des fuites d'eau aux pompes de refoulement, des fuites de vapeur aux vannes et de la difficulté d'évaluer avec précision le niveau de l'eau dans les chaudières au début et à la fin de l'essai.

Les feuilles destinées à recevoir les résultats des observations faites en cours d'essai peuvent être disposées comme ci-dessous. Il va sans dire que suivant le nombre d'observateurs elles peuvent encore se subdiviser ; une colonne des temps étant toutefois ménagée sur chaque feuille. Immédiatement après le relevé de chaque série de diagrammes, on doit noter sur chaque feuille : le numéro de l'essai, la date et l'heure de la prise, la force du ressort, l'extrémité du cylindre sur laquelle a porté l'essai (haut ou bas vapeur).

FEUILLE D'OBSERVATION

Description de la machine et lieu de l'essai.
Date de l'essai.
Nom de l'observateur.

Nº de l'essai	Temps	Pression de la vapeur en kgs. cm².	Température de la vapeur	Température à l'échappement	Poids de vapeur condensée mesurée dans les 2 réservoirs		Différence entre les pes. en kg.
					Nº 1	Nº 2	

Quantité totale de vapeur utilisée depuis le début.	Vide au condenseur en mm. de mercure.	Pression barométrique en mm. de mercure.	Température du bac à eau du condenseur	Température ambiante	

Lecture au compte-tour.	Différence entre les lectures	Nombre totale de tours depuis le début	Puissance développés au frein	Pression effective moyenne en kg. cm^2	
				côté bas vapeur	côté haut vapeur

Plateformes d'essai. — La plupart des constructeurs de machines à vapeur à grande vitesse, de turbines et de moteurs à combustion interne utilisent des ingénieurs spécialistes pour l'essai de toutes les machines avant leur sortie de l'usine et conservent les résultats obtenus dans chaque cas. Pour effectuer les essais en usine il est généralement intéressant de construire une ou plusieurs plateformes d'essai, spécialement établies pour pouvoir recevoir les différents types de machines construits et convenablement équipés avec un pont roulant qui permet le transport de la machine entièrement montée, ou des parties principales, depuis l'atelier de montage jusqu'à la plateforme.

Ces plateformes sont généralement établies avec fondations en béton armé dans lesquelles un bâti en fonte ou des guidages en acier à profil spécial sont solidement ancrés. Chaque guidage est étudié de manière à pouvoir recevoir des boulons convenables et l'écartement des guidages correspond à l'écartement normal des boulons de fondation de la machine. La fixation du bâti de la machine pourra encore être assurée au moyen de griffes qui viennent serrer sur la partie inférieure de ce bâti. Il est bon de prévoir une fosse à l'emplacement de la roue du volant, même si la machine du type normal ne le nécessite pas, car cette fosse pourra être nécessaire le jour où l'on essaiera une machine à faible vitesse de rotation ayant un lourd volant ou entraînant une machine électrique.

Les chaudières qui sont destinées à fournir la vapeur aux machines devront autant que possible faire partie de la plateforme d'essais et les conduites principales de vapeur seront arrangées de manière qu'une machine puisse être rapidement raccordée au moyen de raccords élastiques. Il est bon d'installer une valve d'étranglement ou une vanne entre les conduites principales de vapeur et le raccord de la machine. De même les condenseurs seront placés de telle sorte qu'une connection type permette le raccordement facile des machines et si l'on envisage l'essai simultané de plusieurs machines il faudra installer le nombre correspondant de condenseurs.

Le frein *Froude* modifié (fig. 79-83) convient très bien à l'essai des machines de moyenne puissance à grande vitesse ; mais comme ce type de machines est souvent employé pour la conduite de dynamos et que le fabricant garantit un rendement global, les essais en usine ont lieu sur la machine couplée avec la dynamo ou une dynamo convenable. Dans ce

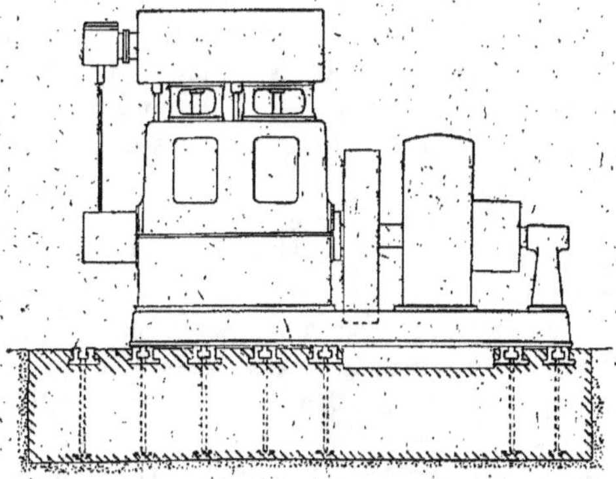

Fig. 97. — Moteur sur plateforme d'essai.

cas la plateforme devra être étudiée de manière à pouvoir recevoir la plus forte dynamo susceptible d'être entraînée par les machines. Les interrupteurs, câbles... seront étudiés de manière que le générateur soit aisément et rapidement couplé aux instruments de mesure et aux résistances destinées à absorber l'énergie produite. De manière à réduire les frais d'installation les appareils électriques pourront être utilisés avec une gamme de résistance type qui permette l'emploi des mêmes instruments dans de très larges limites et en modifiant simplement l'échelle des lectures.

Il est de la plus haute importance de réduire autant que possible le nombre des opérateurs nécessaires à la réalisation d'un essai. Aussi l'on dispose les instruments de mesure électrique, les appareils de pesée de la vapeur condensée, aussi rapprochés que possible de telle façon qu'un seul homme puisse effectuer les manœuvres et enregistrer les résultats sans perdre de vue la machine en cours d'essai. Le même observateur pourra également donner les signaux sonores correspondant aux lectures d'ensemble à faire par tous les observateurs.

La durée des essais sera réduite, autant que le permettra l'obtention d'une précision raisonnable et cela de manière à réduire les frais de premier établissement au minimum, lorsque l'on a à essayer un grand nombre de machines. Dans ce but il est intéressant de ménager la fermeture d'un contact électrique chaque fois qu'un des réservoirs de mesure de l'eau condensée sera complètement rempli. L'observateur peut aussi noter le temps exact correspondant à la condensation de par exemple 50 kilogrammes de vapeur, et répéter ses observations à des intervalles égaux.

Pour avoir des renseignements détaillés sur la plateforme d'essai installée aux usines de Rugby de M. Willans et Robinson on pourra se reporter aux *Proceedings of the Inst. of Civil Engineers*, 1901-02, part. II, page 349.

Le *Journal Inst. of Electrical Engineers*, 1903-04, donne également sous la signature de Mr Morcom une description de plateforme d'essai. Enfin dans l'*Engineering* du 30 sept. 1910, on trouvera une description d'une plateforme installée pour l'essai des turbines à vapeur aux usines de Glascow de MM. John Brown et Cᵒ.

Les fondations d'une machine à vapeur destinée à servir à des expériences de laboratoire seront établies de manière à placer la machine à une hauteur convenable. Pour une machine à axe horizontal l'axe devra être situé entre 0,90 m. et 1,05 m. au-dessus du plancher de la salle. La partie des fondations situées au-dessus du niveau du sol peut être en béton armé et l'on pourra pour améliorer son aspect en faire le recouvrement avec des carreaux blancs, verts sombre ou bruns, tous les angles du massif étant d'ailleurs convenablement arrondis. On peut également obtenir quelque chose d'élégant en employant de la brique vernissée. De toutes façons la partie supérieure du massif de fondation aura une surface suffisante de manière qu'aucune des parties du bâti de la machine ne vienne à saillir à l'extérieur. Des fondations similaires conviennent également pour des machines à axe vertical ; il faudra seulement prendre garde que tous les thermomètres, manomètres et indicateurs soient aisément accessibles, et permettent des lectures faciles.

On ménagera un espace convenable entre les différentes unités constituant l'équipement du laboratoire. Un espace de 1,50 m. à 1,80 m. tout autour d'une machine à vapeur ou d'un moteur à gaz de dimension moyenne est suffisant pour permettre un exposé facile à un groupe d'étudiants ou encore l'installation de une ou plusieurs petites tables. L'arrangement et l'organisation d'un laboratoire d'essais peut être facilité dans une certaine mesure en adoptant des dimensions convenables pour les fondations et en priant les constructeurs de se conformer à ces dimensions.

CHAPITRE VI

—

CALCULS RELATIFS AUX
ESSAIS DES MACHINES A VAPEUR A MOUVEMENT ALTERNATIF
ET DES TURBINES A VAPEUR

Calculs relatifs aux essais de machines. — Le rapport de l'*Inst. of Civil Engineers* sur les « essais des chaudières et des machines à vapeur » publié dans le volume *cl* des *Proceedings* renferme une série de feuilles d'essais pour l'inscription des résultats d'essai. Ces feuilles ainsi que les explications concernant les calculs sont reproduites dans les pages qui vont suivre, vu leur parfaite adaptabilité à un travail méthodique. Les numéros repères placés dans la colonne de gauche (page 153) sont même ceux du rapport initial.

(Voir tableaux pages 152 à 155).

Machines à vapeur. Feuille 1.

Ligne 88. — Si la machine est d'une marque connue il sera suffisant de le noter et d'indiquer ses dimensions principales.

Ligne 89. — Spécifier si les valves ont été essayées spécialement au point de vue fuites, avant l'essai (1).

Ligne 90. — Donner une description du régulateur employé et spécifier s'il agit par étranglement de vapeur ou sur la vanne d'admission.

Ligne 91. — Spécifier si l'on mesure la quantité d'eau d'alimentation envoyée aux chaudières ou l'eau condensée et si l'on utilise un système de réservoir ou un compteur.

Lignes 92-93. — Noter avec la plus grande précision possible les diamètres des cylindres, en faisant au besoin des jauges. Noter les espaces nuisibles en les remplissant avec de l'eau à une température donnée ou à

---

(1) L'absence de fuite lorsque les valves sont au repos ne donne pas une garantie d'étanchéité, lorsque ces valves sont en mouvement.

défaut de ce moyen, en les calculant à l'aide des dessins d'exécution de la machine.

Machines à vapeur. Feuille 2

Ligne 100. — Noter la durée totale de l'essai en heures et minutes.

Ligne 101. — Noter si la pression atmosphérique a été mesurée à l'aide d'un baromètre à mercure ou d'un baromètre anéroïde.

Ligne 102. — Noter la consommation horaire moyenne de vapeur pendant la durée de l'essai. Spécifier si l'on a utilisé un condenseur à surface ou à mélange et noter rapidement, mais avec précision, le type du condenseur et ses dispositions particulières.

Ligne 103. — Noter la quantité moyenne horaire d'eau condensée dans les enveloppes de vapeur pendant la durée de l'essai.

Si les purges des enveloppes de vapeur retournent directement à la chaudière on fera une détermination préalable de cette valeur en se plaçant dans les mêmes conditions de fonctionnement et en collectant l'eau de purge dans un réservoir spécial (cette dernière méthode n'est qu'approximative).

Ligne 104. — La pression au manomètre sera lue à intervalles réguliers pendant tout le cours de l'essai et la valeur moyenne des lectures sera rectifiée suivant l'erreur systématique de l'appareil. Dans la colonne des remarques on notera si le manomètre a été récemment essayé.

La pression absolue s'obtient en ajoutant à la pression moyenne lue, la valeur de la pression barométrique.

Ligne 105. — Se détermine à l'aide d'une table de vapeur ou par mesure directe.

Ligne 106. — Dans la colonne « observation » on indiquera brièvement quelle a été la méthode employée pour la détermination du degré d'humidité de la vapeur; si l'on a utilisé un procédé spécial on en donnera une description complète dans les lignes en blanc réservées à cet effet dans le bas de la feuille.

Ligne 107. — La valeur inscrite sera la même qu'à la ligne 103, si les enveloppes de vapeur ne présentent pas de fuites et les remarques faites au sujet de la ligne 103 s'appliquent encore ici.

Ligne 108. — Cette température sera mesurée autant que possible à l'aide d'un thermomètre placé aussi près que possible des purges de l'enveloppe de vapeur de la machine. Si l'on ne disposait d'aucun autre moyen on mesurerait la pression à l'aide d'un manomètre fixé à la sortie de la purge de l'enveloppe et l'on en déduirait la température à l'aide des tables de vapeur.

Ligne 109. — Cette pression est mesurée au moyen d'un manomètre fixé sur la tubulure d'échappement au point où elle quitte la machine. On fera des lectures à intervalles réguliers et la valeur moyenne déduite sera corrigée d'après la courbe d'étalonnage de l'appareil.

Ligne 110. — Cette valeur sera déterminée à l'aide des tables de vapeur.

Ligne 111. — Cette température peut être mesurée à l'aide d'un thermomètre ordinaire placé dans la tubulure d'échappement, près du cylindre. On devra prendre des précautions pour éviter la fracture du réservoir du thermomètre.

Ligne 112. — On indiquera dans la colonne « observation » si les pressions moyennes ont été calculées à l'aide d'un planimètre ou en divisant les diagrammes en séries de tranches verticales. On indiquera également combien de diagrammes ont été pris dans chaque cas.

Ligne 113. — On obtiendra cette valeur en ajoutant à la pression effective moyenne dans le cylindre B. P., la pression effective moyenne dans le cylindre HP multipliée par le rapport :

$$\frac{\text{Section du cylindre H.P.}}{\text{Section du cylindre B.P.}}$$

et aussi la pression effective moyenne dans le cylindre M. P. multipliée par le rapport :

$$\frac{\text{Section du cylindre M.P.}}{\text{Section du cylindre B.P.}}$$

Si les vitesses des pistons sont différentes on doit faire une correction correspondante (voir page 35).

Ligne 114. — Pour calculer la section moyenne du cylindre si l'on n'a qu'une tige de piston sans contre-tige on peut appliquer la formule :

$$\left(0,785\ D^2 - \frac{1}{2} \times 0,785\ d^2\right)$$

où D est le diamètre du cylindre et d le diamètre de la tige du piston (voir ligne 92).

Si l'on a également une contre-tige de piston la formule à appliquer est alors :

$$0,785\ D^2 - \frac{1}{2}\left[0,785\ (d_1^2 + d_2^2)\right]$$

où d_1 est le diamètre de la tige du piston et d_2 le diamètre de la contre-tige.

Ligne 115. — On divisera le nombre total de révolutions indiqué par le compteur pour toute la durée de l'essai, par la durée de l'essai évaluée en minutes.

Ligne 116. — La vitesse moyenne du piston évaluée en mètres par minute est égale à :

$$2 \times \text{Nombre de tours par minute} \times \text{Course du piston}$$

Ligne 117. — Cette valeur s'obtient en additionnant les puissances en chevaux évaluées ligne 112.

Ligne 118. — S'il est possible de faire un essai au frein on notera la puissance trouvée et dans la colonne observation on indiquera si l'on s'est servi d'un frein à friction, d'une dynamo dynamométrique ou d'un autre procédé.

Ligne 119. — La valeur à porter est égale à :

$$\frac{\text{Valeur ligne 118}}{\text{Valeur ligne 117}} \times 100$$

Machine. Feuille 3.

On saisira mieux la façon de procéder en suivant l'exemple chiffré ci-après.

Ligne 120. — La quantité totale de chaleur fournie à la machine en une minute est égale à la quantité de chaleur (au-dessus de 0° c.) contenue dans un kilogramme de vapeur à la pression indiquée ligne 104, multipliée par le poids de vapeur admis par minute à la machine. Cette dernière quantité est représentée par la somme des valeurs portées lignes 102 et 103 et divisée par 60.

La pression absolue de la vapeur est de 14 kilogrammes (ligne 104) ; la chaleur totale contenue dans un kilogramme de vapeur à cette pression est : 665,69 calories ; le poids de vapeur arrivant aux cylindres est de 478 kilogrammes par heure (ligne 102) ; le poids de vapeur traversant l'enveloppe de vapeur est 71,7 kilogramme par heure (ligne 103).

La quantité totale de chaleur fournie par minute à la machine est donc :

$$\left(\frac{478 + 71.7}{60}\right) \times 665,69 = 6090 \text{ calories.}$$

Ligne 121. — Un cheval-vapeur pendant une minute représente :

$$\frac{75}{425} \times 60 = 10,58 \text{ calories.}$$

Par suite le nombre de calories correspondant à la puissance indiquée est pour une minute de :

$$10,58 \times 73,87 = 782,5 \text{ calories.}$$

Ligne 122. — La valeur à porter sur cette ligne correspond à la quantité d'eau qui quitte l'enveloppe de vapeur (en une minute), multipliée par la température de cette eau :

$$\frac{\text{Valeur ligne 102}}{60} \times t_3^0$$

Dans le cas présent la quantité d'eau qui s'écoule de l'enveloppe est (ligne 103) de 72 kilogrammes par heure et sa température (ligne 108) est de : 194°,5 c.

Par suite la quantité de chaleur emportée par minute par l'eau qui s'échappe de l'enveloppe est :

$$\frac{72}{60} \times 194.5 = 233,5 \text{ calories}$$

Ligne 123. — La chaleur emportée par la vapeur qui se rend au condenseur ne peut être directement calculée que si l'on note la quantité d'eau de condensation utilisée dans le condenseur et l'élévation de température de cette eau pendant sa traversée du condenseur. Si l'on a fait ces observations et si l'on note également la température du réservoir à eau chaude (vapeur condensée) on possède les éléments du calcul.

On a en effet l'égalité suivante :

Chaleur entraînée au condenseur = (Poids de l'eau de condensation) × (Elévation de température de l'eau de condensation) + (Poids de vapeur condensée) + (Température de l'eau condensée).

Par exemple dans le cas présent le poids de l'eau de condensation est de 10.950 kilogrammes par heure, sa température à l'entrée du condenseur est de 11° C. et sa température à la sortie est de : 35° C (chiffres non portés sur les feuilles d'essai).

On en déduit pour valeur de la quantité de chaleur entraînée par l'eau de condensation :

$$\frac{10950}{60}(35 - 11) = 4380 \text{ calories}$$

et pour valeur de la quantité de chaleur emportée par la vapeur condensée :

$$\frac{478}{60} \times 57°2 = 456 \text{ calories}$$

La quantité de chaleur totale qui quitte la machine est par minute

$$4380 + 456 = 4836 \text{ calories (1).}$$

Ligne 124. — Cette valeur est égale à la valeur portée ligne 120, dimi-

(1) *Note de l'auteur.* — Cette valeur ne comprend pas la perte de chaleur par radiation provenant des surfaces du condenseur et des tuyauteries d'échappement.

nuée de la somme des valeurs portées aux lignes 121, 122 et 123. Soit dans cet exemple :

$$61000 - 5800 = 300 \text{ calories.}$$

Ligne 125. — La chaleur fournie à la machine représente, d'après la définition donnée par le Comité des Ingénieurs civils anglais, « la quantité de chaleur totale de la vapeur pénétrant dans la machine, diminuée de la quantité de chaleur contenue dans le même poids d'eau à la température de sortie », ces 2 quantités de chaleur étant évaluées par rapport à la température zéro.

Dans le cas présent le poids de vapeur fournie à la machine par minute et par cheval indiqué est :

$$\frac{478 + 72}{73,87 \times 60} = \frac{550}{4432,2} = 0,124 \text{ kg.}$$

La chaleur totale d'un kilogramme de vapeur (voir notes sur la ligne 120) quand il pénètre dans la machine est :

$$665,69 \text{ calories.}$$

La chaleur totale d'un kilogramme d'eau (voir ligne 111) à la température de sortie est :

$$57,2 \text{ calories.}$$

La quantité de chaleur cherchée est donc :

$$0,124 \,(665,69 - 57,2) = 75,5.$$

Ligne 126. — Le rendement thermique s'obtient en divisant la quantité de chaleur équivalent à 1 cheval vapeur par la valeur trouvée ligne 125.

Dans le cas présent,

$$\frac{10.58}{75,5} = 14 \,\%.$$

Ligne 127. — La quantité de chaleur nécessaire théoriquement pour permettre le développement d'une puissance de 1 cheval indiquée pendant une minute, par une machine fonctionnant suivant le cycle de Ranking se calcule comme suit.

Le rendement théorique du cycle de Ranking est tout d'abord évalué en utilisant les formules 14 ou 15 (pages 20 et 22) suivant qu'il s'agit de vapeur saturée ou de vapeur surchauffée, la température la plus élevée étant celle qui correspond à la température de la vapeur avant la vanne d'admission et la température la plus basse, celle qui correspond à la température de la vapeur à sa sortie de la machine.

$$\text{Chaleur nécessaire} = \frac{10,78}{\text{Rendement théorique}} = 40,4 \text{ calories.}$$

Ligne 128. — Le rendement est :

$$\frac{\text{(Valeur ligne 127)} \times 100}{\text{(Valeur ligne 125)}} = \frac{40,4 \times 100}{75,5} = 53,5 \ \%$$

Ligne 129. — On a :

$$\frac{\text{Valeur ligne 125}}{\text{Valeur ligne 119}} \times 100 = \frac{75,5}{79,6} \times 100 = 94,8 \text{ calories}$$

Ligne 130. — On a :

$$\frac{\text{(Valeur ligne 102)} + \text{Valeur ligne 103)}}{\text{Valeur ligne 117}} = \frac{478 + 72}{73,87} = 7,45 \text{ kgs.}$$

Ligne 131. — Dans le cas de la vapeur saturée cette quantité est donnée par :

$$\text{(Valeur ligne 130)} \times \left(\frac{H_1 - h_0}{610}\right)$$

Dans le cas de la vapeur surchauffée elle est donnée par :

$$\text{(Valeur ligne 130)} \times \frac{(H_1 - h_0) + 0,55\,(t_2 - t_1)}{610}$$

Dans le cas présent on a :

$$7,45 \ \frac{(648 - 57,2)}{610} = 7,22 \text{ kgs.}$$

La valeur obtenue à la ligne 130 ne permet pas de tabler avec précision sur la consommation de vapeur de la machine, car la quantité de chaleur nécessaire pour évaporer 1 kilogramme d'eau varie avec la pression de la chaudière, avec la qualité de la vapeur et aussi avec la contre pression. Le chiffre 610 a été choisi parce qu'il est intermédiaire entre la quantité de chaleur contenue dans un kilogramme de vapeur saturée (machines marchant sans condensation) et la quantité de chaleur contenue dans un kilogramme de vapeur surchauffée. Il correspond au cas d'une machine à condensation marchant avec une pression d'admission de 11,2 kg. par cm² (pression absolue) et une pression de 0,14 kg. par cm² au condenseur ; chiffres qui correspondent aux machines à condensation modernes.

Quand la machine est couplée à une génératrice électrique on introduira des colonnes supplémentaires dans les feuilles d'essai de manière à porter les indications suivantes :

Puissance développée aux bornes de la génératrice en kilowatts et en chevaux vapeur.

Consommation de vapeur par kilowattheure et par cheval heure développée aux bornes de la génératrice.

Avec les turbines à vapeur on ne peut mesurer la puissance indiquée, aussi évalue-t-on la puissance en chevaux vapeur mesurés au frein.

Dans quelques cas il est intéressant de faire un essai complet de l'ensemble : chaudière, machine à vapeur, condenseur et auxiliaires. Il suffira alors de grouper les feuilles d'essais relatives à chacun de ces éléments.

Chaque série de feuilles portera une description appropriée de la portion d'usine envisagée. Si les canalisations de vapeur entre les chaudières et les machines sont à introduire dans l'essai complet il sera intéressant de faire les observations suivantes :

1º Pression de la vapeur à la chaudière en kg : cm².

2º   —   à la machine   —

3º Température   —   à la sortie de la chaudière ou du surchauffeur.

4º Température de la vapeur à la machine.

5º Qualité de la vapeur à la sortie de la chaudière.

6º   —   à la machine.

7º Poids de vapeur condensée par heure dans les canalisations.

On donnera en même temps une description complète des canalisations de vapeur, des calorifuges employés, du nombre de joints...

Certains essais de laboratoire portant sur des machines à mouvement alternatif ou sur des turbines peuvent dans des cas particuliers nécessiter des adjonctions et modifications dans la série de feuilles d'essais, que nous donnons ci-après.

FEUILLES STANDARD POUR L'ESSAI DES MACHINES
A VAPEUR ET DES CHAUDIÈRES

ESSAI DE MACHINE

RAPPORT SUR L'ESSAI

d'une machine vertiacle à triple expansion à condensation par surface.

capable de développer une puissance de   74 chevaux vapeur.

Essai effectué le _________________ 10 janvier 1918 ________________

a la demande de _____________ Messieur William Brown et Co. _________

sous la direction de __________________ A. B.. _____________________

et en la présence de __________________ M. N.. _____________________

_____________________________ P. R... _____________________________

(1) Ces feuilles sont les feuilles standard de *The Institution of Civil Engineers*, d'Angleterre.

Machine. Feuille I. Description générale et dimensionnement.

Type de la Machine _______ *Verticale à triple expansion et à condensation par surface* _______
Fabriquée par _______
Puissance garantie par le constructeur. _______ chevaux vapeur. _______
à la vitesse de rotation de _______ tours par minute et pour une _______
pression de vapeur de _______ kg : cm² à la vanne d'admission _______
La machine a été essayée sous une charge de _______ chevaux vapeur _______
Caractère de la charge *Frein hydraulique*
Objet de l'essai *Recherches expérimentales*

Nos de Référence	Description générale de la machine et dimensions principales
88	*La machine est du type vertical à triple expansion avec enveloppe de vapeur distincte pour les parois et les fonds du cylindre. Chaque cylindre agit sur un arbre manivelle spécial qui commande un frein hydraulique ; les vitesses de rotation des arbres des 3 cylindres ne sont pas les mêmes pour cette raison.*
89	*Types des distributeurs. — Distribution Meyer à tiroir plan ; l'admission peut être réglée à la main.*
90	*Régulation. — Un régulateur de sûreté ferme complètement l'arrivée de vapeur lorsqu'une certaine vitesse est atteinte ; mais pendant l'essai la vitesse des 3 cylindres était de beaucoup inférieure à cette vitesse-limite.*
91	*Méthode employée pour mesurer la consommation de vapeur. — En recueillant la vapeur condensée dans un récipient d'une capacité de 45 litres.*

		Particularités des cylindres			
		H.P.	M.P.	—	B.P.
92	Diamètres des cylindres en mm	127	203	—	305
	» » tiges de piston en mm	—	—	—	—
	Course des pistons en mm	254	254	—	381
93	Volume balayé par le piston à chaque course (moyenne des 2 courses) en cm³	3105	7950	—	18.000
94	Espace nuisible par course (moyenne des 2 extrémités en %)	5,7	8,5	—	8,5
95	Surface des espaces nuisibles par course (moyenne des 2 extrémités) en cm²	—	—	—	—
96	Pourcentage des surfaces des espaces nuisibles avec enveloppe à vapeur				
97	Pourcentage de la surface des cylindres avec enveloppe de vapeur				
98	Volume du réservoir intermédiaire ou réchauffeur en m³				
99	Surface de chauffe du réservoir intermédiaire ou réchauffeur en m²				

MACHINE. FEUILLE II. RÉSULTAT DES OBSERVATIONS

N° de Référence	Nature des observations	Résultats	Remarques
100	Durée de l'essai en heures, de *14 h.* à *18 h. 50*	*4,5*	
101	Pres. barométrique *752* mm de mercure soit. en kgs. cm² : » » »	*1,015*	*Mesurée au baromètre à mercure*
	VAPEUR		
102	Poids de vapeur en kgs entrant dans le machine (cylindre H.P.) en une heure.......	*478*	
103	Poids de vapeur en kg traversant les enveloppes de vapeur en une heure................	*72*	
104	Pression mesurée avant la vanne d'admission de vapeur........................	*13,05 kg. cm²*	*Le manomètre a été étalonné avant l'essai.*
	Pression absolue avant la vanne d'admission de vapeur........................	*14,06*	
105	Température de la vapeur avant la vanne d'admission....................	*194°5 C.*	
106	Qualité de la vapeur avant la vanne d'admission.....................	*Saturée*	
107	Eau condensée dans les enveloppes de vapeur en kg et par heure..................	*72. kg.*	
108	Température de l'eau condensée dans les enveloppes de vapeur, à sa sortie de la machine.	*194°5*	*Cette eau retourne directement à la chaudière*
109	**VAPEUR D'ÉCHAPPEMENT**		
	Pres. absolue à sa sortie de la mach. en kg cm².	*0,18*	*Le manomètre a été étalonné avant l'essai.*
110	Température correspondante de la vapeur saturée.....................	*57°2*	
111	Température de la vapeur à sa sortie de la machine....................	*57°2*	
	PUISSANCE		
	Pression effective moyenne dans le cyl. HP.	*5.3 kg. cm²*	*Les puissances indiquées correspondantes sont*
112	» » » » » MP.	*2.09*	*23,11ch vp*
	» » » » » BP.	*0.81*	*23,86*
113	Pression moyenne ramenée au cylindre BP.		*26,90*
114	Section moyenne du cylindre BP en cm²...		
115	Nombre de tours par minute............	*H.P. = 322* *M.P. = 32* *B.P. = 276*	
116	Vitesse du piston du cylindre BP en mètres par minute....................	*73,87*	*Frein hydraulique indépendant pour chaque cylindre*
117	Puissance indiquée en chevaux vapeur.......	*58,81*	
118	Puissance développée au frein en chev. vap.		
119	Rendement mécanique en °/o............	*79,6*	

Les diagrammes étaient relevés simultanément à chacune des extrémités des 3 cylindres. Les autres observations étaient faites toutes les 10 minutes. L'eau de condensation des enveloppes de vapeur est entraînée directement à la chaudière et un dispositif spécial permet d'en déterminer la quantité.

NOTA. — Cette feuille d'essai comporte un certain nombre de lignes en blanc destinées à recevoir les observations faites dans le cas où la machine possède des réchauffeurs de vapeur et toutes autres observations telle que : la température à l'intérieur des cylindres, la pression de vapeur dans les enveloppes de vapeur.....

MACHINE. — FEUILLE III. — QUANTITÉS DE CHALEUR ET DÉDUCTIONS.

N° de référence	Quantités de chaleur (au-dessus de 0° Cent)	Calories	°/₀
120	Quantité de chaleur totale fournie par minute à la machine	6.100	100
121	Quantité de chaleur correspondant au travail indiqué, pendant une minute	790	12,94
122	Quantité de chaleur entraînée par l'eau de condensation des enveloppes de vapeur par minute......................................	232	3,82
123	Quantité de chaleur entraînée par la vapeur d'échappement par minute	4.778	78,34
124	Balance (due aux erreurs d'observation, aux pertes par radiation...).................	300	4,90
	Total des lignes 121 à 124	6.100	100,0

	DÉDUCTIONS (calculées en partant de la température d'échappement)	
125	Quantité de chaleur fournie par minute et par cheval indiqué (calories)	75,5
126	Rendement thermique	14,4 °/₀
127	Quantité de chaleur correspondant au cycle de Rankine........	40,4
128	Rapport des rendements	53,5
129	Quantité de chaleur fournie par cheval heure effectif et par minute..	95
130	Poids de vapeur par cheval indiqué et par heure.............	7,45 kg
131	Poids de vapeur par cheval indiqué et par heure si l'on suppose que chaque kilogramme de vapeur contient 610 calories	7,22 kg

Remarques. —

NOTE. — Dans les machines utilisant des réchauffeurs... pour la quantité de chaleur qui fait retour à la chaudière sera portée comme chaleur perdue.

Influence de la pression de la vapeur, du nombre d'expansions et de la vitesse sur la consommation de vapeur des machines. — Quand on essaye une machine à vapeur à mouvement alternatif ou une turbine à diverses pressions d'alimentation, toutes les autres conditions restant constantes, la relation entre la consommation de vapeur et la pression effective moyenne ou la puissance peut être figurée par une ligne droite appelée « lignes de Willans ». Telle est dans la figure 98, la ligne AB tracée d'après les résultats d'essai sur une machine Belliss et Morcom de 250 chevaux à grande vitesse, du type compound, marchant avec condenseur. Cette ligne coupe l'axe des y en un point A. La distance OA représente la consommation de vapeur à la vitesse d'essai en supposant que la machine est alimentée par de la vapeur à la pression effective moyenne $P_m = O$.

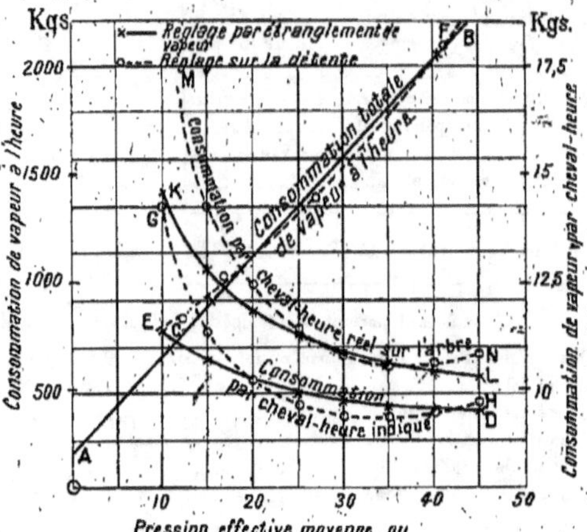

Fig. 98. — Consommation de vapeur d'une machine à vapeur à grande vitesse, en fonction de la pression effective moyenne.

Si pour chaque valeur de la puissance de la machine on recherche la consommation de vapeur par cheval et par heure on obtient la courbe CD, qui montre clairement que toutes choses égales, plus la pression de la vapeur est élevée et plus la consommation de vapeur est réduite. La courbe tend vers une valeur constante qui représente la limite inférieure de la consommation.

On obtiendrait une courbe similaire KL en divisant pour chaque valeur de la puissance, la consommation de vapeur par heure, par le nombre de chevaux vapeur effectifs ou comme c'est le cas ici par la puissance développée par la génératrice électrique.

Si W = poids de vapeur en kilogrammes par heure
    I = puissance indiquée
    B = puissance développée au frein

ou encore

$$E = \text{puissance développée par la génératrice électrique accouplée}$$

L'équation de la ligne AB s'écrit :

$$W = aI + b$$

la puissance indiquée étant proportionnelle à P_m à vitesse constante :

$$W = cB + d \text{ (voir fig. 20)}$$

ou

$$W = eE + f$$

ou :

$$a, b, c, d, e, f \text{ sont des constantes}$$

De même les courbes CD et KL peuvent être représentées respectivement par les équations :

$$\frac{W}{I} = a + \frac{b}{I}$$
$$\frac{W}{E} = e + \frac{f}{E}.$$

Quand on réalise une série d'essais en prenant comme variable le nombre
d'expansions, toutes les autres conditions restant constantes, la courbe de
consommation totale de vapeur par heure sera une ligne semblable à EF,
tandis que les consommations de vapeur par cheval indiqué et par heure
et les consommations de vapeur par cheval effectif et par heure seront
respectivement les courbes GH et MN. On remarquera que la courbe EF
coupe la droite AB en deux points entre lesquels le réglage par étranglement de vapeur paraît plus économique que le réglage par variation de
pression. La position de ces deux points sur la droite AB dépend du nombre
d'expansions utilisées pour le tracé de la ligne AB et également (jusqu'à un
certain point) du type de la machine et du nombre de cylindres en série.
D'une façon générale une machine est d'autant plus économique que les
courbes de consommation de vapeur sont plus aplaties.

Les courbes KL et MN ne se coupent pas pour les mêmes valeurs de la
pression que les autres courbes du fait de légères différences au point de
vue rendement mécanique dans les deux cas. On remarquera que les deux
courbes KL et MN passent par des valeurs minima pour des valeurs particulières de la pression effective moyenne.

Le point le plus bas de la courbe MN correspond à la pression effective
moyenne « la plus économique » dans les conditions d'essais.

Quand une machine à mouvement alternatif ou une turbine est accouplée directement avec un générateur électrique, les mêmes lois générales
s'appliquent encore quand le réglage de la vitesse se fait par étranglement
de vapeur ; c'est-à-dire que les courbes représentant la consommation

totale de vapeur par heure et la consommation de vapeur par kilowattheure en fonction du nombre de kilowatts sont semblables aux courbes AB et KL de la figure 98. Quand on utilise le réglage sur la détente dans une machine à mouvement alternatif accouplée directement à un générateur électrique les lignes EF, GH, et MN tracées en fonction des kilowatts suivent encore la loi générale.

Si l'on fait varier la vitesse d'une machine à vapeur à mouvement alternatif, toutes les autres conditions restant aussi constantes que possible, la consommation de vapeur à l'heure est une fonction linéaire de la vitesse, ainsi que l'on peut le voir sur la figure 99. Ces résultats ont été obtenus

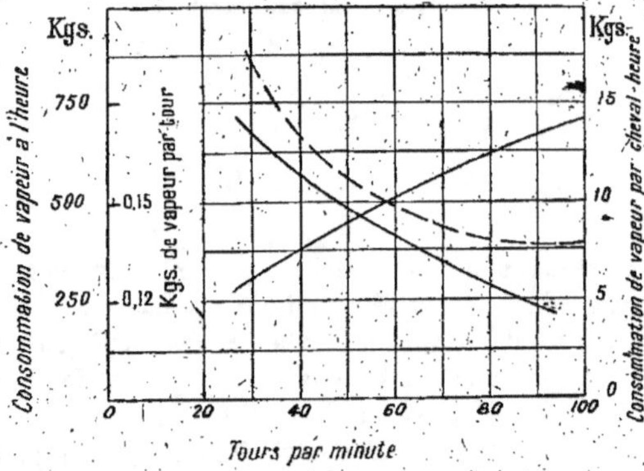

Fig. 99.— Consommation de vapeur en fonction de la vitesse (tous les autres paramètres restant constants).

avec une machine Corliss monocylindrique à condensation ayant un alésage de 228,5 mm. et une course de 915 millimètres, avec une pression absolue de 5,6 kg./cm² à l'admission. La courbe de la consommation de vapeur par cheval indiqué et par heure montre que pour une machine travaillant dans des conditions données, il y aura toujours une vitesse de régime pour laquelle cette consommation sera minimum.

La figure 99 montre également que la quantité de vapeur par tour de la machine décroît d'une façon continue lorsque la vitesse augmente. La présence d'un minimum dans la courbe de consommation de vapeur par cheval et par heure est due à ce fait, que lorsque la vitesse de la machine augmente il arrive un moment où la perte de puissance due à l'étranglement de la vapeur contrebalance la diminution de la consommation de vapeur par tour due à l'augmentation de vitesse.

Vapeur « indiquée » et vapeur « non indiquée » dans les machines à vapeur. — Si le diagramme de la figure 100 représente la moyenne des diagrammes relevés aux deux extrémités du cylindre d'une machine monocylindrique à double effet, la longueur BD représente à une certaine échelle la course du piston et le volume balayé par le piston. Si BO représente le volume moyen des espaces nuisibles, à la même échelle, le volume de la vapeur à un point quelconque X de la détente est représenté par la distance X_0X. Mais une partie de cette vapeur a été enfermée dans le cylindre au point K correspondant au début de la compression, vapeur qui représente le volume X_0X_1 à la pression X; c'est donc la distance X_1X qui représente la quantité de vapeur admise dans le cylindre au moment de l'admission. Supposons que la ligne $E_1X_1C_1$ représente les variations de volume de la vapeur enfermée dans les espaces de fuite, pendant la période de détente CXE. C_1C et E_1E sont les volumes apparents de la vapeur d'admission à la fermeture de l'admission et à l'ouverture de l'échappement, et représentent la vapeur « indiquée » pour ces 2 points. Il est évident que si une fraction de la vapeur admise se condense dans le cylindre ou si des fuites se produisent aux tiroirs ou au piston, la vapeur « indiquée » C_1C à la fermeture de l'admission est inférieure au volume réel de vapeur saturée sèche qui pénètre dans la machine à chaque coup de piston. Supposons la consommation de vapeur et la vitesse de la machine connues ; le poids de vapeur par course du piston s'en déduit aisément. Si C_1C_2 représente à l'échelle le volume de cette quantité de vapeur, CC_2 représente le volume de la vapeur « non-indiquée » à la fermeture de l'admission. D'une manière identique la quantité de vapeur « non indiquée » par un point quelconque de la détente est déterminée par la distance de la courbe de détente à la courbe de saturation C_2E_2. On exprime en général la quantité de vapeur « indiquée » en fraction de la vapeur totale :

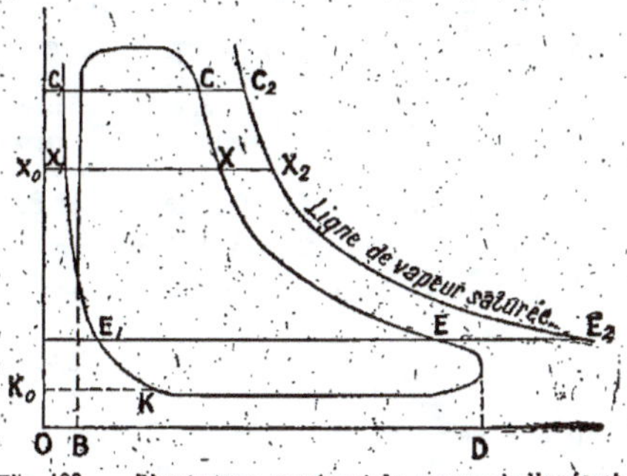

Fig. 100. — Diagramme montrant la vapeur indiquée et la vapeur manquante.

$$\frac{C_1C}{C_1C_2} \quad \text{et} \quad \frac{E_1E}{E_1E_2}.$$

La quantité de vapeur « non indiquée » peut s'exprimer également sous forme de rapport :

$$\frac{CC_2}{C_1C_2} \quad \text{et} \quad \frac{EE_2}{E_1E_2}.$$

mais elle s'exprime souvent aussi en kilogramme de vapeur par cheval et par heure

$$\frac{CC_2}{C_1C_2} \times (\text{consommation réelle de vapeur})$$

et

$$\frac{EE_2}{E_1E_2} \times (\text{consommation réelle de vapeur})$$

La ligne $KE_1X_1C_1$ est tracée dans l'hypothèse que la vapeur qui remplit les espaces nuisibles est pratiquement saturée pendant l'intervalle de C à E ; ceci n'est pas tout à fait correct, car la vapeur peut devenir légèrement humide pendant la détente, mais l'erreur commise dans cette hypothèse est si faible que l'on peut la négliger. Si K est le point origine de la compression la distance KK_0 représente le volume de vapeur emprisonnée dans le cylindre hors le poids de cette quantité de vapeur supposée saturée ne variant pas, pour une pression quelconque X_1 nous aurons :

$$X_0X_1 = KK_0 \times \frac{\text{volume de 1 kg de vapeur à la pression absolue } X_1}{\text{volume de 1 kg de vapeur à la pression absolue } K}.$$

Si donc la consommation de vapeur dans la machine est de W kilogrammes par heure à la vitesse de N tours par minute, la quantité de vapeur « indiquée » à la fermeture de l'admission est égale à :

$$W \times \frac{C_1C}{C_1C_2} \text{ kg par heure}$$

ou encore

$$\frac{W}{60 \times N} \times \frac{C_1C_2}{C_1C} \text{ kg par tour}$$

La quantité de vapeur « indiquée » à l'ouverture de l'échappement est de :

$$W + \frac{E_1E}{E_1E_2} \text{ kg par heure}$$

ou encore

$$\frac{W}{60 \times N} \times \frac{E_1E}{E_1E_2} \text{ kg par tour}$$

La quantité de vapeur « non indiquée » sera de même à la fermeture de l'admission :

$$W \times \frac{CC_1}{C_1C_2} \text{ par heure} \qquad \text{ou} \qquad \frac{60 \times N}{W} \times \frac{CC_2}{C_1C_2} \text{ kg par tour}$$

et la quantité de vapeur « non indiquée » à l'ouverture de l'échappement sera :

$$W \times \frac{EE_2}{E_1E_2} \text{ par heure}$$

ou encore

$$\frac{W}{60\,N} \times \frac{EE_2}{E_1E_2} \text{ par tour}$$

Les quantités de vapeur « non indiquée » dans les différents cylindres d'une machine compound seront évaluées de la même manière que pour une machine monocylindrique ; sauf à tenir compte de la quantité de vapeur condensée dans les chambres de vapeur, au moment du tracé de la

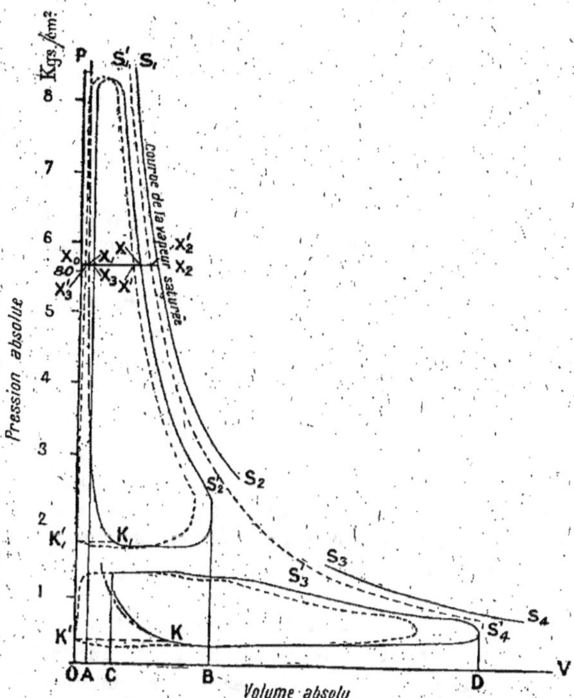

Fig. 101. — Diagramme composé d'un moteur compound destiné à montrer la vapeur indiquée et la vapeur manquante.

courbe de saturation. Les diagrammes et lignes de saturation de tous les cylindres peuvent être tracés en fonction des volumes, en utilisant une base commune. Par exemple les distances AB et CD dans la figure 101 représentent à une certaine échelle le volume balayé par les pistons haute et basse pression d'une machine compound et OA et OC représentent les volumes des espaces nuisibles. S_1S_2 et S_3S_4 sont les courbes de saturation correspondant à la courbe $C_1X_2E_1$ de la figure 100. On remarquera que les courbes S_1S_1 et S_4S_3 sont nettement séparées et ne semblent avoir aucune relation du fait de la différence de volume des espaces nuisibles dans les 2 cylindres, mais on peut déterminer leurs positions relatives propres par la méthode suivante qui est due au professeur Osborne Reynolds. Dans le diagramme haute pression la ligne K_1X_1 représente le volume de la vapeur enfermée dans les espaces nuisibles, dans l'hypothèse que cette vapeur est à l'état saturée pendant la période de détente. Cette ligne K_1X_1 correspond à la ligne $KE_1X_1C_1$ de la figure 100. On déplace alors point par point vers la gauche le diagramme H.P. et la ligne S_1S_2, chaque point étant déplacé d'une quantité égale à la distance qui sépare la ligne de volume zéro et la ligne K_1X_1 pour la pression considérée. Par exemple si nous considérons la ligne à pression constante $X_0X_1X_2$, on déplace chacun des points X_1, X_3 et X_2 d'une quantité égale à X_0X_1, de sorte que ces points viennent tomber respectivement en X_3' X' et X'_2. Le point K_1 viendra, cela va de soi en K'_1, sur la droite des volumes zéro OP. Sur la figure on voit parfaitement en pointillé les nouvelles positions occupées par le diagramme H.P. et la courbe de saturation S'_1 S'_2 de même que les nouvelles positions occupées par le diagramme B.P. et la courbe de saturation $S'_3S'_4$. Si toute la vapeur qui entre dans le cylindre H.P. se retrouve dans le cylindre B.P. les courbes $S'_1S'_2$ et $S'_4S'_3$ seront la continuation l'une de l'autre. La méthode n'est pas absolument exacte car la vapeur enfermée dans les espaces nuisibles ne peut être considérée comme saturée pendant la détente qu'autant que la quantité de vapeur « non indiquée » provient de fuites. Mais étant donné que l'on ne possède aucune méthode exacte pour déterminer la qualité de la vapeur pendant la détente il est préférable de faire l'hypothèse précédente, qui, dans les conditions normales d'opération, ne pourra jamais donner lieu à une erreur sensible.

Diagrammes entropiques de la température. — Ces diagrammes sont quelquefois utiles pour l'étude des pertes de chaleur dues à la conversion imparfaite de la chaleur en travail à l'intérieur des cylindres de la machine. Si nous nous reportons à la figure 102, les surfaces KGHM et QRST représentent respectivement à une certaine échelle la chaleur équivalente au travail effectué dans les cylindres H.P. et B.P. de la machine compound déjà étudiée figure 101. La ligne BC représente la température dans la boîte de vapeur et AD la température de la vapeur d'échappement. Les lignes AB et CD sont les lignes représentatives de l'eau et de la vapeur saturée. Si la vapeur d'admission est saturée, la ligne CE représente la détente adiabatique de la vapeur jusqu'à la température d'échappement. De telle sorte que la surface ABCE représente le travail réalisable à l'aide d'une machine parfaite fonctionnant suivant le cycle de Rankine. La différence :

$$\text{Surface ABCE} - (\text{surf. KGHM} + \text{suf. RQST})$$

représente les différentes pertes de chaleur, que nous avons séparées sur le diagramme 102 suivant la nature de leur origine. La perte de chaleur qui provient directement de la condensation et des fuites est inférieure à l'ensemble de pertes dues au laminage de la vapeur et à la non utilisation complète de sa détente ; mais l'on doit concevoir que la réduction des pertes par condensation et fuites tend également à réduire les pertes par étranglement et détente non utilisée.

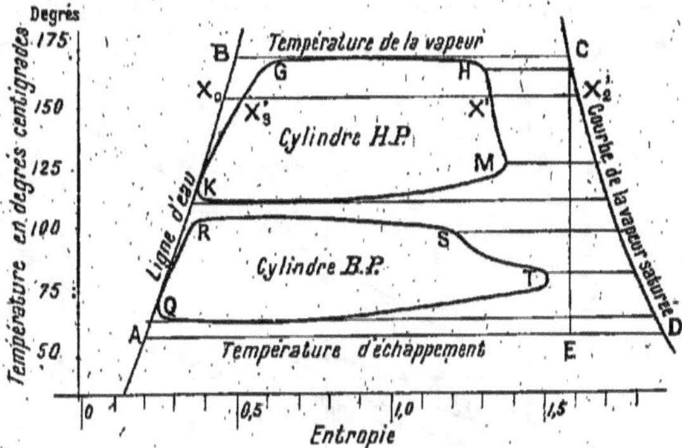

Fig. 102. — Diagramme entropique de température pour une machine compound, sans enveloppe de vapeur, montrant les diverses pertes d'énergie.

Les diagrammes entropiques KGHM et QRST se déduisent des diagrammes de la figure 101, par la méthode suivante. On choisit une série de valeurs de la pression absolue et l'on en déduit les températures correspondantes de la vapeur au moyen des tables. On trace alors sur le diagramme (fig. 101) des lignes horizontales correspondant à ces diverses valeurs de la pression, tandis que sur le diagramme (fig. 102) on trace les lignes de température correspondantes. Si $X_0 X'_2$ (fig. 101) est l'une de ces lignes et $X_0 X'_2$ (fig. 102) la ligne de température correspondante on détermine les points X'_3 et X' sur la figure 102 en égalant d'un diagramme à l'autre les rapports :

$$\text{(rapport fig. 101)} \frac{X_0 X'_3}{X_0 X'_2} = \text{(rapport fig. 102)} \frac{X_0 X'_3}{X_0 X'_2}$$

et

$$\text{(rapport fig. 101)} \frac{X_0 X'}{X_0 X'_2} = \text{(rapport fig. 102)} \frac{X_0 X'}{X_0 X'_2}$$

En opérant ainsi pour les diverses valeurs choisies on obtient les diagrammes cherchés.

Il n'est pas nécessaire de réaliser la construction de la figure 101 pour arriver au tracé des diagrammes entropiques. En partant des chiffres d'essais, les rapports

$$\frac{X_0 X_3'}{X_0 X_2'} \quad \text{et} \quad \frac{X_0 X'}{X_0 X_2'}$$

peuvent être calculés directement sans avoir besoin de tracer et de transposer les diagrammes relevés.

Variation de la quantité de vapeur « indiquée » et « non-indiquée » dans les machines à mouvement alternatif en fonction de la pression de vapeur, du nombre d'expansion et de la vitesse de rotation. — Les courbes 103 à 108

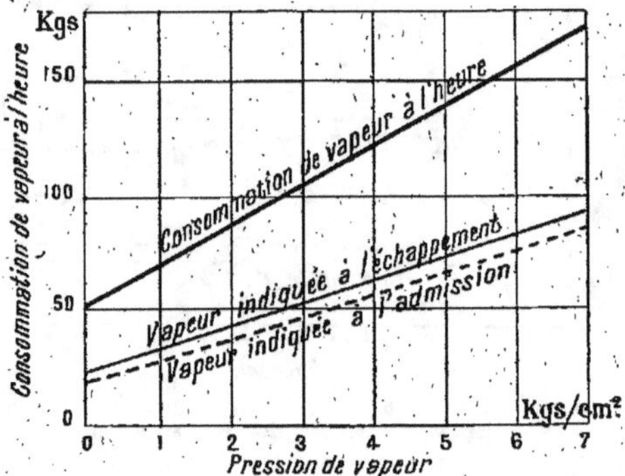

Fig. 103. — Vapeur totale et vapeur indiquée en fonction de la pression de vapeur (toutes les autres conditions restant constantes) (valeur de la détente = 2,24.)

ont été déduites des résultats d'essai d'une machine à vapeur monocylindrique de 158,5 mm. d'alésage et de 305 millimètres de course installée au « Technical College » de Glascow. Bien que les valeurs absolues puissent varier d'une machine à l'autre les lois que l'on peut déduire de l'observation de ces courbes sont absolument générales et s'appliquent aussi bien aux machines multicylindriques qu'aux machines monocylindriques. Dans les figures 103, 104 et 106, les lignes en traits forts représentent la consommation totale de vapeur par heure, les lignes en traits pointillés la quantité de vapeur indiquée à l'admission et les lignes en traits fins la quantité de vapeur indiquée à l'échappement. Tous ces résultats ont été obtenus en maintenant les conditions d'essais aussi constantes que possible.

La relation entre la quantité totale de vapeur, la vapeur indiquée, la vapeur non indiquée en fonction de la pression de la vapeur est nettement visible sur la figure 103. On remarquera que pour cette valeur de l'expansion 2,24 il se produit une diminution marquée de la quantité de vapeur non indiquée, mais par contre pour une plus petite valeur de l'expansion, il pourrait se produire une augmentation de cette quantité.

Les courbes de la figure 104 représentent pour diverses valeurs de la vitesse la variation de la consommation totale de vapeur, de la quantité de vapeur indiquée et de la quantité de vapeur non indiquée en fonction de la valeur de l'expansion ; toutes les autres conditions restant constantes. Les quantités correspondantes de vapeur non indiquée sont données sur la figure 105 et montrent clairement que ces quantités passent par une valeur minimum, sans toutefois varier énormément, quand on les compare avec

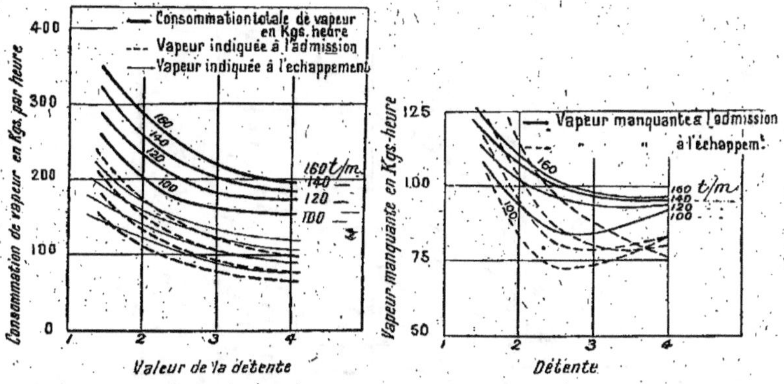

Fig. 104. — Relation entre la vapeur totale, la vapeur indiquée, la détente et la vitesse, pour une machine à vapeur à un cylindre.

Fig. 105. — Variation de la quantité de vapeur manquante avec la détente et la vitesse pour une machine à un cylindre.

la quantité totale de vapeur. Les courbes montrent aussi distinctement que la quantité de vapeur non indiquée est moindre à l'échappement qu'à l'admission quand l'admission est en avance, mais est plus grande à l'échappement qu'à l'admission quand l'admission est en retard. Ce fait est dû à ce que juste après l'admission la quantité de vapeur non indiquée pour une machine sans enveloppe de vapeur utilisant de la vapeur saturée augmente presque toujours pour passer par un maximum, puis décroître ensuite jusqu'à l'ouverture de l'échappement, à moins que l'échappement se produise peu de temps après l'admission, c'est-à-dire à moins que l'admission ne soit tardive.

Les courbes de la figure 106 représentent pour diverses valeurs de la détente la consommation totale de vapeur par heure et la quantité de vapeur indiquée par heure à l'admission et à l'échappement, en fonction de la vitesse de la machine, toutes les autres conditions restant constantes. Ces courbes sont légèrement cintrées d'une part à cause de l'influence de plus en plus grande du laminage de la vapeur avec l'augmentation de la vitesse et, d'autre part, à cause de la réduction de la quantité de vapeur non indiquée, par tour de la machine; mais avec une machine à quadruple expansion ces courbes se ramèneraient à des lignes droites. Les courbes de la figure 107 représentent la quantité de vapeur non indiquée par heure en fonction de la nature de la machine. Il est visible que là encore pour une admission précoce la quantité de vapeur non indiquée est moindre à l'échappement qu'à l'admission et qu'inversement pour une admission tardive,

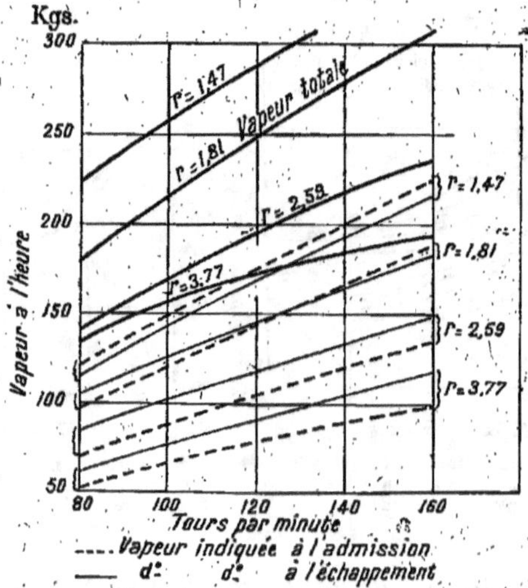

Fig. 106.— Relations entre la vapeur totale, la vapeur indiquée et la vitesse pour diverses valeurs de la détente, dans une machine à vapeur à un cylindre.

la quantité de vapeur non indiquée est moindre à l'admission qu'à l'échappement. On voit également que la quantité de vapeur non-indiquée augmente avec la vitesse de la machine, mais ce taux d'augmentation n'est pas très élevé lorsqu'on le compare à la quantité totale de vapeur utilisée. Les courbes de la figure 108 représentent les variations ou la quantité de vapeur non indiquées par révolution de la machine. Elles montrent que cette quantité décroît avec la vitesse, quel que soit le moment de l'admission.

Dans ces essais on a rencontré de grandes difficultés à obtenir des résultats compatibles, d'un jour à l'autre, particulièrement avec des admissions précoces, du fait de l'influence de la lubrification ; de sorte qu'il ne faut point attacher trop d'importance aux résultats obtenus dans ces conditions, c'est-à-dire ceux pour lesquels la détente atteint 3,77 dans les figures 106 et 107.

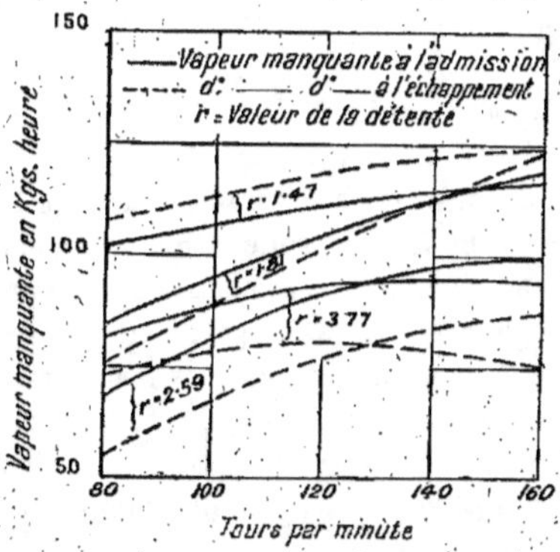

Fig. 107. — Variation de la quantité de vapeur manquante avec la vitesse pour différentes valeurs de la détente dans une machine à vapeur à un cylindre.

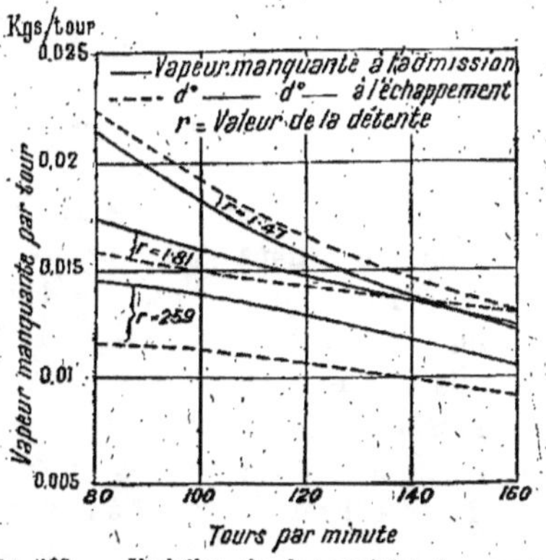

Fig. 108. — Variation de la quantité de vapeur manquante par tour en fonction de la vitesse pour différentes valeurs de la détente, dans un moteur à vapeur à un cylindre.

Influence de la vapeur surchauffée. — L'emploi de la vapeur surchauffée augmente le rendement thermique d'une machine à vapeur. L'influence du degré de surchauffe sur la consommation de vapeur par cheval indiqué et par heure est nettement visible sur la figure 109, qui représente les résultats d'essais effectués par M. R. Ferguson à l'Institut Technique de Manchester sur une machine compound Browett-Lindley marchant à condensation.

La machine tournait à la vitesse de 450 tours par minute pour une pression de vapeur de 11,2 kg. par cm². Ces résultats ont été cités par le professeur J. T. Nicolson au cours d'une discussion qui suivit l'exposé « des

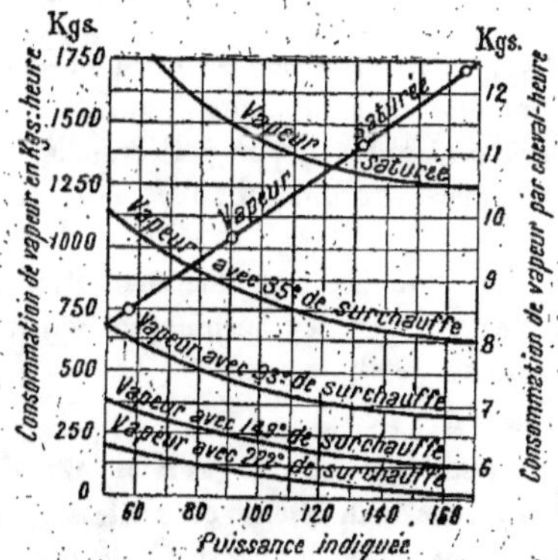

Fig. 109. — Consommation de vapeur d'un moteur Browett-Lindley à grande vitesse, pour différentes valeurs de la surchauffe.

avantages et des désavantages de la vapeur surchauffée », par M. M. Longridge. Le Dr Nicolson a montré également que la relation qui lie la température de la vapeur surchauffée, dans la boîte de vapeur, à la température des parois est approximativement :

$$\theta = \frac{3}{4}\, t$$

où

$$\theta = \text{températue des parois}$$

et

$$t = \text{température de la vapeur surchauffée.}$$

Turbines à vapeur. — A la page 156 nous avons fait remarquer que la droite de Willans qui représente la variation de la consommation de vapeur en fonction de la puissance développée s'appliquait également aux turbines à vapeur avec réglage par étranglement. On sait également que les relations mutuelles entre la puissance, la consommation de vapeur et la pression de vapeur aux premiers aubages directeurs s'expriment par des fonctions linéaires. Par exemple les résultats d'essai d'une turbine Zoëlly de 500 chevaux tournant à la vitesse de 3.000 tours par minute donnaient :

$$W = 370\ P - 26 \text{ kilogrammes par heure}$$
$$HP = 56{,}4\ P - 71 \text{ chevaux vapeur effectifs}$$
$$W = 6{,}5\ (H.\ P. + 67) \text{ kilogrammes par heure}$$

équations où :

$$W = \text{consommation de vapeur en kgs par heure}$$
$$P = \text{pression absolue de la vapeur en kgs cm}^2$$
$$H.\ P. = \text{chevaux vapeur effectifs}$$

La pression absolue au condenseur était légèrement inférieure à 0,07 kg. par cm² et la première équation montre que la consommation de vapeur est pratiquement proportionnelle à la différence des pressions entre la première couronne d'aubes et le condenseur. La vapeur était légèrement surchauffée.

On trouvera une documentation plus complète concernant des essais effectués sur les turbines à vapeur dans le N° de l'*Engineering* du 2 mars 1906.

Relations entre la pression effective moyenne, la pression d'admission, la valeur de la détente et la vitesse. — L'auteur a montré (1) que la pression effective moyenne (ramenée à la pression dans le cylindre basse pression pour une machine à plusieurs cylindres), la pression de vapeur et la valeur de la détente sont pour tous les types de machines liées par la relation :

$$P'_m = c(P - b)$$

(1) *Trans. of Eng. and Shipbuilders in Scotland*, 1909.

où

P_m = pression effective moyenne en kg : cm²

P = pression absolue dans la chambre de vapeur en kg : cm²

b = constante qui varie avec la pression à l'échappement et avec le nombre de cylindres

$$c = a \left(\frac{1 + 0,5 \log r}{r} \right) + d$$

équation où a et d sont des constantes

r = valeur de la détente = $\dfrac{\text{volume balayé par le piston basse pression}}{\text{vol. bal. par le pist. HP au moment de la fermure de l'admission}}$

les divers valeurs de b sont :

$\begin{cases} b = 0,21 \text{ k.} + \text{pression échappement, pour les machines monocylin-} \\ \qquad \text{driques.} \\ b = 0,49 \text{ kg.} + \text{pression échappement pour les machines compound.} \\ b = 0,98 + \text{pression échappement, pour les machines à triple ex-} \\ \qquad \text{pansion.} \\ b = 1,40 \text{ k} + \text{pression échappement pour les machines à quadruple} \\ \qquad \text{expansion.} \end{cases}$

Description de la machine	Valeur de a	Valeur de d	Remarques
Monocylindrique sans condensation 159 mm. × 305 mm...........	0.73	0.31	Vapeur saturée, pas d'enveloppe de vapeur
Monocylindrique à condensation 305 mm. × 762 mm	0.936	0.18	» » » » »
Machines Willans compound à condensation	0.975	0.083	» » » » »
Machines compound à condensation $\frac{292 \text{ mm.} - 507}{915}$	1.16	0.092	Vapeur saturée, pas d'enveloppe de vapeur
» » »	1.17	0.107	» avec enveloppe de vapeur
Machines compound à condensation $\frac{534 - 915}{915}$	1.079	0.0609	Vapeur très surchauffée pas d'enveloppe de vapeur
Machines à triple expansion à condensation $\frac{228 - 406 - 610}{762}$ ...	1.212	0.0318	Vapeur saturée, pas d'enveloppe de vapeur
» » »	1.377	0.0867	» avec enveloppe de vapeur sur tous les cylindres
» » »	1.281	0.0606	» » » »
» » »	1.338	0.0659	Vapeur saturée, avec enveloppe de vapeur reliée aux boîtes M. P. et B. P.
Machines à triple expansion, à condensation $\frac{228 - 406 - 610}{915}$ ...	1.266	0.0337	Vapeur saturée, pas d'enveloppe
» » »	1.49	0.0432	Vapeur saturée, enveloppe de vapeur sur tous les cylindres
Machines à quadruple expansion à condensation : $\frac{175 - 267 - 394 - 585}{457}$	1.445	0.03	Vapeur saturée

Les valeurs de a et d dépendent quelque peu du type de la machine et du nombre de cylindres, a croissant et d décroissant pour une augmentation du nombre de cylindres.

Nous donnons dans la table (p. 169) quelques valeurs de a et de d.

La variation de la pression effective moyenne en fonction de la vitesse de rotation, toutes choses égales d'ailleurs, est représentée sensiblement par une droite inclinée légèrement, du fait de l'augmentation des pertes par étranglement avec l'augmentation de la vitesse. Pour une machine ordinaire dans laquelle la vitesse de la vapeur à travers les diverses sections de la machine est élevée, la chute de la pression effective moyenne avec l'augmentation de vitesse est un peu plus élevée que dans le cas précédent.

Méthode pour l'organisation d'une série d'essais. — Si l'on désire réaliser une série d'essais dans le but de déterminer les conditions les plus écono-

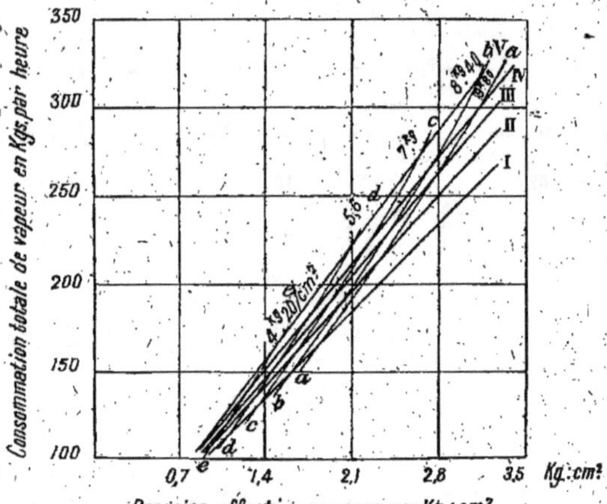

Fig. 110. — Relation entre la pression effective moyenne et la consommation de vapeur pour diverses pressions de vapeur et diverses valeurs de l'admission.

miques de marche d'un type quelconque de machines, dans différentes conditions, on peut procéder de différentes façons, mais il y a toujours une méthode qui avec un minimum de travail et de frais conduira à la connaissance des résultats cherchés.

Supposons par exemple qu'il s'agisse de déterminer quelle est la pression effective moyenne la plus économique à employer, avec une machine monocylindrique à double effet, tournant à une vitesse donnée, la qualité de la vapeur et la pression au condenseur restant constantes.

Les essais pourront être conduits suivant l'une des deux méthodes suivantes :

1° On règle la fermeture de l'admission à un point déterminé de la course, par exemple au 1/5 et l'on fait une série d'essais en faisant varier la pression de la vapeur, toutes les autres conditions restant aussi constantes que possible. Quatre ou cinq essais bien conduits seront suffisants pour déterminer la ligne de Willan I, (fig. 110), tracée en fonction de la pression effective moyenne et la ligne correspondante I de la figure 111 qui représente la pression de vapeur dans la boîte de vapeur en fonction de la pression effective moyenne.

On procède d'une façon similaire pour la fermeture de l'admission au 1/4, 1/3, 1/2 et 3/4 de la course, d'où l'on déduit les lignes II, III, IV et V de la figure 110 et les courbes 2, 3, 4, 5 de la figure 111.

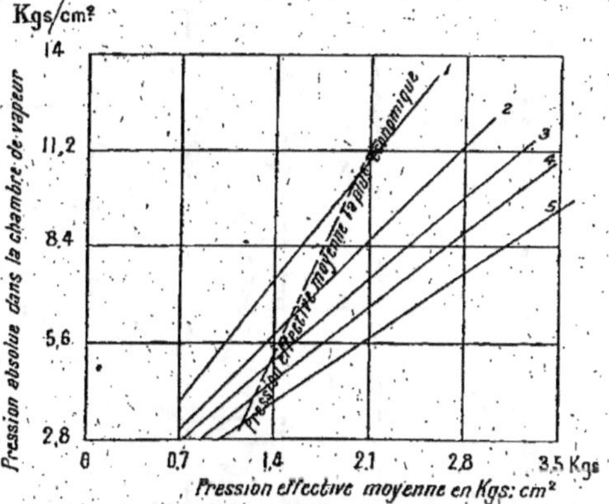

Fig. 111. — Variation de la pression effective moyenne et de la pression dans la chambre de vapeur pour diverses valeurs de l'admission.

Pour diverses valeurs de la pression traçons sur la figure 111 des lignes horizontales qui coupent les lignes 1, 2, 3, 4, 5 en une série de points et déterminons sur les courbes de la figure 110 les points correspondants. En joignant les points (fig. 110) correspondant à une même pression de vapeur on obtient une série de courbes a, b, c, d... chacune d'elles représente la consommation de vapeur pour une pression d'admission donnée, en fonction de la valeur de la détente. De même en choisissant une série de valeurs de la pression effective moyenne pour chacune de ces courbes, on a par les courbes 110 les consommations de vapeur correspondantes ; l'on peut donc calculer la consommation de vapeur par cheval indiqué par heure et en déduire la série de courbes de la figure 112 qui représentent

la consommation de vapeur par cheval indiqué et par heure en fonction
de la pression effective moyenne pour différentes pressions. La courbe
qui passe par les points minima des courbes de la figure 112 donne pour
les diverses valeurs de la pression, les pressions effectives moyennes le
plus économiques.

Si l'on a fait une mesure de la puissance au frein on peut en déduire la
consommation de vapeur par cheval effectif et l'on trouvera des consommations de vapeur plus élevées. Ces courbes sont d'ailleurs assez aplaties au
voisinage du minimum particulièrement avec les machines à enveloppe
de vapeur et avec les machines utilisant de la vapeur surchauffée, ce qui
montre que l'on peut admettre une variation importante de la puissance
sans que le rendement de la machine en soit affecté.

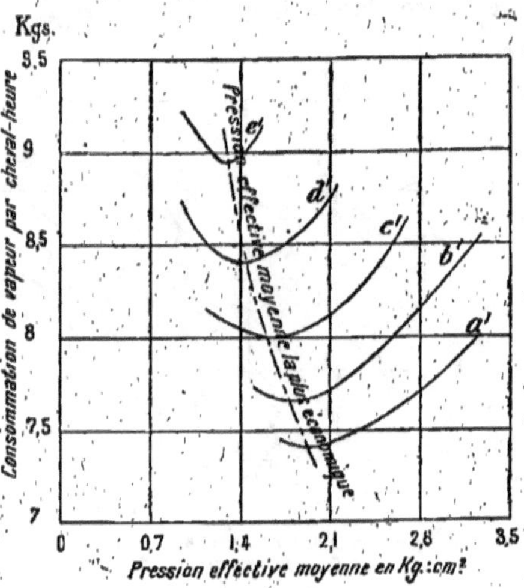

Fig. 112. — Variation de la consommation de vapeur par cheval heure et de la pression effective
moyenne pour diverses pressions de vapeur.

L'auteur a trouvé que la pression moyenne effective la plus économique P
peut s'exprimer généralement par une fonction linéaire en fonction de la
pression de vapeur P :

$$P_x = a_i (P + b_i)$$

équation dans laquelle a_i et b_i sont des constantes qui varient avec le
nombre de cylindres en série. Les résultats d'expériences ne sont pas suffisamment nombreux pour que l'on puisse fixer pour a_i et b_i des valeurs
déterminées dans toutes conditions, mais dans une communication faite à
l' « Inst. of. Eng. and shipbuilders in Scotland », en 1907, nous avons montré

avec évidence que les valeurs de la pression effective moyenne les plus économiques sont plus élevées que l'on ne les suppose ordinairement. On notera également que dans le voisinage de la pression effective moyenne la plus économique, le rendement ne varie que très peu pour de grandes variations de la pression effective moyenne.

2º Une autre façon de procéder consiste à faire une série d'essais pour diverses séries de valeurs de la pression en fonction de la détente et à déterminer en somme directement les courbes a, b, c, d... de la figure 110. Le désavantage de cette méthode résulte du grand nombre d'essais qui doivent être réalisés de manière à déterminer ces courbes, alors que la première méthode n'exige pour la détermination des courbes origines qu'un petit nombre d'essais. Toutefois s'il ne s'agit que de faire des recherches pour 1 ou 2 valeurs de la pression, la 2e méthode retrouve tous ses avantages.

D'une manière générale lorsque pour la réalisation d'une série d'essais on a le choix de plusieurs méthodes, on choisira autant que possible celles qui correspondent à des relations linéaires, car la détermination d'une telle relation exige un minimum d'essais.

Quand on procède à une série d'essais sur une machine à multiple expansion, on doit se souvenir qu'une modification de la pression dans la boîte de vapeur ou la fermeture de l'admission modifie la distribution relative des pressions, des températures et des puissances, dans les différents cylindres. Généralement on maintient une admission constante dans les divers cylindres quand on veut réaliser une série d'essais à pression variable, ou dans tous les cylindres sauf le premier lorsque l'on fait une série d'essais à détente variable. Il n'est pas nécessaire d'insister sur le fait que si l'on fait varier la fermeture de l'admission dans les cylindres M.P. et B.P. en même temps que dans le cylindre H.P., la consommation de vapeur de la machine en sera modifiée.

De telles variations ne seront donc faites que si elles correspondent à un programme déterminé et si elles ont un but précis, autrement on pourra fixer la fermeture de l'admission conformément à la règle suivante donnée par le professeur Weighton :

$$\frac{\text{Meilleure fermeture de l'admission dans un cylindre quelconque autre que le cylindre HP}}{\text{Course du piston dans ce cylindre}} = 0,15 + \frac{1}{Q}$$

expression dans laquelle :

$$Q = \frac{\text{capacité du cylindre}}{\text{capacité du cylindre précédent}}$$

L'expérience montre également que l'on peut modifier considérablement la durée d'admission, au voisinage du point de consommation minimum sans que la consommation de vapeur en soit sensiblement modifiée.

Action des surfaces des espaces nuisibles dans un cylindre de moteur. —
Pendant ces dernières années la quantité de « vapeur manquante » dans
les machines à vapeur à mouvement alternatif a été l'objet de maintes
controverses entre les partisans de la théorie de la « condensation initiale »
et les partisans de la théorie des « fuites aux valves ». On admet généralement que la condensation dans le cylindre, qui dépend principalement de
la température relative des parois du cylindre par rapport à la température
initiale de la vapeur, joue un rôle très important. Plus la température des
parois du cylindre est basse par rapport à la température initiale de
la vapeur et plus la condensation est forte. Il est donc intéressant d'exa-
miner quelques-unes des conditions qui modifient la température des
parois du cylindre.

Il est évident que la surface intérieure du cylindre d'une machine à vapeur doit changer de température avec la vapeur elle-même, qui tantôt
rejette et tantôt absorbe de la chaleur pendant la durée d'un cycle ; mais
la théorie et l'expérience montrent que la variation cyclique de température de la paroi est moindre que celle de la vapeur dans le cylindre. De
toutes façons la température de la paroi du cylindre sera la même dans
toute l'épaisseur de cette paroi, particulièrement si le cylindre est à revêtement calorifuge et ne possède pas d'enveloppe de vapeur. Par suite,
pour mesurer la température interne d'un point quelconque du cylindre,
il est généralement suffisant d'insérer un thermomètre de mercure de
petit diamètre dans un trou rempli de mercure percé dans la paroi du
cylindre à l'endroit choisi et dont l'extrémité est à 12 millimètres environ
de la paroi interne. Au lieu d'envisager les phénomènes de condensation et
de réévaporation de la vapeur à l'intérieur du cylindre, considérons l'action des parois d'un cylindre de machine sans enveloppe de vapeur. Ces
parois absorbent puis restituent de la chaleur ; nous pourrons appeler
« réceptivité » de la paroi le taux de réception de chaleur par unité de
surface et similairement « émissivité » le taux de rejection de chaleur par
unité de surface.

Considérons la portion de surface unité. Dans la figure 113 la courbe
A₁BCA₁ représente les températures de la vapeur dans le cylindre en fonction du cycle et soit F₁F₂F₃ les températures correspondantes des surfaces
du cylindre.

Si

T_s = température de la vapeur à un temps quelconque t pendant la période d'absorption
de chaleur par la paroi.

T_w = température de la paroi au même temps t

r = réceptivité de la paroi au temps t

ω = vitesse angulaire uniforme de la manivelle

pendant une petite période de temps dt, la quantité de chaleur reçue par unité de surface sera :

$$r \times (T_s - T_w)\, \delta t = r\,(T_s - T_w)\, \frac{\delta \theta}{\omega}$$

Reportons-nous à la figure 113 et considérons la surface élémentaire *abcd* de largeur *do*. Cette surface s'évalue :

$$(T_s - T_w)\, \delta \theta$$

et cela avec d'autant plus de précision que *do* est plus petit. De sorte que la quantité de chaleur reçue par la paroi pendant cet intervalle de temps est :

$$\frac{r}{\omega} \times (\text{surf. } abcd)$$

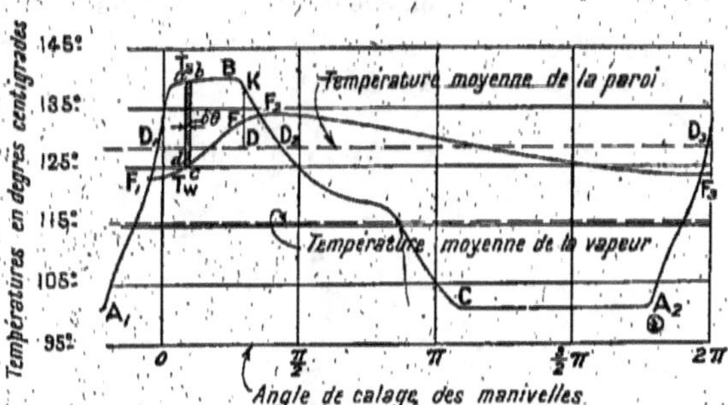

Fig. 113. — Diagramme de vapeur et des températures des surfaces pendant une révolution.

La quantité totale de chaleur reçue par une unité de surface de la paroi entre le point F_1 et le point F_2 est :

$$(1) \qquad \sum_{F_1}^{F_2} \left[\frac{r}{\omega} \times (\text{surf. } abcd) \right]$$

Si R représente la valeur moyenne de r entre les points F_1 et F_2 l'expression (1) s'écrit encore :

$$(2) \qquad \frac{R}{\omega} \sum_{F_1}^{F_2} (\text{surf. } abcd) = \frac{R}{\omega} \text{ surface } F_1 B F_2)$$

D'une façon similaire si E représente la valeur moyenne de « l'émissivité » de la paroi entre les points F_2 et F_3, la chaleur rejetée à la vapeur par la paroi s'exprime :

$$(3) \qquad \frac{E}{\omega} (\text{surface } F_2 C F_3)$$

Si $D_1D_2D_3$ représente la ligne de température moyenne de la paroi, le calcul montre que pour toute variation cyclique normale de la température de la paroi, la surface D_1BD_2 est presque égale à la surface F_1BF_2 et d'une façon similaire la surface D_2CD_3 est presque égale à la surface F_2CF_3, d'où il résulte que :

$$\text{La quantité de chaleur totale reçue par unité de surface de la paroi du cylindre (à la même échelle)} \left.\right\} = \frac{R}{\omega}\,(\text{surf. } D_1BD_2)$$

$$\text{La quantité de chaleur rejetée par unité de surface de la paroi du cylindre (à la même échelle)} \left.\right\} = \frac{E}{\omega}\,(\text{surf. } D_2CD_2)$$

Quand le cylindre n'a pas d'enveloppe de vapeur et que la température normale de marche est atteinte, la chaleur totale reçue par la paroi du cylindre est presque égale à la chaleur restituée par cette même paroi à la vapeur, la seule différence provenant des pertes par conduction et par radiation et qui sont pratiquement négligeables dans la plupart des cylindres de type courant, par rapport aux quantités de chaleur absorbées et restituées. C'est pourquoi dans ce cas

$$\frac{R}{\omega}\,(\text{surf. } D_1BD_2) = \frac{E}{\omega}\,(\text{surf. } D_2CD_3)$$

ou encore :

(4)
$$\frac{R}{E} = \frac{(\text{surf. } D_2CD_3)}{(\text{surf. } D_1BD_2)}$$

Si

$$R = E$$

il en résulte l'égalité des surfaces D_2DC_3 et D_1BD_2 ce qui signifie que la température moyenne de la paroi est égale à la température moyenne de la vapeur dans le cylindre. De même si $R > E$, on a :

$$\text{surface } D_2CD_3 > \text{surf. } D_1BD_2$$

ce qui signifie que la température moyenne de la paroi est supérieure à la température moyenne de la vapeur. Et inversement si $R < E$, on a :

$$\text{surf. } D_2CD_3 < \text{surf. } D_1BD_2$$

de sorte que la température de la paroi est inférieure à la température moyenne de la vapeur.

On trouve généralement que la température moyenne des parois est supérieure à la température moyenne de la vapeur dans le cylindre. Dans ce cas on a:

$$\frac{R}{E} > 1$$

Mais l'on rencontre des cas où ces deux températures sont les mêmes et il est à présumer que dans certaines circonstances la température moyenne de la paroi est inférieure à la température moyenne de la vapeur (1).

Dans l'article de l'*Engineer* que nous signalons ci-dessus, on montre que le rapport $\frac{R}{E}$ dépend beaucoup de la valeur de E. C'est ainsi que l'emploi de la vapeur surchauffée tend à élever la température moyenne de la paroi, dans un rapport qui n'est pas proportionnel à l'augmentation de température de la vapeur, c'est-à-dire que le rapport $\frac{R}{E}$ augmente de valeur avec l'emploi de la vapeur surchauffée. La lubrification du cylindre a également une influence, dans certains cas augmentant la valeur du rapport $\frac{R}{E}$ et dans d'autres cas la diminuant.

Les valeurs suivantes du rapport $\frac{R}{E}$ ont été déduites par l'auteur d'essais effectués (2) sur une machine compound ayant les caractéristiques suivantes :

Diamètre cylindre HP : 292 mm.
     »   »   BP : 503 mm.
Course du piston : 915 mm.

et utilisant de la vapeur saturée.

Valeur de la détente	Rapport $\frac{R}{E}$		Remarques
	Cylindre BP	Cylindre HP	
8,1	7,6	3,75	Pas d'envel. de vap.
25,0	15,5	2,8	» » »

Si nous nous reportons à la figure 113, il est évident que la quantité de chaleur reçue par unité de surface de la paroi entre le point F_1 et le point de fermeture de l'admission K peut s'exprimer approximativement :

$$\frac{R}{\omega} (\text{surf. } F_1 BKF) = \frac{R}{\omega} (\text{surf. } D_1 BKD)$$

Par suite si :

R = Nombre de calories reçu par cm² de la paroi, par seconde et par degré de différence de température entre la vapeur et la paroi
ω = Vitesse angulaire de la manivelle en radians par seconde.

(1) *The Engineer*, 15 octobre 1909, page 385.
(2) *Proc. Inst. Mech. Eng.*, de juin 1905. Communication du professeur MELLANBY A. L.

A = surface totale exposée (en cm²), comprenant la surface du fond de cylindre, la surface
      du piston et la moitié de la surface du cylindre exposé au moment de la
      fermeture de l'admission

L = chaleur latente de la vapeur dans le cylindre

N = nombre de révolution de la machine par heure

Si sur le diagramme (similaire à celui de la fin 113) :

1 centimètre représente $\gamma°$ centigrade

1   »   » θ radians

1 cm² de surface du diagramme représentera :

$$\gamma \times \theta \text{ degrés radians}$$

Par suite le poids de vapeur condensée sur les parois du cylindre entre les points F_1 et K pendant un cycle sera :

$$\frac{RA}{\omega L} \text{ (surface } D_1BKD) \, \gamma\theta \text{ kilogrammes}$$

et le poids de vapeur par heure sera :

$$W_1 = \frac{RAN}{\omega L} \text{ (surf. } D_1BKD) \, \gamma\theta \text{ kilogrammes}$$

On pourra calculer d'une manière identique le poids de vapeur W_2 condensée par heure à l'autre extrémité du cylindre et le poids total de vapeur condensée sera de :

$$(W_1 + W_2) \text{ kgs par heure.}$$

Dans une communication de MM. Callendar et Nicolson que nous aurons l'occasion de rappeler un peu plus loin, cette dernière méthode a été utilisée pour la détermination de la condensation dans le cylindre. La valeur de R employée était de $1,11 \times 10^{-4}$, cette valeur ayant été reconnue par eux comme correspondant au maximum de condensation sur une surface en fonte.

Dans l'état actuel de nos connaissances, de semblables calculs ne peuvent être que forcément très approchés, car la valeur de R applicable à la surface d'un cylindre de machine n'est pas connu dans toutes les conditions et d'autre part on rencontre des difficultés expérimentales pour déterminer la température exacte des diverses parties de la surface du cylindre exposées à la vapeur vive.

Si l'on admet que la quantité totale de vapeur manquante se compose de la vapeur condensée et de la vapeur de fuite, connaissant la vapeur manquante et la vapeur condensée, la vapeur de fuite est immédiatement calculable.

Dans la communication du professeur Mellanby rappelée plus haut, nous retrouvons quelques résultats qui ont été calculés par les méthodes ci-dessus.

Valeur de la détente	Vapeur manquante en kg : heure		Condensation dans le cylindre en kg : heure		Fuite de vapeur en kg : heure		Vapeur totale traversant la machine en kg : heure		Vapeur totale utilisée en kg : heure	Remarques
	HP	BP	HB	BP	HP	BP	HP	PB		
12,3	341	408	50	—	289	—	990	955	990	Pas d'enveloppe de vapeur
12,3	231	338	36,3	216	195	121	897	854	940	Enveloppes de vapeur

Nous devons signaler d'ailleurs que les résultats obtenus par cette méthode ne concordent nullement avec ceux obtenus par la méthode directe décrite ci-dessous.

Fuites aux distributeurs. — Dans leur communication (1) « Sur les lois de la condensation de la vapeur, déduites de la mesure des cycles de température des parois du cylindre et de la vapeur, dans un cylindre de machine à vapeur », MM. Callendar et Nicolson donnent quelques résultats d'expériences sur les fuites aux tiroirs de distribution. Les lumières de distribution étant obstruées, ils déterminèrent les fuites de vapeur entre la boîte de vapeur et l'échappement : 1° la machine étant à l'arrêt ; 2° la machine étant entraînée par un moteur auxiliaire. Ils vinrent à cette conclusion que bien qu'un distributeur puisse paraître tout à fait étanche au repos il peut fuir lorsqu'il est en mouvement ; mais qu'aussi longtemps que ce mouvement existe son importance n'a pas d'influence sur le taux de fuite. Ils trouvèrent également que la lubrification du distributeur et l'échauffement du cylindre de la machine au voisinage du distributeur diminuent les fuites. Aussi en arrivèrent-ils à cette théorie que les fuites aux distributeurs se produisent principalement sous la forme d'humidité qui se dépose sur les faces du distributeur par condensation de la vapeur, cette eau traversant ensuite le distributeur sous l'influence de la différence de pression, puis s'évaporant du côté échappement.

Les résultats obtenus sont sensiblement conformes à l'équation :

$$Q = c \times \frac{L}{l} \times P$$

où

Q = fuites en kg par heure
L = périmètre de la valve où les fuites se produisent
l = longueur du recouvrement de la valve sur l'orifice
P = différence de pression entre les deux faces de la valve en kg : cm²
c = **0,122.**

(1) *Proc. Inst. Civil Eng.*, 1897-98, part. I.

Les conclusions précédentes qui concernent les distributeurs à tiroir furent confirmées dans leurs parties essentielles par le « Premier rapport au Comité de recherches sur les machines à vapeur » dû au professeur Copper ; bien que les fuites aux distributeurs lorsqu'ils sont au repos aient semblé proportionnelles à P^n (où P = différence de pression et n = nombre un peu inférieur à l'unité). L'obstruction des lumières d'admission a présenté quelques difficultés et pour obtenir un joint étanche à la vapeur, le professeur Copper avait finalement adopté le dispositif suivant. Une pièce métallique était ajustée au grattoir de manière à venir porter très exactement sur les orifices de la glace du tiroir puis boulonnée sur la face du tiroir en ménageant un joint au minium dans une canelure taillée à la périphérie de la glace. On obtenait ainsi un joint étanche. L'ensemble des expériences comprenait la mesure des fuites pour 9 positions différentes de l'arbre-manivelle correspondant à 9 positions successives de la valve au cours d'une révolution ; les orifices de vapeur étant bloqués ainsi qu'on l'a indiqué. La valeur moyenne des fuites pour les 9 positions a été de 20,8 kg. par heure au lieu des 20,4 kg. obtenus lorsque la machine tourne à 50 tours par minute ; ce qui semble en contradiction avec l'opinion de MM. Callendar et Nicolson qui prétendent qu'une valve en mouvement donne des fuites plus importantes qu'une valve au repos.

En collaboration avec quelques étudiants du « Glascow and West of Scotland Technical College », nous avons réalisé quelques essais sur les tiroirs cylindriques d'une machine compound à haute pression. La machine et les valves étaient stationnaires pendant les expériences qui portèrent sur diverses pressions de vapeur. La vapeur de fuite était recueillie au condenseur et pesée. Avant de commencer les essais la machine a été maintenue en action pendant quelque temps de manière à réchauffer soigneusement les parois du cylindre. Le diamètre de la valve était de : 90 millimètres et le recouvrement était de 8 millimètres. Le jeu entre le piston et le revêtement intérieur du cylindre était de 0,025 mm. à 0,037 mm. à la température ambiante. Les fuites aux 2 pistons valves pouvaient être approximativement données par la formule : $K.P^{0,8}$ dans laquelle P représente la différence de pression entre les deux côtés de la valve et où K représente le produit : $c \times \dfrac{L}{l} \times d$. En exprimant les fuites en *kilogrammes* par heure, la différence de pression en *kilogrammes par cm²* et les dimensions en centimètres, la valeur moyenne de c est de 28. L'importance des fuites était également proportionnelle à la différence de température entre les deux côtés de la valve.

Dans la discussion du rapport du professeur Copper mentionné ci-dessus, le capitaine H. R. Sankey donne les résultats d'expériences effectués sur une valve à piston. Lorsque la valve est en mouvement les fuites sont pratiquement indépendantes de la vitesse du déplacement, mais elles deviennent désordonnées dès que la valve est stationnaire. La lubrification de la valve réduit considérablement les fuites.

Dans nos expériences personnelles les fuites sont plus grandes lorsque la valve est en mouvement que lorsque la même valve est au repos. Les fuites pouvant encore s'évaluer par la formule KP^n, dans laquelle n varie entre 0,8 et 1,2 pour des valeurs du jeu variant de 0,075 mm. à 0,025 mm.

Bien que les expériences que nous venons de relater montrent que les fuites aux valves sont plus importantes que l'on ne le suppose généralement, il faut se rappeler que les fuites d'une valve au repos ou en mouvement, mais avec la lumière du cylindre bouchée, ne correspondent pas aux fuites en marche normale. Quand la machine fonctionne normalement les faces de la valve et des lumières sont continuellement en contact avec de la vapeur renouvelée et les températures du métal au voisinage de la valve sont bien différentes de celles obtenues lors des expériences précédentes.

Nous avons donc préconisé une méthode permettant de déterminer les fuites de vapeur aux valves pendant la marche, mais n'avons point encore à ce sujet, la sanction de la pratique. La disposition proposée est représentée

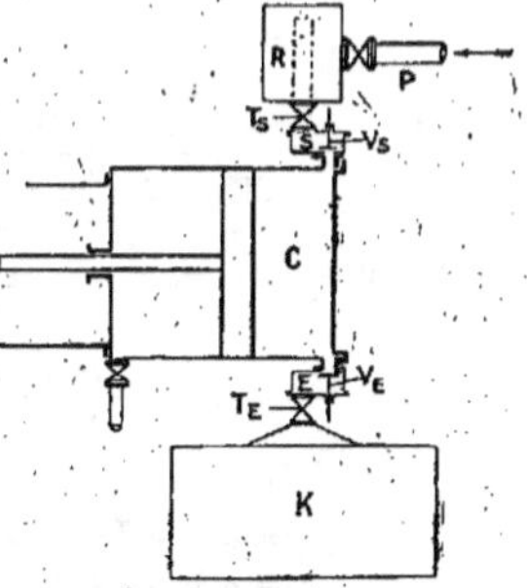

Fig. 114. — Schéma de montage pour la mesure des fuites aux valves dans les conditions de marche.

schématiquement sur la figure 114. C représente le cylindre d'une machine à vapeur à faible vitesse à simple effet ; S et E sont les boîtes de vapeur à l'entrée et à l'échappement ; V_s étant la valve d'admission et V_E la valve d'échappement. R est un réservoir ayant un large volume comparativement au volume de la boîte de vapeur S, et se trouve connectée avec S au moyen d'une vanne spéciale T_s. K est le condenseur relié à la boîte de vapeur d'échappement F par l'intermédiaire d'une vanne spéciale T_E. L'extrémité côté tige du cylindre est close et toute fuite aux garnitures de la tige pourra être évaluée séparément. La méthode consiste à relever d'une façon précise les pressions de vapeur en R, S, C, E et K pendant tout un cycle. Sur la figure 115 nous avons représenté les courbes R_1R_1, S_1S_1, C_1C_1, E_1E_1, K_1K_1 qui représentent respectivement la pression en ces différents points, en fonction du temps, pendant un cycle complet.

Soient :

$P_{R_{11}}$ = la pression moyenne absolue de la vapeur en R, pendant au cycle

$P_{S_{11}}$ =   »   S   »

$P_{S_{12}}$ = la pression moyenne absolue de la vapeur en S entre les temps 1 et 2.

$P_{S_{23}}$ =   »   2 et 3.

$P_{S_{13}}$ =   »   3 et 4.

$P_{S_{41}}$ =   »   4 et 0.

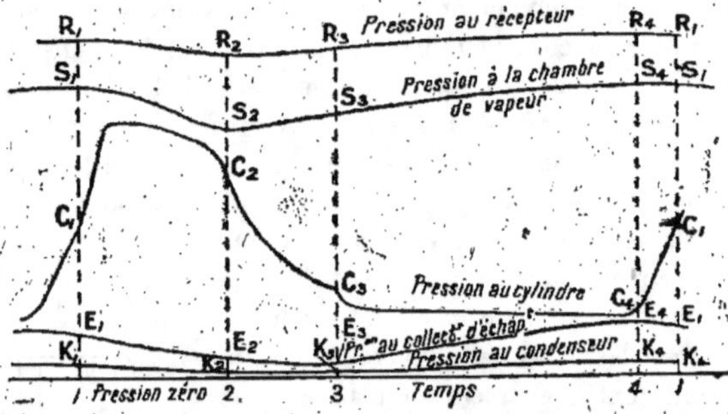

Fig. 115. — Diagramme figuratif des pertes aux valves, dans les conditions normales de marche.

et adoptons une représentation similaire pour toutes les autres courbes de pression.

Si t_{11} = durée d'un cycle complet

V_s = volume de la boîte à vapeur et R_{s_1}, R_{s_2}, R_{s_3}, $_{s_4}$ les densités à vapeur dans la boîte aux temps 1, 2, 3, 4

W = poids de vapeur admis à chaque cycle.

En considérant le passage de la vapeur à travers la valve T_s nous aurons :

$$W = C_R \, t_{11} \left[f(P_{R_{11}} \text{ et } P_{S_{11}}) \right]$$

équation dans laquelle C_R est une constante et où f ($P_{R_{11}}$ et $P_{S_{11}}$) représente une fonction de $P_{R_{11}}$ et $P_{R_{11}}$, fonction qui doit être déterminée par la mesure du débit de la vapeur à travers la valve T_s.

Connaissant C_R par l'équation :

$$C_R = \frac{W}{t_{11} \left[f(P_{R_{11}} \text{ et } P_{S_{11}}) \right]}$$

le poids de vapeur $W_{s_{11}}$ entrant dans la boîte de vapeur entre l'ouverture et la fermeture de l'admission (points 1 et 2) est donné par

$$W_{s_{12}} = C_R \, t_{11} \left[f \left(P_{R_{12}} \text{ et } P_{S_{12}} \right) \right]$$

et le poids de vapeur W_{c12} entrant dans le cylindre pendant la même période est :

$$C_R \, t_{12} \left[f \left(P_{x12} \text{ et } P_{s12} \right) \right] + V_s \left(R_{s1} - R_{s2} \right)$$

en négligeant l'influence des condensations et réévaporations dans la boîte de vapeur.

D'une façon similaire pendant la détente de la vapeur dans le cylindre entre 2 et 3 nous aurons :

$$W_{s23} = C_a \, t_{23} \left[f \left(P_{x23} \text{ et } P_{s23} \right) \right]$$
$$= \text{(fuites de vapeur pendant la période de détente entre 2 et 3}$$
$$+ V_s \left(R_3 - R_2 \right)$$

de même

$$W_{s34} = \text{(fuites de vapeur pendant la période d'échappement entre 3 et 4}$$
$$+ V_s \left(R_4 - R_3 \right)$$
$$= C_R \, t_{34} \left[f \left(P_{x34} \text{ et } P_{s34} \right) \right]$$

D'une façon analogue si P_{x41} et P_{x11} sont les pressions moyennes dans la boîte de vapeur d'échappement et dans le condenseur nous aurons :

$$W = C_a \, t_{11} \left[f' \left(P_{x41} \text{ et } P_{x11} \right) \right]$$

ou encore :

$$C_e = \frac{W}{t_{11} \left[f' \left(P_{x41} \text{ et } P_{x11} \right) \right]}$$

et de cette équation et de la valeur moyenne des pressions P_{x11} et P_{x12} entre 1 et 2, nous pourrons déduire les fuites de vapeur à la valve d'admission pendant l'admission de vapeur. Les fuites de vapeur à la valve d'échappement pendant la période de détente entre 2 et 3 seront déterminées de la même manière.

Il est évident que si cette méthode devient applicable l'on devra rechercher une forme d'indicateur qui donnera une plus grande précision que l'indicateur ordinaire à piston et crayon. Nous ne nous dissimulons pas les nombreuses difficultés que la mise en pratique de ces idées pourrait rencontrer mais le principe de la méthode n'en reste pas moins exact.

CHAPITRE VII

—

ESSAIS DES CHAUDIÈRES

Les essais pratiques à effectuer sur une chaudière ont pour but de montrer la bonne marche de la chaudière et d'en déterminer le rendement sans tenir compte des phénomènes physiques et chimiques qui correspondent à la transmission de la chaleur du combustible à l'eau d'alimentation. Au chapitre des condenseurs et pompes à air nous donnerons une courte discussion du problème de la transmission de la chaleur d'un fluide à une surface métallique et inversement.

Les principaux éléments à mesurer au cours d'un essai de chaudière sont :

(1) Consommation de combustible.
(2) Poids d'eau évaporée.
(3) Température de l'eau d'alimentation.
(4) Pression et température de la vapeur.
(5) Qualité de la vapeur à sa sortie de la chaudière.
(6) Tirage à la grille et au carneau.
(7) Température des gaz (particulièrement à la sortie de la chaudière).
(8) Quantité d'air admis et analyse de gaz de la combustion.
(9) Pouvoir calorifique du combustible et degré d'humidité.
(10) Analyse du combustible et des cendres.

Le rendement et la marche de la chaudière pourraient déjà être déterminés par la connaissance des 6 premiers éléments et du 9e, mais la connaissance des diverses pertes qui se produisent à l'intérieur de la chaudière exige la connaissance des 10 éléments énumérés. Quelques-uns de ces éléments sont indépendants les uns des autres, tandis que d'autres sont interdépendants ; c'est ainsi que le 1er et le 2e élément sont en liaison étroite, tandis que les 8 derniers sont dans de certaines limites indépendants les uns des autres.

Bien que la règle qui veut qu'une seule variable indépendante soit modifiée en même temps dans le cours d'un essai, s'applique encore aux essais de chaudières ; il est extrêmement difficile dans les circonstances ordinaires d'assurer des conditions permanentes pour un essai d'une certaine durée et encore bien plus au cours d'une série d'essais. L'état du foyer est d'autant plus difficile à contrôler au point de vue uniformité que l'on utilise souvent plusieurs chauffeurs au cours d'un essai, aussi l'expérimentateur doit bien se pénétrer qu'à moins d'employer des précautions tout à fait spéciales, les résultats d'essais de chaudière peuvent être très désappointants.

Avant de commencer un essai de chaudière il convient de définir parfaitement le but à atteindre et de ne le point perdre de vue pendant les préliminaires et au cours de l'essai lui-même. Toutes les dimensions à connaître seront prises directement sur la chaudière ou seront relevées sur un dessin exact. L'état de la chaudière et du revêtement en maçonnerie sera noté. Toutes les observations seront soigneusement et systématiquement enregistrées aussitôt que faites, de manière à éviter les erreurs qui se produisent lorsque l'on se fie uniquement à la mémoire.

La description qui va suivre, relative à la mise en route et à la cessation de l'essai est extraite du Rapport du « Commitee of the Institution of Civil Engineers » sur « les Meilleures méthodes d'enregistrement des résultats d'essai des machines à vapeur et des chaudières. »

Mise en route et cessation de l'essai. — « La meilleure manière de commencer et de finir un essai de chaudière doit être déterminée sur place par l'intéressé et suivant les conditions locales, mais l'une des trois méthodes suivantes peut être généralement employée. »

A. 1re *Méthode*. — Cette méthode est applicable quand le taux d'évaporation peut être maintenu uniforme pendant tout l'essai. Les feux ayant été nettoyés et rechargés peu d'instants avant le commencement de l'essai, et tout étant dans les conditions normales de marche, le chef de l'essai donne le signal de départ par un coup de sifflet. On attaque à ce moment le premier wagonnet de charbon et la pompe d'alimentation est branchée sur le premier réservoir à eau, tandis que l'on note le niveau de l'eau dans la chaudière. L'instant auquel ces observations sont relevées est pris comme heure de début de l'essai. Pendant toute la durée de celui-ci, le moment où l'on entame et termine tout nouveau wagonnet de charbon, de même que le moment où l'on entame et termine tout nouveau réservoir d'eau, doit être soigneusement noté (au sujet de l'eau on complète ces observations en notant chaque fois le niveau de l'eau dans les chaudières). Pendant que l'essai se déroule il est bon de noter sur un diagramme la consommation de charbon et d'eau en fonction du temps car c'est la meilleure méthode de contrôler l'exactitude des observations faites (1). Le diagramme de la figure 116 montre de suite l'avantage de cette manière de faire.

En traçant la courbe des consommations d'eau et de charbon ainsi déterminée, on peut immédiatement en déduire les consommations horaires. On remarquera sur le diagramme que le décrassage des feux s'y trouve nettement indiqué et suivant que l'on désirera faire un essai au point de vue théorique ou pratique on n'en tiendra pas compte ou au contraire on notera cet effet, ainsi que les heures de changement d'équipes, les heures de déjeuner...

Le mesurage du combustible peut être arrêté après un temps n, au moment où l'on termine un wagonnet de charbon ; n étant autant que possible un multiple du temps pendant lequel les chaudières peuvent être

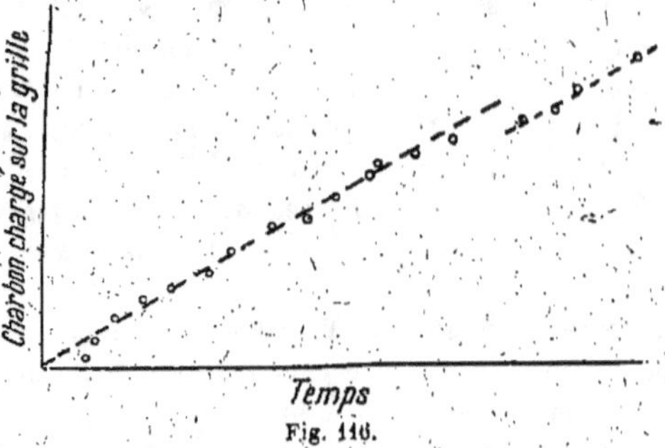

Fig. 116.

conduites sans décrassage des foyers. Les grilles seront comme de bien entendu décrassées et les feux remis dans le même état qu'ils étaient au commencement de l'essai. D'une façon identique le mesurage de la quantité d'eau d'alimentation se fera au même moment et l'on notera le niveau de l'eau aux chaudières si ce niveau n'est pas exactement le même qu'au début de l'essai. Cette différence sera immédiatement évaluée et portée en correction sur le diagramme de consommation d'eau.

Avant le commencement de l'essai on notera les quantités d'eau correspondant à des différences de niveau de 2,5 mm. dans la chaudière, de manière à faciliter les corrections (2). Dans le diagramme (117) la ligne

(1) Le poids du charbon d'un wagonnet n'est porté sur le diagramme qu'au moment où il est entièrement consumé et où l'on commence à attaquer le wagonnet suivant.

(2) On notera que lorsque le niveau final est plus élevé que le niveau initial, le poids de l'eau à déduire n'est pas le poids correspondant à la différence des deux niveaux, car cette eau a déjà emprunté une certaine quantité de chaleur au combustible. Si W est le poids d'eau correspondant normalement à la différence des deux niveaux, et si t et T sont

pleine donne le taux de pompage de l'eau dans la chaudière et la ligne pointillée ce même taux corrigé des différences de niveau dans la chaudière, c'est-à-dire en fait le taux d'évaporation.

B. *2e Méthode*. — Les feux sont allumés suffisamment avant le commencement de l'essai afin d'amener la chaudière en condition normale de marche, où s'il s'agit d'une chaudière en service depuis quelque temps,

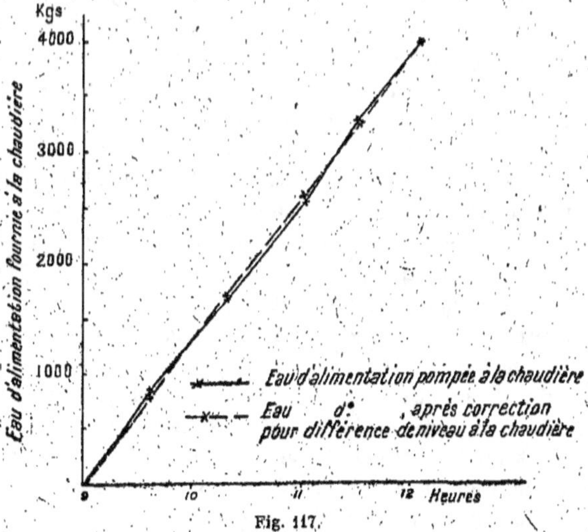

Fig. 117.

les feux seront soigneusement décrassés et remis en ordre de marche et le taux d'évaporation et la quantité d'eau d'alimentation ajustés aussi

les températures respectives de l'eau d'alimentation et de la vapeur; si L est la chaleur latente de la vapeur à la température T, la quantité de chaleur ainsi fournie correspond à un poids imaginaire d'eau évaporée w égal à :

$$\omega = \frac{W(T - t)}{T - t + L}$$

Le poids réel correspondant à la différence des niveaux est : $W - w$. Cette valeur ne peut être que très approximativement déterminée, particulièrement dans le cas de chaudières marines à retour de flammes, où le niveau d'eau est relié à la chaudière par des tubes extérieurs relativement longs. L'eau contenu dans ces tubes n'a pas la même densité que l'eau de la chaudière et l'on peut avoir plusieurs pouces de différence de niveau entre l'eau dans la chaudière et l'eau dans les tubes de niveau.

Quand le niveau final est plus petit que le niveau initial, le poids à ajouter à la quantité d'eau mesurée sera comme de juste le poids correspondant à la différence des deux niveaux, à la température T.

près que possible du taux désiré. Environ 1/4 d'heure avant le moment fixé pour le commencement de l'essai on règle la quantité d'eau contenue dans le réservoir d'eau d'alimentation à une valeur correspondant à la demande pendant cette même période de temps. On cesse d'alimenter le foyer en combustible et l'on enlève tout le charbon qui pourrait se trouver auprès de la chaudière où sur le sol de la chaufferie. Le feu est alors examiné soigneusement de temps en temps et ringardé de manière à former une couche uniforme, tandis que l'on surveille et note la pression à de très courts intervalles jusqu'au moment précis où elle commence à tomber rapidement. A cet instant précis la quantité de chaleur fournie par le foyer devient insuffisante pour maintenir le taux d'évaporation et c'est cet instant que l'on choisira comme début pour l'essai.

A partir de ce moment on effectuera les opérations suivantes :

(*a*) On arrête les pompes d'alimentation des chaudières (1).

(*b*) On note la hauteur d'eau dans le tube de niveau.

(Il est intéressant de faire une marque sur une pièce de bois graduée que l'on place au dos du tube de niveau).

(*c*) Toutes les cendres sont enlevées.

(*d*) Le premier wagonnet de charbon est vidé sur le sol et l'alimentation des foyers recommencée.

(*e*) Le niveau de l'eau dans les bassins d'alimentation est noté, et les pompes d'alimentation sont à nouveau remises en route.

Pendant toute la durée de l'essai on devra s'efforcer de maintenir constant l'alimentation et le taux d'évaporation et de conserver une pression constante dans la chaudière avec des variations aussi faibles que possible du niveau de l'eau. Pour arriver à ce résultat, il faudra prendre de grandes précautions.

Peu de temps avant la fin de l'essai, le dernier wagonnet de charbon ayant été vidé sur le sol et finalement brûlé (on devra prendre garde tout particulièrement à maintenir un taux uniforme d'évaporation), et le niveau de l'eau ayant été rétabli à sa valeur du début de l'essai, on surveille de nouveau le manomètre afin de noter comme fin de l'essai, le moment où la pression tombe d'une façon notable. On peut admettre qu'à ce moment le foyer ne fournit plus la quantité de chaleur nécessaire au maintien du taux d'évaporation normal et que la chaudière se trouve ramenée dans les mêmes conditions qu'au début de l'essai (2).

Il est toujours préférable quand on fait un essai par cette méthode de ne

____

(1) S'il y a un économiseur cet arrêt devra être très court.

(2) La pompe d'alimentation sera stoppée et les réservoirs d'eau d'alimentation ramenés au même niveau qu'au moment du départ, ou bien l'on tiendra compte du niveau en fin d'essai.

pas informer les chauffeurs de la durée de l'essai, sans quoi insconscients ils laissent généralement tomber les feux avant la fin de l'essai. La durée de l'essai n'est d'ailleurs pas fixée exactement *a priori*.

L'instant où l'on commence de brûler une nouvelle charge de charbon sera toujours exactement noté et il sera toujours intéressant d'arrêter l'essai au moment où les chauffeurs attaquent une nouvelle charge, cet instant correspondant très sensiblement à la fin de la combustion de la charge précédente. Cet instant correspondra au dernier point de la courbe de consommation de combustible. Comme dans les essais précédents on notera la consommation du combustible en fonction du temps, c'est-à-dire

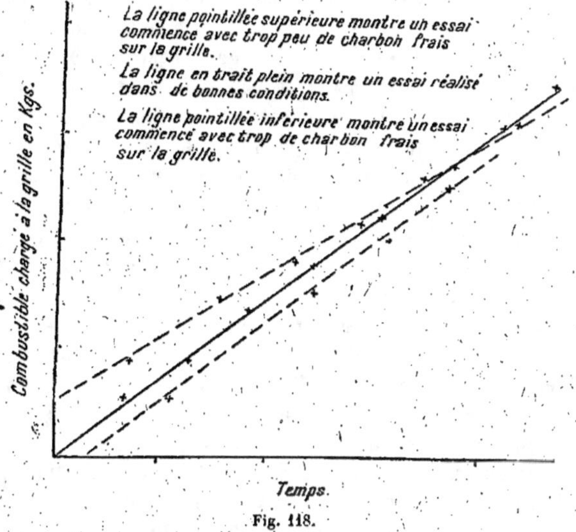

Fig. 118.

que l'on notera non point l'instant où une nouvelle charge est attaquée, mais celui où elle est finie, temps qui correspond d'ailleurs à l'attaque de la charge suivante. Dans un essai parfaitement conduit, une telle courbe devra passer par l'origine des ordonnées (fig. 118). Elle passera au-dessus ou au-dessous de l'origine suivant qu'une trop petite ou qu'un trop grande quantité de charbon non brûlé se trouvait sur la grille au début de l'essai et cette quantité est mesurée par l'ordonnée au point d'abscisse zéro.

C. *Troisième Méthode.* — Cette méthode s'applique lorsque la chaudière peut être conduite à son régime normal pendant quelque temps avant le commencement de l'essai.

(1) La chaudière ayant été sous pression pendant un temps suffisant pour porter les parois en briques (s'il y en a) à la température normale, le chef de l'essai donne l'ordre de nettoyer les feux. Cet ordre dont on note l'heure sera donné en temps voulu pour permettre le grattage des feux et la combustion d'une nouvelle couche de charbon avant le début de l'essai. Une demi heure sera généralement suffisante, mais il va de soi que ce temps varie suivant le nombre de foyers, l'adhérence du mâchefer et le nombre de chauffeurs dont on dispose. Les feux seront donc nettoyés dans un ordre déterminé, droite à gauche par exemple, puis regarnis avec du charbon non pesé.

(2) Les cendriers, les carneaux derrière l'autel et dans le cas d'un foyer à grilles mécaniques, les carneaux situés en avant de la partie postérieure des grilles seront nettoyés. Le nettoyage des feux réduit généralement le taux d'évaporation du fait non seulement de l'enlèvement de produits en combustion mais principalement du fait de l'admission d'air froid. Lorsqu'il ne s'agit que d'essais comparatifs cette perte est sans conséquence ; mais si l'on désire connaître le rendement des chaudières on doit en tenir compte soit en introduisant un certain facteur, soit en prolongeant suffisamment l'essai pour que cet effet devienne négligeable.

(3) Pendant la combustion du charbon les cendres seront enlevées de temps en temps du cendrier, mais il n'y aura pas lieu d'effectuer des pesées.

(4) Aussitôt que les feux commencent à devenir clairs et cependant encore suffisants pour le maintien de la pression, l'ingénieur dirigeant l'essai note l'heure et à l'aide d'un sifflet ou d'une cloche avertit ses assistants du commencement de l'essai. Tandis que ces derniers relèvent immédiatement le niveau de l'eau dans les différents tubes de niveau et notent la pression de vapeur, l'ingénieur, à l'aide d'un outil spécialement adopté, mesurera en plusieurs places et pour toutes les grilles l'épaisseur de combustible. Si les feux n'ont pas plus de 75 à 100 millimètres d'épaisseur, la durée de l'essai nécessaire pour obtenir un certain degré d'exactitude peut être réduite en repoussant la totalité des feux sur la moitié arrière de la grille, avant de mesurer l'épaisseur du combustible. Le poids de combustible peut se déduire de cette mesure par la formule

$$P = A \times T \times 490 \text{ pour du menu}$$

ou par

$$P = A \times T \times 335 \text{ pour du gros charbon}$$

formules dans lesquelles

$A =$ surface de la grille en mètres carrés
$T =$ épaisseur de la couche de combustible en mètres

(5) Environ une demi heure ou 1 heure avant la fin de l'essai, l'ingénieur notera l'heure et surveillera ensuite lui-même :

a) Le nettoyage et le chargement des feux en observant le même ordre qu'au début de l'essai.

b) Le nettoyage des cendriers (et dans le cas de foyer à grille automatique les passages des gaz chauds en avant du fond du foyer). Les cendres et mâchefers ainsi recueillis doivent être pesés, mais non les cendres et mâchefers qui pourraient être recueillis par la suite. Pendant ces opérations l'ingénieur veillera à la conduite régulière des feux et à la non formation de trous dans la masse du combustible, trous qui provoquent des rentrées d'air occasionnant la baisse de la pression. Il n'est pas nécessaire qu'il y ait sur les grilles la même quantité de charbon qu'au début de l'essai, mais le charbon doit se trouver dans le même état, c'est-à-dire aussi bien brûlé.

c) A la fin de l'essai et au signal de l'ingénieur on arrêtera les pompes d'alimentation d'eau, les grilles mécaniques et l'on lira le niveau d'eau et les indications des manomètres. L'ingénieur notera lui-même, comme au début de l'essai, l'épaisseur de la couche de combustible sur les foyers de manière à pouvoir en déduire le poids de combustible. Si ce poids dépasse ou est inférieur au poids de combustible au début de l'essai, il ne sera tenu compte dans le calcul du poids de combustible consommé au cours de l'essai. (Si l'on voulait chercher une précision extrême, cet excédent ou ce manque de poids devrait être tout d'abord multiplié par le facteur représentant la fraction de matière combustible contenue dans l'unité de poids de charbon et le produit déduit ou ajouté au poids de combustible sec utilisé ; mais pratiquement ce raffinement est inutile, car l'erreur faite est négligeable).

A la fin de l'essai il n'est pas nécessaire et il n'est pas généralement intéressant d'essayer de ramener le niveau d'eau dans la chaudière au même niveau qu'au début de l'essai. Il en est de même quant à l'épaisseur de combustible sur les grilles.

Les seules choses qui doivent être dans le même état à la fin comme au début de l'essai sont :

1º La quantité de chaleur emmagasinée par le maçonnage du foyer.

2º La quantité de chaleur emmagasinée par l'économiseur.

3º La pression de la vapeur (approximativement).

4º Le taux d'évaporation — car la hauteur de l'eau dans les tubes de niveau est fonction du taux d'évaporation et atteint souvent 25 millimètres de plus lorsque la chaudière vaporise à pleine charge, que lorsque l'évaporation a presque cessé.

Dans certaines catégories de chaudières le niveau de l'eau peut être déterminé à moins de 6 millimètres près, mais dans d'autres catégories l'erreur n'est pas inférieure à 12 millimètres. La somme algébrique des erreurs de lecture au début et à la fin de l'essai peut pour cette raison être de 12 ou 24 millimètres.

Il en résulte que si l'on veut obtenir une précision de 1 0/0, la durée de l'essai devra être suffisante pour permettre l'évaporation d'une quantité d'eau représentant 100 fois la quantité d'eau correspondant à une dénivellation de 12 à 24 millimètres. Cette condition sera d'ailleurs presque toujours remplie si l'on désire obtenir la même précision dans l'estimation de la quantité de combustible consommée.

Durée de l'essai. — Quand les conditions énumérées au dernier paragraphe ne peuvent être obtenues, même approximativement, il est nécessaire de faire un essai d'une plus grande durée si l'on veut arriver à la précision requise. Si toutefois l'essai doit porter sur une machine en marche continue, sa durée dépendra uniquement de l'erreur commise dans l'évaluation de la quantité de charbon située sur la grille, par rapport à la quantité totale de charbon brûlé au cours de l'essai. L'appréciation de l'état des feux et l'évaluation du poids de charbon devra donc être faite par l'ingénieur lui-même. Dans la plupart des cas il sera possible d'évaluer l'épaisseur de la couche de combustible à moins de 25 millimètres. Le poids d'une couche de charbon de 25 millimètres d'épaisseur représentera donc le maximum d'erreur commise dans une mesure, soit 50 millimètres maximum au cas où les mesures au début et à la fin de l'essai seraient erronées en sens inverse. Si A représente la surface de la partie de la grille (en mètres carrés) couverte par le charbon au moment de la mesure et si C est le poids d'un mètre cube de charbon incandescent (qui varie de 480 kilogrammes pour le menu à 320 kilogrammes pour le gros charbon, l'erreur maximum commise ne dépassera pas :

$$C \times A \times 0,025 \text{ kgs}$$

Par suite si W représente le nombre de kilogrammes de charbon brûlé à l'heure, la durée d'essai nécessaire pour réduire l'erreur à 1 0/0 du poids total de combustible consommé sera :

$$\frac{100 \, CA \times 0,025}{W} = \frac{2,5 \, CA}{W} \text{ heures}$$

Si l'erreur admise était de n 0/0 la durée de l'essai ne serait plus que de :

$$\frac{2,5 \, CA}{n \, W} \text{ heures.}$$

En utilisant cette formule il sera cependant intéressant de vérifier la qualité et la dimension du combustible. Quand le combustible donne

beaucoup de cendres ou donne un mâchefer pâteux, il est nécessaire de
décrasser fréquemment les grilles, ce qui entraîne à chaque fois une perte
de chaleur et de combustible. La durée de l'essai et les périodes de décrassage des feux devront être choisies en tenant compte de ces éléments, c'est-à-dire que si le décrassage des feux se fait en service continu
toutes les 4 heures, il serait anormal de faire un essai de 5 heures, alors
qu'une période d'essai de 4 ou 8 heures est parfaitement logique.

Si l'on a 2 chaudières de même surface de grille, mais dont l'une brûle
plus de charbon au mètre carré, les durées d'essai seront inversement
proportionnelles aux quantités de charbon brûlées dans l'unité de temps et
ce pour une même pression. Le seul but que l'on peut avoir en prolongeant un essai est de réduire l'importance de l'erreur d'appréciation de

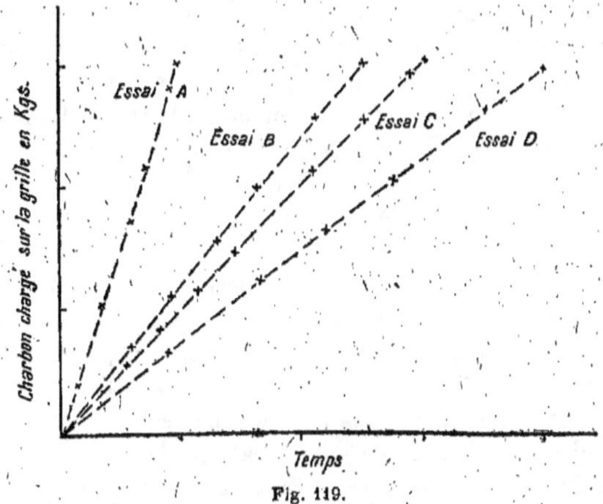

Fig. 119.

l'état des feux au début et à la fin de l'essai. Cette erreur représente un
poids constant de charbon de w kilogrammes par mètre carré de surface
de grille pour un essai d'une durée quelconque. Si l'on brûle W kilogrammes
de charbon par heure la consommation en N heure sera : N $\times$ W et
l'erreur faite sera : $\frac{w}{W} \times \frac{1}{N}$. D'une façon générale on a cependant tendance à ne considérer que le terme 1 et d'exiger presque invariablement
des essais de longue durée, même pour le cas de chaudières à tirage
forcé, alors qu'en fait si W a une valeur importante le pourcentage d'erreur n'est pas augmenté si l'on réduit T. On peut d'ailleurs se rendre facilement compte de ce résultat en considérant les graphiques (fig. 119).
Dans chacun des 4 essais figurés sur ce diagramme on a brûlé le même

poids de combustible mais à des taux de combustion différents. Etant donné que, dans l'un de ces essais on a brûlé en 1 heure la même quantité de charbon que lors d'un autre essai ayant duré 4 heures, il en résulte un pourcentage d'erreur identique malgré la différence de durée de ces essais.

Pesée de combustible. — La pesée du combustible et l'inscription des pesées ont une importance considérable. Le tas de combustible à employer doit être à une certaine distance de la chaudière de manière à éviter la possibilité d'utiliser du charbon qui n'aurait pas été pesé. Un récipient capable de recevoir par exemple 100 kilogrammes de charbon sera placé sur une bascule dont la précision ne sera pas inférieure à 100 grammes (1) et le charbon sera pesé avant d'être porté devant les chaudières. Il est préférable d'utiliser une boîte en fer de préférence à une boîte en bois, car cette dernière peut absorber l'humidité du charbon. De toutes façons la caisse vide sera pesée de temps en temps au cours de l'essai et son poids sera noté. Le commencement et la fin du chargement de chacune des pesées de charbon sera soigneusement noté et l'on ne tolérera qu'une seule pesée de charbon en même temps sur le sol de la chaufferie, de manière à éliminer toutes chances d'erreur d'enregistrement.

La Société d'horlogerie de Béthune « Aequitas » fabrique ce modèle de bascule.

Si l'on désire connaître le pouvoir calorifique du combustible il est nécessaire de prélever un échantillon moyen. A cet effet on peut prélever un quart de pelletée de charbon à chaque pesée et placer le charbon ainsi prélevé dans une boîte étanche en verre ou en métal. A la fin de l'essai les échantillons prélevés sont répandus sur le sol de la chaufferie et rapidement mélangés. L'ensemble est mis sous la forme d'un carré. On trace les 2 diagonales et l'on prélève les 2 triangles opposés. Ces 2 parties soigneusement mélangées sont à nouveau divisées en 4 et ainsi de suite jusqu'à ce que l'on arrive à un échantillon du poids de 1 kilogramme à 1,5 kg. Cet échantillon est alors placé dans une boîte étanche que l'on scelle soigneusement.

Mesurage de l'eau d'alimentation. — Avant le commencement de l'essai il faut inspecter soigneusement toutes les canalisations et la pompe d'eau d'alimentation, afin d'être sûr qu'il ne se produit aucune fuite. Si des fuites sont inévitables il y a lieu de les recueillir et de les mesurer. Toutes les tuyauteries inutiles seront démontées ou munies de joints pleins de manière à éliminer toutes chances de fuites. On ne peut toujours compter

(1) C'est-à-dire qu'une augmentation ou une diminution de 50 grammes devra rompre l'équilibre du fléau.

sur l'étanchéité d'une valve. D'une façon similaire on veillera sur les purges des canalisations de vapeur, sur les soupapes de sûreté et sur la purge de la soupape de sûreté de l'économiseur, si économiseur il y a. Il est également ment recommandé d'empêcher le retour à la chaudière de la vapeur condensée dans les canalisations, cette eau devant être réévaporisée sans que l'on puisse en tenir compte dans le calcul. Pour éviter cet inconvénient la pente des canalisations doit être telle que l'eau de condensation ne puisse point faire retour aux chaudières.

La mesure de l'eau d'alimentation peut se faire d'une manière précise en utilisant un réservoir métallique d'environ 250 litres de capacité, placé sur une bascule et dont la tubulure de vidange permet d'évacuer rapidement l'eau mesurée, dans le réservoir d'aspiration de la pompe alimentaire. Ce dernier ayant une capacité de 500 à 750 litres. On fixera un repère métallique dans le réservoir d'aspiration afin de déterminer avec précision le niveau de l'eau au début de l'essai. Après vidange de chaque pesée, le poids en est noté sur la feuille d'essai.

La figure 120 montre une autre disposition qui est fréquemment adoptée. Deux réservoirs jaugés M dont la capacité représente environ la quantité maximum d'eau nécessaire pour une période de marche de 10 minutes sont munis de tubes de trop plein B. Les robinets de vidange ont une section suffisante et permettent l'évacuation rapide de l'eau (1).

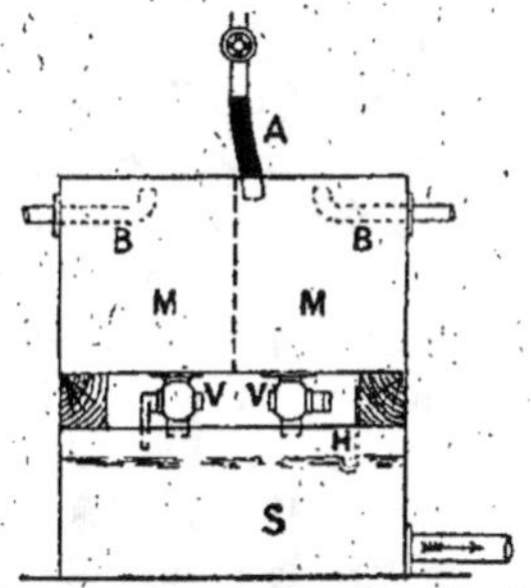

Fig. 120. — Récipient pour la mesure de l'eau d'alimentation des chaudières.

On notera chacun des jaugeages successifs. Les réservoirs jaugés seront contrôlés soit avant, soit après l'essai, en les remplissant à l'aide d'un réservoir étalonné (décalitre par exemple) avec de l'eau à la température de celle utilisée au cours de l'essai. En plaçant les tubes de trop plein sensiblement au centre des réservoirs la quantité d'eau que contient le réservoir est sensiblement indépendante de la plus ou moins grande horizontabilité du support. On peut également munir les réservoirs jaugés de tube de niveau ou de flotteurs, en cuivre avec échelle graduée, mais ceci n'est pas nécessaire dans les conditions ordinaires, car on peut s'arranger très facilement à arrêter l'essai lorsque un réservoir jaugé vient d'être terminé. On peut également employer un seul réservoir jaugé, mais comme dans la méthode par pesée décrite précédemment, il est nécessaire d'avoir un réservoir d'aspiration des pompes d'une capacité telle qu'elle permette le

(1) Pour le calcul des diamètres de robinet, voir page 225.

remplissage et la vidange du réservoir jaugé, sans qu'il y ait arrêt dans l'alimentation.

La mesure directe de l'eau d'alimentation ou de la vapeur condensée dans le cas d'une machine marine ou dans le cas d'essais de chaudières à bord d'un bateau demande généralement 2 réservoirs jaugés avec parties supérieures et inférieures coniques de manière à permettre leur vidange complète quelle que soit l'inclinaison du bateau.

Avec les turbines à vapeur à grande puissance et lorsque la vapeur condensée est renvoyée à la chaudière, la mesure de la quantité d'eau peut se faire aisément à l'aide d'un récipient ayant un ou plusieurs orifices calibrés. Quand le régime s'est établi, la hauteur de l'eau dans ce récipient est fonction du débit (1).

Les compteurs d'eau ne sont pas suffisamment précis pour servir à la mesure de l'eau d'alimentation, sauf lorsque l'on ne cherche que des résultats approximatifs et même dans ce cas le compteur devra être essayé pour un débit voisin du débit au cours de l'essai.

S'il existe une canalisation de retour d'eau chaude aux chaudières, cette canalisation sera enlevée si possible et l'eau chaude ramenée au réservoir jaugé. Si cette modification n'était pas possible on pourrait introduire un récipient à orifice calibré dans ce circuit, de manière à permettre la mesure périodique de la quantité d'eau renvoyée aux chaudières. La température de l'eau devra également être prise à intervalles réguliers.

Au début de l'essai et à intervalles réguliers dans le cours de l'essai, on notera le niveau de l'eau dans les chaudières. Il est généralement avantageux de marquer sur une pièce de bois fixée au tube de niveau, le niveau d'eau au début de l'essai. Au cas où il existerait plusieurs tubes de niveau on procéderait pour chacun d'eux de la même façon. L'eau oscille en général quelque peu dans le tube ; c'est la hauteur moyenne qui indique le niveau de l'eau dans la chaudière, bien qu'en fait ce niveau dépende encore du taux d'évaporation. La température de l'eau d'alimentation à l'entrée et à la sortie de la pompe et à l'entrée dans la chaudière sera mesurée à l'aide de thermomètres à mercure plongés dans des logements. De manière à augmenter le contact on place dans ces logements un peu d'huile ou de mercure.

Les manomètres seront essayés avant ou après l'essai par l'une quelconque des méthodes indiquées précédemment.

Qualité de la vapeur. — Quand on essaye une chaudière à un taux modéré d'évaporation on admet généralement dans la pratique courante que

---

(1) Pour plus de détail se reporter au chapitre des « Condenseurs et pompes à air ».

la vapeur est pratiquement sèche à sa sortie de la chaudière, à moins que l'on ait une raison spéciale de croire le contraire. Pour un essai plus complet la qualité de la vapeur devra par contre être déterminée. Plusieurs méthodes ont été proposées et sont utilisées, mais aucune d'elles n'offre une précision absolue. Les principales méthodes qui ont été employées sont basées sur les principes suivants :

1º Condenser un échantillon de la vapeur dont on veut déterminer la qualité dans une sorte de calorimètre et comparer le nombre de calories obtenues avec ce que donnerait de la vapeur sèche.

2º Faire passer une petite fraction de la vapeur d'alimentation dans un appareil spécial appelé « séparateur » qui collecte l'humidité contenue dans la vapeur.

3º Détendre une petite fraction de la vapeur d'alimentation de la pression de la chaudière à la pression atmosphérique et noter la surchauffe produite. Il est quelquefois nécessaire d'employer en supplément un séparateur spécial, l'instrument porte alors le nom de « séparateur à étranglement de vapeur ».

4º Ajouter à l'eau d'alimentation une certaine proportion de sel marin et par analyse chimique déterminer la proportion de sel que l'on retrouve dans la vapeur condensée. Si la vapeur est entièrement sèche l'on ne retrouve aucune trace de sel, mais s'il y a eu des particules d'eau entraînées, l'analyse indiquera la présence de sel.

Les méthodes 2 et 3 sont les plus commodes et plus spécialement la méthode 3. La méthode 1 exige un condenseur spécial, des balances de précision et des lectures de températures très précises. La méthode 4 n'est pas sûre même pour les besoins ordinaires de la pratique. Au cas où le lecteur désirerait de plus amples informations au sujet de cette méthode il pourrait se reporter à une communication faite par le professeur Unwin sur « La détermination de la qualité de la vapeur ».

Calorimètre à condensation. — Des essais ont été faits pour déterminer la qualité de la vapeur en l'envoyant dans un calorimètre à eau froide placé sur une balance. On mesure les poids et températures avant et après condensation et l'on en déduit la qualité de la vapeur en égalant la quantité de chaleur gagnée par l'enveloppe d'eau froide, à la quantité de chaleur perdue par la vapeur. Cette méthode est sujette à de sérieuses erreurs : 1º du fait du manque de connaissance de la capacité thermique du calorimètre ; 2º du fait de la difficulté de connaître la température moyenne de l'enveloppe d'eau. On a remédié à cet inconvénient par l'emploi d'appareils à condensation continue, dans lesquels la vapeur et l'eau de condensation sont fournies à un taux constant. Les conditions d'essai sont alors meilleures et permettent une observation précise.

On peut réaliser un semblable appareil à l'aide d'un injecteur à vapeur soigneusement calorifugé et muni de thermomètres aux entrées d'eau et de vapeur ainsi qu'à la sortie de l'injecteur, là où le mélange d'eau et de vapeur est complet. Le réservoir d'eau d'aspiration et le réservoir de refoulement seront placés sur des bascules. Le poids de vapeur condensée se déduit donc facilement de l'augmentation de poids de l'eau de condensation. Si l'on égale la quantité de chaleur gagnée par l'eau à celle perdue par la vapeur on peut en déduire la qualité de la vapeur condensée. (Voir chapitre V des calculs similaires.)

Qualité de la vapeur.

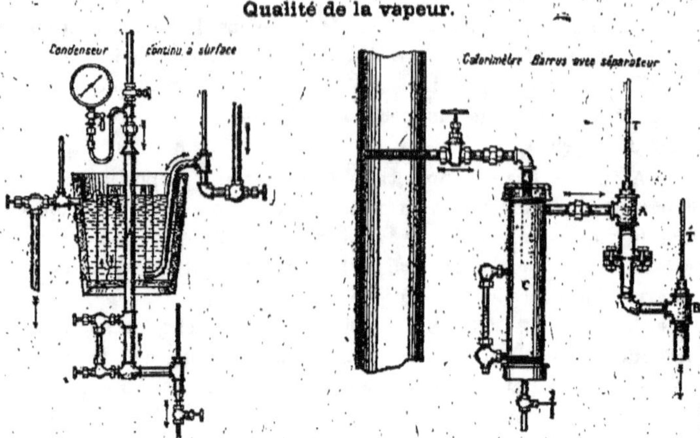

Fig. 121.   Fig. 123.

La figure 121 représente un calorimètre à condensation continue par surface composée seulement d'un tuyau A traversant un récipient parcouru en permanence par un courant d'eau. Quand un régime stable est obtenu la vapeur qui se condense dans le tube A est recueillie et soigneusement pesée. En même temps l'on note les températures de l'eau de condensation à son entrée et à sa sortie, ainsi que le poids d'eau de condensation. La qualité de la vapeur est alors calculable en égalant la quantité de chaleur perdue par la vapeur, à la quantité de chaleur absorbée par l'eau de condensation.

Séparateur de vapeur. — Le professeur Carpenter de l'Université de Cornell a établi un séparateur de vapeur représenté sur la figure 122 et qui donne des résultats intéressants. Il se compose d'une chambre A ayant environ 175 millimètres de hauteur et 75 millimètres de diamètre, comportant une chambre intérieure et une enveloppe. La vapeur provenant de la canalisation S passe tout d'abord dans la chambre intérieure dans laquelle elle se débarrasse de son humidité, puis dans l'enveloppe. La chambre de séparation est ainsi parfaitement isolée. La quantité d'eau accumulée dans la chambre intérieure peut être lue à chaque instant sur un tube de niveau gradué en décigrammes. Un très petit orifice situé à la partie inférieure de la chambre externe permet de régler l'échappement de la vapeur. Cette vapeur se rend par un tube flexible à un condenseur ordinaire C. On note l'augmentation de poids du condenseur et la quantité d'eau accumulée dans le séparateur pendant un temps donné. Si q est la qualité de la vapeur, w le poids d'eau dans le séparateur et W le poids de vapeur condensée dans le même temps on a :

$$q = \frac{W}{W + w}.$$

Le condenseur est muni d'un tube de niveau d'eau gradué en grammes pour une température de 40° C. mais il est préférable de le placer sur une bascule.

Qualité de la vapeur.

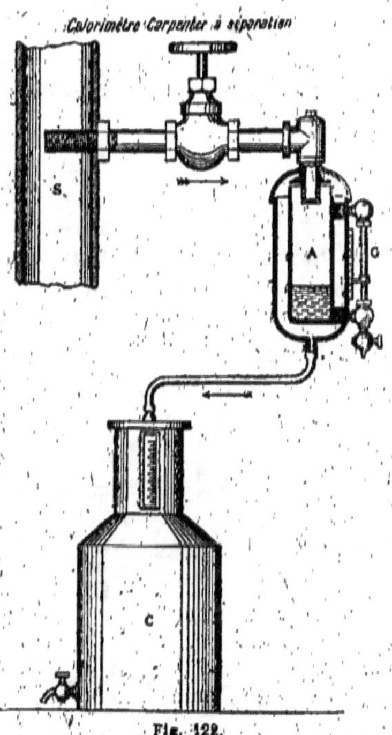

Fig. 122.

Calorimètre à étranglement.—La figure 123 représente un calorimètre à étranglement dû à M. Barrus. La vapeur passe de la chambre A à la chambre B par une très petite ouverture d'environ 16/10 de millimètre de diamètre. La vapeur est à sa pression normale en A, tandis qu'en B elle est presque détendue à la pression atmosphérique. Les thermomètres T indiquent les températures dans ces 2 chambres ; ils sont soigneusement calorifugés par une épaisse enveloppe d'asbestos et de feutre. On laisse la vapeur traverser l'appareil jusqu'au moment où les indications des thermomètres deviennent stables. Si t_1 et t_2 sont les températures de la vapeur avant et après l'étranglement et si t_3 est la température de la vapeur saturée correspondant à la pression dans la 2e chambre B, la surchauffe due à la détente de la vapeur est donnée par $t_2 - t_3$.

Soit $q =$ la qualité de la vapeur avant détente

$\quad$ L$_1 =$ la chaleur latente de 1 kg de vapeur saturée à température t_1, en calories

$\quad$ L$_2 =$ $\qquad\qquad\qquad$ » $\qquad\qquad\qquad$ t_3, en calories

$\quad$ 0,5 $=$ chaleur spécifique de la vapeur surchauffée.

Nous aurons :

$$\begin{Bmatrix} \text{Chaleur contenue dans 1 kg de vapeur} \\ \text{avant détente} \end{Bmatrix} = \begin{Bmatrix} \text{Chaleur contenue dans 1 kg de vapeur} \\ \text{après détente} \end{Bmatrix}$$

En prenant les quantités de chaleur par rapport au zéro centigrade nous avons :

$$t_1 + qL_1 = t_3 + L_3 + 0,5(t_2 - t_3)$$

où :

$$q = \frac{L_3 + 0,05(t_2 - t_3) + (t_3 - t_1)}{L_1}.$$

Le relevé des températures sera fait pendant un temps suffisamment long de manière à obtenir des résultats précis.

Si l'humidité de la vapeur dépassait les valeurs suivantes on devrait adjoindre le séparateur C à l'instrument.

Pression initiale absolue en kgs : cm²	Pression initiale en kgs : cm² lue au manomètre	Température initiale en degrés cent..	Humidité initiale en %	Qualité de la vapeur
2,09	1,06	121°	0,8	99,2
4,7	3,67	149°	2,4	97,6
9,5	8,46	176°,5	4,2	95,8
17,3	16,25	205°	6,1	93,9

Dans la pratique courante on utilise rarement le séparateur C, sauf lorsque l'on présume que la vapeur sera très fortement humide. L'emploi du séparateur C rend l'usage de l'appareil plus délicat, car il devient alors nécessaire de mesurer le débit de vapeur aussi bien que la quantité d'eau recueillie dans le séparateur, ce qui exige un condenseur à moins que l'orifice d'étranglement ait été étalonné de telle manière qu'à une pression de vapeur corresponde un débit donné. Cette dernière solution n'est cependant pas aussi précise que la méthode par condensation.

La figure 123 montre clairement que l'instrument peut être réalisé avec des tubes de vapeur du type courant. Il y aura lieu seulement de prévoir la chambre B suffisamment grande de manière que les tourbillons de va-

peur y meurent et que l'échappement de la vapeur à l'air libre se fasse
régulièrement. Lorsque le séparateur C n'est pas utilisé l'échappement de B
se fait directement à l'atmosphère.

Bien que les calorimètres à séparation et à étranglement puissent sembler suffisamment précis, il n'en reste pas moins une certaine incertitude
due à la difficulté de collecter la vapeur dans la conduite principale. Les
figures 122 et 123 montrent un type de collecteur employé couramment.
Il se compose d'un tube bloqué à son extrémité et percé à sa circonférence
d'une série de petits trous. Le tube est vissé sur la canalisation de vapeur.
Des expériences faites par le professeur Jacobus ont montré que ce type
de collecteur avait tendance à collecter un léger excès d'humidité. Le tuyau
collecteur obstrue en effet une partie de la conduite principale, mais tandis
que la vapeur contourne aisément cet obstacle il n'en est plus de même
des particules d'eau qui viennent le frapper directement.

Le professeur Urwin a suggéré l'emploi d'un tuyau collecteur aminci
en forme de lame avec son extrémité ouverte au milieu de la canalisation
et faisant face au flot de vapeur. Bien que cette disposition ait toute chance
de donner un prélèvement exact de la vapeur circulant au milieu du tube,
il y a peu de chance de collecter ainsi une portion quelconque de l'eau dé-
posée sur les parois de la conduite et qui progresse entraînée par le flot de
vapeur. Cette cause d'erreur peut être partiellement éliminée en ménageant un élargissement brusque dans la conduite à quelques pieds de la
chaudière et en plaçant le collecteur de vapeur en ce point. Si de l'eau
suivait la paroi, l'élargissement brusque tendrait à provoquer le mélange
de cette eau avec la vapeur, avant d'atteindre le collecteur. De toutes
façons il sera toujours préférable de prélever la vapeur sur une conduite
verticale plutôt que sur une conduite horizontale.

Une autre méthode utilisable dans les petites installations consiste à
placer des résistances électriques dans une certaine portion de la conduite
de vapeur et à porter ces résistances à une température suffisante pour
que la vapeur devienne très légèrement surchauffée. On mesure les températures de la vapeur à l'entrée et à la sortie des résistances chauffantes et
connaissant le volume de vapeur qui passe par seconde on peut en déduire la qualité de la vapeur en égalant la quantité de vapeur absorbée
par la vapeur à la quantité de vapeur dispersée dans les résistances électriques. Sauf erreur de notre part nous croyons que le professeur A. L. Mal-
lanby a utilisé cette méthode sur une large échelle pour la détermination
de la qualité de la vapeur d'échappement d'une machine.

Mesure du tirage. — La mesure du tirage se fait généralement à la sortie
de la chaudière, mais il peut être également intéressant de faire la même

mesure à la grille du foyer et à la base de la cheminée, aussi bien qu'à
l'entrée et à la sortie de l'économiseur, si l'installation en comporte un.
On peut réaliser aisément un indicateur de tirage à l'aide d'un tube de
verre de 5 millimètres à 6 millimètres de diamètre intérieur, auquel on
donne la forme d'un U (fig. 28), ce tube étant ensuite rempli d'eau colorée.
Cependant si les dépressions sont de peu d'importance, la différence de
niveau dans les 2 tubes devient difficile à apprécier avec exactitude. Plusieurs dispositifs ont été employés ou proposés afin d'amplifier les indications de l'appareil. La figure 124 représente l'une des dispositions les plus
simples et les plus pratiques. Le tube de verre gradué A d'environ 5 millimètres de diamètre intérieur est fixé sur une planchette suivant un angle
convenable. Le tube A est relié à un petit récipient B que l'on remplit
d'eau jusqu'à un certain repère, l'eau dans le tube atteignant à ce moment
le zéro de la graduation (aucune dépression n'étant enregistrée). Pour
mesurer une dépression dans une enceinte quelconque, on relit cette enceinte avec le récipient B, le tube A étant ouvert à l'atmosphère. Par contre,
si l'on désire mesurer une pression en excès sur la pression atmosphérique

Fig. 124. — Manomètre de tirage,
sensible, à eau ou à huile.

la connexion sera faite sur le tube A et le récipient B sera ouvert à l'atmosphère.

La figure 29 représente un micro-manomètre
permettant de mesurer de très petites différences de pression.

D'autres types d'indicateurs reposant sur
l'emploi de 2 ou 3 liquides de densité légè-
rement différente ont été également employés. Généralement ils se
composent d'un tube en U dont les 2 branches montantes se terminent
par des réservoirs à forte section, tandis que la portion horizontale de l'U
est constituée par un tube d'un diamètre relativement petit. Les 2 liquides sont choisis de manière à avoir peu de tendance à se mélanger
et c'est le ménisque commun qui est utilisé comme repère. On s'arrange
de manière que ce ménisque se trouve dans la partie mince du tube, de
manière que pour une faible variation du niveau dans le tube le déplacement du ménisque soit très important. Une graduation donnant la valeur
du tirage est portée sur le tube, elle est fonction de la densité relative des
2 liquides utilisés et des sections relatives des diverses parties de l'indicateur. Cet indicateur est généralement trop délicat pour les besoins de la
pratique courante.

On relie l'indicateur de tirage au tube explorateur en fer ou en verre
inséré dans la nappe gazeuse, au moyen d'un tube de caoutchouc. Pour
éviter les rentrées d'air autour du tube explorateur on se contente souvent
d'entourer ce tube, à son entrée dans la maçonnerie, d'un peu d'argile ou

de déchet de coton légèrement mouillé. Lorsque l'on édifie la partie maçonnerie d'une chaudière il est bon de faire placer aux divers points susceptibles d'être intéressants des bouts de tubes de fer de 18 à 20 millimètres
de diamètre. On munit ces tubes de bouchons métalliques filetés que l'on
retire au moment de l'emploi.

Température des gaz de la combustion. — La température approximative
des gaz de la combustion peut être obtenue au moyen d'un thermomètre
à mercure spécial de grande longueur dont on place l'extrémité au voisinage du centre de la colonne gazeuse, ou d'un thermomètre de dimension
courante monté sur un support qui permet de le placer également au centre
de la colonne gazeuse. Le meilleur moyen est dans ce cas d'utiliser un tube
de fer A (fig. 124 *bis*) d'environ 7 millimètres de diamètre intérieur, portant
une rainure longitudinale, S, et vissé sur un tube B qui sert de support.
Le thermomètre est placé à l'intérieur du tube A de manière que son
échelle vienne en regard de la fente S et puisse être lue facilement. L'enveloppe de métal empêche une chute rapide de la température du thermomètre au moment où l'on retire tout l'ensemble pour effectuer une lecture. On évitera
les rentrées d'air au moyen d'une petite garniture en terre glaise ou en coton mouillé.

Dans le cas où l'installation comporte un
économiseur la température des gaz sera mesurée à l'entrée et à la sortie de cet appareil.

Fig. 124 *bis*. — Montage d'un thermomètre pour la mesure des températures des gaz de la combustion.

On s'assurera que les clapets d'arrêt de tirage sont bien fermés et qu'aucun
d'eux n'a été laissé ouvert par inadvertance.

Les thermomètres à résistance de platine sont plus précis que les thermomètres à mercure, particulièrement lorsque la température de gaz dépasse 260° C. De bons résultats peuvent être obtenus au moyen du pyromètre thermo-électrique, lorsqu'il est utilisé avec soin. La résistance de
platine ou le couple thermo électrique seront protégés de l'action directe
de la flamme au moyen d'une gaine en fer servant en même temps de support et dont la longueur sera suffisante pour permettre d'atteindre le milieu du courant gazeux. On admet que l'on connaît ainsi, avec une précision suffisante, la température des gaz.

Pouvoir calorifique du combustible. — La détermination du rendement
d'une chaudière implique la connaissance du pouvoir calorifique du combustible utilisé au cours de l'essai. Nous avons indiqué dans une page
précédente le mode de prélèvement d'un échantillon de charbon. Les
différentes méthodes de détermination du pouvoir calorifique du charbon
seront données au chapitre XII.

Dans le même chapitre nous traiterons aussi de l'analyse du combustible et de la détermination de son degré d'humidité.

Cendres et mâchefers. — Toutes les cendres et mâchefers obtenus au cours d'un essai seront conservés *secs* et après refroidissement pesés. Les gros morceaux seront cassés et après mélange de tout l'ensemble on prélèvera un échantillon suivant une méthode analogue à celle utilisée pour le prélèvement d'un échantillon de combustible. La proportion de combustible pourra être alors approximativement déterminée en procédant à un triage à la main des éléments non encore brûlés. On pourra faire cette détermination d'une façon plus précise en plaçant quelques grammes de cendres dans un creuset et en calcinant tout le carbone restant. La différence du poids de l'échantillon avant et après carbonisation permettra de connaître la proportion cherchée.

On obtient parfois une concordance très nette entre le poids des matières non combustibles retrouvées dans les cendres et le poids de cendres déterminé par analyse chimique de combustible. Mais il ne faut pourtant pas trop compter sur cet accord, des cendres légères étant entraînées avec les gaz de la combustion principalement lorsque l'on utilise le tirage forcé ou induit.

Gaz de la combustion. Prélèvement d'échantillons. — Le prélèvement d'un échantillon de gaz ne reçoit pas toujours l'attention qu'il serait nécessaire d'apporter à cette opération. Il n'est pas, en effet, suffisant de prélever une certaine quantité de gaz de la combustion ; mais de prélever un échantillon moyen, par le choix d'un bon emplacement des tubes collecteurs. L'installation devra permettre également un prélèvement continu pendant toute la durée de l'essai ; les échantillons prélevés à intervalles réguliers dépendant de l'état des feux à cet instant. Pour les essais très précis, le gaz sera recueilli sur du mercure, mais dans la pratique courante il suffira de se servir d'eau distillée saturée de sel de cuisine ou recouverte d'une légère couche d'huile.

La figure 125 montre une disposition qui permet de réaliser un prélèvement continu de gaz. Un tube de fer T de 5 millimètres à 10 millimètres de diamètre intérieur est introduit dans la canalisation de gaz, de manière que son extrémité se trouve au centre du courant gazeux. L'autre extrémité du tube est relié au flacon B au moyen d'un tube de verre (les connections en caoutchouc étant aussi courtes que possible). La partie inférieure du flacon B est reliée par un tube en caoutchouc à l'aspirateur E, qui n'est autre qu'un flacon identique à B, mais dont l'orifice supérieur est ouvert à l'atmosphère. Ces 2 flacons sont destinés à créer un courant de gaz suffisant pour éviter la stagnation du gaz dans les tubes, le taux de circulation étant déterminé par le taux d'écoulement de l'eau du réservoir B au réservoir E (taux qui se règle à l'aide du robinet D). Une petite trompe à eau ou à vapeur peut être utilisée au lieu et place de ces 2 réservoirs, pour provoquer le courant de gaz. L'échantillon de gaz est prélevé à l'aide de la tubulure C qui met le flacon K en communication avec le courant gazeux par l'intermédiaire du filtre F. Ce filtre formé de déchet de coton empêche le passage du noir de fumée ou des cendres. Lorsque l'on fera des essais très précis, ce même filtre pourra servir à évaluer la

quantité de carbone qui quitte la chaudière sous forme de suie. L'ensemble des flacons K et M pour le prélèvement de l'échantillon est semblable à l'ensemble B et E, et l'on peut y adopter suivant la précision cherchée, soit du mercure, soit de l'eau salée, soit de l'eau recouverte d'une légère couche de pétrole. Le taux d'écoulement du mercure de la bouteille K dans la bouteille M est réglé par le robinet L de manière à prélever une quantité suffisante de gaz

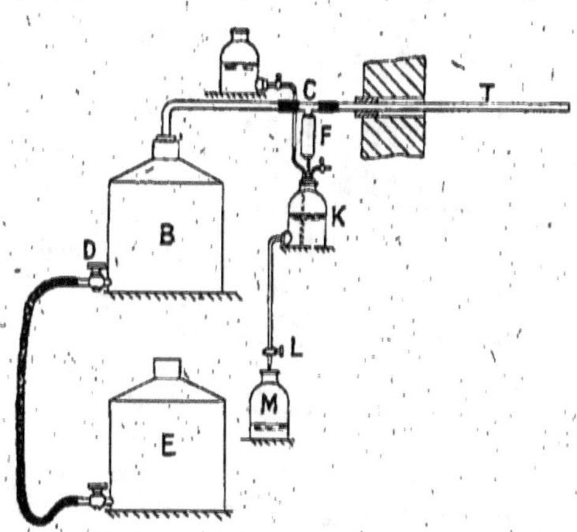

Fig. 125. — Appareil pour le prélèvement continu des échantillons de gaz.

pendant l'essai. La différence de niveau entre K et M n'est pas inférieure à 0,66 mètre.

Analyse des gaz au moyen de l'appareil Orsat.— L'appareil Orsat pour l'analyse des gaz de la combustion constitue un ensemble très commode et très compact, relativement maniable et pouvant être transporté rapidement de place en place. Il se compose d'un tube gradué A (fig. 125 *bis*) entouré d'une enveloppe à circulation d'eau ; dont le but est de conserver une température uniforme pendant toute la durée de l'analyse. A la partie supérieure de A est fixé un tube horizontal I à section capillaire. Le tube I est relié par l'intermédiaire des robinets F, G et H aux récipients d'absorption B, C et D. La bouteille X qui sert à obtenir les différences de niveau contient du mercure ou de la saumure et est reliée à la partie inférieure de A, par l'intermédiaire d'un tube de caoutchouc. Toutes les différentes parties de l'appareil sont montées sur une armature en bois conforme au dessin de la figure 127.

Les récipients d'absorption B, C et D contiennent généralement des tubes de verre destinés à faciliter l'absorption des gaz et sont utilisés dans l'ordre indiqué pour l'absorption du gaz carbonique, de l'oxygène et de l'oxyde de carbone contenus dans le gaz à analyser. Chacun de ces récipients est relié par sa partie inférieure avec un récipient semblable situé juste derrière lui. Au début ces divers récipients sont remplis jusqu'à mi-hauteur à l'aide des solutions suivantes. Dans B on placera une solution de potasse caustique à raison de 1 partie de potasse caustique (KOH) pour 2 parties d'eau (en poids). Dans C on placera au moment de l'analyse un mélange des 2 solutions suivantes : solution d'acide pyrogallique dans l'eau à raison de 5 grammes d'acide pour 15 grammes d'eau et solution de potasse caustique à raison de 120 grammes de potasse caustique dans 80 cm³ d'eau. Des solutions plus concentrées sont capables de donner naissance à de l'oxyde de carbone au contact de l'oxygène. Dans D on placera une solution de chlorure cuivreux dans l'acide chlorhydrique, préparée de la façon suivante.

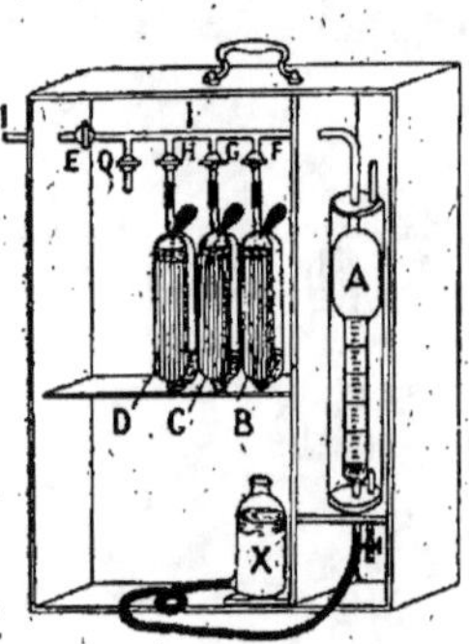

Fig. 125 *bis*. — Appareil Orsat pour l'analyse des gaz de la combustion.

On dissout 25 grammes d'oxyde de cuivre dans 500 cm³ d'acide chlorhydrique concentré, le tout est ensuite placé dans une bouteille fermant à l'émeri et contenant 30 grammes de tournure de cuivre, jusqu'à clarification de la solution. Au contact de l'air cette solution absorbe l'oxygène et le gaz carbonique, en prenant une teinte brune sombre, aussi toutes précautions seront prises pour la conservation de cette solution. Avant de mesurer le volume final de gaz dans le tube gradué A les gaz seront repoussés dans le récipient à soude caustique B pour l'absorption des fumées d'acide chlorhydrique émises par le récipient D.

On pourra également utiliser dans le récipient D une solution ammoniacale de chlorure cuivreux, obtenue ainsi que suit. On dissout 25 grammes d'oxyde de cuivre dans 100 cm³ d'acide chlorhydrique et l'on maintient la solution en contact avec de la tournure de cuivre jusqu'à ce qu'elle devienne claire. La solution est alors précipitée dans un large volume d'eau et le précipité qui se forme soigneusement recueilli. Le précipité est alors lavé dans un flacon de 500 cm³ avec 250 cm³ d'eau, puis soumis à l'action d'une solution ammoniacale jusqu'à dissolution. Un excès d'ammoniaque serait capable de produire un dégagement de vapeur à l'usage.

L'analyse sera conduite de la façon suivante. Le robinet E est ouvert à l'atmosphère et l'on remplit de mercure le tube gradué A, en élevant le vase X à une hauteur suffisante. On ferme alors E, l'on ouvre F et l'on provoque la baisse du niveau du mercure dans A en abaissant X. La solution absorbante B va donc s'élever dans le tube avant et l'on arrête cette montée à un repère tracé sur le tube capillaire en fermant le robinet F au moment voulu. Le niveau des liquides absorbants placé dans les récipients C et D sera amené à la hauteur voulu par le même procédé. On prendra soin que pendant toutes ces manœuvres les liquides absorbants ne franchissent point les robinets F, G et H. Le flacon à échantillon de gaz K (fig. 125) est connecté au tube de verre I par un tube de caoutchouc de faible section et aussi court que possible, tandis que l'on ouvre partiellement le robinet c (fig. 125), de manière à permettre au mercure de monter peu à peu de niveau dans la bouteille K. La burette A ayant été remplie de mercure en élevant la bouteille X, tandis que le robinet à 3 voies E est ouvert à l'atmosphère ; on tourne le robinet E de manière à mettre A et K en communication. On aspire dans A une certaine quantité de gaz en abaissant la bouteille X, puis ce gaz est évacué à l'atmosphère en mettant le robinet E en position convenable et en élevant X. Ayant ainsi remplacé l'air dans les diverses canalisations reliant K et A par du gaz de K, on peut alors aspirer dans A un exemple véritable du gaz à analyser. A ayant été rempli de gaz et F fermé, le niveau du mercure en A sera amené à la hauteur convenable, le niveau dans le vase X étant à cet instant le même ; ce qui implique que la pression à l'intérieur du tube A soit égale à la pression atmosphérique et que les températures du gaz et de l'air environnant soient les mêmes. Le robinet F est alors ouvert et le gaz refoulé à l'intérieur du récipient B. On l'y laisse séjourner quelques minutes puis l'on provoque son retour en A en prenant soin de ramener le niveau de la solution B à son repère origine. Le robinet F est alors fermé ; le niveau du vase X est réglé de manière que le niveau du mercure à l'intérieur du tube A et dans le vase X soient les mêmes et l'on peut lire alors directement, en regard du niveau du mercure dans A, le pourcentage de gaz absorbé. Les gaz sont ensuite renvoyés à nouveau dans le récipient B et la même opération répétée jusqu'à ce que l'absorption de gaz carbonique soit complète. Les gaz seront ensuite refoulés suivant un procédé identique dans le récipient C pour l'absorption de l'oxygène. Avant d'être envoyé dans le récipient D on les fera repasser à nouveau dans le récipient B pour l'absorption de toutes les vapeurs acides qui auraient pu se dégager. Après ce lavage les gaz seront envoyé dans le récipient D pour l'absorption de l'oxyde de carbone. Le gaz restant est supposé être de l'hydrogène.

Pour augmenter la durée d'emploi des solutions absorbantes B, C, D, on les préserve du contact de l'air en plaçant des petits ballons en baudruche sur lés tubulures des récipients correspondants (fig. 123). Il est nécessaire de renouveler ces solutions dès que leur pouvoir absorbant diminue.

L'on devra s'efforcer par tous les moyens d'obtenir une combustion aussi complète que possible avec le minimum d'air en excès mais sans perdre de vue que la présence d'un pourcentage élevé de gaz carbonique n'est l'indice d'une bonne combustion qu'autant que le pourcentage d'oxyde de carbone est faible.

Il existe sur le marché divers enregistreurs automatiques qui indiquent d'une façon continue le pourcentage en gaz carbonique des gaz de la combustion. Certains d'entre eux peuvent être utilement employés à condition d'être soigneusement surveillés et entretenus.

Essais des surchauffeurs. — Il existe deux sortes de surchauffeurs :

a) A foyer indépendant du foyer de la chaudière.

b) A foyer commun avec celui de la chaudière.

Un surchauffeur à foyer indépendant peut être essayé d'une manière analogue à celle décrite au sujet des essais de chaudières. Si la totalité de la vapeur produite par la chaudière traverse le surchauffeur, la mesure de l'eau d'alimentation déterminera la quantité de vapeur traversant le surchauffeur. S'il n'en est pas ainsi on pourra connaître la quantité de vapeur en la condensant dans un condenseur à surface et en effectuant la pesée de l'eau de condensation. Il sera nécessaire de mesurer la qualité et la température de la vapeur à son entrée et à sa sortie du surchauffeur ; le poids de combustible, la température des gaz de la combustion... seront mesurées comme dans un essai de chaudière.

Dans le cas d'un surchauffeur combiné avec la chaudière, il n'est pas nécessaire de faire un essai spécial du surchauffeur et celui-ci sera essayé en connexion avec la chaudière elle-même. On mesurera seulement la pression et la qualité de la vapeur à son entrée dans le surchauffeur ainsi que la température d'entrée et de sortie de la vapeur et des gaz.

La détermination précise de la température de la vapeur à sa sortie du surchauffeur est une opération délicate. On utilise parfois des thermomètres à mercure spéciaux insérés dans des poches à parois minces ménagées dans le tube de vapeur, pour mesurer des températures jusqu'à 365° C. ; mais leur précision n'est pas toujours très bonne.

On utilise également des pyromètres spéciaux à mercure ou à un liquide quelconque ou même des pyromètres à vapeur, connectés à un cadran indicateur quelque peu semblable à un manomètre. Mais ces appareils sont peu précis, à moins d'être fréquemment essayés et réétalonnés. Le thermomètre à résistance de platine donne les meilleures indications. On glisse la canne en fer du thermomètre dans une des poches en contact direct avec la vapeur. Le thermomètre ne doit pas être introduit directement dans le flot de vapeur.

La présentation des résultats n'est pas une des parties les moins délicates d'un essai de chaudière. Même pour un essai courant il est autant que possible préférable de disposer d'au moins 3 observateurs compétents :

le 1er chargé des pesées de charbon.

le 2e chargé de la mesure de l'eau d'alimentation.

le 3e chargé des autres observations.

Dans aucun cas l'on ne devra tolérer la présence de personnes étrangères aux essais. Toutes les observations, sauf la pesée du charbon et la mesure de l'eau d'alimentation, seront faites simultanément et à intervalles réguliers de 10 à 15 minutes.

Le relevé des observations en cours d'essai pourra être consigné sur des feuilles ayant la disposition représentée ci-dessous :

Feuille I.

OBSERVATIONS GÉNÉRALES

Date _______________

Lieu de l'essai _______________

Nom de l'observateur _______________

Type de la chaudière _______________

Surface totale de chauffe _______________

Surface totale de la grille _______________

Nature du tirage _______________

Remarques	Heure	Pression de la vapeur en kgs : cm²	Niveau de l'eau dans les chaudières		Tirage en cm d'eau	Levée du carreau ou centimètres	Température de la vapeur en degrés cent.	Température des gaz de la combustion en degrés cent.	Température de l'air ambiant en degrés cent.	Température de l'eau d'alimentation			Pression barométrique en mm. de mercure
			au-dessus du niveau de départ	en dessous du niveau de départ						Avant le réchauffeur	après le réchauffeur	A l'arrivée aux chaudières	

Feuille II.

COMBUSTIBLE

Date _____________

Nom de l'observateur _____________

Description du combustible _____________

Description des cendres, machefer.... et leur poids au cours de l'essai _____________

Remarques	Poids de la caisse à combustible en kgs	Poids du combustible et de la caisse en kgs	Poids net du combustible	Heure de commencement d'utilisation du combustible	Heure de fin de combustion du combustible	Poids total du combustible brûlé depuis le début de l'essai en kgs	Heures de nettoyage des feux	Poids des cendres en kgs.

Feuille III.

EAU D'ALIMENTATION

Date _____________

Nom de l'observateur _____________

Méthode de mesure utilisée _____________

Capacité du réservoir de mesure _____________

Remarques	Nombre de remplissage		Poids par remplissage		Heure de la fin du remplissage.	Quantité totale d'eau d'aliment. utilis. depuis le début en kgs	Quantité totale d'eau de fuite recueillie depuis le début de l'essai en kgs	Quantité nette d'eau d'alimentation depuis le début de l'essai en kgs.
	Réserv. I	Réserv. II	Réserv. I	Réserv. II				

Il est généralement assez difficile de se rendre compte pendant un essai de chaudières si les conditions d'essai demeurent suffisamment stables et s'il ne se produit pas d'erreurs de lecture ou d'inscription. Bien que l'inspection attentive des feuilles d'essai puisse permettre de se rendre compte de ce qui se passe, il est cependant beaucoup plus pratique de reporter en fonction du temps toutes les indications lues, sur une feuille de papier millimétré ; soit dans le cours de l'essai, soit immédiatement après l'essai s'il n'est pas possible de procéder autrement.

La figure 126 représente une telle feuille établie au cours d'un de nos essais. On voit immédiatement que la température des gaz de la combustion s'est élevée progressivement pendant les 2 heures qui ont suivi le

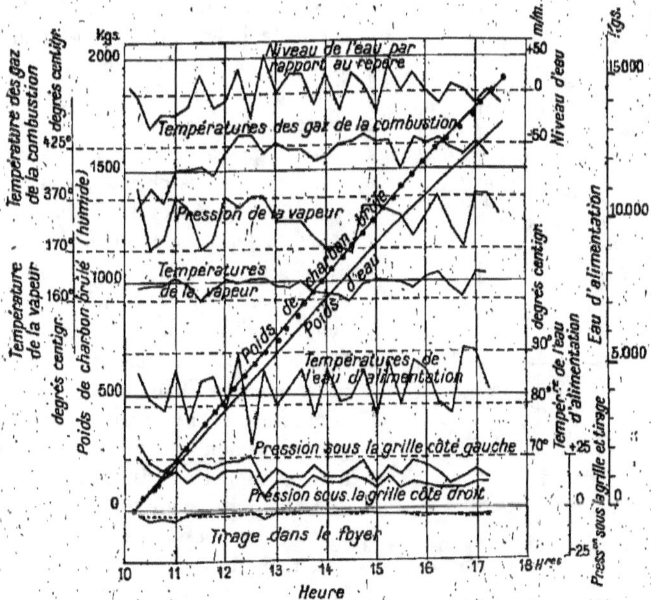

Fig. 126. — Graphique résumant les lectures faites au cours d'un essai de chaudière.

commencement de l'essai. Le foyer était à grille mécanique et l'épaisseur de combustible était plus grande qu'en temps normal. Le tirage forcé était utilisé et les pressions dans le cendrier et à la grille ont été enregistrées. La demande de vapeur a été très variable et pendant les périodes de faible demande la vapeur s'échappait par la soupape de sûreté. Il y avait pour cette raison d'assez fortes variations de la pression de la vapeur. Le taux de consommation de charbon se maintient constant jusqu'à 3 h. 1/2 environ puis diminue légèrement. Vers 3 h. 1/4 le taux de consommation d'eau d'alimentation baisse aussi légèrement. Ceci dépend des conditions particulières de travail de la chaudière ; mais si les consommations d'eau et de charbon n'avaient pas varié simultanément, il n'aurait pas été possible de tenir compte des lectures faites après 3 h. 50 pour la détermination du rendement de la chaudière ; en supposant toutefois qu'à 3 h. 50 l'épaisseur de combustible dans le foyer et l'état des feux eussent été les mêmes qu'au début de l'essai. Aucune correction n'a été faite en ce qui concerne l'eau d'alimentation malgré les variations du niveau de l'eau dans la chaudière (1), la surface étant relativement petite. Aucune erreur sensible n'a dû être faite dans les résultats en prenant comme durée d'essai la période complète d'observation, cependant par mesure de contrôle le résultat des observations relevées entre 12 heures et 3 heures a été contrôlé avec les résultats d'ensemble.

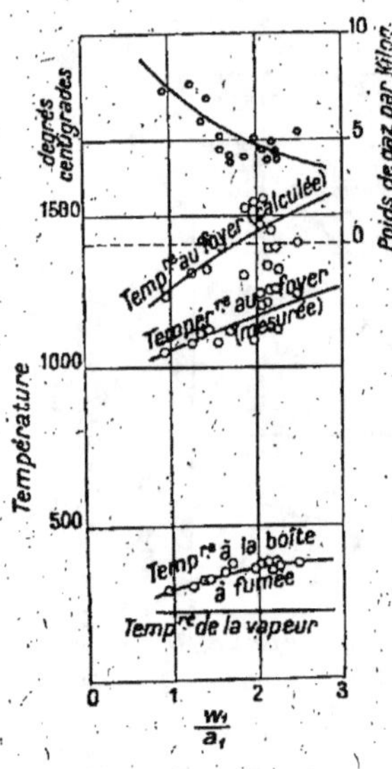

Fig. 126 *bis*. — Température dans l'essai de chaudière de locomotive.

Ainsi que nous l'avons déjà mentionné une série d'essais de chaudières pour différents taux d'évaporation peut donner des résultats très dissemblables et il faut se livrer à un grand nombre d'essais avant de pouvoir tirer des conclusions générales ayant une certaine exactitude. Avec des taux d'évaporation élevés et particulièrement avec les chaudières des locomotives la quantité de charbon non brûlé et évacué par la cheminée augmente encore le degré d'incertitude. Une estimation de cette perte doit être faite avant qu'il soit possible de tirer une conclusion de l'essai.

A titre d'exemple et pour donner une idée du degré d'exactitude et du caractère des résultats que l'on peut obtenir nous donnons ci-après les résultats des essais effectués à la « Louisiana Purchase Exposition » sur des chaudières de locomotives. (Nous avons déjà parlé de ces mêmes locomotives au chapitre IV).

La température du foyer était mesurée à l'aide d'un couple thermo-électrique (platine rhodium). Les fils de connexion étaient exposés aux flammes et pendant le chargement du foyer, le pyromètre devait être retiré. La radiation des fils conduisait à des valeurs trop faibles. Cette méthode de mesure n'est donc pas satisfaisante. L'auteur a calculé les tempé-

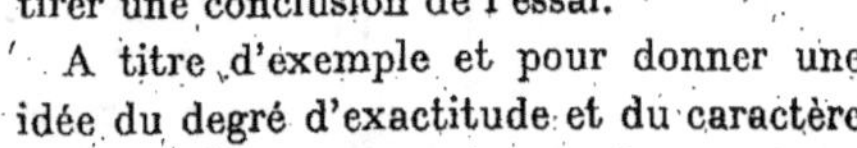

(1) Voir au début du chapitre les méthodes de correction applicables.

ratures probables du foyer en admettant que la couche de combustible radie comme un « corps noir ». Sur la figure 126 *bis* nous avons porté pour une locomotive les températures mesurées et calculées, en fonction du poids de gaz par seconde et par décimètre carré de section des tubes à fumée, soit $\frac{w_1}{a_2}$. Sur la même figure nous avons porté également la température à la boîte à fumée et la quantité de gaz par kilogramme de charbon brûlé. Le poids de gaz a été calculé dans chaque essai par une méthode que nous allons exposer au chapitre suivant.

En partant de la température calculée pour le foyer et de la température mesurée à la boîte à fumée, nous avons porté à la partie supérieure de la figure 127 les différentes pertes dans la chaudière calculées en 0/0 du pouvoir calorifique du combustible en fonction du rapport $\frac{w_1}{a_2}$. On peut voir combien les pertes dues au défaut de combustion de certaines parties du combustible augmentent en même temps que le taux de la combustion. Sur la même figure nous avons porté également le taux de combustion et le taux d'évaporation.

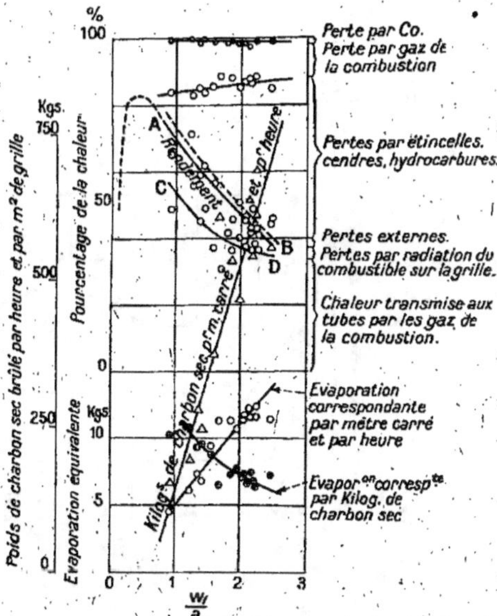

Fig. 127. — Courbes d'essai de chaudières de locomotive.
----------- Allure de la courbe de rendement calculée.

Les essais ont porté sur 8 locomotives de types différents. Nous avons calculé le taux de transmission de la chaleur h entre les gaz et l'eau, exprimé en calories par seconde, par décimètre carré de surface de tube, par degré centigrade de différence de température entre les gaz et l'eau ; pour la totalité des essais, en utilisant les expressions suivantes :

Soit :

$T_1 =$ température du foyer en degrés cent (calculée)
$T_2 =$ »   de la boîte à fumée   » (mesurée)
$t_e =$ température de l'eau   »   »   »
$A =$ surf. des tubes (côté du gaz) en dcm²
$\omega_1 =$ poids de gaz par seconde

La différence de température moyenne entre le gaz et l'eau peut s'exprimer par :

$$t_m = \frac{T_1 - T_2}{\log \frac{T_1 - t_2}{T_2 - t_1}}$$

et la chaleur transmise par les tubes par seconde par :

$$0.139\,\omega_1\,(T_1 - T_2) = h t_m A$$

ou

$$h = \frac{0,139\,\omega_1\,(T_1 - T_2)}{t_m A}$$

ce qui donne encore :

$$h = 0,139\,\frac{\omega_1}{A}\,\log_e \frac{T_1 - t_2}{T_2 - t_1}$$

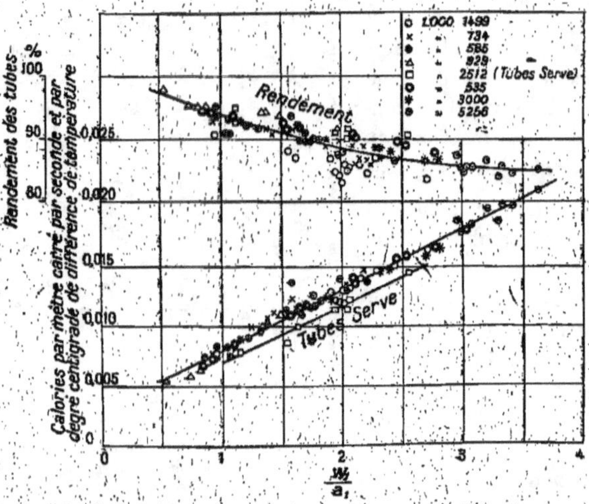

Fig. 127 bis. — Taux de transmission de la chaleur à travers les tubes et rendement des tubes.

Le rendement des tubes peut encore s'exprimer par :

$$\frac{T_1 - T_2}{T_1 - t_1}$$

Les différentes valeurs de h et les rendements des tubes sont portés sur la figure 127 bis en fonction du rapport $\frac{\omega_1}{a_1}$. On voit qu'entre les limites des expériences la valeur de h peut être représentée par une ligne droite.

Les valeurs de h pour les tubes Serve (tubes à ailettes intérieures) ont été calculées en prenant pour A la surface totale des tubes en contact avec les gaz et apparemment les valeurs de h étaient plus faibles que pour les tubes ordinaires. C'est d'ailleurs logique, si l'on songe que les ailettes intérieures des tubes Serve doivent avoir une température plus élevée que le corps d'un tube ordinaire travaillant dans les mêmes conditions.

CHAPITRE VIII

—

CALCULS RELATIFS AUX ESSAIS DE CHAUDIÈRES

Calculs relatifs aux essais de chaudières. — Quand on réalise un essai de chaudière dans le seul but de déterminer le rendement de la chaudière, les calculs sont relativement simples ; mais si l'on désire évaluer les diverses pertes de chaleur, le calcul devient un peu plus complexe et même dans les meilleures conditions d'essai ces pertes ne peuvent être estimées qu'approximativement. A titre d'exemple de calcul nous donnons ci-après le résultat d'un essai effectué sur une locomotive de la Pennsylvania Railroad Cy. Pour la présentation des résultats détaillés nous avons reproduit le rapport type d'essais de machines à vapeur et de chaudières adopté par « l'Institution of Civil Engineers » revisé en 1903. On notera cependant que la méthode de calcul que nous avons employée diffère notablement de celle utilisée dans le rapport de la Pennsylviana Railroad Cy, ainsi que de celle utilisée dans les rapports de l'Institution of Civil Engineers.

[Se reporter aux pages suivantes (227 à 232) pour les résultats d'essais].

Tous les chiffres relevés et toutes les explications nécessaires seront donnés en remplissant les lignes 1 à 36, c'est ainsi que l'on devra indiquer : la méthode utilisée pour déterminer le pouvoir calorifique du combustible, les dispositions adoptées pour la pesée du combustible et la mesure de l'eau d'alimentation... La plupart des lignes 1 à 36 sont relatives aux valeurs déduites des moyennes des lectures pendant l'essai et seules les lignes qui demandent des explications détaillées seront l'objet d'une attention spéciale. Les lignes imprimées en italique se rapportent aux chiffres enregistrés lorsque l'on désire obtenir les pertes de chaleur des lignes 39 à 44. Si l'on ne désire connaître que le rendement de la chaudière (lignes 37 et 88) on peut omettre de remplir les lignes en italiques.

Dans ces imprimés spéciaux on trouve des exemples d'utilisation du *diagramme de fumée*.

La **ligne 8** indique la surface de la chaudière venant au contact des gaz, quel que soit l'état de plus ou moins grande propreté de ces surfaces.

Lignes 15 et 16. — Nous traiterons ultérieurement de l'analyse du combustible et de la détermination de l'humidité du combustible. L'analyse devra être faite par un chimiste expérimenté. On remarquera que dans cet essai le charbon utilisé était très sec, relativement à du « charbon lavé » ou aux « fines » exposées à l'humidité. On peut trouver jusqu'à 12 et 13 0 /0 d'humidité dans les « fines ».

Ligne 17. — Diverses formules ont été proposées pour déduire le pouvoir calorifique d'un combustible de son analyse chimique. Aucune d'elles cependant ne donne de résultat précis et le pouvoir calorifique d'un combustible doit être déterminé à l'aide d'un calorimètre. (Voir au chapitre XII la description du calorimètre utilisé.) Les calorimètres employés usuellement donnent ce que l'on appelle le pouvoir « calorifique supérieur ». Dans le nombre de calories sont comptées les calories provenant de la condensation de la vapeur formée par la combustion de l'hydrogène contenu dans le combustible. Le pouvoir « calorifique inférieur » se déduit du précédent en retranchant les calories correspondant à la condensation de la vapeur et au refroidissement de l'eau de condensation jusqu'à une température d'environ 15° C. Le Comité de l'Institution of Civil Engineers recommande de prendre (Rapport de 1913) pour pouvoir calorifique du combustible, le pouvoir calorifique inférieur de 1 kilogramme de charbon dans les conditions normales d'emploi. Le même Comité, dans son rapport de 1902, avait recommandé de prendre comme pouvoir calorifique du combustible, le pouvoir calorifique inférieur de 1 kilogramme de *charbon sec*. Aux Etats-Unis on table généralement sur le pouvoir calorifique supérieur de 1 kilogramme de charbon sec.

Le rapport de 1913 donne la formule suivante pour la détermination du pouvoir calorifique inférieur en fonction du pouvoir calorifique supérieur :

$$P_{c.i} = P_{c.s.} - 586 \left(\begin{matrix} \text{kgs d'humidité par kg de} \\ \text{charbon} \end{matrix} + 9 \times \begin{matrix} \text{kgs d'hydrogène par kg} \\ \text{de charbon} \end{matrix} \right)$$

On notera que l'humidité contenue dans le combustible de même que la quantité de vapeur présentée par le produit ($q \times$ kilogrammes hydrogène) réduisent le pouvoir calorifique du combustible. Cette formule nécessite cependant l'analyse du combustible, ce qui n'est pas toujours possible dans un essai de chaudière. De plus le volume total d'hydrogène contenu dans le combustible n'est pas forcément brûlé et l'évaluation ($q \times$ kilogrammes hydrogène) est donc incertaine. On voit donc que dans bien des cas il est très difficile d'arriver à connaître avec une certaine précision la valeur du pouvoir calorifique inférieur. De toute façon on doit procéder à ces déterminations très soigneusement, l'échantillon de combustible brûlé dans le calorimètre étant généralement séché à l'air, il convient d'en déduire le pouvoir calorifique réel en tenant compte du degré d'humidité du charbon lors de son emploi.

On s'est probablement arrêté à l'évaluation du pouvoir calorifique inférieur du combustible dans les conditions d'emploi, du fait que dans une chaudière les gaz de la combustion ne se refroidissent pas en dessous du point de condensation de la vapeur. Si d'ailleurs une chaudière était capable de refroidir les gaz en dessous du point de leur point de condensation, cette chaudière utiliserait la chaleur latente de la vapeur et il y aurait lieu d'en tenir compte dans l'établissement du rendement de la chaudière. Lorsque l'on utilise le pouvoir calorifique supérieur du combustible sec, comme base du calcul du rendement de la chaudière, la chaleur de la vapeur quittant la chaudière est comprise dans les pertes par gaz de la combustion et l'on peut estimer logiquement que cette perte correspond à une défectuosité de la chaudière, puisque à la limite et pour un rendement de la chaudière égal à 100 0/0, la chaleur de la vapeur serait récupérée. De toutes façons on spécifiera clairement la méthode adoptée et le pouvoir calorifique choisi ; mais en comparant les rendements de chaudières, on se souviendra que l'emploi du pouvoir calorifique inférieur conduit à des valeurs beaucoup plus élevées que l'emploi du pouvoir calorifique supérieur.

Quelles que soient les difficultés rencontrées dans la détermination du pouvoir calorifique inférieur du combustible (au moment de son emploi), nous avons adopté ce pouvoir calorifique afin d'observer les recommandations de l' « Institution of Civil Engineers ».

Le pouvoir calorifique supérieur a été obtenu à l'aide de calorimètre de William Thompson. Le calorimètre avait été réglé à l'aide de 2 échantillons de charbon parallèlement essayés dans 10 différents calorimètres à bombe. Le pouvoir calorifique supérieur obtenu était de 8.250 calories par kilogramme de charbon sec ; ce qui donne par kilogramme de charbon prêt à être utilisé :

$$8250 \times \frac{100 - 1,08}{100} = 8150 \text{ calories}$$

Le pouvoir calorifique net du charbon prêt à être utilisé est égal à :

$$8050 - 586 \ (0,0108 + 9 \times 0,0428)$$
$$= 7920 \text{ calories par kg.}$$

Ligne 18. — La cheminée qui servait à évacuer la fumée hors du bâtiment était muni pendant les essais d'un déflecteur et d'un récipient dans lequel s'entassaient les étincelles qui venaient frapper le déflecteur. Le récipient était vidé au début de l'essai et l'on pesait les étincelles recueillies au cours de l'essai. Les escarbilles... recueillies dans la boîte à fumée étaient également pesées.

Il n'était pas possible de recueillir toutes les étincelles passant par la cheminée, le tirage étant suffisamment intense pour en]entraîner jusqu'au sommet de la cheminée. Ces étincelles tombaient sur le toit du bâtiment et pendant la période totale d'essais le poids total déposé atteignit 44.000 kg. Les escarbilles recueillies dans la boîte à fumée pendant la même période atteignirent le poids de 24.200 kilogrammes. Comme le poids total de charbon consommé atteignit 680.000 kilogrammes, on voit que la part d'étincelles et d'escarbilles atteint 10 0/0 de ce chiffre.

Les escarbilles, étincelles, cendres... recueillies pendant l'essai correspondent à 143,5 kg. par heure, mais l'on verra que ce chiffre ne correspond pas au chiffre réel total dans les conditions de l'essai.

Ligne 21. — Le calcul de la composition en poids des gaz de la combustion est donné aux lignes 79 et 40.

Ligne 22. — La température des gaz de la combustion dans la boîte à fumée a été mesurée à l'aide d'un pyromètre à couple thermo-électrique platine-rhodium. La moyenne des lectures a été prise comme température des gaz.

Ligne 23. — Vu la nature forcément approximative des calculs accompagnant les essais de chaudières, surtout lorsque le foyer est alimenté au charbon, on adopte généralement pour valeur de la chaleur spécifique des produits de la combustion les chiffres de 0,25. Si toutefois les circonstances requièrent un calcul plus précis la chaleur spécifique moyenne des produits de la combustion pourra être calculée en multipliant les poids de CO^2, CO, HO^2 et H contenus dans 1 kilogramme de gaz de la combustion par la chaleur spécifique moyenne respective de ces divers gaz et en additionnant les résultats.

Ligne 31. — L'eau d'alimentation était pesée alternativement dans 2 récipients placés chacun sur une bascule.

Ligne 32 *a.* — Les fuites d'eau, soit 248 kilogrammes par heure, ne sont pas comptées à la ligne 31. Dans le cas présent, cette quantité d'eau représente simplement le surplus d'eau ayant passé par les injecteurs et qui est retourné directement aux réservoirs d'alimentation. Aucune correction n'a été faite concernant la quantité de chaleur emmenée des injecteurs aux réservoirs d'alimentation, par cette quantité d'eau.

Lignes 35 et **35** *a.* — Les valeurs ont été obtenues à l'aide d'un calorimètre Peabody à étranglement.

Ligne 37. — Simple répétition de la ligne 17.

Ligne 38. — S'obtient en multipliant la quantité d'eau évaporée par kilogramme de combustible (ligne **47**) par la chaleur contenue dans un kilogramme de vapeur (déduction faite de la quantité de chaleur contenue dans 1 kilogramme d'eau d'alimentation). D'après les tables de vapeur cette dernière quantité de chaleur pour un kilogramme de vapeur ayant un degré de sécheresse de 0,987 et à la pression absolue de 15 kilogrammes est (pour de l'eau d'alimentation à 23° C).

$$666,56 \times 0937 + (1 - 0.987)\, 197 - = 636,5 \text{ calories}$$

La ligne **38** s'écrit donc :

$$636,5 \times \frac{10150}{1570} = 4130 \text{ calories}$$

ce qui donne pour la chaudière un rendement de :

$$\frac{4130}{7920} = 52,3\,\%.$$

Lignes 39 et 40. — Il est tout d'abord nécessaire d'évaluer le poids de gaz par kilogramme de combustible réellement brûlé. Sauf une négligeable proportion de CO_2 due à l'air comburant, le carbone présent dans les gaz de la combustion provient du charbon. En prenant pour poids moléculaires de CO_2, CO, O_2 et Az_2 respectivement : 44, 28, 32 et 28 la composition des gaz de la combustion est la suivante :

$$
\begin{aligned}
CO_2 &: 12,22 \times 44 = 539,9 = 17,87\,\% \\
CO &: 0,33 \times 28 = \quad 9.2 = \quad 0,31\,\% \\
O_2 &: 5,97 \times 32 = 190,0 = \quad 6,37\,\% \\
Az_2 &: 81,43 \times 29 = 2280,0 = 85,50\,\% \\
\hline
& \qquad\qquad\quad 3020,0 \qquad 100\ \%
\end{aligned}
$$

Le poids de carbone contenu dans 0,1787 kg. de CO_2 est :

$$0,1787 \times \frac{12}{44} = 0,0488 \text{ kg.}$$

Le poids de carbone contenu dans 0,0031 kg. de CO est :

$$0,0030 \times \frac{12}{28} = 0,00133 \text{ kg.}$$

Le poids total de carbone contenu dans 1 kilogramme de gaz sec de la combustion est :

$$0,0488 + 0,00133 = 0,05013 \text{ kg.}$$

D'après les analyses, 1 kilogramme de charbon contient 0,842 kg. de carbone. Nous aurons donc pour 1 kilogramme de charbon brûlé :

$$\frac{0,842}{0,05013} = 16,8 \text{ kg. de gaz sec}$$

On arrive directement au même résultat en partant de l'analyse volumétrique, à l'aide de l'expression suivante :

Poids du gaz sec par kg de charbon brûlé

$$= \frac{11 \times CO^2 + 8O^2 + 7(CO + A^2_z)}{3(CO^2 - CO)} \times \text{(carbones par kg de charbon)}$$

expression où CO^2, CO^2, O, et Az^2 sont à remplacer par les proportions au volume de ces mêmes gaz.

On en tire :

$$\frac{11 \times 0,1227 + 8 \times 0,0597 \ 7 \ (0,0033 + 0,808 + 3}{3 \ (0,1227 + 0,0033)} = 16,8 \text{ kg}$$

résultat trouvé plus haut.

La quantité d'eau contenue dans les gaz est égale à :

9 (poids de H^2 contenue dans le charbon) + (poids d'eau contenue dans le charbon)
$$= 9 \times 0.0427 + 0.0108 = 0,4 \text{ kg approximativement}$$

On suppose que la combustion de l'hydrogène contenue dans le charbon est complète et l'on néglige l'eau formée et évaporée par les cendres, étincelles....

Le poids total de gaz par kilogramme de charbon brûlé est donc :

$$168 + 0,4 = 17,2 \text{ kg.}$$

Les principales difficultés et les erreurs qui accompagnent ces calculs s'augmentent encore lorsque l'on essaye de déterminer le poids de gaz par kilogramme de combustible réellement brûlé. Avec le tirage naturel, on trouve communément dans les essais bien conduits une perte représentant 5 à 10 0/0 du pouvoir calorifique du combustible. Avec des taux de combustion plus élevés, c'est-à-dire supérieurs à 175 kilogrammes de charbon par mètre carré de surface de grille et par heure, la perte par entraînement de charbon non brûlé dans la cheminée augmente rapidement ainsi que l'on peut le constater par la courbe supérieure de la figure 127. Pour des locomotives travaillant comme dans le cas que nous étudions avec des taux élevés, une grande partie des pertes dues au charbon non brûlé provient de la proportion relativement considérable de poussières, cendres, étincelles... transportées à travers les tubes de chaudière par le tirage intense. Nous avons d'ailleurs déjà envisagé cette question à la ligne **18**. C'est pourquoi il est nécessaire de se faire une idée de la grandeur des pertes par charbon non brûlé, avant de pouvoir estimer le poids de gaz formé par kilogramme de charbon. Nous avons adopté la méthode suivante à défaut d'une meilleure, méthode qui peut également s'appliquer aux essais de chaudières courantes avec foyers à tirages normaux.

Nous admettons que la chaleur spécifique moyenne des gaz de la combustion est de 0,25 entre les limites de température de la boîte à fumée et du milieu ambiant, températures qui dans le cas actuel étaient respectivement de 335° C. et de 22° C.

La chaleur perdue par les gaz de la combustion est par kilogramme de charbon brûlé :

$$17,2 \times 0,25 \ (335 - 22) = 1335 \text{ calories}$$

Le rendement de la chaudière au cours de cet essai était de 52,3 0/0 et les pertes par combustion de carbone à l'état de CO (ligne **41**) d'environ 1,1 0/0. En supposant une perte externe de 51 0/0 par radiation... les pertes restantes s'élèvent à :

$$100 - (52,6 + 1,1 + 5) = 41,6 \ \%$$

Si x est le pourcentage des pertes par cendres, étincelles, ... correspondant au charbon non brûlé nous aurons :

$$x + \frac{1335}{7920} \ (100 - x) = 41,6 \ \%$$

d'où l'on tire :

$$x = 29,7 \ \%$$

Le poids de gaz par kilogramme de charbon brûlé est donc :
$$17,2 \ (1 - 0,207) = 12,1 \text{ kg (ligne 55)}$$

et la quantité de chaleur emportée par les gaz par kilogramme de charbon brûlé est :

$$1335 \ (0,297) = 945 \text{ calories (ligne 56)}$$

La quantité d'air théoriquement nécessaire par kilogramme de charbon brûlé (ligne **52**) est donnée par l'expression :

$$\left(0,842 \times \frac{32}{12} + 0,0428 \times \frac{16}{8} + 0,008 \times \frac{32}{52}\right) \times \frac{100}{23} \times (1 - 0,297) = 7,9 \text{ kg.}$$

et comme le poids de combustible brûlé par kilogramme de charbon est environ :

$$0,9 \ (1 - 0,297) = 0,6 \text{ kg}$$

les produits de la combustion par kilogramme de charbon brûlé s'élèvent à :
$$7,9 + 0,6 = 8,5 \text{ (ligne 54)}$$

En prenant pour chaleur spécifique des gaz 0,25, on aura :
Ligne 39 :

$$8,5 \times 0,25 \times (335 - 22) = 665 \text{ calories}$$

Ligne 40 :

$$945 - 665 = 280 \text{ calories}$$

Ligne 41. — Les pertes dues à la combustion incomplète correspondent aux différences entre les valeurs calorifiques de CO^2 et de CO soit :

$$(8.100 - 2.400) \text{ calories}$$

Le poids de charbon brûlé comme CO par kilogramme de charbon brûlé est :

$$\frac{0,00133}{0,05013} \times 0,842 \text{ kg.}$$

et la perte correspondante sera :

$$\frac{0,00133}{0,05013} \times 0,842 \,(1 - 0,297) \text{ kg.}$$

La ligne 41 devient donc :

$$\frac{0,00133}{0,05013} \times 0,842 \,(1 - 0,297) \times (8\,100 - 2\,400) = 89 \text{ calories}$$

ou :

$$\frac{89}{7.920} = 1,1 \text{ %} \text{ sensiblement ;}$$

Somme des lignes 42 et 42 a.

La somme de ces pertes a été évaluée précédemment à 29,7 0/0 du pouvoir calorifique du charbon, soit :

$$8920 \times \frac{29,7}{100} = 2350 \text{ calories}$$

Ligne 45. — Cette ligne correspond au rapport suivant :

$$\frac{\text{Chaleur fournie à l'eau pendant 1 heure}}{\text{surface de chauffe en mètres carrés.}} = \frac{636,5 \times 10150}{236} = 27\,350 \text{ calories}$$

Ligne 46. — On voit aisément que ce rapport est :

$$\frac{1570}{3,30} = 477 \text{ kg. par mètre carré de grille}$$

Ligne 47. — S'écrit :

$$\frac{10150}{1570} = 6,5 \text{ environ}$$

Ligne 48. — Du fait que la valeur précédente dépend dans une certaine limite de la qualité de la vapeur et de la température de l'eau d'alimentation on adopte un standard d'évaporation correspondant à 1 kilogramme de vapeur saturée à la température de 100° C. Le nombre de calories correspondantes est de 538, par suite nous avons :

$$\text{Ligne } 48 = \text{ligne } 47 \times \frac{636,6}{538} = 6,5 \times \frac{636,6}{538} = 7,7$$

Ligne 49. — S'écrit :

$$\frac{7,7 \times 1570}{236} = 51,2$$

Ligne 50. — Plus la vitesse de dégagement de la vapeur est élevée et plus la chaudière est susceptible de donner lieu à du « primage ». La vitesse moyenne de ce dégagement est donnée par la relation :

$$\frac{\text{Poids de vapeur en kgs par heure} \times \text{volume de 1 kg de vapeur en m}^3}{\text{surface du plan d'eau de la chaudière en m}^2 \times 3\,600} =$$

Ligne 51. — S'obtient en déduisant le poids de combustible brûlé du poids de gaz formé par la combustion de 1 kilogramme de charbon :

$$12,1 - 0,9\,(1 - 0,297) = 11,5 \text{ kg,}$$

Ligne 52. — Le résultat a déjà été calculé .

Ligne 53. —

$$= \frac{\text{ligne } 50}{\text{ligne } 52} = \frac{11,5}{7,9} = 1,46$$

L'Economiseur et le Surchauffeur. — Le type courant d'économiseur pour chaudières terrestres est établi de manière que les gaz de la combustion viennent réchauffer l'extérieur des tubes verticaux à travers lesquels se fait le refoulement d'eau d'alimentation à la chaudière. L'économiseur correspond ainsi réellement à une augmentation de la surface de chauffe de la chaudière. Les fonds de rapports que nous donnons plus loin au sujet des essais des économiseurs et surchauffeurs sont également extraits du rapport de 1913 de l' « Institution of Civil Engineers Committee » et ne s'appliquent que dans le cas d'appareils chauffés par le gaz de combustion de la chaudière. Dans le cas où la chauffe de ces appareils serait faite à l'aide d'un foyer spécial les fonds de rapports indiqués pour les essais de chaudière seraient alors à appliquer (avec quelques légères modifications).

Toutes les indications concernant l'économiseur et le surchauffeur seront consignées dans les lignes 57 à 60. Les lignes 58 et 60 sont relatives aux surfaces en contact avec les gaz, quelle que soit l'état de propreté de *ces surfaces*...

Ligne 61. — S'il n'y a aucune perte dans les tuyauteries de l'économiseur ou au bye-pass ce chiffre devrait correspondre au chiffre (ligne 31), donnant la quantité d'eau d'alimentation.

Ligne 62 à 65. — On indiquera le type de thermomètres et leur emplacement. Dans le cas de fuite à la vanne du bye-pass la température ligne 63 peut être de beaucoup supérieure à celle de la ligne 32.

Ligne 66 et 67. — Ces valeurs seront déterminées de la même façon que les valeurs des lignes 21 et 23 relatives aux essais de chaudière, sauf que pour la ligne 67, les poids de CO_2, CO, O_2, H_2O et Az_2 dans 1 kilogramme de gaz de la combustion seraient multipliés par leur chaleur spécifique relative, puis additionnés.

Ligne 68. — Si la totalité de la vapeur de la chaudière passe par le surchauffeur cette ligne sera la même que la ligne 31, sauf le cas où des corrections deviendraient nécessaires du fait des fuites. Dans la plupart des surchauffeurs il existe un bye-pass qui permet au besoin de régulariser la température de la vapeur allant aux machines. Si la vanne du bye-pass n'est pas complètement fermée au cours de l'essai, le poids de vapeur traversant le surchauffeur peut seulement être évalué approximativement en mesurant les températures de vapeur : 1° à l'entrée et à la sortie du surchauffeur, 2° dans la tuyauterie allant aux machines et alors que la vapeur est bien mélangée.

Si $\quad t_1 =$ température de la vapeur à son entrée dans le surchauffeur.

$\quad t_2 = \qquad\qquad$ »$\qquad\qquad$ surchauffée

$\quad t_i =$ température de la vapeur d'alimentation des machines

x kgs = poids d'eau contenu dans 1 kg. de vapeur humide

$w_s =$ poids de vapeur passant par le surchauffeur par kg. de combustible

$w_b = \qquad$ »$\qquad\qquad$ par le bye-pass par kg. de combustible

On aura :

$\qquad w_s + w_b$ poids total de vapeur par kg. de combustible.

En supposant que la pression est la même dans la chaudière, dans le surchauffeur et dans la conduite de vapeur nous avons :

Chaleur contenue dans la vapeur qui quitte le surchauffeur $= w_s \left[t_1 + L_1 + 0,5 \, (t_2 - t_1) \right]$

$\qquad$ «$\qquad\qquad$ traverse le bye-pass $= w_b \left[t_1 + (1 - x) \, L_1 \right]$

$\qquad$ »$\qquad\qquad$ après mélange $= w_s + w_b) \left[t_1 + L_1 + 0,5 \, (t_s - t_1) \right]$

Si l'on néglige les pertes de chaleur on aura :

$$w_s \left[t_1 + L_1 + 0,5 \, (t_s - t_1) \right] + w_b \left[t_1 + (1 - x) \, L_1 \right] = (w_s + w_b)\left[t_1 + L_1 + 0,5 \, (t_s - t_1) \right]$$

étant donné que la somme $w_s + w_b$ est connue on peut déduire w_s et w_b du système d'équation précédent.

Il n'y a cependant pas une véritable nécessité de faire les calculs ci-

Les essais de machines.$\qquad\qquad\qquad\qquad$ 15

dessus si l'on ne désire connaître que la quantité de chaleur fournie au surchauffeur et le rendement du surchauffeur, car de toutes façons la chaleur donnée par la vapeur au surchauffeur est approximativement la différence entre les quantités de chaleur contenues dans la vapeur à son entrée dans la conduite et la quantité de chaleur contenue dans la vapeur avant d'être surchauffée.

Ligne 69. — A moins d'avoir un manomètre spécialement branché sur le surchauffeur, on considère que la pression dans cet appareil est la même que dans la chaudière. (Il ne devra y avoir aucun étranglement de vapeur à l'entrée du surchauffeur).

Ligne 70. — L'on prend le même chiffre que pour la ligne 35. Dans le cas où une tuyauterie assez longue relierait la chaudière à un surchauffeur à foyer indépendant il y aurait cependant lieu de faire une nouvelle détermination.

Lignes 71 à 74. — Les explications données pour les lignes 62 à 65 conviennent également ici. Il est intéressant au plus haut point d'indiquer à quels intervalles de temps ont été relevées les températures et la nature des thermomètres employés.

Ligne 75. — Ces valeurs seront pratiquement les mêmes que celles trouvées à la ligne 21 et à moins de raisons spéciales une nouvelle analyse des gaz de la combustion à leur traversée du surchauffeur n'est pas nécessaire.

Ligne 76. — La valeur est semblable à celle de la ligne 67 et ne demande un calcul qu'au cas où le surchauffeur est à foyer séparé.

Ligne 77. — Généralement prise comme la somme des lignes 39 et 40 elle ne diffère pas de la ligne 56 si les gaz de la combustion passent directement de la chaudière à l'économiseur. Si les gaz passent tout d'abord dans le surchauffeur à leur sortie de la chaudière cette ligne sera la même que la ligne 83.

Ligne 78. —

$$= \frac{\text{lignes 61} \times (\text{ligne 63} - \text{ligne 62})}{\text{ligne 14}}$$

$$\text{Rendement} = \frac{\text{ligne 78}}{\text{ligne 77}} \times 100$$

On remarquera cependant que si l'eau d'alimentation entre dans l'économiseur à une température supérieure à la température ambiante, l'augmentation de rendement est en quelque sorte fictive, car il deviendra impossible de refroidir les gaz de combustion à une température égale à la température ambiante.

Ligne 79. — Les calculs sont identiques à ceux de la ligne 56, savoir

$$\text{Poids du gaz quittant l'économiseur par kg de combustible brûlé} \times \text{ligne 67} \times$$
$$\times (\text{ligne 65} - \text{ligne 24})$$

Ligne 80 = *ligne* 77 — *ligne* 78 — *ligne* 79.

Ligne 81. — Si les gaz de la combustion passent directement de la chaudière dans le surchauffeur cette ligne sera la somme des lignes 39 et 40. Généralement cependant le surchauffeur est placé de telle manière que les gaz de la combustion viennent en contact avec lui avant de quitter la chaudière et dans ce cas un calcul est nécessaire. En prenant comme base la température ambiante :

$$\text{ligne } 80 = \left(\begin{array}{c}\text{poids du gaz passant par le}\\ \text{surchauffeur par kg de combustible}\end{array}\right) \times \text{ligne } 76 \times (\text{ligne } 73 - \text{ligne } 24)$$

Ligne 82. — En utilisant les mêmes symboles que pour la ligne 68 la quantité de chaleur fournie à la vapeur par le surchauffeur, par kilogramme de combustible est :

$$\left[x w_s \, L_1 + 0,5 \, (t_2 - t_1) \, w_s\right] = \frac{\text{ligne } 68}{\text{ligne } 14}\left[x \, L_1 + 0,5 \, (t_2 - t_1)\right]$$

Le rendement du surchauffeur $= \dfrac{\text{ligne } 82}{\text{ligne } 81}$ n'a qu'une valeur fictive du fait de l'impossibilité de refroidir complètement les gaz de la combustion.

Ligne 83. — Se calcule d'une façon identique à la ligne 79.

Ligne 84. — Ligne 80 — ligne 82 — ligne 83.

Lignes 85 et 86. — Sont évidentes.

Ligne 87.

$$= \frac{\text{ligne } 38 + \text{ligne } 78 + \text{ligne } 82}{\text{ligne } 17}$$

Réchauffeur d'eau d'alimentation à vapeur. — Lorsqu'un réchauffeur d'eau d'alimentation à vapeur est utilisé en cours d'essais, il sera décrit et l'on donnera au procès-verbal d'essais ses principales dimensions. On notera la température de la vapeur à son entrée et les températures de l'eau d'alimentation à son entrée et à sa sortie. Si l'eau d'alimentation est chauffée par de la vapeur vive, provenant de la chaudière en cours d'essais, on permet généralement le mélange entre la vapeur ainsi condensée et l'eau d'alimentation et la température de l'eau d'alimentation sera prise égale à la température de l'eau à son entrée au réchauffeur. Comme de bien entendu cette eau sera mesurée.

Si le réchauffage est fait avec de la vapeur d'échappement, la vapeur ne viendra généralement pas au contact de l'eau d'alimentation et la température de l'eau d'alimentation sera prise égale à celle de l'eau à sa sortie du réchauffeur. Du point de vue de la précision des essais il serait mauvais de laisser cette vapeur d'échappement venir au contact de l'eau d'alimentation, car il y aurait quelques incertitudes quant à la qualité et à la quantité de vapeur ainsi mélangée à l'eau d'alimentation.

Réchauffeur d'air. — Dans certaines installations et principalement à bord des bateaux, l'air envoyé aux foyers est tout d'abord réchauffé par les gaz de la combustion. On mesurera les températures respectives de l'air et du gaz à l'entrée et à la sortie du réchauffeur et les résultats seront portés sur une feuille semblable à celles utilisées pour l'économiseur et le surchauffeur. On donnera également une description succincte de l'installation en indiquant quelle est la puissance nécessaire pour l'actionnement des ventilateurs.

Pompes d'alimentation d'eau des chaudières. — On donnera une description des pompes d'alimentation en indiquant leur type, leur disposition et leurs principales dimensions. Si on désire avoir un essai complet on pourra également mesurer la puissance requise pour leur fonctionnement.

Renseignements concernant les chaudières. — L'auteur regrette que le manque de place lui empêche de s'étendre sur cette question. En ce qui concerne le rendement des chaudières, on se reportera utilement au livre de M. B. Donkin sur « Le rendement calorifique des chaudières à vapeur », qui donne des renseignements très étendus concernant les essais effectués sur différents types de chaudières. Une suite d'essais et d'expériences ont été faits par le professeur J. T. Nicolson afin de montrer l'influence des grandes vitesses de gaz et d'eau, dans la construction et le rendement des chaudières. Nous donnerons par la suite quelques extraits de ces expériences.

THE INSTITUTION OF CIVIL ENGINEERS

FONDS TYPES POUR L'INSCRIPTION DES RÉSULTATS D'ESSAI
DES MACHINES A VAPEUR ET DES CHAUDIÈRES

Rapport concernant l'essai d'une chaudière de locomotive

travaillant à _______________ 14 kgs de pression _______________

fait le ____

à la demande de ____

sous la direction de _____________________________________

et en la présence de _____________________________________

NOTA. — Les lignes imprimées en italique peuvent être omises lorsque l'on ne désire qu'un essai rapide.

CHAUDIÈRE. — FEUILLE I. DESCRIPTION GÉNÉRALE ET DIMENSIONNEMENT

Type de chaudière *Locomotive*   Faite par *Brooks locomotive Works*

Garantie de vaporisation de la chaudière_____________kgs par heure

Essai réalisé pour une production de *10.000* kgs de vapeur à l'heure.

But de l'essai *Recherches expérimentales.*_____________

Nº de Référence	Description générale de la chaudière et dimensionnement
1	*Chaudière de locomotive, à entretoises radiales et du diamètre extérieur de 1,70 m. Les tubes ont 50 mm. de diamètre extérieur, 4,50 m. de longueur et sont au nombre de 338 La surface totale de chauffe est égale à 75,25 fois la surface de la grille.*
2	*Méthode adoptée pour le commencement et l'arrêt de l'essai. Les conditions à la fin de l'essai étaient autant que possible similaires à celle du début.*
3	*Système de chauffe et épaisseur moyenne de la couche du combustible. La chauffe se fait à la main.*
4	*Tirage.* — *Tirage induit provoqué par la vapeur d'échappement*_____________
5	Hauteur de la cheminée au-dessus de la grille_____________ Section à la base_____________ Section au sommet_____________,
6	Surface totale de la grille (non compris la table du foyer)................ 3m²
7	Section de passage de l'air entre les barreaux de la grille................ 2,05m²
8	Surface totale de chauffe (boîte à feu 2 m², tubes 21,5 m²), corps de chaudière_____________, carneaux_____________ soit................ 20,5m²
9	Chambre d'eau .... { pour_____________ centimètre { m³_____________
10	Chambre de vapeur .... { d'eau dans le tube { m³_____________
11	Surface de l'eau .... { de niveau { m²_____________

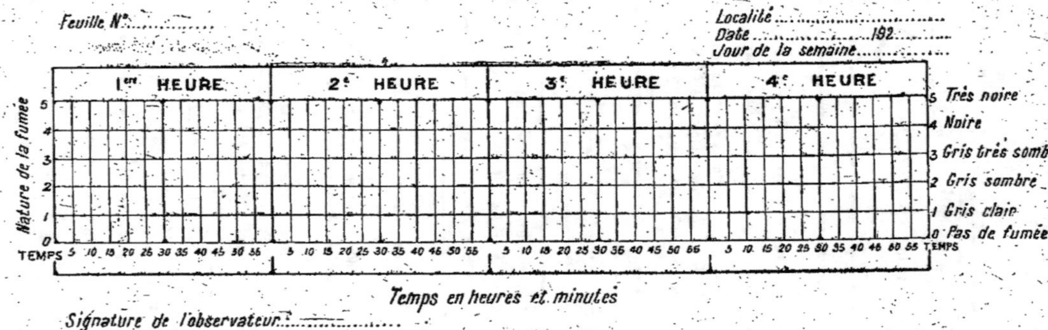

Fig. 128. — Diagramme du degré d'intensité de la fumée en fonction du temps.

CHAUDIÈRE. — FEUILLE II. — RÉSULTATS D'OBSERVATION

Nos de référence	Objet de l'observation	Résultats		Remarques
12	Durée de l'essai de ___ à ___ heure.........	3		
	COMBUSTIBLE			
13	Description rapide......................	Berwind W'ite Coal Co		Le charbon est friable
14	Combustion à l'heure.............. kgs	1570		
	Poids en % — Carbone..................	84,2		
	— Hydrogène..................	4,28		
15	— Soufre..................	0,80		
	— Cendres..................	6,34		
	— Oxygène et autres matières..	4,38		
16	Humidité contenue dans le combustible.....	1,08 %		
17	Pouvoir calorifique inférieur du combustible en calorie par kg...........	7.900		Résultat obtenu au calorimètre de W. Thompson modifié
	CENDRES ET MÂCHEFERS			
18	Poids total par heure............... kgs	144		
19	Matières carbonifères contenues dans un kg de cendre..................			
20	Pouvoir calorifique des cendres en calories par kg..................	6.506		
	GAZ DE LA COMBUSTION			
21	L'analyse des gaz de la combustion donne :	En volume	En poids	Résultat moyen déduit de 3 analyses faites à l'aide de l'appareil Orsat. L'échantillon de gaz a été prélevé dans la boîte à fumée.
	Acide carbonique.................. %	12,27	17,86	
	Oxyde de carbone.................. %	0,33	0,30	
	Oxygène.................. %	6,97	0,32	
	Hydrogène (par différence).......... %	81,43	75,50	
22	Température moyenne des gaz de la combustion à leur sortie de la chaudière..............	385° C.		
23	Chaleur spécifique moyenne des produits de la combustion..................	—		
	AIR ET TIRAGE			
24	Température de l'air extérieur...........	28,6 C.		En laboratoire
25	Pression barométrique (___ en mm de mercure) soit kga : cm²)...............	1.007 kg		
26	Pression au cendrier (cas du tirage forcé) en cm d'eau..................	—0,38 cm.		Tirage induit
27	Pression au dessus de la grille en cm d'eau.	—3,05 cm.		
28	Tirage à la sortie de la chaudière en cm d'eau	5,85 cm.		
29	» la base de la chaudière » »	12,4 cm.		
30	Poids de vapeur par heure utilisé à la production du tirage	—		

CHAUDIÈRE. — FEUILLE II. — RÉSULTATS D'OBSERVATION

Nos de référence	Objet de l'observation	Résultats	Remarques
	EAU D'ALIMENTATION		
31	Eau d'alimentation provenant de la pompe de l'économiseur ou du réchauffeur d'eau en kgs : heure	10.150 kgs.	*Ne comprend pas les fuites à l'injecteur.*
32	Température de l'eau d'alimentation........	20° C.	
32a	Fuite d'eau par heure....................	250	
32b	» » »	—	
	VAPEUR		
33	Pression mesurée en kgs : cm²	14	
34	Pression absolue....................	15,2	
35	Humidité de la vapeur par kg	0,013	
35a	Qualité de la vapeur....................	0,987	
36	Température de saturation....................	198° C.	
36a	Pourcentage des pertes par radiation en calories par heure	—	

CHAUDIÈRE. — FEUILLE III. — CALCUL DES QUANTITÉS DE CHALEUR

Nos de référence	Quantité de chaleur par kg. de charbon brûlé	Calories	%
37	*Pouvoir calorifique total de 1 kg de charbon*	7.900	100,0
38	*Quantité de chaleur transmise à l'eau*	4.125	52,3
39	*Chaleur emportée par les produits de la combustion* ..	664	8,4
40	*Chaleur emportée par l'excès d'air*...............	276	3,5
41	*Chaleur perdue par combustion incomplète*	87	1,1
42	*Chaleur perdue par suite de la présence de charbon dans les cendres*	} 2.358	} 29,7
42a	*Chaleur par étincelles enflammées et cendres*........		
43	*Pertes par radiation et par heure*	398	5 (évaluation)
44	*Les pertes provenant de l'évacuation des hydrocarbures non brûlés, des cendres chaudes, sont incluses dans les lignes 42 et 42a*		
	La somme des lignes 38 à 44 est égale à la ligne 37 .	7.900	100,0
	DÉDUCTIONS		
45	*Chaleur transmise par m² de surface chauffante et par heure*	calories	27.350
46	*Poids de combustible brûlé par m² de grille et par heure*	kgs	477
47	*Poids d'eau évaporé par kg. de combustible*	—	6,5
48	*Évaporation équivalente ramenée à 100° c. et par kg de charbon brûlé*	—	7,8

	DÉDUCTIONS		
49	Quantité d'eau équivalente évaporée par heure et par m² de surface de grille	—	51,2
50	Vitesse d'évaporation en mètre par seconde	—	—
51	Quantité d'air par kg de charbon brûlé............	kgs	11,5
52	Poids d'air nécessaire théoriquement par kg de charbon	kgs	7,9
53	Rapport de la quantité d'air utilisée à la quantité d'air réellement nécessaire	—	1,46
54	Poids des produits de la combustion pour 1 kg de charbon brûlé........................	kgs	8,5
55	Poids de gaz par kg de charbon	kgs	12,1
56	Quantité de chaleur emportée par les gaz de combustion par kg de charbon	calories	940

ECONOMISEUR ET SURCHAUFFEUR. — FEUILLE I
Description générale et dimensionnement

Nos de Référence	ECONOMISEUR (Chauffage de l'eau d'alimentation par les gaz de la combustion)
57	Description générale de l'économiseur et arrangement de la circulation d'air chaud.
58	Surface de chauffe de l'économiseur........................ mètres carrés
	SURCHAUFFEUR
59	Description générale de l'économiseur et de son mode de chauffage, en donnant si possible les sections relatives de passage des gaz de la combustion et de la vapeur.
60	Surface de chauffe........................ mètres carrés

RÉSULTAT DÉDUIT DES OBSERVATIONS

	ECONOMISEUR	Notes concernant les observations	Remarques	
61	Quantité d'eau d'alimentation pénétrant dans l'économiseur en 1 heure			
62	Température de l'eau d'alimentation à son entrée dans l'économiseur................			
63	Température de l'eau d'alimentation à sa sortie de l'économiseur................			
64	Température des gaz de la combustion à leur entrée dans l'économiseur................			
65	Température des gaz de la combustion à leur sortie de l'économiseur			
	Analyse des gaz de la combustion quittant l'économiseur :	En volume	En poids	
	Acide carbonique .... %	—	—	
66	Oxyde de carbone .... %	—	—	
	Oxygène................ %	—	—	
	Azote (par différence) .... %	—	—	

Nº		calories	
67	*Chaleur spécifique moyenne des gaz de la combustion quittant l'économiseur* .... *calories*		
	SURCHAUFFEUR		
68	*Poids de vapeur pénétrant dans le surchauffeur par heure* .... *kgs*		
69	*Pression absolue de la vapeur dans le surchauffeur en kgs : cm²*		
70	*Qualité de la vapeur à son entrée*		
71	*Température de la vapeur à son entrée*		
72	*Température de la vapeur à sa sortie*		
73	*Température des gaz de la combustion à leur entrée* ..		
74	*Température de la vapeur à sa sortie*		
75	*Analyse des gaz de la combustion quittant le surchauffeur :*		
	Acide carbonique .... %		
	Oxyde de carbone .... %		
	Oxygène .... %		
	Azote (par différence) .... %		
76	*Chaleur spécifique moyenne des gaz de la combustion quittant le surchauffeur* .... *calories*		

ÉCONOMISEUR ET SURCHAUFFEUR. — FEUILLE II. — QUANTITÉS DE CHALEUR

Nºˢ de référence	Quantité de chaleur (par kg de charbon brûlé)	calories	%
	ÉCONOMISEUR		
77	*Quantité de chaleur reçue de la chaudière en gaz et vapeur par kg de charbon brûlé*		
78	*Chaleur fournie à l'eau (et rendement en % de l'économiseur)*		
79	*Chaleur emportée à la cheminée*		
80	*Différence*		
	Somme des lignes 78 à 80 est égale à la ligne 77 ...		
	SURCHAUFFEUR		
81	*Chaleur totale reçue*		
82	*Chal. transmise à la vap. (et rendement en % de l'économiseur*		
83	*Chaleur emportée à la cheminée*		
84	*Différence*		
	Total des lignes 82 à 84 égal à la ligne 81		
	DÉDUCTIONS		
85	*Chal. transm. par mètre carré de surface de chauffe de l'économiseur et par heure en calories*		
86	*Chal. transm. par mètre carré de surface de chauffe du surchauffeur et par heure en calories*		
87	*Rendement thermique global de l'économiseur et du surchauffeur combiné* .... %		

CHAPITRE IX

ESSAIS DES CONDENSEURS ET POMPES A AIR

Condenseurs et pompes à air. — Les dispositions et méthodes adoptées pour les essais des condenseurs varient quelque peu avec le type du condenseur et la nature des renseignements cherchés. Les principaux types de condenseurs en usage sont : le condenseur à surface ordinaire, le condenseur à surface à évaporation, les condenseurs à *mélange*, l'éjecto-condenseur, les condenseurs à siphon ou barométriques... Dans les condenseurs ordinaires à surface la vapeur se condense sur la surface du tube ou des plaques, qui sont en contact continu avec une circulation d'eau froide ; tandis que dans le condenseur à surface à évaporation, l'eau de circulation vient frapper la surface des tubes du condenseur de telle sorte qu'une partie de cette eau puisse s'évaporer. Ce dernier type de condenseur devra de préférence être placé au contact direct de l'atmosphère, de manière à activer l'évaporation. Pour les autres types de condenseurs la vapeur et l'eau de condensation viennent directement en contact, différentes méthodes étant utilisées pour obtenir un mélange parfait. Le condenseur à surface ainsi que le condenseur à mélange requièrent l'emploi d'une pompe à air pour l'extraction de l'air et de l'eau. Le condenseur barométrique est un condenseur à mélange mais dans lequel la hauteur d'eau dans le tube de décharge est suffisante pour provoquer l'évacuation de l'eau condensée ; l'air et la vapeur d'eau l'accompagnant sont extraits à l'aide d'une pompe à air sec. L'éjecto-condenseur ne requiert aucune pompe à air et la vitesse de l'eau de condensation est suffisante pour lui permettre non seulement de condenser la vapeur, mais encore en se mélangeant avec l'air de créer un vide convenable.

Le condenseur à surface est d'un emploi général lorsque l'eau de circulation ne peut être utilisée dans les chaudières ou quand la fourniture d'eau d'alimentation des chaudières est limitée ou coûteuse. L'eau de condensation est alors retournée aux chaudières et la fourniture d'eau ne porte que sur les pertes à compenser.

Les condenseurs à mélange seront d'un emploi tout indiqué lorsque l'eau de condensation peut être utilisée à l'alimentation des chaudières sans avoir à subir un traitement onéreux ou lorsque la fourniture d'eau d'alimentation est suffisamment bon marché pour que l'on puisse envisager la non-réutilisation de l'eau condensée.

Dans un essai de condenseur on aura généralement à s'occuper des questions suivantes :

(1) Voir si le condenseur et les pompes à air sont en ordre de marche et essayer les joints des tubes (condenseur à surface).

(2) Déterminer le taux de condensation et le vide possible dans des conditions déterminées.

(3) Mesurer la puissance nécessaire à la conduite des pompes à air et des pompes de circulation, ainsi que la consommation de vapeur si les moteurs de ces pompes sont à vapeur.

Dans les essais ordinaires de garantie on spécifie généralement la quantité et la température de l'eau de circulation ainsi que la quantité de vapeur condensée et le vide obtenu. Lorsque l'on désire faire une série d'essais pour déterminer l'influence de chacune des variables on doit prendre soin de maintenir constante toutes les autres quantités. Les divers variables à envisager sont :

(1) La température de la vapeur d'échappement, sa pression et sa qualité.

(2) La température de l'eau de condensation à son entrée au condenseur.

(3) La température de l'eau de condensation à sa sortie du condenseur.

(4) Vitesse de circulation de l'eau.

(5) Rapport des quantités d'air et de vapeur pénétrant dans le condenseur.

(6) Etat de la surface de condensation et de la surface en contact avec l'eau de circulation (condenseur à surface).

(7) Vitesse des pompes à air.

(8) Variations d'ordre matériel apportées à l'installation. (Modification de la section des tubes, de leurs nombres...).

Tous ces variables dépendent plus ou moins les uns des autres sauf pourtant la variable (3) qui dépend de la combinaison des autres conditions. Pour de plus amples renseignements à ce sujet, voir plus loin « Les variables indépendantes dans les essais de condenseurs ».

Le poids de vapeur apparemment condensée dépend de la qualité de la vapeur admise au condenseur. Par exemple la vapeur d'échappement de la plupart des machines contient de l'humidité qui semble ainsi s'ajouter à la quantité d'eau condensée, la garantie devra donc indiquer la qualité de la vapeur. Si cette garantie fixe une certaine quantité de vapeur saturée, on devra donc installer sur la température d'échappement de la machine un séparateur approprié. Pour les essais la vapeur à condenser pourra être envoyée directement au condenseur, mais il y a lieu de prendre des précautions dans le but de ne pas détériorer celui-ci quand on opère sur de la vapeur à haute pression que l'on détend à la pression du condenseur. La quantité de chaleur qui résulte de cette détente doit être absorbée avant de faire entrer la vapeur dans le condenseur.

Dans ce but on pourra faire passer la vapeur dans un récipient contenant de l'eau. La figure 129 représente un récipient spécialement adapté à ce but (1). Après avoir passé par un détendeur, la vapeur arrive en A dans un tube de cuivre perforé, à une pression légèrement supérieure à la pression dans le condenseur et perd son excès de chaleur en venant barboter à travers l'eau. La vapeur avant de se rendre au condenseur traversera une toile métallique qui empêchera un entraînement d'eau exagéré. La hauteur d'eau dans le récipient est indiquée par un tube de niveau et les pertes d'eau sont compensées par une adduction d'eau, de manière à maintenir le niveau constant.

Le poids de vapeur condensée dans un condenseur à surface pourra être évalué suivant la méthode indiquée au chapitre V.

Une base plus certaine de la capacité d'un condenseur sera donnée par le nombre de calories transmises à l'eau de circulation par seconde, bien que ce chiffre puisse dépendre encore de la qualité de la vapeur condensée et de la quantité d'air contenue dans la vapeur. La

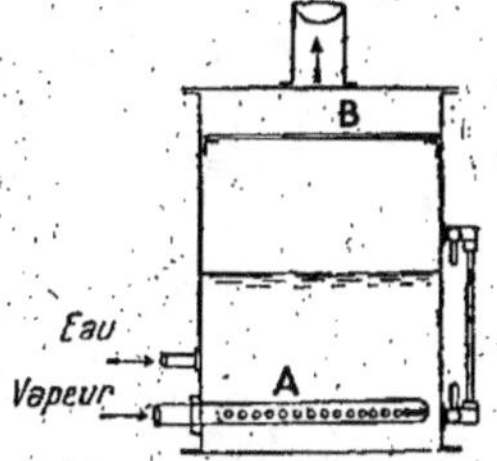

Fig. 129. — Appareil permettant de convertir de la vapeur surchauffée en vapeur saturée, pour des essais de condenseur

détermination de ce chiffre demandera des mesures précises de la température de l'eau et une évaluation précise de la quantité d'eau de circulation.

Les méthodes de détermination des fuites d'eau de circulation côté vapeur ont été étudiées au chapitre V, mais dans aucun cas on n'acceptera un essai comme valable (en temps qu'essai d'un condenseur) s'il se produit des fuites.

Dans le cas de condenseurs à mélange la chaleur totale fournie à l'eau de circulation peut être évaluée en mesurant les températures d'entrée et de sortie et la quantité d'eau de circulation. Le poids d'eau condensée peut être évalué par les méthodes et calculs exposés au chapitre V.

(1) Un récipient semblable a été utilisé par Mr. Allen et est décrit dans sa communication « Condenseurs à surface et vide produit », à l'*Inst. of Civil Eng.*, vol. CLXI, 1904-1905, part. III.

Mesure de l'eau de condensation. — La quantité d'eau de condensation ou de circulation qui traverse un condenseur de type courant est en général trop grande pour être pesée directement. Si l'on disposait de réservoirs très grands on pourrait utiliser la même méthode que pour l'évaluation de l'eau d'alimentation, mais le volume d'eau est en général trop grand pour rendre cette méthode pratique. La méthode la plus simple consiste à utiliser un déversoir ou un orifice qui permet un calcul rapide du débit en fonction des dimensions de l'orifice ou du réservoir et de la hauteur d'eau. La figure 130 représente l'un des dispositifs le plus employé. Le déversoir est du type à minces parois en forme de V et se compose d'une plaque de laiton boulonnée à l'intérieur d'un réservoir en bois ou en fer galvanisé. L'angle le plus convenable à donner au V est de 90°. L'eau arrive dans le réservoir par le tuyau A et l'on régularise son débit au moyen de chicanes B et d'un treillis métallique S.

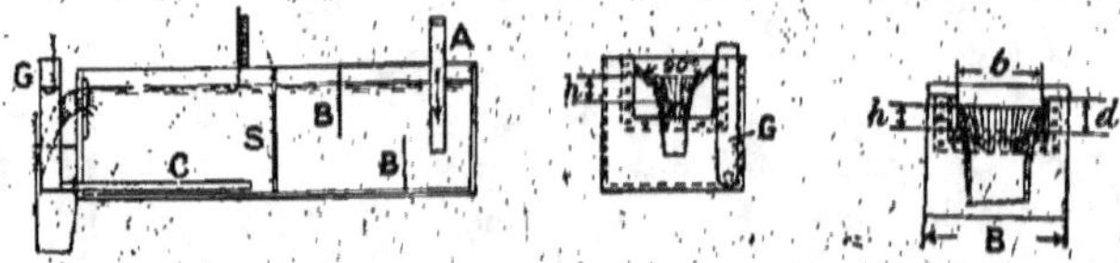

Fig. 130. — Orifices en minces parois pour la mesure du débit d'eau.

La quantité d'eau qui s'écoule est très approximativement donnée par la formule :

$$Q = 1{,}52\, h^{\frac{5}{2}}$$

dans laquelle :

Q = nombre de mètres cubes par seconde

et h = hauteur d'eau au-dessus du sommet du triangle (formé par le déversoir) en mètres.

Des expériences récentes (1) ont montré que la formule ci-dessus donne des résultats trop faibles d'environ 1,75 0/0 pour une hauteur d'eau de 0,05 mètre et d'environ 1,75 trop forts pour une hauteur d'eau de 0,25 m. Ces même expériences montrent également que la largeur du canal a une légère influence sur le débit quand elle est inférieure à 8 fois la hauteur h du réservoir et que la profondeur du canal ne doit pas être inférieure à 3 ou 4 fois la hauteur du déversoir.

La hauteur h peut être mesurée au moyen d'un flotteur de cuivre auquel est fixée une échelle à vernier ; mais le flotteur ne devra pas être placé à moins de 0,60 m. à 1 mètre du déversoir, en dehors du courant principal

_____

(1) Voir l'*Engineering* des 8 et 15 avril 1910. — *Expériences sur l'écoulement de l'eau par des orifices triangulaires en minces parois*, par BARR.

et entouré d'un cylindre perforé. On obtient des résultats plus précis en se servant d'une tige recourbée munie d'un vernier (figures 130 et 131) et que l'on amène à affleurer la surface de l'eau. Cet appareil se place à quelque distance en arrière du déversoir ou mieux (fig. 130) dans un cylindre spécial en verre G, relié au réservoir au moyen d'un long tube c, ayant son extrémité ouverte face au courant. La précision de ces méthodes est fonction de la détermination du niveau zéro. Du fait de la capillarité l'eau ne commencera à s'écouler par le déversoir que lorsque son niveau dans le réservoir sera un peu plus haut que le point le plus bas du déversoir, il faudra donc tenir compte de ce fait si l'on ne veut pas faire d'erreur. Une manière de tourner la difficulté consiste à faire reposer une règle plate d'une part, sur la partie basse du déversoir, et d'autre part sur l'extrémité recourbée d'un indicateur de zéro (fig. 131). En plaçant un niveau à bulle sur la règle on peut se rendre compte facilement du réglage de l'indicateur de zéro.

On peut également utiliser un déversoir à section rectangulaire (fig. 130) La largeur b ne devra pas être inférieure à 3 fois la hauteur d ; mais il sera bon de ne pas dépasser ce rapport si l'on désire avoir des mesures correctes aux petits débits. La largeur du réservoir ne sera pas inférieure à : $(b + 4d)$ et sa profondeur inférieure à $3d$. La quantité d'eau qui s'écoule par seconde est donnée par la formule :

$$Q = 0.61 \times bh^{\frac{3}{2}}$$

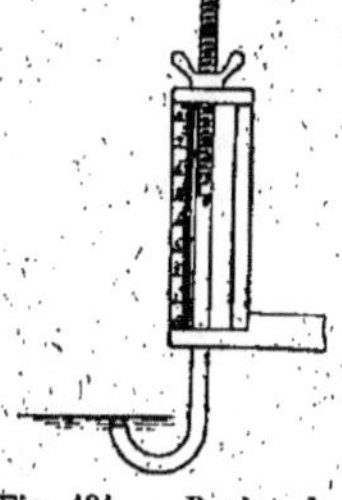

Fig. 131. — Repère de niveau réglable.

formule dans laquelle :

$Q =$ débit en m³
$b =$ longueur de l'orifice en mètres
$h =$ hauteur d'eau au-dessus du niveau du réservoir

Les enregistreurs de débit tels que le « Lea Recorder » sont employés couramment et donnent le débit ou la quantité d'eau débitée pendant une période. Dans les condenseurs à surface on utilise cet appareil pour la mesure de la quantité de vapeur condensée.

Une autre disposition consiste à établir un orifice à minces parois, noyé tel que le représente les figures 132 ou 133. Le niveau de l'eau est indiqué par un tube de niveau convenablement gradué. Les chicanes B et le treillis métallique S empêchent tous remous à l'intérieur de la cuve (fig. 133). Quant au dispositif représenté par la figure 132, on évite les remous à l'intérieur de la cuve en utilisant un distributeur cylindro-conique D percé de trous. Si la pompe du condenseur est du type oscillant cette disposition ne sera peut-être pas suffisante, auquel cas il faudrait ajouter encore 1 ou 2 treillis métalliques.

Le débit en m³ par secoonde sera indiqué par la formule :

$$Q = m\,S\,\sqrt{2\,gh}$$

dans laquelle

$m =$ et un coefficient de contraction qui varie légèrement avec la hauteur d'eau et le diamètre de l'orifice d'écoulement

$S =$ section de l'orifice d'écoulement en m²

$h =$ hauteur d'eau en mètres

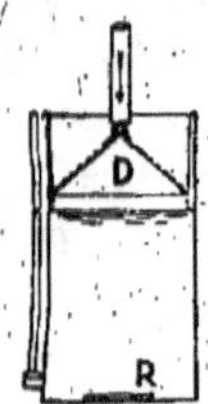
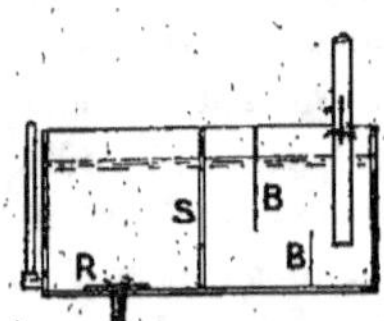

Fig. 132 et 133. — Mesure du débit d'eau à l'aide d'orifices noyés.

Les expériences faites par *Mair* et publiées dans le « Proc. of the Inst. of Civil Eng., vol. XXXIV, 1885-1886, part. II » montrent que la température de l'eau entre 14° C et 82° C n'influe pas sensiblement sur le volume d'eau débité par un orifice circulaire à minces parois. Ces mêmes expériences montrent également que le débit varie considérablement lorsque l'on ne se trouve pas en présence d'un orifice à minces parois. Le tableau suivant donne les valeurs de m pour différentes hauteurs d'eau et divers diamètres d'orifice :

COEFFICIENT DE CONTRACTION POUR UN ORIFICE CIRCULAIRE
EN MINCES PAROIS

	Diamètre de l'orifice				
Hauteur d'eau	25 mm.	37,5 mm.	50 mm.	62,5 mm.	75 mm.
	Coefficient				
0,225 m.	0,616	0,616	0,616	0,607	0,609
0,30 m.	0,613	0,612	0,612	0,604	0,609
0,45 m.	0,610	0,611	0,610	0,603	0,605
0,60 m.	0,609	0,609	0,609	0,604	0,605

Au lieu de se borner à un seul orifice on peut percer une série de petits trous dans une mince plaque de bronze ; ces trous étant disposés à égale distance les uns des autres et suivant une circonférence. Si la plaque est bien horizontale on peut admettre que le débit total des n trous est n fois le débit d'un seul. On pourra donc à l'aide d'un collecteur spécial recueillir le débit d'un orifice et le mesurer à l'aide d'un récipient convenable.

Le débit de l'eau à l'intérieur d'une canalisation peut être mesuré à l'aide d'un compteur Venturi.

Vidange d'un réservoir sous une hauteur d'eau variable

Soient :

$A =$ surface du réservoir en m² (surface constante)

$d =$ diamètre de l'orifice de décharge en mètres.

$g =$ accélération de la pesanteur (9 m. 80)

$h =$ hauteur d'eau au-dessus du centre de l'orifice en mètres.

$h_1 =$ hauteur d'eau au-dessus du centre de l'orifice au début de la vidange.

$h_2 =$ »   à la fin de la vidange.

$t =$ durée de la vidange pour une variation de hauteur d'eau de h_1 à h_2.

$k =$ coefficient de contraction

$\delta h =$ diminution de la hauteur d'eau h pendant le temps δt

La vitesse théorique étant $V = \sqrt{2gh}$ nous avons :

$$A\,\delta h = k\,\frac{\pi}{4}\,d^2\,\sqrt{2gh}\,\delta t \text{ (le réservoir ne recevant aucune adduction d'eau)}$$

d'où l'on tire :

$$t = \frac{2A}{k\,\frac{\pi}{4}\,d^2}\cdot(\sqrt{h_1} - \sqrt{h_2}) \text{ secondes.}$$

Si l'on connaît les dimensions du réservoir et le temps admis pour sa vidange on peut en déduire le diamètre du robinet à placer, K étant connu. Pour un robinet tout grand ouvert et vissé directement sur le réservoir on peut prendre $K = 0{,}6$.

Mesure des températures, pressions, etc. — Les températures de l'eau de circulation à son entrée et à sa sortie du condenseur seront mesurées aussi près que possible du condenseur, soit en insérant des thermomètres dans des tubes remplis de mercure, soit en mettant les thermomètres directement au contact de l'eau. Cette dernière façon de faire ne devra être utilisée que si les thermomètres ont été gradués sous pression. Dans un condenseur à surface la température de l'eau peut être également mesurée à chacun de ses passages dans une série de tubes.

La température de la vapeur à son entrée et la température de l'eau condensée seront également mesurées, avec d'autres températures intermédiaires obtenues en insérant des thermomètres en des points convenables du condenseur.

Le vide se mesurera à l'aide d'un tube de mercure ou d'un manomètre. Généralement l'appareil de contrôle du vide est branché dans le condenseur près de l'arrivée de vapeur ; dans quelques cas il pourra être intéressant de connaître la valeur du vide près de l'aspiration de la pompe à vide. Dans certains cas il peut être intéressant de mesurer la puissance absorbée par la pompe de circulation d'eau. Les méthodes à appliquer seront décrites au chapitre XVI ; mais l'on pourrait également employer le dispositif de la *figure* 30 et déterminer la perte de puissance par la différence de pression entre l'entrée et la sortie du condenseur. Si les pompes à air sont conduites par moteur électrique on relèvera simplement les indications des appareils de mesure. Avec des pompes à air à commande par machine à piston on prendra le diagramme sur le cylindre et l'on notera l'alésage du cylindre et la course du piston. Dans tous les condenseurs, il est extrêmement important de réduire au minimum les rentrées d'air, cet air agissant non seulement sur la valeur du vide, mais encore sur le taux de condensation. Nous étudierons cette question plus en détail au cours des paragraphes suivants.

Facteurs agissant sur le taux de condensation. — Jusqu'à ces derniers temps l'étude rationnelle des condenseurs à surface n'avait pas reçu toute l'attention qu'il eût été désirable. La théorie et l'expérience montrent qu'il doit exister une différence de température entre la vapeur et la surface du tube pour vaincre la résistance de la surface du tube au passage de la chaleur. D'une façon similaire il doit exister de même une différence de température entre la paroi interne du tube et l'eau de circulation pour qu'il y ait transmission de chaleur. Il y a en plus la résistance offerte au passage de la chaleur par le tube lui-même, mais cette résistance est faible par rapport aux précédentes et peut souvent être négligée. Etant données certaines conditions de température à l'intérieur et à l'extérieur d'un tube le seul moyen d'augmenter la capacité d'un condenseur donné repose sur la réduction de résistance des surfaces au passage de la chaleur. En ce qui concerne la partie interne des tubes (en contact avec l'eau de circulation), la vitesse de l'eau, le diamètre des tubes et leur état de propreté sont les facteurs déterminants. Plus la vitesse de l'eau est grande et plus le diamètre du tube est réduit, plus la résistance offerte au passage de la chaleur est faible et plus le pouvoir absorbant est élevé.

En ce qui concerne la partie externe des tubes (en contact avec la vapeur), plus la vitesse de circulation de la vapeur est grande, plus la proportion d'air contenue dans le condenseur est faible, plus la quantité d'eau qui peut s'accumuler sur les tubes est petite, plus l'état de propreté des tubes est satisfaisant, d'autant plus faible est la résistance offerte au passage de la chaleur. C'est pourquoi pour obtenir le plus grand rendement d'un condenseur à surface, il faut :

1º Donner à l'eau de circulation une vitesse aussi grande que possible.

2º Conserver les surfaces des tubes exemptes de graisse, saletés ou dépôts de sels.

— 3º Empêcher l'accumulation de l'eau (provenant de la vapeur condensée) à la surface des tubes et éviter sa chute sur les autres tubes lorsqu'elle tombe au fond du condenseur.

4º Réduire la quantité d'air admise avec la vapeur au minimum.

Plus loin nous donnons un bref exposé de la théorie de la transmission de la chaleur à travers les surfaces métalliques.

Effets dus à la présence de l'air dans les condenseurs. — Bien que l'influence exacte de l'air sur le taux de condensation de la vapeur ne soit pas établie d'une façon précise, il n'y a pas de doute qu'une augmentation de la quantité d'air admise avec la vapeur diminue le taux de transmission de la chaleur à la surface des tubes (1). En d'autres termes, pour une pompe à air donnée, pour une quantité de vapeur donnée et pour une quantité d'eau de circulation donnée à une température fixe, le vide sera d'autant plus mauvais que la quantité d'air admise sera plus grande.

Air contenu dans l'eau d'alimentation. — L'on sait que dans les conditions ordinaires l'eau contient une certaine quantité d'air en dissolution. Suivant M. D. B. Morrisson l'eau fraîche d'alimentation contient de 2 à 3,5 0/0 d'air (en volumes) dans les conditions courantes de température et de pression et si cette eau est introduite dans un condenseur, 70 à 90 0/0 de cet air se trouve immédiatement libéré. Si l'eau est utilisée pour l'alimentation d'une chaudière on peut être fondé à croire que la totalité de l'air se retrouve au condenseur avec la vapeur d'échappement. M. Morrisson déclare également que si la vapeur condensée est utilisée à nouveau pour l'alimentation des chaudières la proportion d'air en dissolution est d'environ 2 0/0. Cet air se sépare de l'eau pendant l'ébullition, mais est réabsorbé dans le condenseur et pendant la période qui précède le retour de l'eau aux chaudières. En sus de cet air contenu en dissolution il y a toujours plus ou moins de fuite dans toutes les parties du circuit travaillant à une pression inférieure à la pression atmosphérique, par exemple aux

(1) Voir les expériences de J. A. SMITH, dans l'*Engineering* du 23 mars 1906.

presse-étoupes du cylindre basse pression et aux différents joints de la tuyauterie d'échappement, spécialement s'il n'y a pas un très bon entretien.

Il est évident que le rapport de la quantité d'air à la quantité de vapeur est relativement petit à l'entrée au condenseur, mais que ce rapport augmente pendant la traversée du condenseur, pour atteindre une valeur élevée près de la pompe à air. L'influence de l'air sur le vide et la température au condenseur est démontrée clairement par le diagramme de la figure 134;

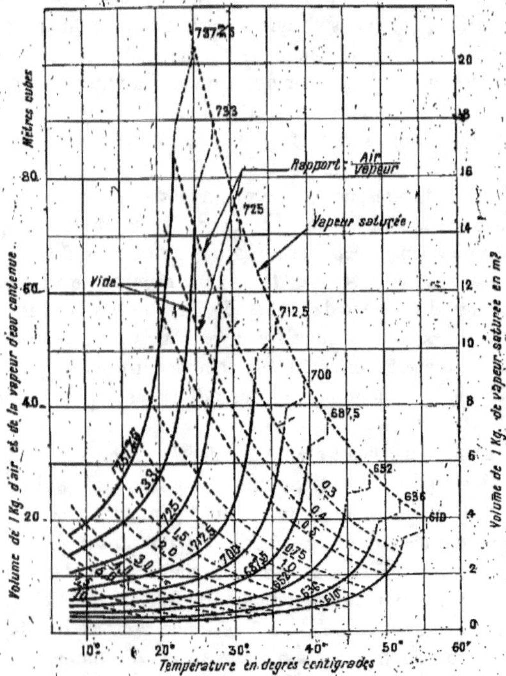

Fig. 134. — Diagramme montrant le rapport existant entre le vide, le quotient $\dfrac{\text{air}}{\text{vapeur}}$ en poids et la température pour une pression barométrique de 760 millimètres de mercure.

extraite d'une communication de M. Morrisson à l' « Institution of Naval Architects en 1908 ». Les ordonnées représentent le volume de 1 kilogramme d'air saturé de vapeur d'eau à différentes températures et pour différentes valeurs du vide, quand la pression barométrique est de 76 cm. de mercure. Les traits pleins correspondent à un vide constant, tandis que les traits en pointillé se rapportent à des rapports constants du poids d'air au poids de vapeur. L'examen des lignes à traits pleins montre combien une augmentation de la proportion d'air pendant la condensation de la vapeur produit une réduction correspondante de la température du mélange. Dans un condenseur à surface ordinaire il y a généralement peu de variation de la pression pendant le trajet de la vapeur, de sorte que si la température et la pression du mélange *air-vapeur* est mesurée en différents points du condenseur on peut déduire du diagramme de la figure 134, la véritable proportion air-vapeur en ces différents points. La ligne pointillée de la partie la plus haute du diagramme se rapporte aux volumes et températures de 1 kilogramme de vapeur saturée (échelle de droite des volumes), mais il n'y a aucune relation entre cette ligne et les autres lignes pointillées du diagramme, sauf qu'elles sont tracées pour une même base de température.

Supposons que l'on ait à extraire une certaine quantité d'air par unité de temps, d'un condenseur donné, le diagramme de la figure 134 montre clairement que le volume d'air pris par les pompes (à la pression du condenseur) détermine jusqu'à un certain point le vide au condenseur. Le diagramme montre que lorsque cette quantité d'air est relativement faible, une augmentation de la capacité des pompes à air, a une très petite influence sur la valeur du vide ; mais lorsque la proportion d'air augmente, la capacité de la pompe à air a une influence croissante sur la valeur du vide.

Le diagramme (fig. 134) est basé sur les considérations suivantes. Quand la vapeur d'eau se trouve mélangée avec de l'air ou avec un ou plusieurs autres gaz, la pression totale exercée par le mélange est la somme des pressions de chacun des constituants, pressions calculées comme si chacun des gaz occupait le volume total. La pression due à chacun des constituants est appelée parfois pression partielle. La pression partielle de la vapeur d'eau dépend seulement de sa température, tandis que la pression de l'air dépend de la quantité d'air présente ainsi que de la température. Par exemple à 38° C. la pression absolue de la vapeur saturée est de 0,066 kg. par cm². Si donc la pression absolue totale est de 0,14 kg. : cm², la pression partielle due à l'air est :

$$0,14 - 0,066 = 0,074 \text{ kgs} : \text{cm}^2$$

Si nous nous reportons maintenant à la courbe de la vapeur saturée nous voyons que le volume de 1 kilogramme de vapeur à 38° C. est d'environ 21,6 m.³, volume qui représente également le volume de l'air mélangé à la vapeur. Etant donné que 1 kilogramme d'air à la température de 38° C. et à la pression de 0,074 kg. : cm² occupe un volume de 12,3 m³, par suite le poids d'air associé à 1 kgiloramme de vapeur à cette pression est :

$$\frac{21,6}{12} = 1,79 \text{ kg}.$$

Indicateurs d'air. — Le professeur L. R. Weighton a établi un indicateur d'air capable d'indiquer la quantité d'air extraite du condenseur par les pompes à air. Cet appareil représenté par la figure 135 se compose d'un cylindre de métal B et d'un cylindre de verre C, fixés entre les pièces D et E. Le cylindre B porte à sa surface, une série de trous percés soit en rond, soit en hélice. Une certaine quantité d'eau est maintenue à l'intérieur du récipient de manière à recouvrir complètement ces trous lorsque les pompes ne débitent pas. L'air provenant des pompes débouche en A, à la partie supérieure de l'appareil et provoque une dépression de l'eau dans le cylindre central ; cette dépression est telle qu'un plus ou

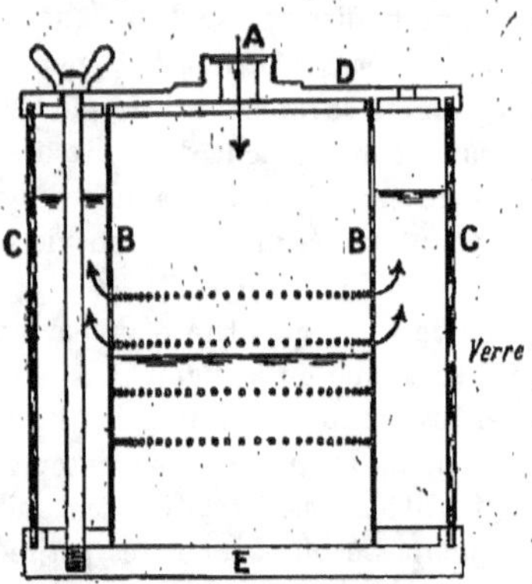

Fig. 135. — Indicateur d'air Weighton pour la mesure de la quantité d'air extraite des condenseurs.

moins grand nombre de trous se trouve mis à découvert, suivant le débit d'air. Ce nombre donne donc une indication fonction du débit et l'on conçoit que l'appareil puisse être facilement étalonné. Cet appareil se présente encore sous une forme un peu différente. Le récipient B est une cloche flottant sur l'eau et portant à sa partie basse une série de trous. L'air arrive à la partie supérieure et provoque le soulèvement de la cloche jusqu'à ce qu'un nombre suffisant d'orifices soit découvert. Une échelle convenablement graduée donne, par lecture directe, le débit d'air.

Dans la pratique ces appareils ont rendu de très grands services, car ils permettent d'évaluer et de réduire les

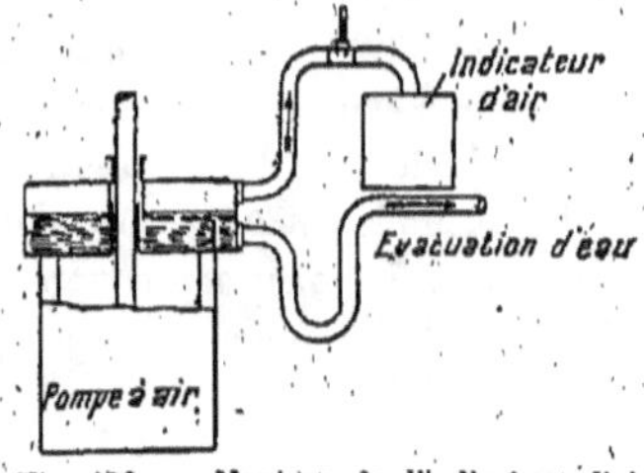

Fig. 136. — Montage de l'indicateur d'air Weighton.

rentrées d'air au minimum. La figure 136 représente le montage normal de ces appareils.

L'examen des diagrammes relevés sur la pompe à air d'un condenseur peut donner une indication approximative de la quantité d'air déchargée.

Considérons par exemple le diagramme de la figure 137 qui a été relevé sur une pompe Edwards à air humide, au moment d'une rentrée d'air importante au condenseur. La ligne AL représente la pression atmosphérique, les extrémités A et L correspondant respectivement à la position supérieure et à la position inférieure du piston de la pompe. Au début de la course vers le bas il existe toujours une certaine quantité d'air mélangée ou en solution dans l'eau restant dans le cylindre. Cet air se détend suivant la ligne BD, il se produira même une légère réévaporation si la pression absolue devient inférieure à celle de la vapeur saturée à la température de l'eau. Dans ce type de pompe, le piston découvre des lumières

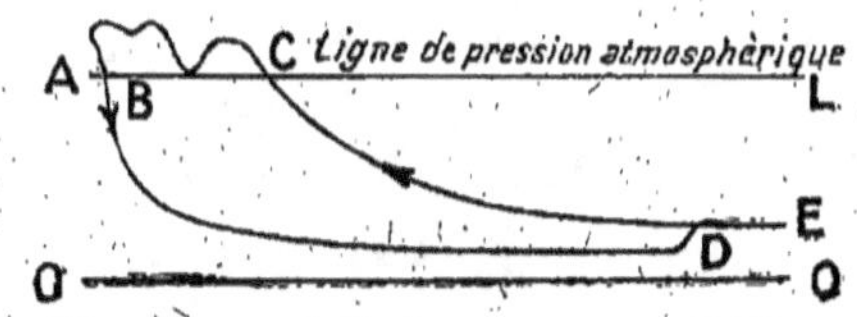

Fig. 137. — Diagramme relevé sur une pompe à air Edwards.

dans le cylindre à un certain point D et l'air et la vapeur d'eau venant du condenseur, se précipitent à la partie supérieure du piston, la pression redevenant égale à celle du condenseur représentée en E. Pendant la course montante la pression reste pratiquement constante tant que les lumières ne sont pas recouvertes par le piston, puis la pression s'élève et l'air et la vapeur sont comprimés et rejetés à l'atmosphère. Dans le cas présent cette évacuation se faisait sous une pression de 0,60 m. à 0,90 m. d'eau de telle sorte que la pression d'évacuation est nettement supérieure à la pression atmosphérique. Il est évident que la distance AL représente la course du piston à une certaine échelle, de même que la distance CB représente à la même échelle la quantité d'air, de vapeur d'eau et d'eau dans le cas des pompes humides déchargées à la pression atmosphérique.

Si A = section du cylindre de la pompe en m²

L = longueur de la course en mètre

l = longueur de la ligne AL sur le diagramme

c = longueur CB sur le diagramme

N = nombre de décharges par minute

t = température de l'air déchargé en degrés centigrades

W = quantité de vapeur d'eau condensée en kgs par minute

On aura :

$$\text{Volume équivalent à CB} = \frac{c}{l} \times A \times L \text{ mètres cubes}$$

et

Volume total d'air et d'eau déchargé par minute à la pression atmosphérique :

$$= \frac{e}{l} \times A \times L \times N \text{ mètres cubes}$$

Le volume approximatif d'eau déchargée par minute est W m³. En admettant que l'air est pratiquement saturé de vapeur d'eau au point C et que la température en C est la même qu'à l'échappement (hypothèses qui ne sont pas tout à fait exactes) le poids de vapeur d'eau déchargé peut être déterminé en se reportant aux tables de vapeur (volume de 1 kilogramme de vapeur à la température l), supposons par exemple que la température T à l'échappement soit de $l = 38°$ C. En nous reportant au diagramme figure 134, nous trouvons que le volume de 1 kilogramme de vapeur à cette température est de : 21,90 m³. Dans ces conditions le poids de vapeur déchargée par la pompe à air sera approximativement de :

$$\frac{e \, ALN}{21,9} \text{ kgs par minute.}$$

La pression de la vapeur d'eau à 38° C. est de : 0,0658 kg. par cm². Si la pression atmosphérique était de 1,033 kg. par cm² il s'ensuit que la pression au point C serait approximativement :

$$1,033 - 0,0658 = 0,9672 \text{ kg. par cm}^2.$$

Le volume de 1 kilogramme d'air à cette pression et à 38° C. serait :

$$V = 0,938 \text{ m}^3$$

Le poids total d'air déchargé serait :

$$\frac{e \, ALN}{0,938 \, l} \text{ kgs par minute}$$

En négligeant la vapeur d'eau emportée par l'air, le rapport approximatif du poids d'air au poids de vapeur serait :

$$\frac{e \, ALN}{0,938 \, l \, W}$$

Le nombre de chevaux-vapeur indiqué, absorbé par la pompe à air, sera calculé suivant la méthode courante en partant de la pression effective moyenne mesurée sur les diagrammes et des dimensions de la pompe.

Les variables indépendantes dans les essais de condenseurs.— Ainsi que nous l'avons mentionné précédemment les essais ordinaires de condenseurs portent particulièrement sur le taux de condensation et sur le vide obtenu dans des conditions particulières ; mais si l'on désire faire une série d'essais destinés à déterminer l'effet possible des variations de ces conditions sur le rendement du condenseur, on doit procéder à une sélection des variables.

Nous avons vu qu'il y avait environ 7 variables indépendantes. Il s'ensuit que si l'on entreprenait une série d'essais sans fixer *a priori* quelles seront les variables, les résultats obtenus n'apporteraient aucun enseignement. Si la vapeur à l'entrée du condenseur a une qualité constante, les trois premières variables peuvent se réduire à une seule, savoir : la différence de température entre la vapeur et l'eau de condensation, en admettant que dans ces limites, la pression ou densité de la vapeur n'a que peu d'effet sur le taux de transmission de la vapeur. Comme parfois il est quelque peu difficile de maintenir une différence de température moyenne constante entre la vapeur et l'eau de circulation quand la vitesse de l'eau varie, il est préférable de maintenir la température de la vapeur à une température déterminée quelle que soit la température de l'eau de circulation. Le vide sera sensiblement déterminé par la température de la vapeur à son entrée au condenseur et la vitesse de la pompe à air pourra être ajustée de manière à obtenir exactement le vide désiré. Si les dimensions et les dispositions du condenseur ne doivent pas être modifiées en cours d'essai, il reste seulement 4 variables indépendantes soient : la combinaison des 3 premières, la 4e, et la 5e la 6e. On pourra donc déterminer l'insfluence relative de chacune de ces variables en les faisant varier à tour dé rôle, les 3 autres restant fixes.

Afin de démontrer l'influence de la vitesse de circulation de l'eau et les effets d'un calcul soigné dans l'établissement d'un condenseur, nous allons donner les résultats de 2 essais effectués par le professeur Weighton sur des condenseurs à surface (1). Le 1er essai porte sur un condenseur à surface du type courant, tandis que le 2e porte sur un condenseur « Controflo », utilisant un drainage de la vapeur condensée et une vitesse élevée de circulation d'eau. Les 2 essais représentent sensiblement le taux maxima de condensation qui peut être obtenu avec ces 2 types de condenseurs.

Afin de permettre la compréhension de ce qui va suivre, nous rappelons que lorsque l'on a à entreprendre une série d'essais de condenseurs dans des conditions variables, il est généralement plus commode d'exprimer le vide en centimètres de mercure, *mais en ramenant la pression barométrique à la valeur type de 76 centimètres.* Ce qui se fait aisément en retranchant ou en ajoutant au vide réel la différence existant entre la pression barométrique réelle et 76 cm. Pour comparer le rendement des divers condenseurs on calcule quelquefois le nombre de kilogrammes de vapeur condensée par heure et par m^2 de surface de refroidissement, mais il est

(1) Voir la communication « Le rendement des condenseurs à surfaces » faite à l'*Institution of Naval Architects*, en 1906.

évident que cette valeur différera suivant la quantité de chaleur contenue *dans la vapeur*. Pour ces essais le professeur Weighton a adopté une constante de 593 calories et a utilisé cette constante pour ramener le poids réel de vapeur condensée aux conditions types en le multipliant par le rapport :

$$\frac{\text{Chaleur contenue dans chaque kg de vapeur à son entrée au condenseur, au-dessus de la chaleur contenue dans 1 kg d'eau de condensation.}}{593}$$

Il n'évite aucune méthode uniforme pour définir le rendement d'un condenseur, plus les rapports $\frac{t_{u}}{t_{v}}$ et $\frac{t_{v}}{t_{o}}$ sont élevés, plus le rendement est élevé.

I. Vieux type de condenseur : surface 15 m² 71 ; eau 2 parcours ; longueur effective du tube 2 m. 40 : pompe à air ordinaire.

II. Nouveau type de condenseur ; surface 15 m². 75 ; eau 4 parcours ; longueur effective du tube 3 m. : pompe à air ordinaire.

Type de condenseur	I	II
Pression barométrique en cm. du mercure	76,37 cm.	73,78 cm.
Vide en cm de mercure — au sommet du condenseur V_l	66,72 cm.	68,73 cm.
à la partie basse V_b	66,49 cm.	68,83 cm
au sommet du condenseur ramené à la pression barométrique de 76 cm. V	66,548 cm.	71,24 cm.
correspondant à la température au sommet du condenseur V_c	65,82 cm.	70,15 cm.
Température en degrés centigrades — correspondant à la pression absolue au sommet du condenseur, t_v	81° c.	38°, c.
au puisard à eau chaude t_u	51°,2 c.	38°,5 c.
au sommet du condenseur t_c	53°,3 c.	41°,9
à la partie basse du condenseur t_a	—	39°,8
de l'eau de circulation à son entrée t_i	10°	5°,17
» sa sortie t_o	29°,8	25°,1
Eau de condensation — Vitesse de circulation en mètres par seconde	0,30 cm.	1,40 m.
Pression à l'entrée en kgs : cm²	—	0,28
Quantité d'eau en kgs : par heure	26.200	26.100
Vapeur condensée — Mesurée en kgs : par heure	965 kgs	1 000 kgs
Ramenée à la valeur de comparaison	942 kgs	1 000 kgs
Quantité d'eau de condensation par kg de vapeur condensée (réduite)	27,78 kgs	26,04
Quantité de vapeur condensée (réduite) par mètre carré de surface de condensation et par heure	59,7 kgs	178 kg.
Rapport $\frac{V}{V_c}$	1,019	1,016
Rapport $\frac{t_u}{t_v}$	1,003	1,010
Rapport $\frac{t_o}{t_v}$	0,574	0,660

Dans le but de prévoir l'influence de la vitesse de l'eau de circulation sur le taux de transmission de la chaleur dans les condenseurs à surface et dans le but de déterminer également l'effet de l'accumulation de l'air et de la vapeur condensée à l'intérieur du condenseur, nous avons fait au « Royal Technical College » de Glascow une série d'expériences. Le condenseur se composait de 2 tubes de laiton ayant respectivement 35 millimètres et 44,5 mm. de diamètre interne et placés à l'intérieur l'un de l'autre laissant ainsi disponible un espace annulaire d'environ 1,6 mm. d'épaisseur. La surface totale de condensation des tubes était de 0,232 m² et la longueur du passage annulaire de 0,93 m. environ. La vapeur provenant d'une tuyauterie traversait d'abord le tube central, puis venait au contact de la partie extérieure du tube extérieur ; tandis que l'eau de refroidissement, provenant de la distribution d'eau de la ville circulait dans l'espace annulaire compris entre les 2 tubes. Les températures d'entrée et de sortie de la vapeur étaient relevées à l'aide de thermomètres à mercure placés dans des logements ménagés en bonne place dans les canalisations respectives. L'eau de condensation était mesurée dans 2 réservoirs à l'aide de balances. La température de l'eau de condensation variait au cours des essais entre 9° C. et 15° C. Dans ces essais la vapeur était condensée à la pression atmosphérique, soit environ à 100° C. et dans la plupart des cas la vapeur était légèrement surchauffée à son entrée au condenseur. La figure 138 donne les résultats définitifs. On voit que le taux maximum de transmission de la chaleur est de beaucoup plus élevé que celui obtenu avec le condenseur ordinaire à surface (1), et dépend grandement de la vitesse de l'eau de circulation aussi bien que de la température de la vapeur condensée à sa sortie ; cette température était réglée à l'aide de la vanne d'admission *de vapeur*. En augmentant l'ouverture de la valve la température de la vapeur condensée peut être relevée. Les résultats montrent que plus la vitesse de la vapeur est élevée, plus elle balaye l'air et la vapeur condensée qui auraient tendance à s'accrocher aux parois.

Au cours de ces essais la différence de pression de l'eau entre son entrée et sa sortie étaient mesurées par les méthodes illustrées par les figures 30 et 31. Le dispositif figure 30 à colonne d'eau était utilisé pour les faibles débits et le dispositif 31 à colonne de mercure pour les forts débits. En exprimant la différence de pression par P *mètres d'eau* et la vitesse de circulation de l'eau par V *mètres-sec*, nous avions pour des vitesses d'eau supérieures à 0,30 m. la relation : $P = 0,269\ V^{1,85}$. Pour des vitesses inférieures à 0,30 m. par seconde l'expérience nous a montré qu'il n'existe aucune relation définie entre P et V du fait de l'instabilité du régime, au voisinage de la vitesse *critique*. Quand on utilise de l'eau de circulation à une température constante, la vitesse critique se trouve définie exactement, mais dans la pratique la variation de température de l'eau vient introduire un facteur variable. Dans la pratique courante la vitesse de circulation de l'eau à travers les tubes du condenseur est bien au-dessus de la surface critique, de sorte qu'il n'est pas nécessaire de préciser plus amplement les conditions de fonctionnement en dessous de cette vitesse.

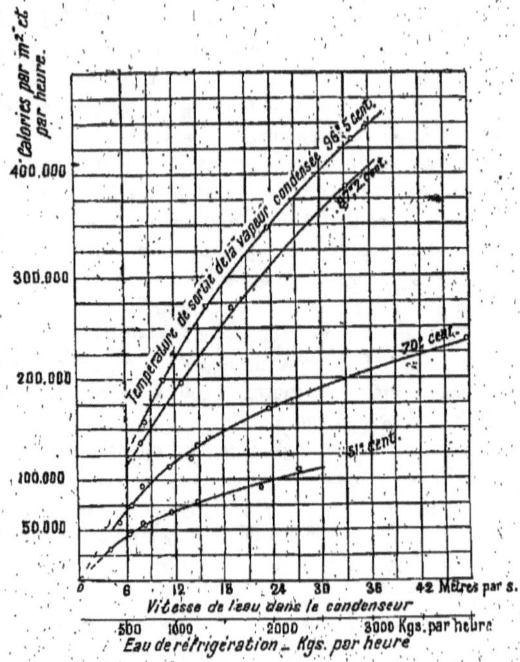

Fig. 138. — Résultat d'essais d'un petit condenseur à grande vitesse de circulation d'eau.

La différence de pression, lorsqu'elle est évaluée en mètres d'eau représente le nombre de kilogrammètres développés, par *kilogramme* d'eau de circulation, pour son passage au travers du condenseur. Par mètre le nombre de kilogrammètres développés pendant l'unité de temps est :

$$\text{P} \times \text{kilogrammes d'eau par unité de temps.}$$

La figure 139 montre combien le rapport :
Chaleur transmise à l'eau de circulation par mètre carré et par heure.
Travail effectué pour la circulation de l'eau en kilogrammètres par heure,

varie avec l'augmentation de vitesse de l'eau. On remarquera que pour de faibles vitesses le rapport décroît très rapidement et qu'il tend vers une valeur constante pour les hautes vitesses, valeur qui varie suivant la température d'évacuation de la vapeur condensée.

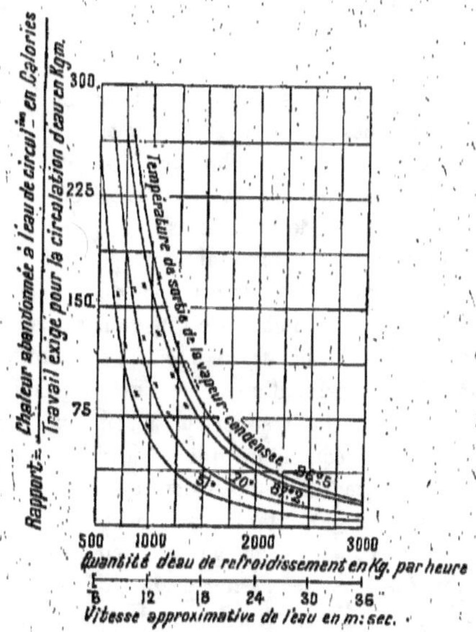

Fig. 139. — Résultats d'essais d'un petit condenseur à grande vitesse de circulation d'eau.

Théorie de la transmission de la chaleur. — La chaleur développée par la combustion du charbon à l'intérieur du foyer de la chaudière se transmet à l'eau de la chaudière en raison de la différence de température existant entre les gaz de la combustion et l'eau. Cette chaleur doit tout d'abord se transmettre des gaz de la combustion aux tubes ou plaques de la chaudière, puis traverser ces plaques, puis finalement se transmettre à l'eau.

Considérons tout d'abord la transmission de la chaleur à la surface de la plaque. Cette transmission s'opère sous trois formes distinctes, savoir : par radiation, par conduction et par convection, qui interviennent en même temps à des degrés différents. Le terme « chaleur radiante » s'applique aux radiations non lumineuses qui absorbées par un corps en élèvent sa température. Par exemple la chaleur radiante du soleil est transmise à travers l'espace par l'éther et une partie de cette chaleur est absorbée par la terre. Divers expérimentateurs ont proposé des formules destinées à exprimer les lois d'absorption et d'émission de la chaleur radiante, mais les lois de Stefan semblent avoir le plus grand crédit et enseignent que la chaleur radiée par un corps noir est proportionnelle à la 4e puissance de sa température absolue (1). C'est ainsi que si un corps noir à la température de T_1 degrés absolus est entouré par une enveloppe noire ayant la température absolue T_2 degrés, la quantité de chaleur transmise par radiation est :

$$Q = a\,(T_1^4 - T_2^4).$$

On sait que les radiations calorifiques peuvent traverser l'air sans être sensiblement absorbées et que réciproquement l'air à de hautes températures radie relativement peu de chaleur. Etant donné la grosse proportion d'azote contenue dans les gaz de la combustion on pourrait supposer à première vue que les gaz de la combustion radient une très faible quantité de chaleur et n'absorbent qu'une faible proportion de la chaleur émise par le combustible ; mais du fait de la présence du gaz carbonique, de la vapeur d'eau... et des particules de charbon que contiennent ces gaz, leur pouvoir radiant se trouve être de beaucoup supérieur à celui de l'air, bien que notablement inférieur à celui d'un corps noir (2). D'une façon similaire ce gaz a un pouvoir absorbant supérieur à celui de l'air à la même température. Il est probable cependant que la surface incandescente du combustible radie de la chaleur comme le ferait un corps noir et cette chaleur ayant à traverser les gaz avant d'atteindre la plaque de chaudière, on peut se demander si l'action des gaz est heureuse ou néfaste, c'est-à-dire accélère ou retarde la transmission de la chaleur.

Dans l'état actuel de nos connaissances quant à la capacité de radiation à l'intérieur d'un foyer de chaudière, il n'est pas intéressant d'essayer de séparer la quantité de chaleur transmise par radiation des quantités transmises par conduction et convection.

(1) Kirschoff définit un corps noir : un corps qui n'est pas transparent, qui ne réfléchit aucune radiation, mais qui absorbe toute radiation à n'importe quelle température.

(2) Dans une communication à la « Royal Society » (*Proc. Sec. a.*, vol. LXXXIV, 1910, p. 155), sur « Radiation in a Gaseous Explosion », le professeur B. HOPKINSON donne quelques résultats d'expériences effectuées à l'aide d'une bombe en fonte de 30 centimètres de diamètre et de 30 centimètres de longueur. L'intérieur de la bombe étant revêtu de noir de fumée, environ 1/3 de la chaleur totale perdue par les parois était due à la transmission par radiation à la paroi pendant le 1/10 de seconde qui suivait le maximum de pression, la température variant de 2100° C à 1200° C. Si la température était ramenée à celle de l'atmosphère, au minimum 1/5 était trouvée par radiation à la paroi. En argentant la paroi interne de la bombe, la radiation totale à la paroi était considérablement réduite. Ces résultats sont contraires à ceux obtenus quelquefois, mais devaient être expectés en considération des résultats obtenus par d'autres expérimentateurs sur le pouvoir de radiation du gaz carbonique et de la vapeur d'eau. Le professeur Callendar (*British. Assoc.*, 1910), a trouvé que la perte par radiation d'un gros bec Bunsen à flamme non lumineuse, atteint environ 15 % de la chaleur totale développée ; il a trouvé, en outre, que de telles flammes étaient partiellement transparentes à leur propre type de radiations et ne les absorbaient point complètement, ainsi qu'on le croit couramment.

Transmission de la chaleur par conduction et convection. — Par ce qui vient d'être dit on voit que la chaleur radiante ne joue plus qu'un très petit rôle lorsque les gaz ont quitté le voisinage du foyer. La transmission de chaleur se produit alors principalement par conduction et convection. On sait que la conduction des gaz est relativement faible et seule, ne pourrait suffire à assurer le taux de transmission de chaleur qui se produit dans les tubes de chaudière ; c'est pourquoi la diffusion naturelle et la convection doivent jouer une part importante. Le professeur Osborne Reynolds semble avoir été le premier à réaliser pleinement l'importance de la convection et de la diffusion dans la transmission de la chaleur ; la formule qu'il a proposée s'est vérifiée exacte dans des conditions très variables et avec différents fluides :

$$H = (A + B\rho\varphi)(T - \theta)$$
$$(1) \qquad = \left(A + B\frac{w}{a}\right)(T - \theta)$$

formule dans laquelle :

$H =$ quantité de chaleur traversée par unité de surface des tubes et par unité de temps.

$B =$ un coefficient constant pour des conditions de températures données, augmentant quelque peu avec l'augmentation de température de gaz et des surfaces variant avec le caractère du fluide, les conditions des surfaces et les dimensions des tubes.

$\rho =$ densité du fluide

$\varphi =$ vitesse moyenne du fluide par rapport à la surface

$w =$ poids de fluide par unité de temps

$a =$ section de passage du fluide

$\rho\varphi = \dfrac{w}{a}$

$T =$ température du fluide

$\theta =$ » de la surface des tubes en contact avec le fluide

Cette loi s'applique à des vitesses inférieures à la vitesse critique, c'est-à-dire pour lesquelles le fluide suit un chemin sensiblement rectiligne, la transmission de la chaleur dépend alors pratiquement de la conduction et de la diffusion naturelle et sera relativement petite. Pour des vitesses supérieures à la vitesse critique des tourbillons et remous se produisent dans la masse gazeuse et la transmission de chaleur par convection se produit, augmentant considérablement le taux de transmission de la chaleur entre le fluide et la surface des tubes. Dans la pratique courante avec des chaudières travaillant dans leurs conditions normales, la vitesse des gaz est de beaucoup supérieure à la vitesse critique, de sorte qu'il n'y a pas lieu de s'arrêter plus longtemps sur ce sujet.

Des expériences faites par le professeur J. T. Nicolson (1), montrent que

(1) Voir *Engineering*, 5 et 12 février 1909.

la loi de Reynolds se vérifie (dans la limite des expériences faites) pour la transmission de la chaleur par la vapeur surchauffée, l'air et l'eau aux grandes vitesses, elles démontrent également que la loi s'applique aussi aux chaudières usuelles.

M. Michael Longridge a effectué une série d'essais très intéressants sur une chaudière étudiée par le professeur Nicolson (1). En utilisant le tirage induit on obtenait de très grandes vitesses de gaz, correspondant à des taux très élevés de transmission de la chaleur ; quelque chose comme 107.700 calories par heure et par mètre carré de surface de chauffe, pour des portions de surface non soumises aux radiations directes du combustible placé sur la grille. De plus, en introduisant un économiseur spécialement étudié pour de grandes vitesses de gaz, les gaz pouvaient être refroidis à des températures variant de 116° C. à 145° C.

D'autres expériences faites par M. H. P. Jordan à la « Manchester School of Technology » donnent les résultats suivants pour de l'air et des tubes de cuivre propres. La température moyenne du métal était mesurée directement au moyen de couples thermo-électriques.

Dans ces expériences :

$$A = 0,0015$$

$$B = \left(0,000506 - 0,000459 + 0,00000165 \frac{T + 0}{2}\right).$$

de sorte que nous avons :

$$H = \left[0,0015 + \left(0,000506 - 0,00045q + 0,00000165 \frac{T + 0}{2}\right)\frac{w}{a}\right]\left(T - 0\right).$$

$H =$ chaleur transmise par l'air au métal B. Th. U. par pied carré et par seconde (2)

$q = \dfrac{\text{section de-passage des gaz}}{\text{périmètre de la section}}$ en *inches* (3)

$T =$ température moyenne de l'air en degrés Farenheit

$0 =$ » » des parois

$w =$ débit d'air en *pounds par seconde*

$a =$ section de passage de l'air en « square feet » (5).

(1) Rapport de l'ingénieur en chef de la « British Engin], Boiler and Electrical Insurance C° », pour 1909.

(2) Pour transformer en calories par mètre carré, multiplier le chiffre ainsi obtenu par le coefficient 2,7.

(3) Si la section a été évaluée en mètre carré et le périmètre en mètre le passage en inches se fera en multipliant le résultat obtenu par : $\dfrac{100}{2,54}$.

(4) On passera des kilogrammes aux pounds en divisant le chiffre en kilogrammes par 0.453.

(5) Si la section est connue en centimètre carré on passera à la section en square feet en divisant ce chiffre par 0,0929.

La figure 140 montre qu'avec des tubes de chaudière propres et dans les conditions ordinaires de température, on ne fera pas une erreur sensible en prenant pour 0 la température de l'eau au contact du tube. L'expression ci-dessus est donc généralement applicable, sauf lorsqu'il s'agit de gaz de la combustion à haute température pour lesquels il peut y avoir quelque transmission de chaleur par radiation.

Bien que la résistance offerte au passage de la chaleur par la surface d'un tube de chaudière propre en contact avec l'eau n'ait pas beaucoup d'importance en ce qui concerne le taux de transmission de la chaleur dans les conditions courantes (voir fig. 140), il est bon de noter que la loi de Reynolds s'applique encore à ce cas. Une série d'expériences ont été faites par G. C. Webster du « Royal Technical College of Glascow », sur un tube de condenseur dans les conditions normales de marche (circulation d'eau à l'intérieur du tube et condensation de vapeur à l'extérieur). Le tube était un tube de cuivre de 12,7 mm. de diamètre intérieur et de 22,2 mm. de diamètre extérieur. Ayant une longueur utile de 0,75 m. La température du tube était relevée au moyen de 2 soudures thermo-électriques, par la méthode du potentiomètre. L'exactitude des indications ainsi obtenues était contrôlée facilement à l'aide d'un système de robinets permettant de mettre en même temps l'intérieur et l'extérieur du tube en relation avec la vapeur ou avec l'eau de circulation. Le tube avait alors en tous ses points même température, température que l'on pouvait évaluer à l'aide de thermomètres ordinaires à mercure placé dans le tube d'arrivée d'eau ou de vapeur avant l'entrée au condenseur.

Le tableau (p. 256) donne l'ensemble des résultats obtenus :

La loi de Reynolds est également confirmée par les expériences du Dr T. E. Stanton. En tenant compte des dimensions du tube, de la viscosité et de la conductibilité de l'eau et en admettant que l'augmentation de température de l'eau d'une extrémité à l'autre du tube n'est pas supérieure à ce qu'elle est dans la pratique sur un condenseur on a la loi suivante :

$$(3) \qquad KL = \frac{d(930\,vd)^{2-n}}{1 + \alpha\left(\dfrac{\theta_2 + t_m}{2}\right)} \log_e \frac{\theta_2 - t_1}{\theta_2 - t}$$

dans laquelle :

K = longueur du tube en pieds

d = diamètre intérieur du tube en pieds.

v = vitesse de l'eau à l'intérieur du tube en pieds par seconde

θ_2 = température moyenne de la surface du tube au contact avec l'eau en degré Farenheit

t_1 = température initiale de l'eau à son entrée en degré Farenheit

t_2 =   »   finale   »   sa sortie   »

t_m = température moyenne de l'eau en degré Farenheit

Expérience N°	34	35	36	37	99	101	102
Pression absolue en kgs : cm².	1,81 kg	1,28 kg	1,27	1,27	6,37 kg	6,82 kg	6,86 kg
Température de la vapeur à son entrée en degrés cent..	108° C	106°,5 C	106,5	106,5	161° C	161° G	161° C
Température de sortie de la vapeur en degrés cent...	106°,5 C	105.5	105,5	105,5	160,5	160°	160°2
Vitesse moyenne de la vapeur en m. : sec..	10,8 m	9,6 m	10,2 m	9,3 m	5,4 m	8,1 m	9,6 m
Température de l'eau de circulation en degrés cent. à son entrée.	8° C	7°4 C	7°8 C	7°5	9°5	9°4	9°1 C
Température de sortie de l'eau de circulation	38° C	33°9 G	20°7 C	17°3 C	65° G	39°7 C	31°1 G
Vitesse de circulation de l'eau en m. : sec..	0,78 m	1,44 m	2,95 m	4,88 C	0,80 m	1,96 m	3,48 m
Température du tube — côté vapeur......	89°,5	83° C	70° G	60°5 G	123° C	115° G	104°6 C
Température du tube, côté eau	88°	81° G	72°7 C	57°5	120° C	111° G	100° C
Calories par *m²*, par *heure* et *degré cent.* entre vapeur et tube	1.025	1.040	845	845	985	1.060	1.100
Calories par *m²*, par *heure* et par *degré cent.* entre tube et eau........	457	615	955	1.895	787	915	1.285

K, n et a sont des constantes qui dépendent de la nature et de l'état de
la surface de métal en contact avec l'eau. Les valeurs pour des tubes de
laiton polis et dans les conditions courantes sont :

$$K = 0,0105 \qquad n = 1,86 \qquad a = 0,004.$$

Dans les tubes ordinaires des condenseurs à surface, la température du
tube côté vapeur O_1 est sensiblement la même que celle côté eau O_2. Si les
valeurs t_1, t_2, v, d et L sont données, la valeur O_2 peut être évaluée après
essai en se servant de l'équation 3. Cette valeur pourra être prise comme
représentant la température moyenne de la surface du tube côté vapeur,
sans qu'il en résulte d'erreur sensible, ou bien connaissant le taux de transmission de la chaleur on pourra en déduire facilement la différence (O_1-O_2),
ainsi que nous le verrons plus loin. En calculant de cette manière, le
Dr Stanton (1) a montré que dans les condenseurs ordinaires la relation
entre la température T_2 de la vapeur et la température O_1 de la surface
du tube existe la relation :

$$T_2 = mO_1 + c$$

Si les températures sont prises en degrés Farenheit la valeur de
$m = 0,782$; la valeur de c dépend de la vitesse de la pompe à air et de la
quantité de vapeur condensée. Sa valeur était de 46,5 pour le condenseur
essayé par nous, quand le taux de condensation était de 44 kilogrammes
de vapeur par m^2 de surface refroidissante. La valeur de m dépend également quelque peu des constantes de l'équation 3. Le condenseur essayé
avait 152 tubes de laiton horizontaux, de 16 millimètres de diamètre intérieur et de 2,10 m. de longueur.

Dans cette même communication citée plus haut, le Dr Stanton discute
les résultats de ses expériences et de ses calculs, afin de démontrer l'influence du diamètre et de la longueur des tubes sur le rendement et l'utilisation des condenseurs à surface.

Dans les conditions d'expérience de Welster, cependant les valeurs de K
varient considérablement avec la vitesse de l'eau.

Vitesse de l'eau en m/sec.	0,23	0,35	0,78	1,15	1,40	2,20	2,95	4,8
Valeur de K :	—	0,0217	0,0155	0,0106	0,0104	0,008	0,0074	0,0067 0,0066.

MM. Callendar et Nicolson ont fait des expériences sur le taux de condensation de la vapeur aux températures obtenues dans les cylindres de machines en utilisant un condenseur à parois épaisses, avec thermomètres
insérés dans des trous percés dans cette paroi. Ils ont trouvé que le taux

(1) « Le rendement et le calcul des condenseurs de surface », *Inst. Civil Eng.*,
vol. CXXXVI, 1898-1899, part. II.

de condensation n'était pas sensiblement modifié en utilisant des brosses tournantes pour le nettoyage des tubes, 5 à 6 fois par seconde et ils en ont conclu que le taux maximum de conduction possible était d'environ 10 calories par mètre carré, par seconde et par degré centigrade, de différence de température entre la vapeur et la paroi. Les expériences de Webster montrent cependant que cette valeur augmente quelque peu avec la vitesse de la vapeur :

Vitesse de la vapeur en m/sec	21 m	24,0 m	27 m	30 m	36 m
Pour une pression absolue de 1,26 kg cm²	10 calories	10,9	11,7	12,5	14,1
Pour une pression absolue de 6,3 kg cm²	12,4	13,25	14,05	14,9	16,2

De nombreux expérimentateurs ont essayé de mesurer la température d'une surface métallique en contact avec de l'eau en ébullition. La plupart de ces expériences ont été faites en utilisant des alliages fusibles attachés ou insérés dans le métal, le point de fusion de ces alliages étant pris comme un indication de la température du métal ; mais cette méthode manque d'exactitude (1). Une description rapide de ces expériences est donnée dans le livre de Stromeyer, *Les chaudières marines*. Dans le tableau ci-dessous nous donnons les résultats d'une nombreuse série d'expériences effectuées sur des tôles d'acier et de cuivre chauffées sur une de leur face et de l'autre côté au contact avec de l'eau bouillante à la pression atmosphérique. La température des divers points du métal était obtenue au moyen de soudures thermo-électriques noyées dans la masse même du métal.

TRANSMISSION DE LA CHALEUR A DE L'EAU BOUILLANTE A 100° C

Matériaux	Etat des surfaces	Kgs d'eau évaporés par cm² et par heure	Température de la plaque en degré centigrade		
			Côté foyer	Côté eau	Différences
Plaque de cuivre de 23 mm. d'épaisseur et de 97 cm² de surface.	Dépôt de fumée sur la plaque	44,4	106,8	104,0	2,8
		92,0	113,8	107,8	6,0
Plaque d'acier de 25 mm. d'épaisseur et de 106,6 cm² de surface.	Surface propre	42,0	125,0	105,5	19,5
		60,6	130,3	105,6	24,7
id	Dépôt de fumée sur la plaque	43,0	128,1	105,8	22,3
		60,5	133,5	106,2	27,3
		104,5	154,0	107,0	47,0

(1) Voir *Proc. Inst. Civil Eng.*, vol. LXXXII, 1897-1898, part. II. — BRYANT, *Sur les conditions thermiques du feu, de l'acier et des cuivres utilisés comme enveloppes de chaudières.*

Quelques expériences ont été également faites en plaçant de l'huile sur la surface de la plaque en contact avec l'eau. De l'huile de lin était placée sur la surface et chauffée jusqu'à décomposition formant ainsi un dépôt brun sombre d'environ 0,25 mm. d'épaisseur. Dans ces conditions il y avait une élévation marquée de la température de la plaque, côté eau, cette élévation étant sensiblement équivalente à celle qui se produirait avec une augmentation d'épaisseur de la plaque de 18 millimètres.

Quelques expérimentateurs prétendent que le chauffage de l'eau exige une plus grande différence de température entre plaque et eau que pour l'ébullition continue. D'autres n'ont pas trouvé de différences appréciables. Le professeur A. H. Gibson décrit (1) quelques expériences réalisées sur cette question. On se servait d'un récipient en fonte de 20 centimètres de diamètre environ contenant 75 millimètres d'eau, chauffé au moyen de jets de gaz. La température du fond du récipient (côté eau) était mesurée au moyen d'un couple platine-iridium placé en contact intime avec la plaque dans une légère dépression spécialement ménagée. Les résultats obtenus sont consignés dans le tableau suivant :

Température de l'eau en degré cent...	49°	60°	71°	82°	100°
Température de la plaque en degré cent.	88°	98°	101,6	104,5	100,3
Différence......................	39°	38°	22,5	22,5	0,3

Pendant ces expériences l'eau était agitée vigoureusement pendant toute la période de chauffage.

Ces résultats tendraient à prouver que la transmission de chaleur se fait plus aisément entre la surface du tube et l'eau lorsque l'eau est en ébullition que lorsqu'elle n'a pas encore atteint ce point, étant admis que les bulles de vapeur formées ne resteront point en contact des tubes après leur formation.

Conduction de la chaleur à travers un métal. — La transmission de chaleur d'un côté à l'autre d'une plaque se produit sous l'influence d'une différence de température. Soit :

S = épaisseur du métal en *cm*

θ_1 = température de la face la plus chaude en degré centigrade

θ_2 =   »   la face la moins   »

K = conductivité

H = quantité de chaleur transmise à travers la plaque en petites calories par cm^2 de surface et par seconde.

(1) *Trans. Engs. and Shipb. in Scotland*, 1910-11.

On a :

$$H = k \frac{\theta_1 - \theta_2}{S}.$$

Exemple : Si 16.000.000 de petites calories par heure passent au travers de 1m² de surface d'une plaque d'acier de 1,25 cm. d'épaisseur, calculer la différence $\theta_1 - \theta_2$.

On a :

$$\frac{10.000 \times 60 \times 60}{16\,000.000} = 0,160 \times \frac{\theta_1 - \theta_2}{1,25}$$

d'où l'on déduit :

$$\theta_1 - \theta_2 = 3°5 \text{ cent.}$$

Cette valeur de 16.000 grandes calories correspondant aux conditions normales de marche des chaudières on voit que la chute de chaleur à travers la paroi est tout à fait petite, comparée à la différence des températures des gaz de la combustion et de l'eau.

Distribution des températures entre les gaz de la combustion et l'eau. — La distribution des températures entre les gaz de la combustion et l'eau est représentée approximativement à l'échelle par la figure 140 pour les chaudières ordinaires et pour les taux de transmission de chaleur admis ci-dessus. Les ordonnées verticales représentent les températures et les abscisses les distances. On voit que l'épaisseur de la plaque de chaudière est de 12,5 mm. Les gaz sont supposés être à la température moyenne des 537° C. et l'eau à la température de 171° C. Les 2 surfaces de la plaque sont supposées propres. On notera que la chute de température à travers le métal et entre métal et eau est tout à fait petite lorsque comparée à la chute de tension entre gaz et métal ; c'est-à-dire que la principale résistance à la transmission de chaleur entre *gaz et eau* est due principalement à la résistance en gaz et métal. Il est pour cela évident qu'aussi longtemps qu'une plaque est en contact avec l'eau une réduction de la résistance de transmission côté eau, n'affectera pas sensiblement le taux général de transmission. Ce taux de transmission ne pourra être sensiblement augmenté qu'en augmentant la vitesse de circulation des gaz.

La figure 141 a pour but de représenter (mais pas à l'échelle) l'effet produit par la présence de dépôts sur les faces de la plaque. On notera d'ailleurs que le taux de transmission de la chaleur ne se trouvera pas de ce fait sensiblement modifié, à moins que le dépôt côté eau ne devienne par trop important.

Dans le cas de condenseurs à surface la différence de température entre les 2 côtés du métal est de beaucoup plus faible et par suite les remarques précédentes ne sauraient s'appliquer. La résistance au contact de l'eau devient alors un facteur beaucoup plus important.

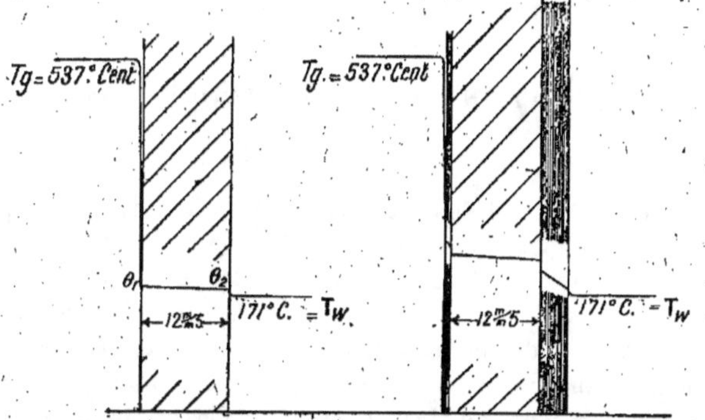

Fig. 140 et 141. — Diagrammes de température des gaz et de l'eau dans les plaques de chaudières.

Dans sa communication sur « La transmission de la chaleur » le professeur Dalby donne une liste nombreuse d'articles publiés sur cette question (1).

(1). *Proceed. Inst. Mech. Eng.*, 1909, p. 921.

CHAPITRE X

ESSAIS DES MOTEURS A COMBUSTION INTERNE

Le terme général de « moteur à combustion interne » s'applique à tous les types de moteurs qui utilisent l'énergie calorifique d'un mélange combustible, pour la production d'un travail mécanique ; cette combustion prenant place dans le cylindre ou au voisinage immédiat des cylindres moteurs. Les détails et l'élaboration d'un programme d'essais dépend quelque peu du type et des dimensions du moteur, et du but que l'on se propose. Pendant toute la durée d'un essai les conditions seront maintenues aussi constantes que possible. La durée devra être telle que les résultats obtenus correspondent à une valeur moyenne suffisamment précise. A moins que les conditions ne l'exigent, l'on ne fera varier qu'un seul paramètre à la fois et pour chaque série d'essais, on notera avec précision les valeurs de divers paramètres.

Les principales variables indépendantes sont :

(1) La qualité du mélange combustible (rapport du mélange combustible et air).

(2) La quantité de mélange combustible (d'une qualité déterminée).

(3) Le point d'allumage.

(4) La température des enveloppes de cylindres.

(5) Le taux de compression.

(6) La vitesse de la machine.

(7) Les pressions d'aspiration et d'échappement.

(8) Les modifications du cycle d'opération.

(9) Les modifications à la partie mécanique du moteur...

Les essais de réception ordinaires prévoient en général une consommation maximum de combustible pour une certaine puissance développée. Dans ces cas, il est généralement suffisant de mesurer pour certaines valeurs de la charge, les puissances indiquées ou les puissances développées au frein, la consommation de combustible, la valeur calorifique du combustible, le nombre de tours par minute, la température des enveloppes de cylindres et quelquefois la quantité d'eau de refroidissement et sa température.

Pour un moteur à combustion interne qui doit être essayé à diverses charges, on fera varier soit la qualité du combustible, soit la quantité de combustible (de qualité uniforme) afin de suivre la demande. La qualité ou la quantité du combustible sera donc la variable indépendante ; mais il va de soi que le point d'allumage pourrait en même temps être modifié de manière à s'adapter au mieux aux valeurs de la charge. Il y aurait donc dans ce cas 2 variables indépendantes. Ce point devra être fixé d'accord entre les 2 parties, avant le début des essais. On se rappellera que dans le cas de moteur à gaz pauvre ou à gaz de hauts-fourneaux, il est pratiquement impossible d'avoir une qualité uniforme de gaz pendant tout le cours de l'essai.

La température de la chemise d'eau de refroidissement peut être modifiée en agissant sur le débit d'eau. Si les dispositions sont telles cependant qu'à faible charge la température de sortie de l'eau de circulation soit inférieure à la température à pleine charge, il y a lieu d'en tenir compte.

Le rapport :

$$\frac{\text{Volume balayé par le piston} + \text{Espaces morts}}{\text{Espaces morts}}$$

représente le « taux de compression ». Il est évident que ce rapport peut être modifié en modifiant les espaces morts, ce qui pourra être facilement réalisé dans les moteurs à simple effet à tête de bielle type marine (fig. 142), en intercalant des cales d'acier en A. Une autre méthode consiste à fixer une plaque d'épaisseur convenable sur le fond du piston, mais cette méthode est peu recommandable, sauf peut-être pour les petits moteurs. L'augmentation de résistance à la transmission de la chaleur, du fait du joint tôle-piston, pouvant causer des échauffements anormaux en divers points de cette plaque et provoquer des allumages prématurés.

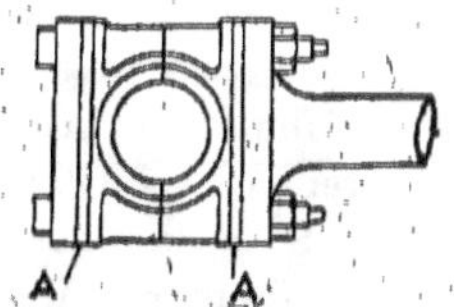

Fig. 142. — Pied de bielle de moteur à gaz permettant de faire varier la compression.

Si l'on fait un essai de variation de la vitesse du moteur, il en résulte une variation correspondante des pressions d'aspiration et d'échappement et de la qualité et de la quantité de combustible absorbé. L'influence de ces variables secondaires est presque impossible à déterminer. L'on ne procédera donc à un essai de variation de vitesse que dans des cas tout à fait spéciaux, par exemple si l'on désire connaître soit la vitesse correspondant au rendement maximum du moteur, soit la puissance maximum par un réglage donné.

Nous avons parlé au chapitre II de la prise de diagramme sur les moteurs à gaz et à huile. Cette prise de diagramme est plus difficile que sur les machines à vapeur, particulièrement lorsqu'il s'agit d'engins à grande vitesse. La question de mesure de puissance au frein a été également traitée au chapitre III et nous n'y reviendrons pas.

Pour être dans les meilleures conditions on installera des compteurs fixes pour enregistrer le nombre de tours de la machine et le nombre d'explosions lorsque la régulation se fait par « tout ou rien ». Pour les essais courants on se contente cependant de relever de temps en temps la vitesse de la machine à l'aide d'un compteur à main. Dans le cas d'un moteur marchant par tout ou rien le compteur d'explosions est mis en relation avec la valve d'admission. Les appareils courants ne conviennent que pour des moteurs à faible vitesse. MM. Chauvin et Arnoux fabriquent des compteurs adaptés aux grandes vitesses. Les tachymètres à commande par engrenage ou par courroie ne sont pas suffisamment exacts pour des essais rigoureux ; ils peuvent cependant servir dans les essais courants ou pour signaler les variations de vitesse.

Les températures de l'eau de refroidissement des cylindres seront prises à son entrée et à sa sortie et aussi près que possible du cylindre. On pourra dans ce but utiliser une connection en Y standard à l'entrée et à la sortie d'eau et utiliser l'une des branches pour l'insertion d'un thermomètre. Revoir les précautions signalées pour la prise de température.

Si l'on désire connaître la chaleur perdue dans les enveloppes des cylindres, il sera nécessaire de mesurer en plus le poids d'eau de circulation. On connectera la tubulure d'entrée d'eau à la distribution générale de la ville par l'intermédiaire d'un robinet et l'eau évacuée de l'enveloppe du cylindre sera recueillie dans un récipient, tarée ou pesée dans 1 ou 2 réservoirs spéciaux.

Si la distribution ville subit des variations de pression importantes il en résultera une variation du débit d'eau de circulation et une variation de la température de sortie de l'eau. Lorsque les essais sont suffisamment importants il sera préférable de contrôler la pression de distribution d'eau en plaçant un niveau intermédiaire pour l'alimentation des chemises de circulation d'eau des cylindres ; ce réservoir étant alimenté au moyen d'un robinet à commande par flotteur. La figure 149 représente une telle disposition.

Dans les conditions ordinaires de marche, les petits moteurs à combustion interne sont refroidis par thermo-syphon. La quantité d'eau de circulation pourra être mesurée en introduisant dans le circuit eau chaude une petite pompe centrifuge qui enverra l'eau chaude dans un réservoir à orifice gradué, situé au-dessus du réservoir à eau froide et en prenant soin de ne pas exposer cette eau inutilement à l'action de l'air. Dans le cas de gros moteurs avec tours de réfrigération la circulation d'eau est obtenue à l'aide de pompes spéciales. Pour des essais ces pompes pourront refouler dans un réservoir spécial à déversoir gradué, de manière à permettre calcul de la quantité d'eau de circulation.

Mesure de la quantité de gaz fournie. — Les méthodes de mesure de la quantité de gaz fournie à un moteur en cours d'essai, varient essentiellement avec : le caractère et la source de gaz, les dimensions du moteur, le degré de précision désiré, la disposition générale et le coût des appareils proposés.

Lorsqu'une précision extrême n'est pas nécessaire, il suffira d'employer un compteur ordinaire du type sec ou humide, convenablement essayé entre les débits limites correspondants au maximum et au minimum dé charge. Les résultats d'essai du compteur seront portés sur un papier millimétré et donneront pour chaque régime la relation exacte entre les chiffres lus et la quantité réelle de gaz. La figure 143 donne une disposition schématique des connexions et appareils des-

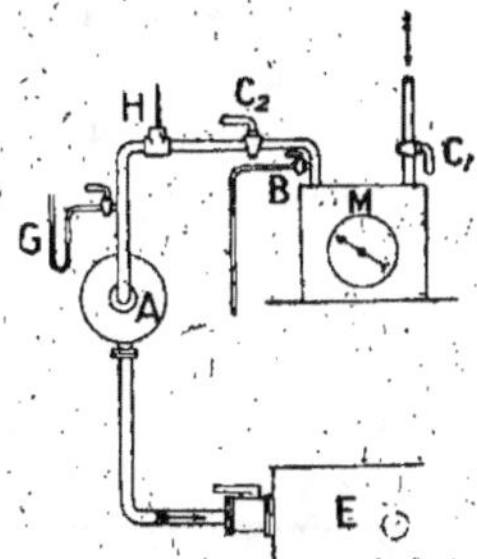

Fig 143. — Montage d'un compteur à gaz pour mesure de la consommation d'un moteur marchant au gaz de ville.

tinés à relier la conduite de gaz au moteur. Le robinet C_1 relie la conduite ville au compteur qui est relié à la poche élastique antipulsatoire A au moyen du robinet C_2. Pendant la course d'aspiration du piston, le gaz est aspiré dans la poche A, une petite valve à aiguille placée entre A et M se fermant pendant cette période et permettant ainsi le maintien d'une pression constante au compteur et dans la conduite principale. La pression du gaz peut être mesurée au moyen du manomètre G relié par l'intermédiaire d'un robinet sur un point de la conduite situé entre A et M. Un raccord en T inséré dans cette même portion de conduite permettra l'insertion du thermomètre H à l'aide d'un bouchon étanche logé dans la tige verticale du T. Si l'allumage du moteur se fait à l'aide d'un tube incandescent chauffé au gaz, ce brûleur spécial pourra être alimenté par une petite dérivation faite en B, le compteur devant mesurer la totalité de la consommation de gaz du moteur. La quantité de gaz consommée par le brûleur pourra d'ailleurs s'évaluer facilement en le laissant brûler quelques instants après l'arrêt du moteur, la pression étant comme de bien entendu supposée constante.

Au lieu d'utiliser un compteur, le professeur B. Hopkinson a employé avec succès un gazomètre du type courant pour l'essai d'un moteur à gaz pauvre de 40 chevaux. La disposition employée est relatée dans sa communication : « La puissance indiquée et le rendement mécanique des moteurs à gaz » (1) dont nous extrayons les lignes suivantes :

« La mesure de la quantité de gaz consommé s'est effectuée à l'aide d'un gazomètre de 1 m³ de capacité fournie par MM. Parkinson et Cowan, placé entre le gazogène et le moteur et aussi près que possible de ce dernier. Dans les conditions normales de marche le gazomètre conservait un niveau constant, la quantité de gaz produite correspondant à la quantité de gaz absorbée, le gazomètre jouant alors le rôle d'un récipient antipulsateur et s'abaissant environ de 2,5 mm. à chaque aspiration du moteur. Pour la mesure de la quantité de gaz absorbée on ferme le robinet d'arrivée de gaz au gazomètre, le moteur n'étant plus alors alimenté que par celui-ci et l'on note la quantité de gaz absorbée pour un nombre déterminé de succions (50 généralement). Pendant ce même temps on relève des diagrammes à l'indicateur. Après achèvement de la mesure on ouvre à nouveau le robinet d'arrivée de gaz et l'on ajuste les contre poids de manière que la cuve du gazomètre reprenne lentement sa position supérieure. A ce moment l'essai peut être à nouveau répété. De cette façon nous avons pu obtenir la consommation de gaz à 1/500 près et en admettant des erreurs provenant de l'irrégularité de la graduation du gazomètre, ou de petites variations de température et de pression... l'erreur totale sur le volume de gaz ne doit pas dépasser 1/200. Cette méthode convient particulièrement lorsque l'on désire connaître la consommation pour un cycle ou pour une série de cycles déterminés, mais elle peut également convenir lorsqu'il s'agit d'une mesure de consommation portant sur une longue période. La puissance développée par le moteur était sensiblement la même lorsque le robinet du gazogène était ouvert ou fermé et l'on peut admettre que la consommation de gaz est la même dans les 2 cas. Le taux de consommation déterminé pendant l'alimentation sur le gazomètre est donc encore valable pendant les périodes de remplissage ou d'équilibre du gazomètre. Cette méthode de mesure qui donne une précision supérieure à n'importe quel compteur, peut être aisément appliquée à des moteurs de plus grande puissance, la capacité du gazomètre ne devant guère correspondre qu'à une marche de 1 *minute*.

Dans son premier rapport (2) au « Gaz Engineer Research Committee », le professeur Burstall décrit un gazomètre spécial utilisé pour la mesure de la quantité de gaz fourni à un moteur de 5 H. P. Cet appareil représenté par la figure 148 se compose d'un gazomètre gradué H de 1,80 m. de diamètre, d'une course utile de 1 mètre et d'environ 2,400 m³ de capacité. La cloche mobile H est supportée par un simple fil reposant sur 2 poulies à

(1) *Proc. Inst. of Mech. Eng.*, 1907.
(2) *Proc. Inst. of Mech. Eng.*, avril 1898.

roulement à billes et portant à son autre extrémité des masses calibrées telles que la pression dans le gazomètre est de 37 millimètres d'eau. Le guidage de la cloche est fait à l'aide de 4 petites roulettes, roulant sur 2 guides verticaux. Le volume de gaz se déduit à chaque instant de la position de la cloche. Trois échelles sont attachées à la cloche suivant 3 génératrices distantes de 120° et sont lues à l'aide de repères et de petits microscopes fixés sur la cuve extérieure ; le but des échelles est d'éliminer toute erreur de lecture pouvant provenir de la non-verticalité de la cuve. La capacité de la cloche a été déterminée par remplissage à l'aide d'un récipient gradué. On a évité avec soin toute fuite au gazomètre ou dans les tuyaux d'alimentation.

Les principaux avantages qui résultent de l'emploi d'un gazomètre sont les suivants :

1° Les résultats sont indépendants des variations de pression qui peuvent se produire sur la conduite générale du gaz pendant les essais.

2° Un simple prélèvement de gaz à l'intérieur du gazomètre suffit pour l'obtention d'un échantillon moyen.

Cependant dans des essais courants on pourra parfaitement se fier à un compteur humide, sans aller faire la dépense d'un gazomètre ; cet appareil étant réservé aux essais de grande précision.

On utilisera des dispositions analogues lorsque l'alimentation du moteur au lieu d'être faite par du gaz de ville sera faite par un gazogène. Le compteur sera connecté entre les *laveurs* et le moteur, mais il devra être proportionnellement plus gros que pour un moteur à gaz de ville et devra être convenablement protégé contre les dépôts de goudron par l'emploi d'un extracteur de goudron placé entre le gazogène et le compteur. Une poche flexible sera introduite entre le compteur et le moteur afin de régulariser la pression dans le système.

La mesure de la consommation des moteurs à gaz pauvre de grande puissance peut se faire à l'aide d'un gazomètre, bien que la méthode puisse être coûteuse si le gazomètre ne doit être utilisé que pour une série d'essais. MM. Crossley frères (1) ont utilisé un gazomètre de 9 *mètres* de diamètre et de 3,60 m. de course utile qui permet un essai de courte durée sur des moteurs d'une puissance allant jusqu'à 600 H. P.

Les dispositifs indiqués plus loin pour la mesure directe des quantités d'air, fournies aux moteurs à gaz, peuvent être utilisés avec quelques modifications pour la mesure des quantités de gaz.

La densité des gaz varie avec la pression et la température. Dans le but

____

(1) *Proc. Inst. of Mech. Eng.*, 1908, page 470.

de faire des comparaisons utiles on ramènera les volumes mesurés à une pression et à une température standards ; 76 centimètres de mercure par exemple et 0° C. Si donc :

P = pression absolue du gaz en *cm* de mercure

$t°$ = température du gaz

V = volume mesuré à la température t

V = volume ramené aux conditions standarts, on aura :

$$\frac{PV}{t + 273} = \frac{76\,V}{273}.$$

Mesure de l'huile combustible. — La méthode de mesure à employer dépend quelque peu de la nature de l'huile, du degré d'exactitude désiré et de la quantité d'huile à mesurer. La figure 144 représente l'une des méthodes les plus précises. On se servira d'un récipient C autant que possible en verre, placé au-dessus du niveau de la vanne d'alimentation du moteur de manière à pouvoir alimenter par gravité et d'une capacité telle que l'essai ne dure pas moins d'une demi-heure en pleine charge. Une pièce de fer ou de bronze DE forme pont au-dessus de la cuve et supporte un repère de niveau H_1 ajustable en hauteur. L'extrémité du repère peut être conique ou sphérique, ainsi que le représente la figure 145. Le départ du moteur se fera pour un niveau d'huile un tant soit peu supérieur au repère

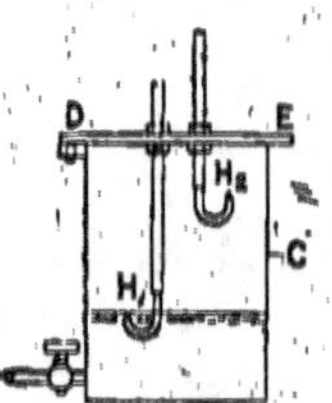

Fig. 144. — Récipient pour la mesure de l'huile combustible.

et le début de l'essai coïncidera avec l'affleurement exact du niveau d'huile au repère (Avec quelque entraînement on arrive à déterminer exactement ce moment). On versera alors dans le réservoir une quantité d'huile parfaitement définie et l'on notera comme fin de l'essai le moment où l'huile affleurera à nouveau le repère. On connaîtra ainsi le temps exact nécessaire à la consommation d'une quantité d'huile connue. En procédant par répétition l'essai pourra être continué aussi longtemps qu'on le désirera ; le moment d'affleurement du liquide étant avant chaque adjonction d'une nouvelle dose de combustible noté avec soin.

Au cas où l'on désirerait connaître l'influence d'un réglage ou d'une modification sur la consommation de combustible on ajoutera un 2e repère H_2 à 25 ou 50 millimètres au-dessus du repère H_1. Le moteur étant à son

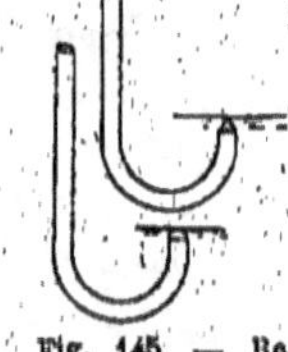

Fig. 145. — Repère de niveau.

régime normal on ajoute une certaine quantité d'huile de manière que le niveau dépasse légèrement H_2. Le moteur continuant à tourner l'on note le moment où le niveau affleure H_2, le nombre de tours et le nombre d'explosions du moteur, puis enfin le moment où le niveau affleure H_1. On répétera cette manière de faire jusqu'à ce que les résultats se maintiennent constants, après quoi l'on pourra faire varier une autre « variable indépendante » du moteur et analyser le résultat produit. Si la charge du moteur se maintient constante, le meilleur réglage du moteur serait celui correspondant au plus grand nombre de révolutions pour une consommation donnée d'huile. Cette méthode s'appliquera, par exemple, à la détermination du meilleur calage des soupapes d'huile et d'air, pour un moteur à huile travaillant sous une charge donnée.

Le niveau d'huile dans un récipient gradué peut être indiqué au moyen d'un tube de niveau et d'une échelle, en utilisant soit une échelle à miroir, soit un index coulissant de manière à avoir une exactitude raisonnable ; une telle manière de faire n'est d'ailleurs pas possible avec les huiles très fortement colorées. On peut encore utiliser un flotteur en cuivre portant une échelle divisée qui s'engage à travers un orifice convenable placé à la partie supérieure du réservoir ; mais des erreurs peuvent s'introduire s'il y a le moindre grippage. Lors de la mesure d'huile ordinaire de paraffine ou de pétrole il est nécessaire de munir le récipient en question d'une fermeture presque étanche à l'air.

La mesure de la valeur calorifique des gaz et huile sera étudiée plus loin.

Les feuilles d'essai ci-après pourront être utilisées (après modifications, suivant le nombre des observateurs disponibles) ; de toutes façons chaque feuille d'observation devra être munie d'une colonne *temps*.

FEUILLES D'ESSAIS POUR MOTEUR A COMBUSTION INTERNE

Date _______________

Nom de l'observateur _______________

Type de la machine _______________

Nom du fabricant _______________

Caractère et classe du gaz ou de l'huile _______________

Pouvoir calorique du combustible _______________

Densité de l'huile _______________

Méthode de mesure du gaz ou de l'huile _______________

    »   »   *de la quantité d'eau de circulation* _______________

Type de l'indicateur _______________

Description du frein _______________

Nº de l'essai	Temps	Compteur de tours Lecture	Différence entre lectures consécutives	Lecture du compt. d'explosion	Différence entre lectures consécutives

Charge du frein	Lecture du compteur du gazomètre ou du réservoir d'huile	Différence entre lectures consécutives	Quantité totale d'huile ou de gaz utilisée depuis le départ	Eau de circulation Température à	
				l'entrée	la sortie

Quantité d'eau de circulation contenue dans le récipient de mesure	Différence entre 2 pesées consécutives	Température de l'air	Température du gaz	Pression barométrique en cm de mercure	Pression de gaz en cm d'eau

Essai effectué au Royal Technical College de Glascow, sur un moteur Diesel de 35 H. P. — Ce moteur fonctionne suivant le cycle à 4 temps :

(1) Aspiration d'air dans le cylindre.

(2) Compression de cet air à environ 35 kg. : cm².

(3) Injection et combustion de l'huile.

(4) Echappement des gaz brûlés.

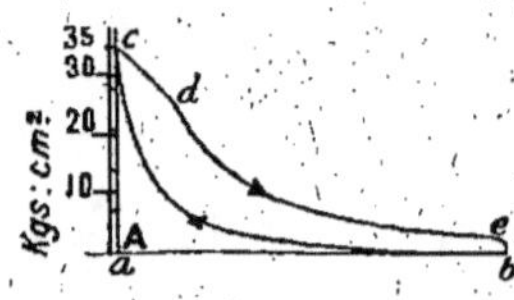

Fig. 146. — Diagramme relevé sur un moteur Diesel.

Le diagramme figure 146 correspondant à ce cycle. AL représente la ligne de pression atmosphérique et ab la course d'aspiration. De b en c cet air est comprimé dans le cylindre et est porté à une température élevée, de telle sorte que lorsque le combustible est introduit, de c en d il puisse s'enflammer de lui-même. La combustion cesse en d et les gaz se détendent dans le cylindre jusqu'au point *e* correspondant à l'ouverture de l'échappement. Un compresseur d'air à 2 étages calé directement sur l'arbre fournit l'air d'injection du combustible. La vitesse du moteur se règle par modification de la quantité d'huile injectée.

Nom du fabricant : Mirrlees. Watson et Co Ltd. Glascow

Dimensions : Diamètre du cylindre . . . . 305 mm.

Course du piston . . . . . . 465 mm.

Cylindrée. . . . . 25 litres

Diamètre de la poulie du frein. . 2,70 m. + 20 mm. de corde

Résultat de l'essai à charge normale

Durée de l'essai en minutes 40

Température de l'air en degrés cent. . . . . 22,2°

Température d'entrée de l'eau de circulation. . . . . 6° C.

Température de sortie de l'eau de circulation . . . . 47° C.

Température d'échappement . . . . 274° C.

Pression barométrique $\begin{cases} \text{en mm. de mercure. . . . .} & 727 \text{ mm.} \\ \text{en kgs : cm}^2 \text{. . . . .} & 0,983 \end{cases}$

Pression d'injection de l'air en kg : cm² . . . . 50,00 kgs.: cm²

Pression en fin de compression, d'après les diagrammes en kgs: cm² 34,5 kg.

Nombre de tours pendant l'essai. 7142

Nombre de tours par minute 203,5

Pression moyenne à l'intérieur du cylindre pendant la course utile 6,6

Puissance indiquée (1). 50,9

Charge W sur le frein. 82,6

Charge *w* sur le frein 3,8

Charge réelle sur le frein 78,8

Puissance développée $= \dfrac{78,8 \times \pi \times 2,72 \times 203,5}{60 \times 75}$ . . . . 30,4 ch. vap.

Rendement mécanique $\dfrac{39,4}{50,9} =$ 0,6

Puissance perdue en frottement + puissance nécessaire à la conduite du compresseur + puissance dépensée à l'aspiration et à l'échappement . . . . 20,5 HP.

Nature de l'huile employée. . . . . *huile de goudron*

Densité de l'huile 0,852

Pouvoir calorifique inférieur de l'huile en *calorie par kg* . . . . . 10.000 cal.

Volume d'huile utilisé au cours de l'essais . . . . 5200 cm³

Poids . . . . 4,4 kgs.

Consommation d'huile à l'heure . . . . 6,65 kgs.

Consommation par cheval indiqué et par heure. . . . . 130 gram.

Consommation par cheval sur l'arbre et par heure . . . . 218 gram.

Quantité d'eau de circulation consommée au cours de l'essai . . . . 335 kgs.

Quantité d'eau de circulation par minute de marche. . . . . 8,4 kgs.

(1) Le compresseur d'air d'injection conduit par le moteur rend au cylindre moteur une partie de l'énergie qu'il a absorbée. Du fait de la mauvaise adaptation de l'indicateur employé, se fier aux indications relevées sur le frein plutôt qu'à celles données par l'indicateur.

Quantité de chaleur fournie par minute au moteur..........

$$\frac{10.000 \times 6,65}{60} = 1100 \text{ calories}$$

Quantité de chaleur emportée par l'eau de circulation par minut

$$8,4 \ (65 - 47) = 345 \text{ cal.}$$

Quantité de chaleur équivalente au travail indiqué par minute

$$\frac{50,9 \times 75}{425} \times 60 = 538 \text{ cal.}$$

Quantité de chaleur entraînée à l'échappement et perdue par radiation (par différence) : $588 - 345 = 193$ cal.

Rendement thermique $= \dfrac{538}{1100} = 0,49$

Rapport $\dfrac{\text{Equivalent calorifique du travail au frein}}{\text{Quantité de chaleur fournie au moteur}} \dfrac{30,4 \times 75 \times 60}{425 \times 1100} = \qquad 0,294$

Rapport $\dfrac{\text{Quantité de chaleur emportée par l'eau de combustion}}{\text{Quantité de chaleur fournie au moteur}} =$

$= \dfrac{345}{1100} = \ldots\ldots\ldots\ldots\ldots\ldots = 0,812$

Rapport $\dfrac{\text{Quant. de chal. entraînée à l'échappement et par radiation}}{\text{Quantité de chaleur fournie au moteur}}$

$= \dfrac{193}{1100} = \ldots\ldots\ldots\ldots\ldots\ldots = 0,175$

Rendement correspondant à la détente théorique de l'air $\bigg)\ldots\ldots =$

$$\left[1 - \left(\frac{1}{r}\right)^{\gamma-1}\right] = \left[1 - (0,0688)^{0,4}\right] = \ldots\ldots\ldots = 0,658$$

Rapport : $\dfrac{\text{Rendement thermique}}{\text{Rendement correspondant à la détente théorique}} = \dfrac{0,49}{0,658} = 0,748$

La figure 147 représente les résultats d'une série d'essais effectués à

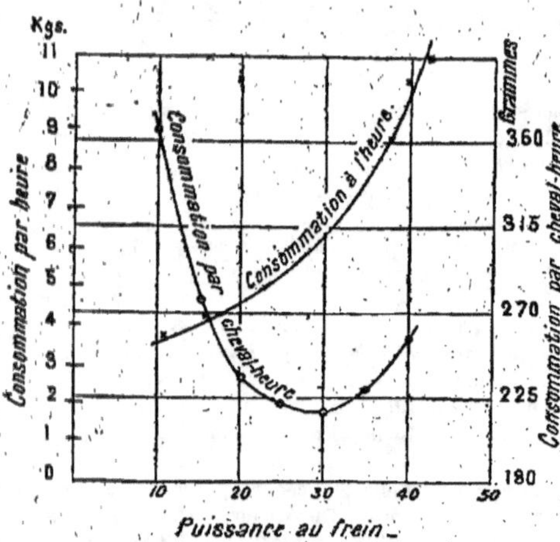

Fig. 147. — Consommation d'un moteur Diesel de 35 chevaux.

diverses charges sur le Diésel. On remarque que la marche la plus économique correspond à une charge largement inférieure à la charge normale qui est 35 H. P.

La compression et la détente des gaz dans le cylindre suit la loi

$$PV^n = C^{te}$$

Au cours des essais la valeur trouvée pour n était 1,33 pour la compression et 1,25 pour la détente. Voir à ce sujet la figure 169.

CHAPITRE XI

ESSAI DES MOTEURS A COMBUSTION INTERNE (*Suite*)

Dans le chapitre précédent nous avons traité plus spécialement des essais courants des moteurs à gaz et à huile. Lorsqu'il est désirable d'analyser rigoureusement toutes les pertes, les dispositions deviennent un peu plus compliquées. En plus des mesures de consommation d'huile ou de gaz, de température d'entrée et de sortie d'eau, du pouvoir calorifique du combustible, il conviendra dans un essai complet de déterminer : la quantité d'air aspiré et son degré d'humidité, la composition du gaz ou de l'huile, la composition des gaz d'échappement et la quantité de chaleur emportée par ces gaz.

Mesure de la quantité d'air aspiré. — La quantité d'air aspiré par les petits moteurs peut être mesurée aisément à l'aide d'un compteur. La figure 148 représente une telle disposition. M est un compteur du type humide fabriqué par A. Wright et Cᵒ de Westminster. L'air est refoulé au compteur par la soufflante B conduite par le moteur A ; la pression de l'air est réglée à une valeur constante à l'aide du régulateur G. En quittant le compteur l'air traverse la boîte de sûreté X qui est destinée à empêcher un retour de gaz au compteur ou à éviter un retour de flamme. Avant d'atteindre le moteur, l'air traverse la vessie R qui évite les variations de pression au compteur pendant l'aspiration.

On peut également utiliser un gazomètre pour la mesure de la quantité d'air aspiré, mais l'on doit prendre toutes précautions pour éviter une explosion possible.

La figure 149 représente le schéma d'une disposition simple permettant la mesure de l'air (1). On utilise dans ce cas un anémomètre placé à l'intérieur d'une boîte B, en série avec la conduite d'aspiration d'air. La vessie Bg est destinée à maintenir l'appel d'air aussi constant que possible. Les pales de l'anémomètre sont placées à peu de distance de l'orifice d'entrée

(1) *Proc. Inst. of Civil Eng.*, vol. CLXIII, 1905-1906, part. I.

d'air et les indications du compteur de tours sont visibles constamment grâce à l'emploi d'une glace dans la partie basse de la boîte B. L'orifice

Essais des moteurs à gaz.

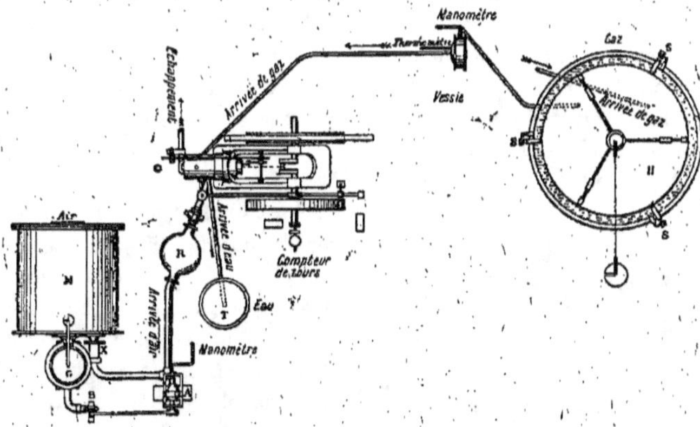

Fig. 148. — Plan montrant la disposition des appareils pour l'essai d'un moteur à gaz.
(Premier rapport du Gas-Engine-Committee, *Inst. Mech. Eng.*, 1898).

d'entrée d'air présente la forme d'un cercle et est découpé dans une plaque de fer de manière à permettre un ajustage facile des conditions de travail

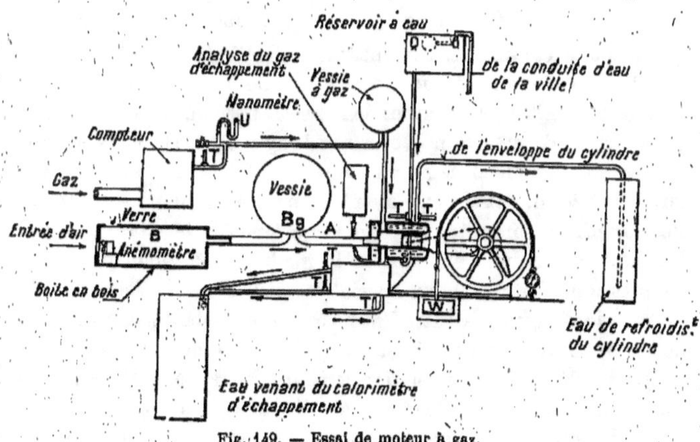

Fig. 149. — Essai de moteur à gaz.

de l'anémomètre. La pression et la température de l'air ambiant sont mesurées à l'aide d'un baromètre et d'un thermomètre, tandis que le degré hygrométrique de l'air est déterminé à l'aide d'un thermomètre à réservoirs sec et humide. La lettre T indique sur la figure les différents points où se font les relevés de température.

La méthode utilisée pour l'étalonnage de l'anémomètre est tout à fait simple et donne des bons résultats. Le moteur étant froid et l'arrivée de gaz étant coupée, on entraîne le moteur à l'aide d'un moteur électrique et on le laisse aspirer l'air dans les conditions de marche normale. Le cylindre du moteur sert ainsi de volume étalon. Pendant toute la durée de cet essai de calibration on note le nombre de tours du moteur, les indications de l'anémomètre et l'on relève quelques diagrammes sur le cylindre.

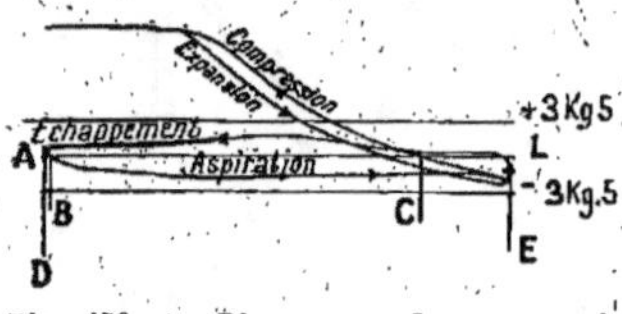

Fig. 150. — Diagramme de compression d'un moteur à gaz.

Il est évident que la longueur de ce diagramme (fig. 150) représente la course du piston et par suite à une certaine échelle le volume déplacé par celui-ci pendant une course d'aspiration. La distance BC est la longueur coupée sur la ligne atmosphérique AL par le diagramme et cette distance peut être prise comme représentant le volume d'air aspiré, pendant une course d'aspiration, à la pression atmosphérique. Ainsi si DE = longueur du diagramme et si V est le volume en dm³ balayé par le piston, la distance BC représente : $\frac{BC}{DE} \times V$ dm³. Des résultats ainsi calculés on peut déduire le volume d'air correspondant à chaque graduation de l'anémomètre.

Dans une communication intitulée « Méthode de mesure de la quantité d'air ou de gaz fournie aux moteurs ou aux fourneaux » le professeur Ashcroft décrit une modification de la méthode précédente, appliquée pour l'essai d'un moteur Hornsby-Akroyd de 8 H. P. L'aspiration d'air du moteur débouche dans une boîte de 1,50 m. de longueur, 0,50 m. de large et 0,28 m. de hauteur, ayant un orifice circulaire de 0,075 millimètre de diamètre à son autre extrémité. Le fond de la boîte est formé d'une feuille de caoutchouc sur plus de la moitié de sa longueur, afin d'égaliser les pressions. Un indicateur spécial est utilisé pour mesurer les différences de pression moyennes entre l'atmosphère et la boîte. Un indicateur placé sur le cylindre moteur permet en opérant comme dans la méthode précédente de déterminer la relation existant entre cette dépression et le volume d'air aspiré par le moteur. Au lieu de comprimer l'air aspiré puis de le laisser détendre (comme dans la méthode précédente), la soupape d'échappement était laissée ouverte pendant ces 2 temps, mais comme de juste était fermée pendant l'aspiration. La température de l'air rejeté dans le tuyau d'échappement pendant cet essai était légèrement supérieure à celle de l'air atmosphérique, la moyenne de ces températures a été prise comme représentant la température de l'air dans le cylindre à la fin de l'aspiration. Le volume mesuré pour la cylindrée a donc été multiplié par le facteur :

$$\frac{\text{Température absolue de l'atmosphère}}{\text{Température absolue de l'air dans le cylindre}}$$

pour ramener ces volumes aux conditions atmosphériques normales.

Le professeur Dalby (1) a utilisé une méthode semblable à cette dernière, sauf que l'orifice d'entrée d'air est dans ce cas d'un diamètre beaucoup plus petit .

La dépression entre l'atmosphère et la boîte à air est alors beaucoup plus importante, elle se mesure à l'aide d'un tube en V rempli d'huile visqueuse de 0,9 de densité. La boîte à air a une section transversale de 0,25 m. et une capacité de 0,7 m³, la capacité totale entre l'orifice d'aspiration d'air et la soupape d'admission d'air au moteur est de 1,750 m³. Cette méthode a été appliquée pour l'essai d'un moteur Crossley de 0,175 m. d'alésage et de 0,350 m. de course. L'orifice d'entrée d'air était ménagé dans une plaque de bronze placée à l'extrémité de la boîte à air, les bords aigus de l'orifice étant placés vers l'extérieur. Pendant l'étalonnage le moteur était entraîné par un moteur électrique et l'on agissait sur la distribution de telle façon que la soupape d'admission s'ouvre 5° après le point mort et la soupape d'échappement 5° avant. La pression à l'intérieur du cylindre était relevée à l'aide d'un indicateur et la température mesurée au moyen d'un thermomètre à résistance de platine, le poids d'air se déduisait de la relation : $\frac{PV}{\tau} = C$. En utilisant l'expression (8) chapitre XV, pour déterminer la quantité d'air par unité de temps le professeur Dalby obtient pour le coefficient de contraction K les valeurs suivantes qui cadrent assez bien avec les résultats indiqués au chapitre XV.

Diamètre de l'orifice mm.	Tours par minute	Différence de pression		Coefficient de contraction K.
		Colonne d'huile de densité 0,9	Equivalent en cm d'eau	
25,8 mm.	132	4,8 cm.	5,3 cm.	0,584
25,8	200	6,9	7,7	0,59
25,8	240	8,55	9,5	0,60
16	52	5,4	6,	0,61
16	140	76,5	29,5	0,597
16	240	45,15 cm.	50	0,596

(1) *British Assoc.*, 5 septembre 1910.

Une disposition analogue pourrait être utilisée pour la mesure du débit de gaz, mais bien que la précision des lectures augmente avec la pression il y aurait lieu de ne pas exagérer de façon à ne pas changer les conditions d'opération.

On peut également utiliser un anémomètre, les lectures étant faites à l'aide d'une fenêtre ménagée dans la boîte en bonne position ou à l'aide d'un indicateur de tours à contact électrique. Cet anémomètre pourra être étalonné soit à l'aide d'un tube de Pitot, soit en faisant tourner le moteur à froid et en relevant des diagrammes, ainsi qu'indiqué plus haut. Dans le cas où le gaz est susceptible d'entraîner du goudron il y a lieu de prévoir la possibilité de retirer l'anémomètre pour le nettoyage des pales et des roulements.

Plus loin nous décrirons un compteur à chauffage électrique, qui permet la mesure de grandes quantités d'air ou de gaz circulant à travers une conduite.

Calcul de la quantité d'air aspiré en partant de l'analyse du combustible et des gaz d'échappement. — L'analyse d'un gaz de ville est si compliquée et requiert une telle pratique qu'une description du procédé serait de peu d'utilité pour un ingénieur, de toutes façons il est donc préférable d'admettre les résultats d'analyse d'un expert chimiste. L'analyse approximative du gaz pauvre n'est pas très difficile au bout de quelque temps de pratique (voir plus loin), d'autre part la méthode donnée pour le prélèvement et l'analyse de gaz de la combustion s'applique également aux gaz d'échappement.

On collecte généralement l'échantillon de gaz à l'aide d'un petit robinet vissé sur le pot d'échappement ou sur la canalisation d'échappement en une position convenable et à peu de distance du moteur, si l'on n'utilise pas de pot d'échappement. Les moteurs fonctionnant avec régulation par tout ou rien rejettent à l'échappement une certaine quantité d'air pour chaque intervention du régulateur, il en résulte quelque incertitude dans la composition du gaz prélevé. On pourra faire une correction en notant le nombre d'interventions du régulateur et le volume d'air ainsi rejeté, mais si l'on n'y prend garde on pourra faire des erreurs considérables particulièrement aux faibles charges. Avec des moteurs utilisant d'autres types de régulation le même inconvénient n'existe pas, mais une petite erreur peut cependant se glisser du fait du réglage courant des soupapes qui permet l'ouverture de la soupape d'aspiration d'air avant fermeture de la soupape d'échappement, permettant ainsi le passage direct d'une certaine quantité d'air dans l'échappement.

La figure 151 représente une disposition adoptée par le professeur Burstall pour le prélèvement d'un échantillon véritable de gaz d'échappement sur un moteur réglant par tout ou rien (1). Grâce à un jeu de contacts convenablement organisés l'électro-aimant M est actionné pour chaque course utile du piston et la palette V reste attirée jusquà la fin de la course d'échappement correspondante. L'extrémité de V vient dans son mouvement décoler la petite valve P qui permet à une certaine quantité de gaz d'échappement d'être aspiré dans le récipient R. Le trou H de 4/10 de millimètre de diamètre est destiné à l'élimination de l'air qui pourrait se trouver dans la canalisation. L'échantillon de gaz peut être ainsi prélevé d'une façon continue et sans que l'on risque de prélever autre chose que des gaz d'échappement. La quantité de gaz recueillie pendant un essai est d'environ 500 cm³.

Dans le « Rapport N° 3 au Comité de recherches sur les moteurs à gaz » le professeur Burstall décrit une valve de prélèvement d'échantillon qu'il a utilisé sur un moteur Premier marchant au gaz pauvre, utilisant le balayage du cylindre. Ce balayage a pour but de complètement nettoyer le cylindre avant l'introduction d'une charge nouvelle et entraîner par suite une évacuation abondante d'air au pot d'échappement. Si le prélèvement de gaz s'effectuait dans les conditions ordinaires il en

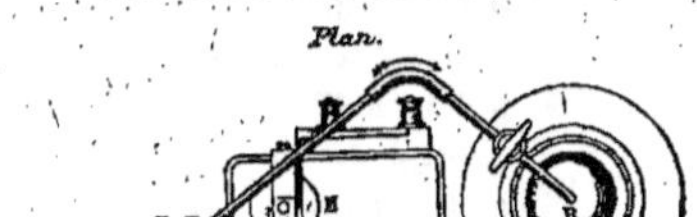

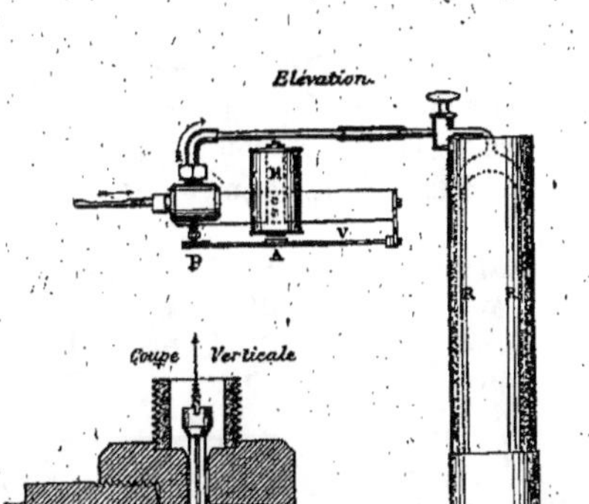

Fig. 151. — Méthode de prélèvement d'un véritable échantillon de gaz d'échappement sur moteur à régulation *par tout ou rien*.

résulterait une proportion d'air enlevant toutes probabilités d'exactitude dans la détermination de la quantité d'air aspiré par le moteur. Le professeur Burstall place sa valve de prélèvement sur le fond du cylindre et la commande à l'aide de l'arbre à came, de telle façon qu'elle s'ouvre au début de l'échappement, mais se ferme avant l'ouverture de la soupape de

(1) Cette disposition est malheureusement un peu compliquée et ne pourra être réalisée partout.

balayage. La seule objection à faire à cette méthode serait de contester la parfaite homogénéité du gaz à l'intérieur du cylindre, étant donné que la soupape de prélèvement s'ouvre à environ 1/2 course d'échappement.

Ci-après nous donnons à titre d'exemple une analyse de gaz de houille extraite du « Rapport final du Comité de recherche des moteurs à combustion interne ».

Constituants	Volumes en %
Méthane (CH_4)	33,73
Hydrocarbones non saturés (supposé C_2H_4)	4,74
Hydrogène (H_2)	41,29
Oxyde de carbone	7,13
Azote (Az)	10,22
Gaz carbonique (CO_2)	2,62
Oxygène (O_2)	0,27

Volume d'air théoriquement nécessaire pour obtenir une combustion complète. — Dans l'analyse ci-dessus les 4 premiers composants constituent la partie combustible. Les équations de combustion correspondant à chacun de ces éléments sont les suivantes :

$$(a) \qquad CH_4 \ + \ 2O_2 \ = \ CO_2 \ + \ 2H_2O$$
$$(b) \qquad C_2H_4 \ + \ 3O_2 \ = \ 2CO_2 \ + \ 2H_4O$$
$$(c) \qquad 2H_2 \ + \ O_2 \ = \ 2H_2O$$
$$(d) \qquad 2CO \ + \ O_2 \ = \ 2CO_2$$

On sait que théoriquement le volume occupé par une molécule d'un gaz quelconque, pour une valeur déterminée de la température et de la pression est constant pour tous les gaz. Par suite 1 volume de CH_4 requiert 2 volumes d'oxygène pour sa combustion complète et de même 1 volume de C_4H_4 requiert 3 volumes d'oxygène. La table (page 281) se rapporte à 100 volumes de gaz de houille, tous les volumes étant pris pour une même température et une même pression. Par exemple si 1 volume de CH_4 produit 1 volume de CO_2 et 2 volumes de H_2O, 33,73 vol. de CH_4 produirait 33,73 vol. de CO_2 et 67,46 vol. de H_2O.

La proportion d'oxygène contenu dans l'air étant dans le rapport 21/100 approximativement :

Le volume d'air requis pour la combustion de 100 volumes de gaz est : $= \dfrac{100}{21} \times 105,62 = 503$ volumes

Le volume d'azote pris à l'air est : $\dfrac{79}{21} \times 105,62 = 397,4$ volumes

Symbole chimique	Volume du gaz	Volume d'oxygène requis	Valeur de CO^2 produit	Volume de vapeur d'eau produit	Volume total des produits de la combustion
CH^4	33,78	$2 \times 33,73 = 67,46$	33,73	67,46	101,19
C^2H^4	4,84	$3 \times 4,74 = 14,22$	9,48	9,48	18,96
H^2	41,29	$^1/_2 \times 41,29 = 20,64$	—	41,29	41,29
CO	7,13	$^1/_2 \times 7,13 = 3,57$	7,13	—	7,13
Az^2	10,22	—	—	—	10,22 (de l'air 397,4)
CO^2	2,62	—	2,62	—	2,62
O^2	0,27	déduit 0,27	—	—	—
Gaz	100,0	105,62	52,96	118,23	181,41 + 397,4 578,81

1 *décimètre cube* de gaz demande donc 5,03 dm³ d'air sec et produit après sa combustion 5,788 dm³ de gaz. En admettant que la vapeur produite soit condensée ce volume se réduit à :

$$(5,788 - 1,182) = 4,606 \text{ dcm}^3.$$

Supposons que y dm³ d'air soient fournis en excès par dm³ de gaz, la quantité totale d'air fournie par dm³ de gaz sera :

$$(y + 5,03) \text{ dcm}^3.$$

En admettant que la vapeur ne se condense pas et que la combustion soit complète on aura :

$$\frac{\text{Volume d'air restant dans les produits de la combustion}}{\text{Volume total des produits de la combustion}} = \frac{y}{y + 5,788}.$$

Lorsque l'on collecte un échantillon de gaz d'échappement une partie ou la totalité de la vapeur d'eau se condense en entraînant une diminution de volume ; si l'on admet que toute la vapeur produite se trouve condensée on aura :

$$\frac{\text{Volume d'air restant dans les produits de la combustion}}{\text{Volume total des produits de la combustion}} = \frac{y}{y + (5,788 - 1,182)} = \frac{y}{y + 4,606}.$$

Si l'on analyse le gaz d'échappement et que l'on trouve V_0 °/₀ d'oxygène on aura :

Excès d'air pour 100 volumes de gaz d'échappement équivalent à V_0 volumes d'oxygène $= V_0 \times \dfrac{100}{21}$ volumes d'air

Par suite :
$$\frac{y}{y + 4,606} = \frac{V_0 \times \frac{100}{21}}{100}$$

d'où :
$$y = \frac{4,606\, V_0}{(21 - V_0)} \ \text{dcm}^3 \ \text{par dcm}^3 \ \text{de gaz.}$$

Exemple : Pour le type ci-dessus de gaz de ville l'analyse du gaz d'échappement donne 11 °/₀ d'oxygène par volume. Calculer le volume d'air fourni par *dm³* de gaz.

$$y = \frac{4,606 \times 11}{21 - 11} = 5,07 \ \text{dcm}^3.$$

La quantité totale d'air fournie par dm³ de gaz est donc :
$$5,03 + 5,07 = 10,1 \ \text{dcm}^3.$$

Réduction de volume due à la combustion. — Le volume de mélange avant combustion est :
$$1 + 10,1 = 11,1 \ \text{dcm}^3$$

Le volume après combustion est : (vapeur non condensée) :
$$y + 5,788 = 5,07 + 5,788 = 10,86 \ \text{dcm}^3$$

Le volume après combustion est : (vapeur condensée)
$$y + 4,606 = 5,47 + 4,606 = 9,68.$$

La réduction de volume due à la combustion est donc :
$$\frac{11,1 - 10,86}{11,1} \times 100 = 2,2 \ \text{°/₀}$$

et la réduction de volume due à la combustion et à la condensation est :
$$\frac{11,1 - 9,68}{11,1} \times 100 = 12,8 \ \text{°/₀}.$$

Humidité contenue dans l'air aspiré. — Le Comité pour l'étude du rendement des moteurs à combustion interne estime qu'il est nécessaire de tenir compte de l'humidité de l'atmosphère dans le calcul du rendement interne du moteur, cette eau représentant une appréciable quantité de chaleur.

La méthode la plus simple pour la détermination du degré hygrométrique de l'atmosphère consiste à utiliser un hygromètre formé de 2 thermomètres à réservoirs sec et humide (fig. 66). L'exemple suivant extrait du rapport du Comité mentionné ci-dessus servira d'illustration à la méthode.

Dans l'*essai* 15 la température de l'air était de 13°,8 C et la différence des lectures des 2 tubes de thermomètre de l'hygromètre de 1°,67. Le facteur de Glaisher (voir table de la fin du livre) pour cette température est 1,9. La température de saturation de l'air est donc :

$$13°8 - (1,67 \times 1,9) = 10°63.$$

La pression absolue de la vapeur d'eau à 10°,63 est de 0,012 kg. par cm². L'indication du baromètre était de 76 centimètres de mercure soit : 1 kg. 033 par cm². La pression d'air sec est donc :

$$1,033 - 0,012 = 1,021 \text{ kg par cm}^2 \text{ soit } 10.210 \text{ kgs par m}^2$$

Le volume de 1 *kilogramme* d'air sec peut se déduire de la relation :

$$\frac{PV}{\tau} = C^{te} = 29,27.$$

dans laquelle :

$$P = \text{pression absolue en kgs par m}^2$$
$$V = \text{volume de 1 kg d'air en m}^3$$
$$\tau = \text{température absolue} = (273 + t)$$

on a :

$$V = 29,27 \times \frac{273 + 13,8)}{10,210} = 0,852 \text{ m}^3 \text{ par kg}$$

On sait que dans un mélange de gaz et de vapeur chacun d'eux exerce sa propre pression et occupe le même volume que s'il était seul. Il s'en suit qu'à la température de saturation la vapeur d'eau à la pression de 0,012 kg. par cm² occupe le même volume que l'air avec lequel elle est associée. Chaque volume de 0,852 m³, contient donc non seulement 1 kilogramme d'air mais encore une certaine quantité de vapeur. Etant donné qu'un kilogramme de vapeur à la pression de 0,012 kg. par cm² occupe un volume de 106 m³ le poids de 0,852 m³, sera :

$$\frac{1 \times 0,85}{106} = 0,000776$$

dans ces conditions chaque kilogramme d'air entrant dans le moteur apporte 0,00776 kg. de vapeur d'eau.

Utilisation de la chaleur. — Au chapitre précédent nous avons évalué les quantités de chaleur fournies et rejetées par les moteurs à combustion interne, la chaleur perdue par radiation étant considérée comme la différence entre la chaleur totale fournie et la somme des quantités de chaleurs correspondant au travail développé et à la quantité de chaleur emportée par l'eau de circulation. Lorsque l'on essaye de mesurer directement la quantité de chaleur rejetée à l'échappement il est intéressant de faire tous les calculs des quantités de chaleur par rapport à une température donnée 0° C. et les calculs sont alors légèrement modifiés.

Quantité de chaleur apportée par le gaz combustible (par rapport à 0° C.).

Si v = volume de gaz en m³ utilisé par heure dans les conditions normales de température et de pression,

c = pouvoir calorifique inférieur du gaz en calories par m³.

s = chaleur spécifique du gaz en calories par m³ et par degré centigrade sous pression constante,

H = chaleur totale contenue dans la vapeur d'eau en calories et par heure,

t_0 = température du gaz en degré centigrade,

ρ = densité du gaz sec à la pression et à la température normale en kgs : m³.

La quantité de chaleur fournie par le gaz sera donc par heure de :

$$\left[vc + \frac{v}{\rho} st_0 + H \right] \text{calories.}$$

La chaleur spécifique et la densité du gaz peuvent se calculer aisément ainsi que suit, d'après les résultats de l'analyse.

Composition de gaz en % par volume	Poids de 1 m³ de gaz à 0° cent et à la pression de 76 cm de mesure	Poids de gaz pour 100 m³ de gaz de houille à 0° cent. et à la pression de 76 cm.	Chaleur spécifique sous pression constante en calories par kg et par degré cent	Chaleur correspondant à une élévation de temp. de 1° cent pour 100 m³ de gaz de houille, en calories
CH^4 = 33,73	0,582	33,73 × 0,582 = 19,6	0,593	11,6
C^2H^4 = 4,74	1,1	4,74 × 1,1 = 582	0,404	2,1
H^2 = 41,29	0,07	41,25 × 0,07 = 2,9	3,409	9,8
CO = 7,13	0,99	7,18 × 0,99 = 7,05	0,245	1,72
Az^2 = 10,22	1,01	10,22 × 1,01 = 10,3	6,2468	2,5
CO^2 = 2,62	1,58	2,22 × 1,58 = 3,14	0,217	0,9
O^2 = 0,27	1,14	0,27 × 1,14 = 0,3	0,2175	0,06
		Total = 49,5		28,68

Densité ρ = 0,495 kg par m³ à 9° Cent et à la pression de 76 cm.

Chaleur spécifique = $s = \dfrac{28,69}{49,4} = 0,585$.

La densité de gaz peut également se calculer en fonction de la densité de l'air pour la même température et la même pression, le poids de m³ de gaz étant proportionnel aux poids moléculaires de ses composants.

Dans les conditions ordinaires de marche, la vapeur d'eau formée par la combustion est entraînée avec l'échappement ; mais lorsque le gaz est brûlé puis refroidi à la température ambiante comme dans le calorimètre de Junker (voir plus loin), la vapeur d'eau fournie par la combustion se condense et abandonne sa chaleur latente. C'est pourquoi en sus de la quantité de chaleur calculée ci-dessus il y a à ajouter la quantité de chaleur contenue dans la vapeur d'eau. En prenant comme température de base 0° cette chaleur est d'environ 610 calories par kilogramme de vapeur. Pour w_x kilogrammes de vapeur formés par heure on aura :

$$w_x \times 610 \text{ calories.}$$

La quantité de vapeur d'eau contenue dans le gaz de ville ordinaire est généralement négligeable et cette valeur pourra être omise, mais il n'en sera plus de même lorsque l'on opèrera avec du gaz pauvre. Dans les gazogènes, le gaz traverse en effet *les laveurs* avant de se rendre au moteur et peut, par suite, être considéré comme complètement saturé de vapeur d'eau. Le calcul de la quantité de vapeur d'eau se fera d'une manière identique à celui effectué dans le cas de l'air aspiré. La quantité de chaleur H correspondante se calculera ensuite en partant des tables de vapeur.

Chaleur apportée au moteur par l'air aspiré à une température supérieure à 0° C. — Si V_a représente le nombre de *mètres cubes* d'air fourni par heure à la même température et à la même pression que le gaz on aura :

$$V_a = (y + 5,03) \, v'$$

où

$$v' = \text{volume de gaz en m}^3 \text{ et par heure}$$

et

$$y = \text{volume d'air en m}^3 \text{ et par heure fourni en excès}$$

Le poids d'air sec aspiré par heure est :

$$w_a = V_a \times 1,293 \text{ kgs}$$

et si nous nous reportons à l'exemple cité pour le calcul de la « quantité d'humidité contenue dans l'air aspiré » nous aurons pour cette valeur :

$$w_1 = V_a \times 1,293 \times 0,00776 \text{ kgs d'eau entraînée par heure.}$$

En prenant pour chaleur spécifique de l'air à pression constante 0,24 et si h représente la chaleur totale par kilogramme de vapeur d'eau à 10°,6 C. on a :

Quantité de chaleur apportée par l'air sec et par heure
$$Q \text{ air} = 0,24 \times w_x \times t \text{ calories}$$

où
$$t = \text{température de l'air}$$

et

Quantité de chaleur apportée par la vapeur d'eau
$$Q \text{ vapeur} = w_1 \times h \text{ calories.}$$

Les valeurs extraites de l'essai N° 15 du Rapport déjà cité donnent :

$$Q \text{ air} = 875 \text{ calories.}$$

et

$$Q \text{ vapeur} = 1.250 \text{ calories.}$$

Le diagramme 152 extrait du même rapport donne les quantités de chaleur contenues dans 1 *kilogramme* d'air à diverses températures et la quantité de chaleur contenue dans la vapeur d'eau mélangée à l'air.

Les températures sont portées horizontalement. La courbe des quantités de chaleur contenue dans 1 kilogramme d'air sec est une ligne droite qui passe par le point de température zéro. La courbe de quantité de chaleur par kilogramme d'air saturé ne passe pas par 0 *degré* et dépend des propriétés de la vapeur, données dans les tables.

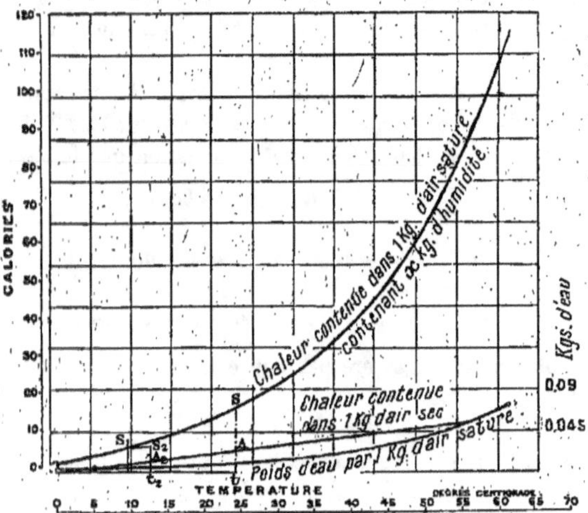

Fig. 152. — Diagramme des quantités de chaleur contenue dans 1 kg. d'air saturé de vapeur d'eau.

Dans le diagramme *t*S se compose de *t*A qui est la quantité de chaleur contenue dans 1 kilogramme d'air sec à la température *t* et de AS qui est la quantité de chaleur contenue dans la vapeur d'eau mélangée à l'air, lors de la saturation et à la même température *t*. Si l'air n'est pas saturé mais que l'on connaisse le point de saturation la quantité de chaleur se déduit encore aisément du diagramme. Si, par exemple, la température de l'air est 12°,8 et la température de saturation 9°,45 on mène 2 verticales passant par ces points, puis la ligne $S_1 S_2$. On détermine ainsi $t_1 A_1$ qui représente la quantité de chaleur contenue dans 1 kilogramme d'air sec à

$12°,8$ et $A_2 S_2$ qui est la quantité de chaleur contenue dans l'eau mélangée à l'air.

Quantité de chaleur apportée et emportée par l'eau de circulation. — Si la quantité d'eau de circulation est de W kilogrammes par heure et si t_1 et t_2 sont les températures d'entrée et de sortie de cette eau on a : par rapport à 0° C. :

Chaleur apportée à la machine : Wt_1 calories

Chaleur emportée de la machine : Wt_2 calories.

Chaleur emportée par le gaz d'échappement. — Si l'on a mesuré la quantité de gaz et d'air fournie au moteur et que la vapeur d'eau contenue dans l'air et le gaz soit connue, il est possible, connaissant la température de sortie de gaz d'échappement, de déterminer la quantité de chaleur emportée par ces gaz. Il est évident que le poids total des gaz d'échappement sera égal à la somme de poids des gaz d'alimentation y compris le poids de vapeur d'eau contenu dans le gaz ou formé par la combustion.

La formule H_2O représente l'union de 1 atome d'oxygène avec 2 atomes d'hydrogène, dont les poids atomiques sont respectivement 16 et 1. La combinaison H^2O peut donc en poids être représentée par : $(2 + 16) = 18$. Si nous nous reportons aux équations a, b, c, d, données plus haut, la relation entre le poids d'oxygène utilisé et le poids de vapeur d'eau formée par combustion se calcule aisément. Par exemple dans l'équation a, les 4 atomes d'oxygène peuvent être représentés par un poids 4×16 et le poids correspondant de vapeur d'eau produit est alors : 2×18.

De a on tire :

$$\frac{\text{Poids de vapeur d'eau formée}}{\text{Poids d'oxygène utilisé}} = \frac{2 \times 18}{4 \times 16} = 0,563$$

De même on tire de b :

$$\frac{\text{Poids de vapeur d'eau formée}}{\text{Poids d'oxygène utilisé}} = \frac{2 \times 18}{6 \times 18} = 0,375.$$

Les équations c et d donnent les rapports similaires :

$$\frac{2 \times 18}{2 \times 16} = 1,125 \quad \text{et} \quad \frac{0}{2 \times 16} = 0.$$

Dans le même paragraphe (colonne 3 du tableau) nous avons vu également que le volume total d'oxygène requis pour la complète combustion de 100 volumes de gaz de houille est :

$$(105,62 + 0,27) = 105,9 \text{ volumes.}$$

Nous pouvons admettre que les quantités d'oxygène nécessaires sont proportionnelles aux poids d'oxygène requis par les gaz composants. Le poids de vapeur d'eau formé sera représenté à la même échelle par les valeurs données dans la table suivante.

Symbole chimique	Poids d'oxygène nécessaire	Poids de vapeur d'eau formée
CH^4...............	67,46	$67,46 \times 0,563 = 38,0$
C^2H^4..............	14,22	$14,22 \times 0,375 = 5,32$
H^2................	20,64	$41,29 \times 1,125 = 46,4$
CO.................	3,57	—
	105,89	89,72
	— 0,27	
	105,62	

Le poids d'air qui contient 105,62 poids unitaires d'oxygène est :

$$105,62 \times \frac{100}{23} = 459,$$

le poids de vapeur formé par combustion est donc :

$$\frac{89,7}{459} \times \text{(poids d'air théoriquement nécessaire pour une combustion complète)}$$

Soit :

t_e = température des gaz d'échappement en degré cent.

w_e = poids de gaz *sec* d'échappement en kgs par heure

w_i = poids de vapeur d'eau contenue dans l'échappement en kgs par heure

t_s = température à laquelle le gaz serait saturé avec la quantité d'eau ci-dessus,

s_e = chaleur spécifique des gaz d'échappement à pression constante,

0,5 = chaleur spécifique de la vapeur surchauffée en calories par kgs par degré centigrade

L_s = chaleur latente de la vapeur à $t_s°$,

On aura :

w_e = poids de gaz sec fourni + poids d'air sec — poids de vapeur formée par combustion

et

w_i = poids de vapeur d'eau contenue dans le gaz et l'air aspiré + poids de vapeur d'eau formée par combustion.

Chaleur totale contenue dans le gaz d'échappement :

$$= w_e s_e(t_e) + [0,5(t_e - t_s) + L_s + t_s]w_i$$

Mesure directe de la chaleur contenue dans les gaz d'échappement. — Le professeur B. Hopkinson a introduit un calorimètre pour la mesure de la quantité de chaleur contenue dans les gaz d'échappement du moteur, dans lequel l'eau est injectée dans le calorimètre et vient directement au contact des gaz, l'eau s'échauffant et le gaz se refroidissant. En quittant le calorimètre l'eau est mesurée dans un récipient calibré, tandis que les températures d'entrée et de sortie de l'eau et des gaz sont notées, avec précision.

La figure 153 représente une forme de calorimètre utilisé par le Comité de recherche sur le rendement des moteurs à combustion interne.

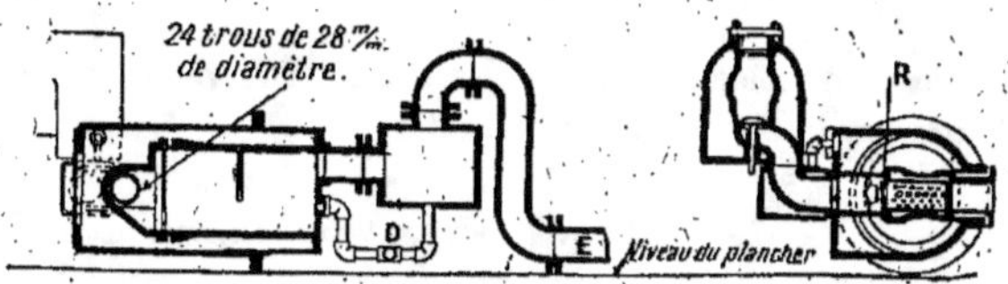

Fig. 153. — Calorimètre pour la mesure des quantités de chaleur entraînées à l'échappement dans les moteurs à gaz.

Ce calorimètre est directement connecté à la tubulure d'échappement du moteur. Les gaz viennent en contact de l'injection d'eau débouchant par R ; puis les gaz quittent le calorimètre par le tuyau F et l'eau par le drain D. L'eau circule d'abord par l'enveloppe entourant la connexion allant à la tubulure d'échappement, avant de passer par le jet R. L'eau est mesurée suivant une disposition analogue à celle de la figure 149. Dans le montage d'un tel calorimètre prendre soin : 1° que les thermomètres destinés à relever la température de l'eau aient bien leurs réservoirs plongeant dans le courant d'eau ; 2° que les gaz n'entraînent aucune particule d'eau (bien que probablement saturés de vapeur d'eau).

Si

w_e = poids de gaz d'échappement sec en kgs/heure,

w_e = » de vapeur d'eau contenue dans le gaz d'échappement quittant le calorimètre en kgs/heure,

t_e = température du gaz à sa sortie du calorimètre,

W = poids d'eau quittant le calorimètre en kgs/heure,

t_1 = température d'entrée de l'eau de circulation du calorimètre,

t_2 = température de sortie de l'eau de circulation du calorimètre,

s_e = chaleur spécifique du gaz d'échappement sec sous pression constante en calories par kg,

L_e = chaleur latente de 1 kg de vapeur à la température de $t_e°$.

La quantité de vapeur d'eau w_e nécessaire à la saturation des gaz d'échappement pour la température t_e peut se calculer comme si ces gaz étaient de l'air (voir précédemment) et cette quantité peut être ou ne pas être plus grande que celle contenue dans les gaz alors qu'ils pénètrent dans le calorimètre, mais la différence peut être calculée si w_s a été déterminé au préalable.

On aura :

Chaleur emportée par le gaz d'échappement à leur sortie du calorimètre $\left\{ \begin{array}{l} = w_s s_c t_c + w_v(L_c + t_c) \\ \text{calories par heure} \end{array} \right.$

Chaleur apportée par l'eau de circulation du calorimètre $\left\{ \begin{array}{l} = (W + w_c - w_s)t_1 \\ \text{calories par heure} \end{array} \right.$

Chaleur emportée par l'eau de circulation du calorimètre $= Wt_2$ calories par heure

Chaleur convertie en travail. — La chaleur équivalent au travail effectué par heure par le piston du moteur est :

$$\frac{P_i \times 75}{425} \times 60 \times 60 = P_i \times 635 \text{ calories par heure.}$$

Du fait du peu d'exactitude de certains indicateurs employés pour le relevé des diagrammes sur les moteurs à gaz et de la plus grande précision obtenue avec les essais au frein, quelques expérimentateurs préfèrent calculer la quantité de chaleur correspondant au travail sur l'arbre et à faire entrer la quantité de chaleur correspondant aux pertes par frottement dans la chaleur perdue par radiation.

Chaleur perdue par radiation. — En admettant l'exactitude de toutes les mesures les pertes par radiation s'évaluent par la différence :

$$\begin{pmatrix} \text{Chaleur totale} \\ \text{entrant dans} \\ \text{le mot. et dans} \\ \text{le calorimètre} \end{pmatrix} - \left[\begin{pmatrix} \text{Chaleur to-} \\ \text{tale quittant} \\ \text{le calorim.} \end{pmatrix} + \begin{pmatrix} \text{Chaleur em-} \\ \text{portée par eau} \\ \text{de circulation} \\ \text{du moteur} \end{pmatrix} + \begin{pmatrix} \text{Chaleur con-} \\ \text{vertie en tra-} \\ \text{vail dans le} \\ \text{moteur} \end{pmatrix} \right]$$

Si l'on fait une série d'essais à différentes charges et pour des températures d'enveloppes de cylindres semblables, les pertes par radiation seront pratiquement les mêmes.

La comparaison des résultats obtenus aux différentes charges fournit un moyen de contrôle, mais du fait de la faiblesse de ces pertes par rapport à la quantité de chaleur totale mise en jeu on peut s'attendre à des variations importantes.

Afin d'illustrer le caractère des mesures et des calculs d'un essai de rendement thermique nous donnons les résultats suivants extraits du rapport N° 15 déjà cité.

ESSAI A PLEINE CHARGE D'UN MOTEUR MARCHANT AU GAZ DE VILLE

Diamètre du cylindre : 356 mm.

Course du cylindre : 560 mm.

$$\frac{Volume\ de\ la\ cylindrée - Volume\ balayé\ par\ le\ piston}{Volume\ de\ la\ cylindrée} = \frac{1}{r} = 0,186.$$

Numéro de l'essai	15
Puissance indiquée	56,3 HP.
Puissance développée au frein	52,7 HP.
Rendement mécanique (1)	0,94
Consommation de gaz en m³ par HP indiqué et par heure (1)	0,492 m³.
» » » » mesuré au frein	0,587 —
Rapport en volume de l'air au gaz dans le mélange aspiré	8,27
1. Différence entre les lectures des tubes de l'hygromètre	1,67°
2. Facteur de Glaisher	1,9
3. Température de saturation	10,6°
4. Température de l'air	13,8°
5. Pression de la vapeur à 13,8°	0,0128 kg cm²
6. Pression atmosphérique	1,033 kgs cm²
7. Pression due à l'air sec	1,019 kgs cm²
8. Volume de 1 kg d'air sec à 11,6° et à la pression de 1,019 k	1,025 m³
9. Volume d'air sec traversant l'anémomètre par heure	271 m³
10. Poids d'air sec entrant par heure $= \dfrac{\text{ligne } 9}{\text{ligne } 8}$	264 kgs
11. Poids de vapeur d'eau associée à 1kg d'air sec pour la température de saturation $= \dfrac{\text{densité vapeur}}{\text{ligne } 8}$	0,00776 kg
12. Poids de vapeur d'eau apportée par l'air, par heure = ligne 10 × ligne 11	2,05 kgs
13. Chaleur totale de 1 kg de vapeur à la pression absolue de 0,0125 kg : cm² en calories	610 cal.
14. Température des gaz d'échappement quittant le calorimètre	30°C.
15. Poids de vapeur contenue dans chaque kg de gaz d'échappement à sa sortie de calorimètre et à la température de 30° C.	0,028 kg.
16. Chaleur totale contenue dans la vapeur d'eau des gaz d'échappement par kg de gaz	17,4 calories
17. Quantité d'eau produite par heure par la combustion des gaz, déduite des observations faites avec le calorimètre de Junker	20,4 kgs.
18. Poids de 1m³ de gaz à la pression de 1,033 kg et à la température du 0°C	0,48 kg.
19. Nombre de m³ de gaz fournis à la température et à la pression d'observation	27,8 m³
20. Poids de gaz supposé sec fourni par heure	13,35 kgs.

(1) Du fait des indications erratiques de l'indicateur, la mesure de la puissance indiquée a présenté quelques difficultés. Le rendement mécanique vrai doit être inférieur à la valeur donnée.

21. Poids des gaz secs recueillis à l'échappement = ligne 10 + + ligne 20 — ligne 17 .... 256,95 kgs.

22. Poids de vapeur d'eau entraînée par heure par le gaz d'échappement = ligne 21 × ligne 15 .... 7,2 kgs.

23. Poids observé d'eau de refroidissement quittant le calorimètre par heure .... 1940 kgs.

24. Poids d'eau pénétrant dans le calorimètre par heure (ligne 23 + ligne 22 — ligne 12 — ligne 17) .... 1924,75 kgs.

RÉPARTITION DE LA CHALEUR. QUANTITÉ DE CHALEUR APPORTÉE PAR HEURE

25. Par la combustion des gaz = pouvoir calorifique × m³ de gaz .... 113.500 calories

26. Par la vapeur d'eau de combustion = (ligne 17 × chaleur totale de 1 kg d'eau) 12.270

27. Par l'humidité de l'air = (ligne 12 × ligne 13) 1.250

28. Par l'air sec = (ligne 10 × ligne 4 × 0,24) 876

29. Par l'eau du calorimètre = (ligne 24 × températ. d'entrée 12.000

30. Par le gaz aspiré = (ligne 20 × temp. d'entrée × 0,581) 25

31. Par l'eau de refroidissement des cylindres 3.100

143.071

RÉPARTITION DE LA CHALEUR — CHALEUR EMPORTÉE PAR HEURE

32. Par le gaz d'échappement (ligne 21 × ligne 14 × 0,239) 1.900

33. Par la vapeur contenue dans les gaz d'échappement (ligne 22 × ligne 16) 4.480

34. Par l'eau du calorimètre (ligne 23 × température de sortie) 65.000

35. Par l'eau de circulation des chemises des cylindres 31.400

36. Par la production du travail dans les cylindres 33.800

37. Par radiation 6.491

143.071

RÉPARTITION DE LA CHALEUR

BALANCE

	calories	%
38. Chaleur de combustion (ligne 25)	113.510	100
39. Perte à l'échappement [(ligne 32 + lig. 33 + lig 34) + (lig. 26 + lig. 27 + lig. 28 + lig. 29 + ligne 30)]	44.909	89,5
40. Perte par refroidissement des cylindres = ligne 35 — ligne 31..	28.300	25,0
41. Radiation = ligne 37	6.491	5,8
42. Perte totale	198.200	70,8
43. [Chaleur équivalent à l'énergie développée au frein] = ligne 36	33.800	29,7

RENDEMENT THERMIQUE

44. Rendement thermique absolu basé sur la puissance au frein

$$\frac{\text{ligne } 43}{\text{ligne } 38} \times 100 \ldots \ldots \ldots \ldots \qquad 29{,}7\,\%$$

45. Rendement thermique basé sur la puissance indiquée .... $\quad 31{,}8\;$»

46. $\left[\begin{array}{l}\text{Rendement thermique du moteur théorique (voir cha-}\\ \text{pitre 1 } \eta = 1 - \left(\dfrac{1}{r}\right)^{0,4}\end{array}\right] \qquad 0{,}49$

47. $\left[\begin{array}{c}\text{Rendement relatif déduit de la puissance au frein}\\ \dfrac{\text{lig. } 44}{\text{lig. } 46} \times 100\end{array}\right] \qquad 61{,}0$

48. Rond. relatif déduit de la puissance indiquée $\dfrac{\text{lig. } 45}{\text{lig. } 46} \times 100.$ $\quad 65{,}0$

Autres résultats d'essais de moteurs à gaz. — Les remarques suivantes sont destinées à préciser le caractère des résultats que l'on peut attendre

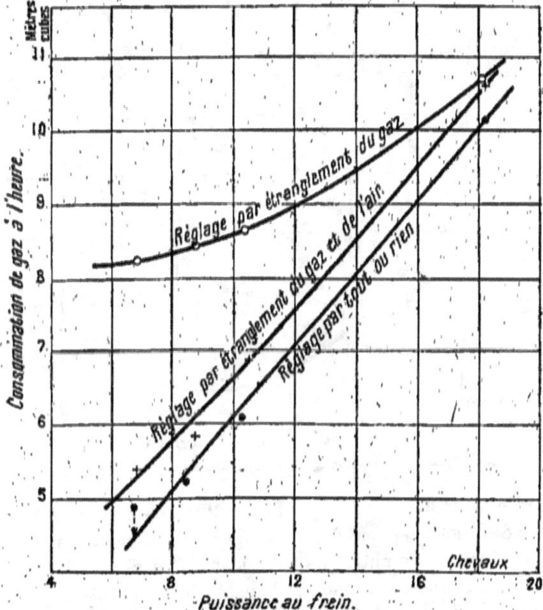

Fig. 154. — Comparaison des consommations de gaz pour diverses méthodes de réglage.

d'une série d'essais. La figure 154 se rapporte aux résultats d'expériences obtenus par Sir D. Clerk sur un moteur à gaz de houille « National », résultats consignés dans le *Journal Society of Acts*, 1905, vol. LIII, p. 870.

Ces résultats montrent que l'admission par tout ou rien constitue le mode de réglage le plus économique en ce qui concerne la consommation de gaz. On sait que la consommation de gaz est alors directement proportionnelle à la puissance développée, en admettant que la composition du gaz soit pratiquement uniforme.

Nous avons parlé précédemment des essais entrepris par le professeur Burstall sur un moteur *Premier* à balayage, alimenté par un gazogène. Le

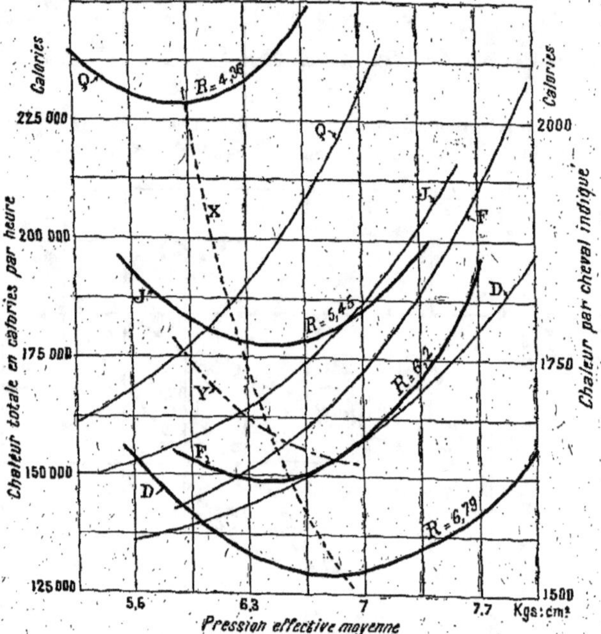

Fig. 155. — Résultats d'essai d'un moteur à gaz marchant avec un gazogène.

moteur était à simple action de 508 millimètres d'alésage et de 610 millimètres de course, capable de développer 150 chevaux indiqués à la vitesse de 170 tours par minute. Les expériences étaient entreprises dans le but de déterminer la valeur du rendement thermique basé sur la puissance indiquée pour diverses compressions en fonction de la richesse du mélange. Les expériences furent soigneusement conduites malgré toutes les difficultés que présentent des essais sur un moteur de cette puissance.

Les diagrammes 155 et 156 ont été déduits par nous des résultats d'essais du professeur Burstall. Sur la figure 155 nous avons porté en ordonnées la chaleur totale fournie par heure au moteur à la vitesse de 170 tours par minute et en abscisse la pression effective moyenne (P. E. M.), pour les séries d'essaies C. D. F. J et Q. La table suivante donne pour chacune des séries d'essais le taux de compression adopté.

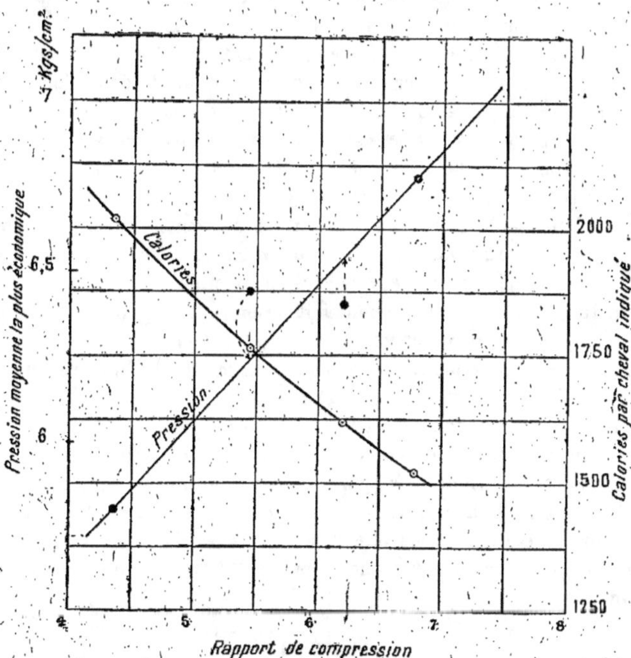

Fig. 156. — Résultats d'essai d'un moteur à gaz marchant avec gazogène.

Essai	A	B	C	D	F	J	Q
Taux de compression......	8,07	7,65	7,21	6,79	6,20	5,45	4,46

Les courbes en traits continus fins ont été tracées d'après les résultats obtenus et bien que le petit nombre de points obtenus introduise quelque incertitude, ces courbes illustrent d'une manière générale les relations existant entre la chaleur totale fournie et la pression moyenne effective. Les séries d'essais A et B ne comprenant chacune que 2 essais n'ont pas donné lieu à des tracés de courbe, de même que ceux de la série C qui se montrent très irréguliers.

En sélectionnant une série de points sur les courbes et en calculant pour chacun de ces points la quantité de chaleur par H. P. indiqué on en déduit les courbes marquées en traits forts sur la figure 156. Les points bas de ces courbes correspondent à la pression effective moyenne la plus économique (en temps que quantité de chaleur par H. P. indiqué), pour les diverses valeurs de la compression. La ligne pointillée X dans le même diagramme tend à montrer la variation de la quantité de chaleur par H. P. indiqué avec la pression effective moyenne la plus économique. Bien que les résultats obtenus par ces essais ne correspondent pas à des chiffres formels à appliquer dans chaque cas, leur nature est clairement indiquée par les courbes.

En choisissant les pressions effectives moyennes les plus économiques et les valeurs correspondantes de la quantité de chaleur par cheval indiqué (fig. 155) on peut porter ces valeurs en fonction du taux de compression (fig. 156). Il n'en résulte aucune indication quant à la possibilité d'un taux de compression plus économique. A noter que pendant les essais avec taux de compression élevés quelques difficultés ont dû être surmontées du fait de la tendance à l'auto-allumage.

Dans la discussion du rapport sus-mentionné, sir D. Clerk compare les rendements thermiques obtenus par le professeur Burstall avec les rendements théoriques. La figure 157 donne en même temps que la courbe des rendements théoriques, la courbe des rendements obtenus par le professeur Burstall. D'essais effectués antérieurement sur un moteur ayant sensiblement les mêmes dimensions sir D. Clerk déduit la formule suivante :

$$0,71\left[1-\left(\frac{1}{r}\right)^{\gamma-1}\right]$$

qui donne le rendement pratique pour chaque valeur de la compression en multipliant le rendement théorique par 0,71. La ligne 3 du diagramme a été tracée en fonction de cette formule et en confirme l'exactitude.

Sir D. Clerk décrit dans une communication à l' « Inst. of Civil Engineers, vol. cl. XIX, 1907 » comment il déduit la chaleur apparente spécifique du fluide moteur en compressant et détendant alternativement, les gaz chauds de la combustion, dans le cylindre du moteur, toutes les valves étant fermées. La ligne 4 du diagramme 157 représente le rendement théorique du fluide moteur, en raison de la compression, en supposant qu'il ait les mêmes propriétés que le gaz d'échappement et qu'il n'y ait aucune transmission de chaleur aux parois du cylindre. Dans la même communication sir D. Clerk montre que le rendement thermique réel se déduit du rendement théorique en multipliant ce dernier par le facteur 0,88. Cette valeur est représentée par la courbe 5. On voit sur les diagrammes que les séries C et D donnent lieu à des résultats quelque peu discordants, ce qui nous montre que les essais même les mieux conduits peuvent être entachés d'erreurs.

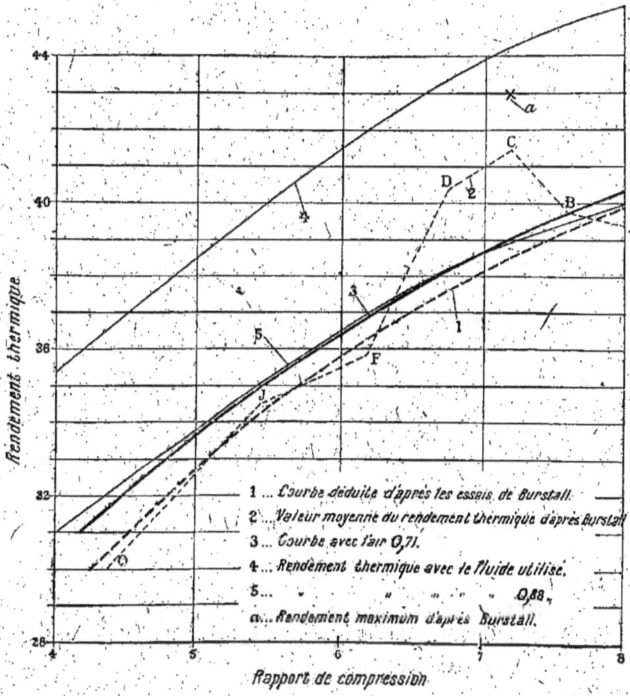

Fig. 157. — Résultat d'essais de moteur à gaz comparé aux rendements théoriques.

Nous n'avons pas cru désirable d'introduire aucune discussion supplémentaire au sujet de l'application du diagramme entropique des températures, aux moteurs à combustion interne, eu égard au manque de renseignements concernant les véritables propriétés thermiques des gaz dans un cylindre et pour de hautes températures.

CHAPITRE XII

—

ESSAI DES GAZOGÈNES

Les gazogènes ont de nombreuses applications, mais leur principale utilisation réside dans le chauffage des fours et l'alimentation des moteurs à gaz. Une description détaillée de ces appareils sortirait du cadre de cet ouvrage, mais un bref exposé de leur mode d'action aura quelques avantages.

Dans les gazogènes ordinaires le combustible solide, sous forme de charbon ou de coke, est introduit à la partie supérieure de l'appareil, tandis que l'air et la vapeur sont introduits à la partie inférieure. Les réactions chimiques entre le combustible, l'air et la vapeur donnent naissance à un gaz combustible, tandis que les cendres et mâchefer se rassemblent à la partie inférieure d'où ils seront extraits périodiquement. Bien que les dispositions de détail et le traitement des gaz à leur sortie du gazogène diffèrent suivant les types d'appareils, suivant la nature du combustible et l'usage des gaz, les réactions chimiques à l'intérieur de l'appareil sont presque toujours les mêmes. Le plus important des composants des combustibles usuels est le *carbone*. Si un courant d'air violent traverse un lit de charbon incandescent le carbone s'unit complètement avec une fraction de l'oxygène de l'air pour former du gaz carbonique :

$$(1) \qquad\qquad C + O^2 = CO^2.$$

La chaleur résultant de cette réaction porte les gaz à une haute température. Si la couche de combustible est épaisse, la variation ci-dessus s'opérera d'une manière plus ou moins complète au premier contact de l'air avec le combustible, mais en traversant l'épaisse couche de combustible la plus grande partie du gaz carbonique réagira sur le charbon incandescent pour donner de l'oxyde de carbone :

$$(2) \qquad\qquad CO^2 + C = 2CO.$$

Cette dernière réaction absorbera une portion de la chaleur précédemment produite et l'oxyde de carbone quittera le gazogène mélangé avec l'azote de l'air. Un gazogène travaillant suivant cette réaction serait porté à une très haute température, température probablement suffisante pour provoquer la fusion des cendres. Lorsque de la vapeur est injectée avec l'air, la dissociation de la vapeur non seulement abaisse cette température et augmente le rendement du gazogène, mais elle augmente la richesse calorifique du gaz produit. La vapeur d'eau se trouve, sous l'influence de la haute température, dissociée en hydrogène et oxygène ; l'hydrogène forme une partie du gaz combustible, tandis que l'oxygène s'unit au carbone pour former de l'oxyde ou du bi-oxyde de carbone,

(3) $$H_2O + C = H_2 + CO$$

(4) $$2H_2O + C = 2H_2 + CO_2$$

Ces 2 réactions s'accompagnent d'une absorption sensible de chaleur, mais l'expérience montre que la réaction (3) se produit plus particulièrement lorsque la température atteint 1040° C., tandis que la réaction (4) se produit principalement pour des températures inférieures à 600 °C. Entre ces 2 températures l'une quelconque des 2 réactions (3) et (4) se produit suivant les circonstances.

En dehors des réactions ci-dessus, d'autres réactions secondaires peuvent se produire suivant les températures locales et la composition des gaz produits. Par exemple quelques portions d'oxyde de carbone et de bi-oxyde de carbone peuvent réagir ainsi que suit :

(5) $$CO + H_2O \;\rightleftarrows\; CO_2 + H_2.$$

Les flèches indiquent que la réaction peut se produire dans un sens ou dans l'autre, suivant les conditions particulières.

En plus du carbone, la plupart des charbons ordinaires contiennent plus ou moins d'hydrocarbones qui distillent sous l'influence de la chaleur. Quelques-uns de ces hydrocarbones se dissocient en carbone et hydrogène, mais une partie passe généralement hors du gazogène sous la forme de matières goudronneuses et se condense dans les tubes de refroidissement prévus à cet usage. L'anthracite et le coke ne contiennent qu'une faible proportion d'hydrocarbones, tandis que les charbons bitumineux en contiennent une grande quantité. Si le gaz produit par le gazogène est destiné au chauffage de fours situés à faible distance, les hydrocarbones enrichissent le gaz, mais si l'on désire alimenter un moteur, les gaz doivent être lavés pour empêcher l'encrassement des soupapes et des conduits par le goudron. L'anthracite et le coke sont pour cette raison très utilisés dans les petits gazogènes destinés à l'alimentation de moteurs, car leur emploi permet de simplifier les installations d'épuration du gaz ; pour de grands gazogènes on utilise beaucoup de charbon bitumineux en adoptant un appareil d'épuration convenable.

Dans les grosses installations avec gazogène du type Mond on injecte avec l'air une grande quantité de vapeur de manière à abaisser la température du gazogène et à permettre à l'ammoniaque d'être recueilli avec le gaz et utilisé comme sous-produit. Diverses dispositions sont prises pour récupérer une partie de la chaleur des gaz et de la vapeur d'eau en excès alors qu'ils quittent le gazogène.

Les gazogènes de grosses capacités marchent généralement à une pression légèrement supérieure à la pression atmosphérique, l'air est forcé dans l'appareil au moyen de soufflantes spéciales ou par des jets de vapeur (des chaudières spéciales sont généralement utilisées pour cet office). Les gazogènes à aspiration fonctionnent sous l'influence de l'aspiration du moteur et travaillent par suite sous un léger vide. L'anthracite et le coke sont les combustibles qui conviennent le mieux à ce genre de gazogènes, bien que quelques constructeurs prétendent pouvoir utiliser le charbon bitumineux. Pour plus amples informations sur les gazogènes on pourra se rapporter au livre de Dowson et Lorter intitulé *Producer Gaz*.

Rendement des gazogènes. — Le rendement thermique global d'un gazogène s'exprime par le rapport suivant :

$$\frac{\text{Chaleur totale que peut développer le gaz produit}}{\text{Chaleur totale du combustible consommé}}$$

Ce rendement peut avoir diverses valeurs suivant les conditions d'opération du gazogène, c'est-à-dire qu'il peut être basé sur le pouvoir calorifique inférieur ou supérieur du gaz froid ou sur le pouvoir calorifique inférieur ou supérieur du gaz chaud quittant le gazogène. Dans les cas où une chaudière séparée alimente le gazogène en *vapeur* le combustible brûlé à cet effet doit également rentrer en ligne de compte. Quand on envisage le rendement thermique on ne tient aucun compte des sous-produits, tel l'ammoniaque que l'on peut obtenir à l'aide du gazogène Mond.

La méthode directe la plus commode pour déterminer le rendement thermique d'un gazogène serait de peser le poids de combustible et de mesurer la quantité de gaz produit. Le pouvoir calorifique du combustible et du gaz s'obtiendra dans un calorimètre convenable. Une méthode indirecte plus généralement utilisée consiste à évaluer le rendement d'après l'analyse chimique et le pouvoir calorifique du combustible et du gaz.

L'estimation de la consommation de combustible dans un gazogène présente de nombreuses difficultés eu égard à l'état et à la quantité de combustible contenu dans le gazogène à un moment donné et à moins que l'essai ait une durée suffisante, l'erreur commise peut représenter une large proportion du combustible brûlé. Si la durée d'essai est celle correspondant à la combustion d'une quantité de combustible représentant 10 fois la charge totale du gazogène, une erreur de 1/4 dans l'évaluation de la quantité de combustible contenue dans le gazogène entre le début et la fin de l'essai ne correspondra qu'à une erreur de 2,5 °/₀ et sera donc acceptable. Si les conditions sont maintenues suffisamment uniformes et si l'on est certain que la quantité de combustible est la même dans le gazogène au début et à la fin de l'essai, la durée d'essai pourra être considérablement réduite. Dans le cas d'un petit gazogène et afin de pouvoir faire des pesées à tout instant on pourra installer l'appareil sur une bascule et installer un joint à eau entre le gazogène et le nettoyeur. Avec cette disposition l'essai pourra être ramené à 2 ou 3 heures, à partir du moment où les conditions sont stables. A moins que l'on n'ait prévu dans l'essai un départ à froid du gazogène, l'essai ne commence pas avant que les conditions soient stables ; ce qui, pour les gros gazogènes, correspondra à plusieurs heures de marche après allumage, à la charge prévue pour l'essai. Le taux de combustion sera maintenu aussi constant que possible pendant tout l'essai. Le niveau du combustible sera maintenu à la même hauteur et évalué de temps en temps au cours de l'essai au moyen d'une barre de fer portant à son extrémité une petite plaque et que l'on introduit par une ouverture ménagée à la partie supérieure du gazogène, jusqu'au contact du combustible.

La pesée et le prélèvement d'échantillon du combustible seront faits de la même manière que pour les essais de chaudières. Les cendres seront extraites et pesées aussi souvent qu'on le jugera nécessaire, mais toujours à intervalles réguliers, de manière à établir une relation entre le poids de cendres et le poids de combustible non consommé dans le gazogène, basée sur le pourcentage de cendres dans le combustible déterminé par l'analyse.

Le volume de gaz produit pourra être généralement mesuré à l'aide d'un compteur, d'un gazomètre ou d'un orifice jaugé ainsi que nous l'avons expliqué précédemment ; mais dans le cas de gros gazogènes ces méthodes risquent d'être inexactes, coûteuses..., et il est plus commode de calculer le volume de gaz en partant de l'analyse chimique du gaz et du combustible, l'échantillon de gaz étant prélevé à la sortie du gazogène. Les valeurs du pouvoir calorifique du gaz et du combustible seront déterminées ainsi que nous le verrons plus loin.

On pourra dans les calculs utiliser le pouvoir calorifique supérieur ou le pouvoir calorifique inférieur. La pratique courante est d'utiliser le pouvoir calorifique inférieur dans toutes les questions relatives aux moteurs à gaz et aux fourneaux ; mais de toutes façons on devra faire connaître clairement quelle a été la valeur adoptée.

Les températures de l'air et de la vapeur fournies ainsi que la température du gaz à sa sortie du gazogène pourront être également mesurées, bien que pas indispensables au calcul du rendement (gaz froid).

Si W = Poids de combustible consommé par heure en kgs,

Q = Volume de gaz produit en m³ heure à 0° cent. et à 76 cm de pression

V = Volume de 1 kg de gaz à 0° et à 76 cm de pression,

C = Pouvoir calorifique du combustible,

m = » » du gaz,

t_a = température d'entrée de l'air,

t_g = » » de sortie du gaz,

s = chaleur spécifique du gaz sous pression constante,

On aura :

$$\text{Rendement thermique du gaz froid} = \frac{Qm}{WC}$$

et

Rendement thermique de gaz chaud (1)

$$= \frac{Qm + \frac{Q}{V} s(t_g - t_a)}{WC}$$

$$= \frac{Qm}{WC} \left(1 + \frac{s(t_g - t_a)}{Vm} \right)$$

$$= \text{Rendement gaz froid} \times \left(1 + \frac{\text{chaleur sensible du gaz}}{\text{pouvoir calorifique du gaz}} \right)$$

Rendement à la grille. — Le rendement à la grille peut s'exprimer par le rapport suivant :

$$\frac{\text{Pouvoir calorifique total du combustible brûlé} - \text{Pouvoir calorifique du combustible perdu et des cendres}}{\text{Pouvoir calorifique total du combustible brûlé}}$$

Dans le calcul du rendement global d'un gazogène, la température de l'air t_a sera prise avant tout réchauffage, de même que la température t_g des gaz sera prise directement à la sortie du gazogène. Quand de la vapeur traverse le gazogène sans éprouver de transformation, il n'y aura pas lieu de tenir compte de la chaleur totale de la vapeur, dans le calcul de la chaleur contenue dans les gaz, à condition que l'on utilise pour le calcul les pouvoirs *calorifiques inférieurs* du gaz et du combustible.

(1) Pour être plus précis, si le gaz produit contient de la vapeur d'eau, la valeur de s sera prise en tenant compte de la vapeur surchauffée contenue dans le gaz, il y aura de plus à tenir compte de la chaleur latente de la vapeur. Si W = poids de vapeur contenue dans le gaz en kilogramme heure et si L = chaleur latente de la vapeur, on aura :

$$\text{Rendement thermique du gaz chaud} = \frac{Qm + \frac{Q}{V} s(t_g - t_a) + wL}{\text{Chaleur totale fournie au calorimètre par le combustible, l'air et la vapeur}}$$

La densité et la composition du gaz étant connue ; on peut en déduire le volume de 1 kilogramme de gaz en comparant les poids moléculaires du gaz avec les poids moléculaires des constituants de l'air. Les exemples suivants feront comprendre la méthode..

Symbole	Gaz mond. Composition en volume	Produit du volume par le poids moléculaire	Air. Pourcentage de la composition en volume	Produit du volume par le poids moléculaire
CO	13,8	$13,8 \times 28 = 386$		
H^2	24,8	$24,3 \times 2 = 48,6$		
CH^4	2,0	$2 \times 16 = 32$		
CO^2	13,9	$13,9 \times 44 = 611$		
O^2	0	—	21	$21 \times 32 = 672$
Az^2	46,0	$46 \times 28 = 1.290$	79	$79 \times 28 = 2.210$
	100	2.367,6	100	2.882

D'après le tableau ci-dessus l'on voit que le poids de l'unité de volume d'air pèse $\frac{2882}{2367,6} = 1,22$ fois plus que l'unité de volume du gaz dans les mêmes conditions de température et de pression. Le volume de 1 kilogramme d'air peut être calculé à l'aide de l'expression $\frac{PV}{t} = 29,27$ et le volume du gaz ayant la composition du tableau ci-dessus sera 1,22 fois plus grand.

La chaleur spécifique approximative du gaz sec peut aussi être calculée en partant de la composition en volume du gaz et de la chaleur spécifique des divers composants (ainsi que décrit précédemment) ; ou bien l'on prendra comme valeur approximative la valeur 0,3 qui correspond sensiblement à la réalité avec les gazogènes courants.

	Pouvoir calorifique en calories par m^3 de gaz à 0° cent. et 760 mm. de mercure	
	Pouvoir calorifique supérieur Vapeur d'eau condensée	Pouvoir calorifique inférieur
Oxyde de carbone CO............	3,043	3,043
Hydrogène H^2.................	3,091	2,600
Méthane CH^4.................	9,550	8,580
Éthylène C^2H^3..............	15,250	14,280

La table ci-dessus donne le pouvoir calorifique à pression constante des gaz entrant dans la composition du gaz pauvre. Dans quelques cas il se produit une légère contraction après combustion du gaz et un refroidissement subit à la température initiale. Quand cette contraction se produit le pouvoir calorifique à pression constante est légèrement supérieur au pouvoir calorifique à volume constant, en raison du petit travail interne effectué par le gaz. Cet effet est d'ailleurs négligeable.

Ci-après nous donnons un exemple de calcul.

	Composition en $^0/_0$	Pouvoir calorifique inférieur en m^3 de gaz	Produit du volume par le poids moléculaire	Poids de carbone
CO	22,0	$0,22 \times 8.043 = 670$	$22 \times 28 = 616$	$22 \times 12 = 264$
H^2	14,8	$0,148 \times 8.091 = 457$	$14,8 \times 2 = 29,6$	
CH^4	3,0	$0,03 \times 9.550 = 286$	$3 \times 16 = 48$	$3 \times 12 = 36$
CO^2	3,0	—	$8 \times 44 = 352$	$8 \times 12 = 96$
Az^2	52,2	—	$52,2 \times 28 = 146,2$	
		Calories $= 1.413$	2507,6	396

$$\text{Pouvoir calorifique inférieur du charbon utilisé} = 7.540$$

$$\left.\begin{array}{l}\text{Proportion de carbone contenu dans le charbon}\\ \text{en tenant compte des pertes dans les cendres}\end{array}\right\} = 0,72$$

Le rendement du gaz froid peut se calculer ainsi que suit en partant de l'analyse :

(1) Poids total de gaz par kilogramme de carbone $= \dfrac{2507,6}{396}$ kgs.

»   »   0,72 kg. de carbone $= \dfrac{2507,6}{396} \times 0,72 = 4,56$ kgs.

$$\left.\begin{array}{l}\text{Volume de 1 kg. de gaz à } 0^{\circ} \text{ et à la pression}\\ \text{de 760 mm. de mercure}\end{array}\right\} = \text{volume d'eau par kg} \times \dfrac{2.882}{2.508}$$

$$= \dfrac{29,27 \times (273)}{10.333} \times \dfrac{2.828}{2.508} = 0,917 m^3$$

(1) Volume de gaz sec par kg. de charbon brûlé $= 0,917 \times 4,56 = 4,17\ m^3$.

$$\left.\begin{array}{l}\text{Rendement du gaz froid basé sur le pouvoir}\\ \text{calorifique inférieur du combustible et du gaz}\end{array}\right\} = \dfrac{4,17 \times 1.413 \times 100}{7.540} = 75\ ^0/_0.$$

Dans le cas présent le gazogène produit lui-même sa vapeur. Au cas où cette vapeur serait produite par une chaudière spéciale il y aurait lieu de tenir compte du charbon ainsi brûlé. Si par exemple la consommation dans cette chaudière est de 9 kilogrammes de charbon pour chaque kilo-

---

(1) L'échantillon de gaz sera prélevé à la sortie du gazogène avant les laveurs, car des fractions de CO_2 et d'hydrocarbone sont absorbées dans cet appareil.

gramme de charbon brûlé au gazogène, le rendement s'écrit :

$$\frac{4,17 \times 1,413}{750\,(1 + 9)} \times 100.$$

Pertes dans les gazogènes. — Les différentes pertes qui peuvent se produire dans un gazogène sont dues à :

1° Chaleur sensible perdue par les gaz après avoir quitté le gazogène.

2° Perte de combustible non brûlé entraîné avec les cendres.

3° Excès de fourniture de vapeur.

4° Formation de dépôts et absorption de gaz combustible par les laveurs.

5° Pertes par radiation.

6° Pertes de gaz aux rentrées d'air du gazogène.

Les pertes par chaleur sensible emportée par les gaz n'interviennent pas lorsque le gaz est refroidi à la température atmosphérique avant d'être utilisé, s'il est utilisé à une température plus élevée il y aura lieu d'en tenir compte.

Les pertes par combustible non brûlé entraîné avec les cendres peuvent s'évaluer en prélevant des cendres (même méthode que pour les essais de chaudières) et en les faisant chauffer dans une coupelle.

Si

W = poids de la coupelle vide

W_1 =   —   —   + échantillon de cendres sèches

W_2 =   —   —   +   —   après chauffage intense ;

M = poids total de cendres, mâchefers, obtenu par heure.

On a :

$W_1 - W_2$ = poids de carbone contenu dans l'échantillon ;

$W_1 - W$ = poids de l'échantillon de cendres sèches.

Le poids total de carbone contenu dans les cendres est de :

$$M\,\frac{W_1 - W_2}{W_1 - W}\ \text{kgs par heure.}$$

Les pertes seront donc par heure :

$$8.050\,M\,\frac{W_1 - W_2}{W_1 - W}$$

où 8050 représente le pouvoir calorifique de 1 kilogramme de carbone brûlant en donnant naissance à du gaz carbonique. Dans le cas d'un gazogène à couche d'eau sous la grille, les cendres seront retirées mouillées, elles devront être soigneusement séchées avant que l'on prélève un échantillon, ou bien la quantité d'humidité qu'elles contiennent devra être déterminée.

Quand un excès de vapeur est fournie au gazogène et ressort sans avoir été dissociée, la chaleur dépensée pour la production de cette vapeur représente une perte. L'estimation de l'excès de vapeur contenue dans le gaz peut se faire à un moment quelconque en faisant passer une quantité déterminée de gaz dans un tube sécheur contenant du chlorure de calcium et en prenant soin que la vapeur ne se condense point avant d'atteindre ce tube. L'échantillon sera prélevé à la sortie du gazogène et avant les tubes laveurs et refroidisseurs.

Si l'on mesure également la quantité de vapeur fournie au gazogène, on peut faire une évaluation de la quantité de vapeur dissociée dans le gazogène en procédant par différence entre la vapeur admise et la vapeur retrouvée en excès dans le gaz (1). Avec des gazogènes marchant sous pression on mesurera l'eau fournie à la chaudière par mesure directe si possible ou à l'aide d'un orifice gradué. Avec un gazogène marchant par aspiration, l'eau sera aisément mesurée à l'aide d'un récipient jaugé.

Les pertes dues aux dépôts dans les laveurs et à l'absorption d'hydrocarbones combustibles dans les laveurs sont généralement comprises dans les pertes par radiation, on peut cependant les estimer en prélevant des échantillons de gaz avant et après les laveurs.

Les pertes par radiation correspondent à la différence entre la chaleur totale du combustible et la somme des diverses pertes évaluées.

La température de sortie des gaz sera mesurée aussi près que possible du gazogène, à l'aide de thermomètres à mercure (spéciaux pour les hautes températures), amenés au contact direct des gaz ou de thermomètres à résistance de platine dont l'enveloppe libre de tout dépôt de carbone ou de goudron sera mise au contact direct des gaz.

Des tentatives ont été faites pour mesurer les températures en différents points de la couche de combustible en insérant des couples thermo-électriques ou des pyromètres à travers des ouvertures ménagées dans la paroi du gazogène. Il y a cependant quelques difficultés à obtenir des résultats précis du fait de l'action perturbatrice du pyromètre et d'autre part il n'est pas bon de laisser ces appareils plus longtemps qu'il n'est nécessaire pour obtenir une lecture constante, car ils gêneraient le passage du combustible et pourraient provoquer l'accumulation de scories, sans compter leur propre risque d'être brûlés. La zone centrale de combustion est le partie la plus chaude du gazogène, aussi le thermomètre devra

---

(1) En partant des analyses en poids du gaz et du combustible, le nombre de kilogrammes de vapeur dissociés par kilogramme de combustible = (poids d'hydrogène libre retrouvé dans le gaz par kilogramme de combustible — poids d'hydrogène par kilogramme de combustible) × ,9.

atteindre ce point si l'on désire connaître la température réelle de la réaction.

Dans le cas d'un gazogène marchant sous pression l'air est refoulé à l'intérieur de l'appareil sous une pression de 30 à 60 centimètres d'eau au-dessus de la pression atmosphérique. Avec les appareils à aspiration la dépression maximum dans le tuyau d'arrivée de gaz au voisinage du moteur ne dépasse pas 30 centimètres d'eau. La mesure de ces pressions pourra se faire à l'aide du manomètre à tube en U ordinaire, sauf le cas où le moteur est à régulation par tout ou rien, ce qui pour les faibles charges provoque des variations très irrégulières de la pression et rend très difficile une évaluation du niveau dans le système. La mesure directe de la quantité d'air fournie au gazogène pourra se faire commodément à l'aide d'un orifice gradué (voir précédemment).

Dans un essai de gazogène, les diverses observations seront faites et notées d'une manière identique à celle utilisée pour les essais de chaudières, nous ne reviendrons donc pas sur cette question.

Les diverses conditions variables sous lesquelles peut travailler le gazogène sont :

1º Le taux de production du gaz.

2º La nature, la qualité et le pouvoir calorifique du combustible.

3º La proportion de vapeur et d'air injecté.

4º La température de l'air à son entrée dans le gazogène.

5º La hauteur de la couche de combustible et la pression de l'air.

6º La modification d'un partie quelconque de l'appareil ou de la façon d'opérer.

Il est de toute évidence que ces conditions sont indépendantes les unes des autres, mais dans la réalité il est difficile de maintenir l'uniformité des conditions pendant un essai et encore plus pendant plusieurs jours. De ce fait les résultats d'une série d'essais peuvent montrer quelques irrégularités, aussi l'on devra noter soigneusement toutes circonstances capables de produire une perturbation quelconque au cours d'essai. De toutes façons il n'est pas recommandable, sauf dans des circonstances tout à fait exceptionnelles, de faire varier à la fois plus d'une variable indépendante.

En général on essaiera l'ensemble gazogène et moteur et l'on déterminera la consommation de combustible par cheval développé au frein pour diverses valeurs de la charge.

Analyse du combustible. — L'analyse du combustible pourra être conduite de 2 façons. Ou bien l'on désirera connaître les divers composants tels que : carbone, hydrogène, oxygène, azote, soufre, cendres et humidité, renseignements qui sont rarement utiles dans l'industrie et qui exigent une grande habileté et une grande expérience des manipulations chimiques. Ou bien l'on désire simplement déterminer la quantité d'humidité, de carbone, de matières combustibles, de cendres et dans quelques cas de soufre contenu dans le combustible. Cette analyse est alors plus simple et est généralement suffisante pour la détermination des caractères du combustible.

Nous avons [décrit [précédemment la mode de prélèvement d'un échantillon. Environ 100 grammes de cet échantillon seront réduits en fine poussière aussitôt après le prélèvement et une partie en sera enfermée dans une bouteille fermant à l'émeri, en vue de servir à la détermination de la quantité d'humidité.

Humidité contenue dans le combustible. — On obtient le pourcentage d'humidité contenue dans un combustible en plaçant dans une coupelle couverte en porcelaine 1 à 2 grammes de charbon. Le tout est pesé rapidement sur une balance de précision, puis transporté dans une étuve spéciale où l'on maintient une température de 105° C. environ pendant 1 heure. (On peut encore maintenir l'échantillon en présence d'acide sulfurique concentré pendant 24 heures.) Toutes les opérations de mouture et de pesée de l'échantillon doivent être faites très rapidement afin d'éviter une évaporation possible de l'humidité contenue et inversement après étuvage la pesée doit être faite rapidement de façon à éviter toute absorption d'humidité par l'échantillon. La différence des pesées donnera la quantité d'humidité contenue dans l'échantillon.

Matières volatiles. — Le combustible sera réduit en fine poussière, chauffé modérément pendant quelques temps, puis abandonné à l'atmosphère du laboratoire, jusqu'à ce que son poids devienne pratiquement constant. 1 à 2 grammes de cet échantillon sera prélevé pour essai d'humidité et 1 ou 2 grammes serviront à la détermination des matières volatiles. Le Comité « On Coal Analysis » conseille d'opérer ainsi que suit. L'échantillon à essayer est placé dans un creuset en platine pesant 20-25 grammes muni d'un couvercle. Le creuset est chauffé au-dessus d'un bec Bunsen (à pleine flamme), pendant 7 minutes. Le creuset sera supporté par un triangle de platine placé 6 à 8 centimètres au-dessus du bec Bunsen. La flamme doit atteindre 20 centimètres de hauteur lorsque le creuset est enlevé. L'opération doit avoir lieu dans un local exempt de courant d'air. La partie supérieure du couvercle devra rester claire, mais sa face inférieure sera recouverte de carbone. La perte de poids représente la quantité d'humidité et de matières volatiles contenues dans l'échantillon, si la quantité d'humidité a été déterminée au préalable on connaîtra donc le poids des matières volatiles.

Cendres. — L'échantillon de combustible utilisé pour déterminer la quantité d'humidité peut servir également pour la détermination de la quantité de cendres. Cet échantillon est chauffé intensément dans un creuset jusqu'à combustion complète du carbone. Le poids du résidu restant au fond du creuset représente le poids de cendres.

Carbone fixe. — Le pourcentage de carbone représente la différence entre le poids de l'échantillon et le poids d'humidité, matières volatiles et cendres contenues. On se souviendra que ceci ne représente pas forcément la totalité du carbone contenu dans le combustible.

Le soufre contenu dans le combustible peut apparaître en partie dans les matières volatiles et en partie dans les cendres. Quand le soufre est sous forme de pyrites (FeS_2) le chauffage intense provoque la combustion du soufre et la formation d'un oxyde de fer qui reste dans les cendres. Le carbone fixe n'est donc pas tout à fait déterminé avec précision par les méthodes ci-dessus, mais pour les besoins de la pratique, l'erreur est peu importante. On se reportera aux livres d'analyse quantitative pour la détermination de la quantité de soufre.

Les symboles suivants représentent le mode de calcul des divers pourcentages :

Soit :

W_m = poids du creuset + poids du combustible ;
w = » » seul ;
W_a = » » + poids du combustible séché à l'air ;
W_v = » » + résidu après élimination des matières volatiles ;
W_s = » » + cendres.
W = » » + poids de combustible séché à l'étuve.

(a) Composition du combustible humide, en négligeant le soufre.

$$\text{pourcentage d'humidité} = 100 \frac{W_m - W}{W_m - w}$$

$$\text{»} \quad \text{matières volatiles} = 100 \frac{W - W_v}{W_m - w}$$

$$\text{»} \quad \text{cendres} = 100 \frac{W_s - w}{W_m - w}$$

pourcentage carbone fixe = 100 — somme des pourcentages précédents.

(*b*) Composition du combustible séché à l'air, en négligeant le soufre.

$$\text{pourcentage d'humidité} = 100 \frac{W_a - W}{W_a - w}$$

$$\text{» matières volatiles} = 100 \frac{W - W_v}{W_a - w}$$

$$\text{» de cendres} = 100 \frac{W_s - w}{W_a - w}$$

(*c*) Composition du combustible complètement sec.

$$\text{pourcentage des matières volatiles} = 100 \frac{W - W_v}{W - w}$$

$$\text{» des cendres} = 100 \frac{W_s - w}{W - w}$$

$$\text{pourcentage de carbone fixe} = 100 - \text{pourcentage précédent.}$$

Analyse du gaz de gazogène. — L'analyse du gaz consiste dans la mesure de la teneur en volume de CO_2, O, CO, H, CH_4, C_2H_4 (généralement négligeable) et en Az (par différence). Dans quelques cas on peut également rechercher la proportion de gaz sulfureux, mais d'une manière générale le gaz sulfureux est compris dans le CO_2. Nous avons déjà indiqué la méthode de prélèvement d'un échantillon de gaz au sujet de l'analyse du gaz de la combustion dans les chaudières. Si nous nous reportons à la figure 122 nous voyons que le tube T devra être mis en relation avec la canalisation de gaz au moyen d'un joint étanche. Du fait de la petitesse du diamètre des conduites de gaz on pourra réduire les dimensions des bouteilles d'aspiration *B* et *E*. Une partie du CO_2 et des hydrocarbones du gaz étant absorbée dans les laveurs il y a toujours lieu de préciser si le prélèvement d'échantillon se fera avant ou après les laveurs. L'échantillon de gaz ayant été prélevé on pourra déterminer le volume de CO_2, O et CO à l'aide de l'appareil Orsat (déjà décrit) et déterminer les proportions d'H et CH_4 au moyen d'une pipette analogue à celle représentée sur la figure 158. Cette pipette comporte un ballon P convenablement monté sur un support en bois. Le tube capillaire M est connecté à la dérivation Q (fig. 123) de l'appareil Orsat au moyen d'un tube aussi court que possible et le tube T est relié à un flacon d'aspiration, utilisant le mercure ou l'eau salée. Les électrodes Q (fig. 158) en platine sont utilisées pour produire l'allumage du mélange contenu dans P. L'absorption de CO étant complète dans l'appareil Orsat on libère la moitié du gaz contenu dans le flacon A (fig. 123) et l'on y introduit un volume connu d'oxygène, correspondant à environ 1/3 de volume de gaz restant. On finira alors de remplir le flacon A avec de l'air (les mesures de volume étant faites à la pression atmosphérique). L'ensemble du mélange de gaz ainsi formé est aspiré dans la pipette à explosion P (fig. 158) et enflammé. Après refroidissement les gaz sont à nouveau aspirés dans le vase gradué A (fig. 123) et le nouveau volume de gaz noté (même température et même pression que précédemment). Le volume de CO_2 formé par la combustion du méthane sera déterminé à l'aide du mélange absorbant B (fig. 123) et la diminution de volume constatée représentera le volume de méthane, chaque molécule de méthane ayant produit une molécule de CO_2. L'hydrogène présent dans le méthane produira 2 fois son volume de vapeur d'eau, mais par suite de la condensation la contraction en résultant représentera 2 fois le volume de méthane. Le reste de la contraction est dû à la combinaison de l'hydrogène avec l'oxygène et le volume total d'hydrogène contenu dans le mélange représentera les 2/3 du

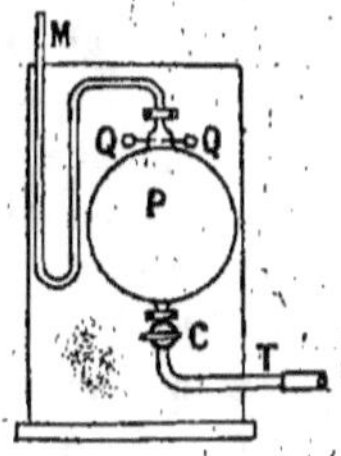

Fig. 158. — Pipette à explosion.

supplément de contraction. Le volume d'hydrogène que l'on a ajouté étant déduit, le reste représentera l'hydrogène contenu dans les gaz. L'exemple suivant montre le mode de calcul :

Volume du gaz prélevé pour l'analyse	50	cm³
Volume après absorption du gaz carbonique	47,4	»
» » » de l'oxygène	47,25	»
» » » de l'oxyde de carbone	35,4	»
Volume du gaz prélevé pour les mesures des quantités d'hydrogène et de méthane	17,2	»
Volume après addition d'hydrogène	23,0	»
» » » d'air	49,8	»
» après explosion (mesuré à la température et à la pression atmosphérique)	36,2	»
Volume après absorption du gaz carbonique produit par la combustion	35,9	»

$$\text{Composition en } \%$$

$$\text{Gaz carbonique} = \frac{50 - 47,4}{50} \times 100 = 5,2\ \%$$

$$\text{Oxygène} = \frac{47,4 - 47,25}{50} \times 100 = 0,3\ \%$$

$$\text{Gaz carbonique} = \frac{47,25 - 35,4}{50} \times 100 = 23,7\ \%$$

Le volume de méthane est égal au volume de gaz carbonique résultant de la combustion $= 36,2 - 35,9 = 0,3$ cm³ pour un volume de gaz de 17,2 cm³. Le volume correspondant pour 35,4 cm³ de gaz serait :

$$\frac{35,4}{17,2} \times 0,3 = 0,62 \text{ cm}^3.$$

Le pourcentage de méthane est ainsi :

$$\frac{0,62 \times 100}{50} = 1,24\ \%$$

La contraction totale après explosion est : $49,3 - 36,2 = 13,1$ cm³. Considérons la combustion du méthane, on voit qu'il ne se produit aucune variation de volume, chaque atome de carbone s'unissant à une molécule d'oxygène pour former du gaz carbonique. L'hydrogène contenu dans le méthane absorbe un volume d'oxygène égal à celui du méthane en formant 2 fois son volume de vapeur d'eau, qui se condensera par la suite en donnant une contraction de : $0,3 \times 2 = 0,6$ cm³, du fait de la combinaison du méthane. La contraction due à la combustion de l'hydrogène est donc : $13,1 - 0,6 = 12,5$ cm³. Cette contraction est due à la combinaison de l'hydrogène avec un volume moitié d'oxygène, pour former de l'eau qui se condense, 1 cm³ d'hydrogène provoquant ainsi une contraction de $\frac{3}{2}$ cm³. Le volume total d'hydrogène est donc : $\frac{2}{3} \times 12,5 = 8,33$ cm³ et puisque l'on a ajouté : $23,0 - 17,2 = 5,8$ cm³ d'hydrogène, le volume d'hydrogène présent à l'origine dans l'échantillon de 17,2 cm³ est :

$$8,33 - 5,8 = 2,53 \text{ cm}^3.$$

Le pourcentage d'hydrogène dans l'échantillon origine de 50 cm³ est donc :

$$\frac{2,53}{50} \times \frac{35,4}{17,2} \times 100 = 10,4.$$

Le pourcentage en volume de gaz est donc :

$$CO^2 = 5,2 \text{ }\%$$
$$O = 0,3 \text{ »}$$
$$CO = 23,7 \text{ »}$$
$$CH^4 = 1,24 \text{ »}$$
$$H = 10,4 \text{ »}$$
$$Az = 59,2 \text{ »} \quad \text{(par différence).}$$

Lorsque l'on utilise du charbon bitumineux on trouvera également une certaine quantité d'éthylène (C^2H^4) mais le pourcentage ne dépasse généralement pas $0,2 \%$ en volume. Si l'on désire faire cette détermination on absorbera l'éthylène au moyen d'eau de brome ou d'acide sulfurique fumant. Dans les 2 cas le gaz passera ensuite, après absorption de l'éthylène à travers une solution de potasse de manière à absorber les vapeurs de brome ou d'acide qui auraient pu être entraînées. La détermination du pourcentage d'éthylène se fera aussitôt après absorption du gaz carbonique. La détermination de la quantité de soufre contenue dans le gaz demande une manipulation très délicate, nous renvoyons pour cette question aux ouvrages spéciaux d'analyse.

Pouvoir calorifique des combustibles. — Le pouvoir calorifique d'un combustible représente la quantité de chaleur développée par la combustion complète dans l'oxygène de l'unité de poids de ce combustible. Elle se détermine généralement dans un calorimètre spécial.

Plusieurs formules ont été proposées pour le calcul du pouvoir calorifique des combustibles, quelques-unes basées sur l'analyse complète, d'autres sur une analyse approximative du combustible. Aucune d'elles n'est parfaitement exacte et susceptible de donner autre chose que des résultats approchés. Il est recommandable de faire la détermination de la valeur calorifique du combustible, directement au calorimètre.

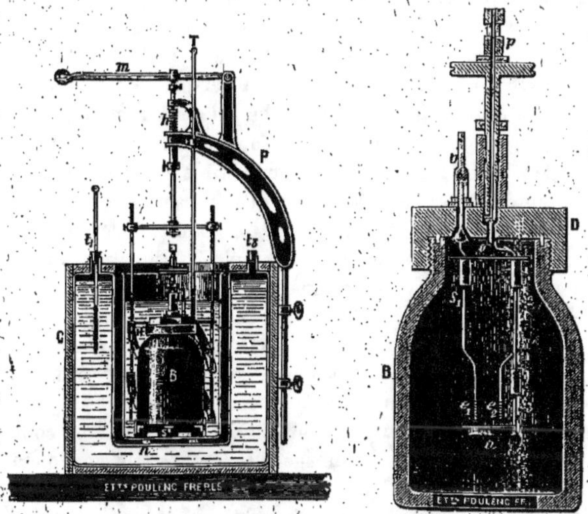

Fig. 159. — Bombes calorimétriques Mahler.

La bombe calorimétrique convient parfaitement pour la détermination de la valeur calorifique des combustibles liquides et solides. La figure 159 représente une bombe calorimétrique Mahler. La bombe se compose d'un corps en acier capable de résister à de fortes pressions, revêtu intérieurement d'un dépôt de métal non corrosif destiné à réduire l'action des acides nitriques et sulfuriques formés par la combustion du combustible. Le couvercle de la bombe est maintenu en place au moyen de 3 écrous. Le joint au couvercle est réalisé à l'aide d'une feuille de plomb. Le couvercle porte une tubulure spéciale et un robinet valve permettant de relier la bombe à un récipient d'oxygène. Le support destiné à recevoir l'échantillon de combustible est également fixé au couvercle. L'allumage du combustible se fait au moyen d'un petit fil de platine qui vient au contact du combustible et que l'on porte au rouge à l'aide d'un courant électrique. Le courant arrive au fil de platine en traversant un bouchon isolant, l'autre borne de la source de courant étant mise à la masse du calorimètre. La bombe est placée à l'intérieur d'un réservoir en laiton contenant une quantité d'eau telle que la bombe soit entièrement noyée. Un dispositif permet de produire l'agitation de l'eau du calorimètre de manière à éliminer toutes différences locales de température. Le récipient d'eau est lui-même supporté à l'intérieur d'un récipient d'eau de forme annulaire, dans le but de réduire à une valeur négligeable les pertes par radiation. Pratiquement on constate qu'au cours d'une expérience la température de l'enveloppe extérieure ne varie pas. Un thermomètre convenable permet d'ailleurs de constater à chaque instant cette condition.

Pour faire un essai l'on commencera par placer 1 gramme de combustible réduit en fine poussière et séché à l'air à l'intérieur du creuset de platine (qui est alors placé sur son support) et en contact direct avec la spirale de platine. L'humidité du combustible a déjà été déterminée à l'aide d'essais antérieurs (voir précédemment le paragraphe spécial). Après avoir placé dans le fond de la bombe une petite quantité d'eau, le couvercle est mis en place et les boulons soigneusement vissés. La valve à oxygène est alors reliée à un tube à oxygène ordinaire et l'oxygène est introduit lentement jusqu'à ce que la pression à l'intérieur de la bombe atteigne 25 atmosphères. Le tube à oxygène est alors déconnecté et la bombe placée dans le calorimètre, qui contient déjà une quantité d'eau bien déterminée et capable de recouvrir complètement la bombe. L'eau est alors agitée jusqu'à ce que sa température devienne constante. A ce moment on connecte la batterie et l'on provoque l'allumage du combustible en fondant le fil de platine. La température de l'eau sera alors notée à de très courts intervalles de temps, jusqu'à ce que l'on obtienne le maximum de température (environ 3 minutes après l'allumage), l'eau étant constamment agitée.

Si t_1 = température initiale de l'eau avant allumage en degrés cent.

t_2 = température maximum de l'eau en degrés cent.

m = poids du combustible en grammes.

q = pourcentage d'humidité contenu dans l'échantillon de combustible (séché à l'air).

W = poids de l'eau du calorimètre en grammes.

ϖ = équivalent calorifique des instruments en grammes d'eau.

C = pouvoir calorifique supérieur du combustible séché à l'air.

C_1 = »   »   »   »   séché à l'étuve.

C_2 = »   »   inférieur   »   »   »

L'on aura :

Chaleur transmise à la bombe et à l'eau pendant la combustion :

$$= (W + \omega)(t_2 - t_1) \text{ calories.}$$

Chaleur produite par le combustible :

$$C \times m \text{ calories}$$

d'où

$$C = \frac{(W + \omega) t_2 - t_1}{m} \text{ calories par gramme.}$$

Le poids de combustible contenu dans l'échantillon brûlé est :

$$= \frac{m(100 - q)}{100} \text{ grammes}$$

d'où

$$C_1 = \frac{(W + \omega)(t_2 - t_1)}{m\left(\dfrac{100 - q}{100}\right)} \text{ calories par gramme}$$

Quand un combustible renferme de l'hydrogène, il se produit de la vapeur d'eau pendant la combustion, vapeur d'eau qui se condense pratiquement toute à l'intérieur du calorimètre si l'oxygène est saturé de vapeur avant l'allumage. Cette vapeur d'eau abandonne donc sa chaleur latente au calorimètre. Dans la pratique il en est différemment, car la vapeur d'eau formée par la combustion du combustible sur la grille est évacuée avec les gaz de la combustion, la température n'étant pas suffisamment basse pour que la vapeur se condense et par suite cette chaleur latente n'est pas pratiquement utilisable. Pour cette raison, le « Committee of the Institution of Civil Engineers » recommande d'employer le pouvoir calorifique inférieur chaque fois que l'on calcule un rendement de chaudière. La correction peut se faire en partant de l'analyse du combustible. Si le combustible sec contient H °/₀ en poids d'hydrogène, le poids correspondant de vapeur d'eau formée par la combustion peut être pris égal à $\dfrac{H \times 9}{100}$ grammes par gramme de combustible sec et en prenant pour chaleur latente de l'eau le chiffre de 540 calories par gramme, le pouvoir calorifique inférieur est :

$$C_2 = C_1 - \frac{540 \times 9}{100} \times H \text{ cal. par gramme de combustible sec.}$$

L'équivalent calorifique en gramme d'eau w du calorimètre peut être déterminé en brûlant un poids connu d'un combustible dont la valeur calorifique est connue. On pourra utiliser par exemple de la naphtaline fondue dont le pouvoir calorifique est suivant Berthelot de 9.692 calories par gramme.

On aura :

$$C \times m = (W + \omega)(t_2 - t_1)$$

d'où

$$\omega = \frac{C \times m}{t_2 - t_1} - W.$$

Le calcul précédent n'est pas tout à fait exact, mais donne cependant une approximation supérieure à 0,5 °/₀. Pour des mesures plus précises il y aurait lieu de faire une correction pour les pertes par radiation et pour la chaleur correspondant à la production des acides résultant de la combustion. On peut éliminer l'influence des pertes par radiation en provoquant la combustion au moment où la température de l'eau du calorimètre a atteint une température déterminée t_1, la température de l'eau de l'enveloppe annulaire étant alors égale à : $\frac{t_1 + t_2}{2}$. On réalisera aisément cette disposition si l'eau de la ville est à une température inférieure à celle du Laboratoire où l'on opère, ce qui est généralement le cas.

Quand le combustible est brûlé sur la grille du foyer il n'y a pas formation d'acide nitrique, aussi la chaleur de formation de l'acide à l'intérieur de la bombe devra être déduite du pouvoir calorifique. Pour faire cette correction on devra laver la bombe et déterminer par titrage la quantité d'acide formé.

En fait lorsque l'essai du combustible est conduit ainsi que nous l'avons indiqué ces 2 causes d'erreur sont très faibles et se balancent sensiblement l'une l'autre.

Le prix élevé des calorimètres à bombe a conduit à l'établissement de calorimètres un peu moins précis dans lesquels le combustible est brûlé à la pression atmosphérique.

La figure 160 représente la modification par Rosenheim du calorimètre de William Thompson, fabriqué par la « Cambridge Scientific Instrument Cy ». L'appareil se compose de 3 parties, la chambre de combustion dans laquelle l'échantillon est brûlé, le récipient en verre du calorimètre dans laquelle est plongée la chambre de combustion, une enveloppe métallique munie d'une étroite fenêtre et dans laquelle on place le récipient de verre avant le début de l'expérience. La chambre de combustion est constituée par un verre de lampe cylindrique fermé à ses 2 extrémités par des plaques de bronze formant joint étanche, au moyen de rondelles de caoutchouc. Les plaques sont serrées au moyen de 3 tiges métalliques fixées sur la plaque de base et portant des écrous mobiles à leur partie supérieure. Les 2 fils électriques destinés à l'allumage du combustible traversent le couvercle par l'intermédiaire d'une presse-étoupe à articulation orientable. Le couvercle porte également un tube d'admission d'oxygène qui porte à son extrémité un petit écran en fils métalliques destiné à briser le jet d'oxygène. La chambre de combustion communique avec l'extérieur au moyen d'une ouverture ménagée à la partie basse, ce qui permet aux gaz de la combustion de s'échapper en abandonnant leur chaleur à l'eau du calorimètre.

L'échantillon de combustible à essayer est préalablement broyé en fine poudre puis séché à l'air. Une presse spéciale permet de comprimer cette poudre sous forme d'une petite galette d'environ 1 gramme, qui est ensuite pesée soigneusement dans le creuset de platine ou de porcelaine. Le creuset est alors placé à la partie basse de la chambre de combustion avant que le verre soit mis en place et de telle façon que l'on puisse l'atteindre avec le fil d'allumage.

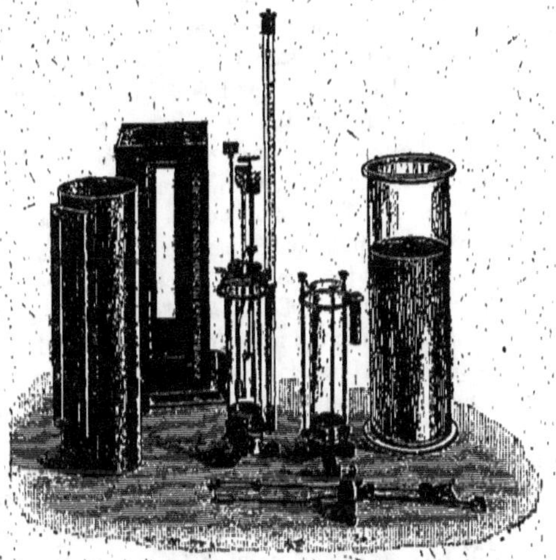

Fig. 160. — Modification par Rosenhain du calorimètre à combustible de W. Thomson.

Le tube d'arrivée d'oxygène est connecté à une bouteille ordinaire d'oxygène au moyen d'un solide tube de caoutchouc et par l'intermédiaire d'une bouteille de lavage et d'une tour de saturation de vapeur d'eau afin d'assurer l'arrivée de l'oxygène à la température atmosphérique et saturé de vapeur d'eau. Après avoir lentement ouvert l'arrivée d'oxygène on immerge la chambre de combustion dans le récipient de verre contenant environ 2000 cm³ d'eau, en prenant soin que la fourniture d'oxygène soit suffisante pour empêcher les rentrées d'air à l'intérieur de la chambre de combustion. La température initiale est alors mesurée à l'aide d'un thermomètre de précision. Il est préférable de régler la température de l'eau de manière que la température du laboratoire soit environ la moyenne de la température initiale et de la température finale expectée, ce qui dispense de toutes corrections dues à la radiation. Ce réglage a encore l'avantage de supprimer toute erreur appréciable pouvant provenir du fait que les gaz de la combustion quittent le calorimètre à une température différente de la température ambiante, car pendant la première moitié de l'essai ces gaz quitteront l'eau du calorimètre à une température inférieure à la température ambiante, tandis que pendant la 2e moitié de l'essai ils quitteront à une température supérieure, les 2 périodes se neutralisant ainsi l'une l'autre.

La fourniture d'oxygène sera soigneusement rég'ée, si cette fourniture est excessive il se produira des étincelles et une partie du combustible sera éliminée sans avoir brûlé, tandis que si la fourniture est trop réduite quelques hydrocarbones seront éliminés sans avoir brûlé, ce qui se décelera par le noircissement de la chambre de combustion et le dégagement de fumée avec les produits de la combustion. Dès que la combustion est terminée on arrête l'arrivée d'oxygène et l'on laisse pénétrer l'eau à l'intérieur de la chambre de combustion en ouvrant un robinet de décompression. Le robinet d'oxygène sera alors à nouveau ouvert pour produire l'expulsion de l'eau. On notera le maximum de température. Le calcul du pouvoir calorifique du combustible est le même que précédemment.

Il y a toujours quelques difficultés à obtenir une pastille d'essai bien homogène avec de l'anthracite ; mais l'on peut tourner la difficulté en mélangeant dans des proportions connues l'anthracite avec du charbon bitumineux de pouvoir calorifique connu. L'on détermine le pouvoir calorifique du mélange et l'on en déduit par un calcul simple le pouvoir calorifique de l'anthracite. L'équivalent calorifique de l'instrument peut également être obtenu en faisant une série d'essais sur un combustible de pouvoir calorifique connu et en utilisant la méthode indiquée précédemment.

La figure 161 représente une modification de ce calorimètre par le professeur T. Gray et construite par MM. Thomson, Kinner et Hamilton de *Glascow*. L'instrument se compose d'éléments semblables à ceux du calorimètre de Rosehaim, mais quelque peu différents au point de vue détails de construction. La base du calorimètre est constituée par une plaque de métal perforée qui permet le passage des gaz de la combustion. Les 2 tiges rigides T réunies à leur partie supérieure par une plaquette isolante servent de passage aux fils conducteurs de courant. L'allumage de l'échantillon pourra se faire soit indirectement à l'aide d'une petite mèche attachée d'une part à l'échantillon et d'autre part au fil de platine en L, ou directement en attachant un fil de platine autour de la pastille de charbon. L'entretoise en matière isolante sert aussi à supporter un tube O destiné à l'arrivée d'oxygène à l'intérieur de l'appareil et porte une pince de serrage qui permet de régler le tube en hauteur. Deux disques de métal perforés H servent à produire un mélange intime des gaz de la combustion et de l'eau du calorimètre. Ils glissent le long des tubes T de sorte que l'appareil peut être aisément rechargé. La préparation de la pastille d'échantillon se fait au moyen du cylindre N et de la presse P. L'échantillon est placé dans le creuset C dont le poids est connu et l'ensemble après avoir été pesé soigneusement est placé sur l'anneau support R dans la chambre de combustion.

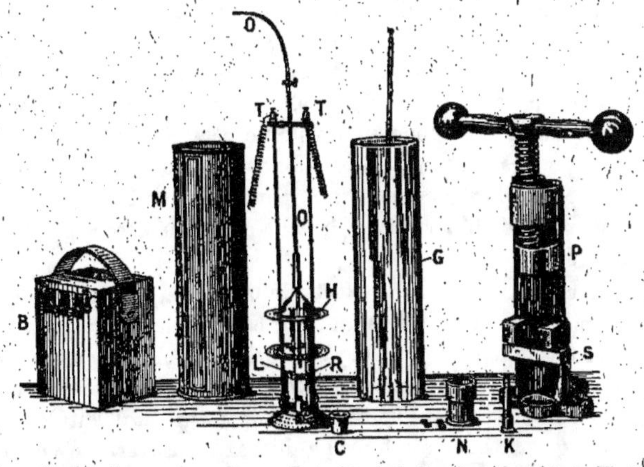

Fig. 161. — Modification par le professeur Gray du calorimètre à combustible de W. Thomson.

Le calorimètre est utilisé d'une manière analogue au calorimètre de Rosehain, sauf que pour produire l'allumage du combustible on attache une petite mèche de coton autour du fil de platine et autour de l'échantillon, de sorte que lorsque le fil de platine est chauffé par le courant de la batterie B, la mèche s'allume et provoque la combustion. La correction moyenne correspondant à la chaleur de combustion de la mèche et à la chaleur développée par le courant électrique est d'environ 100 calories, valeur que l'on déduira de la quantité de chaleur fournie au calorimètre avant d'entrer dans le calcul du pouvoir calorifique. L'équivalent calorifique de l'instrument se déterminera par combustion d'un échantillon de charbon de pouvoir calorifique connu, ainsi que nous l'avons vu précédemment.

Le professeur Gray (1) a montré que l'appareil ci-dessus manié avec soin donne pour la détermination du pouvoir calorifique du charbon des

____

(1) Voir *Journ. of The Society of Chemical Industry*, 1904, vol. XXIII, page 704.

résultats concordant avec ceux fournis par le calorimètre à bombe et ne différant que de 1 à 2 0/0 par défaut des résultats donnés par cet appareil.

Le calorimètre Lewis Thompson est un autre type de calorimètre travaillant à la pression atmosphérique. On mélange un poids connu de combustible avec une matière riche en oxygène, tel que du chlorate de potasse et cette matière fournit l'oxygène nécessaire à la combustion. Ce type de calorimètre manque de précison cependant et donne des résultats qui sont souvent inférieurs de plusieurs 0/0 à ceux donnés par la bombe. Ce fait semble dû à la non combustion complète du combustible.

Le pouvoir calorifique d'un liquide tel que l'huile mazout peut se déterminer aisément à l'aide de la bombe calorimétrique. S'il s'agit d'huile lourde pratiquement non volatile on la pèse dans un creuset et l'on provoque sa combustion de la même manière que pour un combustible solide. La valeur calorifique d'une huile volatile peut également être déterminée, mais l'on placera l'échantillon dans une ampoule de verre scellée et pesée. L'ampoule est alors placée à l'intérieur de la bombe et ne sera descellée qu'au moment de la fermeture de celle-ci, de manière à permettre l'accès de l'oxygène.

Si l'on connaît la capacité exacte de la bombe, on peut également l'utiliser pour la détermination du pouvoir calorifique des gaz. On remplit une première fois la bombe avec le gaz à analyser, puis l'on fait le vide à l'aide d'une pompe à vide et finalement la bombe est à nouveau remplie de gaz à la pression atmosphérique et à la température ambiante. On peut alors admettre que la bombe est pleine du gaz à essayer. On envoie alors de l'oxygène à l'intérieur de la bombe, comme pour un combustible solide, sauf toutefois que la pression ne devra pas dépasser 6 atmosphères pour du gaz de ville et 2 atmosphères pour du gaz de gazogène.

Des calorimètres spéciaux ont été étudiés pour la détermination du pouvoir calorifique des gaz. Parmi le plus précis on peut citer le calorimètre de Junkers qui est représenté fig. 162, avec la disposition adoptée par le professeur Burstall au cours de ses expériences, et construit en France par les Établissements Ducretel.

Le calorimètre se compose d'une série de tubes concentriques entourés d'une enveloppe d'eau et d'une enveloppe d'air destinées à supprimer les pertes par radiation. Le gaz est fourni d'une manière continue à faible pression, par l'intermédiaire d'un compteur à joint d'eau, à un bec Bunsen fixé à l'intérieur du cylindre central. Les produits de la combustion s'élèvent jusqu'au sommet du cylindre et traversent les tubes concentriques avant de s'échapper à l'atmosphère. L'eau de refroidissement pénètre à la partie inférieure du calorimètre sous une pression constante et sort à la partie supérieure de l'appareil pour être ensuite recueilli dans le récipient jaugé.

Les températures d'entrée et de sortie de l'eau sont mesurées au moyen
de thermomètres à mercure de précision, dont les réservoirs baignent dans
le courant d'eau. On mesure également la température de l'air ambiant
et la température des gaz de la combustion à leur sortie du calorimètre. Il
est désirable que ces 2 températures soient pratiquement les mêmes.
Dans la figure 162 on a représenté à la partie basse du calorimètre un système de tubes à eau bien que ce dispositif ne soit pas courant dans le calorimètre Junker. Le fond du cylindre central est également représenté
comme fermé, tandis qu'ordinairement il est ouvert. Cette disposition
spéciale a été adoptée par le professeur Burstall dans le but d'éliminer l'influence des variations de l'état hygroscopique de l'air fourni, ces variations ayant une influence appréciable sur le pouvoir calorifique apparent.
Dans cette disposition on voit que l'air arrive au calorimètre après avoir

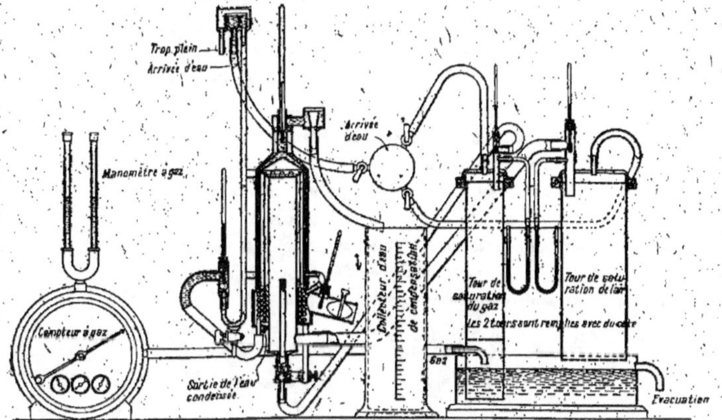

Fig. 162. — Calorimètre à gaz de Junker modifié par le professeur Burstall.

traversé une tour de saturation ; le gaz subit d'ailleurs un traitement analogue. Ces modifications conduisent à un volume de vapeur condensée
constant, volume qui autrement eût été variable et dépendant de l'état de
l'atmosphère.

Pour obtenir des résultats précis avec le calorimètre de Junker ou avec
des calorimètres analogues, le gaz doit passer à une vitesse uniforme à
travers le bec Bunsen, aussi est-il préférable d'emmagasiner une quantité
suffisante de gaz à l'intérieur d'un gazomètre spécial qui le délivrera à
pression constante pendant tout le cours de l'essai. Dans le cas d'un gazogène à aspiration fonctionnant à une pression inférieure à la pression atmosphérique, l'échantillon de gaz sera aspiré dans le gazomètre, puis le

gazomètre sera chargé de manière à obtenir une pression de gaz un peu supérieure à la pression atmosphérique.

L'essai pourra être conduit comme suit. Les débits de gaz et d'eau de refroidissement sont tout d'abord ajustés à une valeur convenable et dès que les températures sont devenues constantes l'essai est commencé en permettant à l'eau de refroidissement de s'écouler dans le récipient jaugé (1 litre) et en notant l'indication du compteur. On note à de courts intervalles de temps les indications du thermomètre et lorsque le litre est exactement plein on note à nouveau l'indication du compteur. Pendant cette même période on recueille les vapeurs condensées dans un petit récipient jaugé ; cet essai peut d'ailleurs être continué sur une plus longue période de manière à obtenir une plus grande précision.

Soit :

t_1 = température moyenne d'entrée de l'eau en degrés cent. ;

t_2 = température moyenne de sortie de l'eau en degrés centigrades ;

W = poids en grammes d'eau de refroidissement utilisée pendant l'essai ;

c = poids en grammes d'eau condensée au cours de l'essai ;

V = volume du gaz consommé pendant l'essai ;

V_0 = volume du gaz ramené à 760 mm. de mercure et à 0° cent. ;

t_a = température de l'atmosphère = température du gaz à son entrée et à sa sortie ;

p = pression du gaz au-dessus de la pression atmosphérique en mm. d'eau ;

h = pression barométrique en mm. de mercure ;

C_1 = pouvoir calorifique supérieur exposé en calories par litre à 760 mm. de pression et à la température de 0° cent.

C_2 = pouvoir calorifique inférieur ;

La pression absolue du gaz est :

$$\left(h + \frac{p}{13,6}\right) \text{ mm. de mercure.}$$

On a :

$$V_0 = \frac{\left(h + \frac{p}{13,6}\right)}{760} \times \frac{273}{(273 + t_a)} \times V.$$

Le pouvoir calorifique supérieur :

$$C_1 = \frac{W(t_2 - t_1)}{V_0}$$

et le pouvoir calorifique inférieur :

$$C_2 = \frac{W(t_2 - t_1) - 54}{V_0}.$$

Pour illustrer d'une manière plus complète le caractère des résultats et des calculs relatifs à un essai complet de gazogène nous extrayons l'exemple suivant des « Transactions of the American Society of Mechanical Engineers » de décembre 1909. L'essai a été réalisé par MM. Garland et Krotz,

sur un gazogène à aspiration du type courant prévu pour travail inter-
mittent. Pendant l'essai la communication du gazogène avec le moteur a
été supprimée et un injecteur à vapeur placé entre le gazogène et les laveurs de manière à aspirer le gaz au gazogène et à le refouler ensuite à
l'atmosphère en passant par les laveurs. Le volume de gaz a été mesuré
au moyen des compteurs calibrés, un filtre à paille et un sécheur étant placés
entre les laveurs et les compteurs de manière à retenir le goudron qui
pouvait être encore en suspension et à retenir l'humidité. La vapeur d'eau
restant dans le gaz après sa sortie du sécheur est estimée en faisant passer
un volume déterminé de ce gaz dans un tube taré contenant du chlorure
de calcium, dont l'augmentation de poids représente la quantité d'eau
contenue dans le volume de gaz ayant traversé le tube.

On pèse le charbon utilisé au cours de l'essai et à la fin de l'essai on
nettoie les foyers et l'on rétablit le feu dans des conditions identiques à
celles du début de l'essai. La vapeur alimentant l'injecteur est fournie
par une chaudière spéciale débitant à travers un orifice calibré percé dans
une tôle mince.

RÉSULTAT D'ESSAI D'UN GAZOGÈNE A ASPIRATION

Durée de l'essai : 12 heures.
Nature du combustible : Anthracite de Scranton.

Dimensions et dispositions du gazogène

1. Dimension de la grille en mètres................... 0,375 m. × 0,40 m.
2. Surface de la grille en m².. 0,150 m²
3. Diamètre moyen de la couche de combustible..................... 0,46 m.
4. Epaisseur   »   »   »   .... 0,66 m.
5. Suface de la couche de combustible............................ 0,184 m²
6. Hauteur de la conduite de décharge au-dessus de la grille........ 0,86 m.
7. Largeur approximative des intervalles d'air dans la grille......... 12 mm.
8. Section de passage de l'air...................................... 0,071 m²
9. Rapport de la section de passage de l'air à la surface de la grille.. 2,1
10. Section de la conduite de décharge.............................. 0,016 m²
11. Surface de chauffage de l'eau du vaporiseur.................... 0,016 m²
12. Diamètre extérieur de l'enveloppe............................... 0,85 m.
13. Hauteur de l'enveloppe... 2,13

Pressions moyennes

14. Pression barométrique moyenne en mm. de mercure............ 744 mm.
15.   »   »   » corrigée (température)............ 740
16. Tirage au cendrier en mm. d'eau............................... 11,5
17. Tirage à la sortie du gazogène en mm. d'eau................... 52
18. Pression aux compteurs en mm. d'eau.......................... 95,5
19. Pression de vapeur aux compteurs en mm. d'eau............... 17,4
20. Pression absolue du gaz sec aux compteurs en mm. d'eau......... 730

Températures moyennes

21. Au voisinage du baromètre.................................... 27°,5 cent.
22. De la chambre de chauffe................................... 27°,9
23. De la vapeur... 100°
24. De l'eau d'alimentation entrant dans le vaporiseur........... »
25. De l'eau de vaporiseur, non utilisée........................ »
26. De l'eau entrant dans les laveurs.......................... 14°,3
27.   »   quittant les laveurs................................ 39°,8
28. Elévation de la température de l'eau dans les laveurs....... 25°,8
29. Des gaz quittant le gazogène............................... 600°
30.   »   »   le premier laveur........................... 29°
31. Chûte de température des gaz dans le laveur................. 571°
32. Des gaz entrant dans les compteurs......................... 20°

Charbon utilisé dans l'essai

33. Dimension et état.. Noisette propre
34. Poids du charbon chargé.................................... 362 kgs
35. Pourcentage d'humidité contenue dans le charbon............ 2,75 °/₀
36. Poids total du charbon sec chargé.......................... 352 kgs
37. Poids total des cendres et déchets......................... 38,5
38. Qualité des cendres et déchets............................. »
39. Poids total de combustible brûlé........................... 278
40. Pourcentage des cendres et déchets contenus dans le charbon sec... 10,9 °/₀

Analyse approximative du charbon

41. Carbone fixe... 77,35 °/₀
42. Matières volatiles... 5,99
43. Eau... 2,75
44. Cendres... 12,80
45. Soufre (déterminé séparément)............................. 1,10
                                                               ──────
                                                               100,00

Analyse finale du charbon sec

46. Carbone... 79,84 °/₀
47. Hydrogène... 2,67
48. Oxygène... 2,37
49. Azote... 1,13
50. Soufre.. 1,13
51. Cendres... 13,17
                                                               ──────
                                                               100,00

Analyses des cendres et déchets

52. Carbone... 38,8 °/₀
53. Matières terreuses.. 61,2

Combustible à l'heure

54. Charbon sec chargé par heure..................................... 29,3 kgs
55. Combustible consommé par heure............................... 23,2
56. Charbon sec par m² de grille et par heure.................... 19,5
57. Combustible — » » » 15,4
58. Charbon sec par m² de surface de la ccuche de combustible el par heure 15,9
59. Combustible » » » » » 12,6
60. Charbon sec par m³ de la charge de combustible.Y................ 24,1
61. Combustible » » » 19,0

Pouvoir calorifique supérieur du combustible

62. Pouvoir calorifique 1 kg de charbon sec (obtenu au calorimètre à
   oxygène)... 7.235 cal.
63. Pouvoir calorifique de 1 kg de combustible..................... 8.700

Eau utilisée au cours de l'essai

64. Poids total d'eau d'alimentation évaporée...................... 121,3 kgs
65. Excédent d'eau...... ..... 0.
66. Poids total d'eau réellement évaporée au vaporiseur............ 121,3
67. Quantité d'eau amenée au gazogène :

   (a) venant du vaporiseur 120,3
   (b) contenue dans l'air 22,4
   (c) » » le charbon.................................. 10,0
                                       Total...................... 154,7 kgs

68. Poids total d'eau décomposée, d'après l'analyse................ 99
69. » » » les calculs. 99
70. Eau contenue dans le gaz quittant le gazogène................ 56
71. Rapport des quantités d'eau décomposées et fournies 0,639
72. Poids d'eau décomposée par kg de gaz, produit.... 0,0558
73. » » » de charbon sec brûlé 0,281
74. » » » d'air fourni................. 0,0702
75. » fournie par kg de charbon sec brûlé................. 0,440
76. Poids d'eau fournie par kg d'air utilisé 0,11
77. Poids total d'eau de circulation des laveurs................. 10,000
78. Poids total d'eau absorbée au sécheur.................. 5,8

Eau par heure

79. Eau évaporée par heure au vaporiseur...............
80. Eau évaporée par heure par m² de surface de chauffe du vaporiseur.
81. Poids d'eau décomposée par heure..................... 8,2
82. Poids total d'eau envoyée au gazogène par heure.............. 12,9
83. Poids d'eau utilisée aux laveurs par heure.................... 840

Quantité d'air

84. Pourcentage d'humidité contenue dans l'air en fonction du poids d'air sec   1,66 %
85. Poids total d'air sec fourni, d'après analyse .... 1410 kgs
86. »   »   obtenu par mesure .... »
87. Poids d'air sec par heure 117,8
88. Poids d'air sec par kg de charbon chargé 4,01
89. »   »   kg de gaz sec produit 0,796

Gaz

90. Pourcentage d'humidité contenue dans le gaz quittant le gazogène en fonction du poids de gaz sec .... 3,15 %
91. Pourcentage de goudron contenu dans les gaz quittant le gazogène ... »
92. Pouvoir calorifique de 1 m³ de gaz standard, obtenu au calorimètre .. 1.220 cal.
93. »   »   »   »   » par l'analyse ..... 1.225 cal.
94. Poids spécifique de 1 m³ de gaz standard .... 0,872 kgs
95. Chaleur spécifique du gaz sec quittant le gazogène, à pression constante 0,728
96. Volume total de gaz lu aux compteurs .... »
97. »   »   »   standart déduit des lectures aux compteurs .... 1.625 m³
98. »   »   »   »   » de l'analyse 1.590
99. »   »   »   utilisé pour les calculs 1.625
100. »   »   »   standard par heure 135,5
101. »   »   »   par kg de charbon sec 4,62
102. Poids de gaz standard par heure .... 148 kgs.
103. »   »   »   par kg. de charbon sec 9,08

Analyse du gaz en %

	En volume	En poids
104. Gaz carbonique	4,2	7,16
105. Oxyde de carbone	27,00	29,21
106. Oxygène	0,28	0,29
107. Hydrogène	10,40	0,80
108. Gaz de marais (CH_4)	0,77	1,12
109. C_2H_4	»	»
110. SO_2	»	»
111. H_2S	»	»
112. Azote (par différence)	56,4	61,87
Total	100,00	100,00

Rendement

113. Rendement à la grille .... 98,2 %
114. »   en partant du pouvoir calorifique du gaz chaud 90,9
115. »   »   »   »   » froid 78,3

BALANCE DE LA CHALEUR

Chaleur fournie au gazogène

116. (a) Chaleur totale fournie par kg de charbon sec.................... 7.225 cal.
    (b) » » par l'air par kg de charbon sec..........
    (c) » » par l'humidité de l'air par kg de charbon sec.   10,5
    (d) Chaleur totale fournie par l'humidité du charbon par kg de charbon sec..
    (e) Chaleur totale fournie comme chaleur sensible du charbon sec...
    (f) » » par l'eau de vaporisation...............   214
                                      Total................... 7.449,5 cal.

Chaleur quittant le gazogène

			Calories	%
117. (a) Chaleur contenue comme chaleur sensible dans le gaz sec.			950,5	12,8
(b) » » dans l'humidité » » »			145	2,0
(c) » » dans le gaz sec (chaleur de combustion.			5.700	76,2
(d) » » dans le carbone non brûlé............			332	4,6
(e) » » comme chaleur sensible dans les cendres et déchets..				
(f) Chaleur perdue par excès de production du vaporiseur...				
(g) » » par radiation et conduction (par différence)			322	4,4
			7.449,5	100,0

Les établissements Ducretet construisent également un appareil enregistreur basé sur le même principe que le calorimètre ordinaire Junkers permettant de déterminer automatiquement le pouvoir calorifique des combustibles gazeux.

CHAPITRE XIII

ESSAIS DES RÉFRIGÉRANTS

Au chapitre Ier nous avons montré que le cycle ordinaire de réfrigération avec machines à compression de vapeur est pratiquement inverse du cycle de Rankine pour les machines à vapeur.

La figure 163 représente le schéma de la disposition d'une installation réfrigérante à compression de vapeur. Le compresseur A extrait la vapeur du serpentin réfrigérant R pendant sa course d'aspiration, la pression

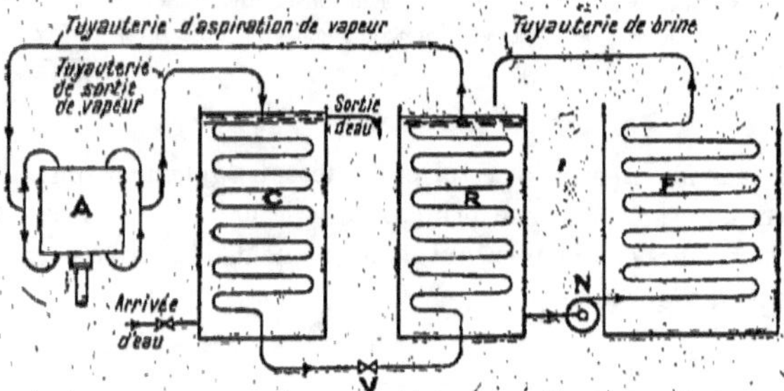

Fig. 163. — Schéma d'une installation réfrigérante à compression de vapeur.

d'aspiration et la température étant relativement basses, puis la comprime à la pression et à la température existant dans les serpentins du condenseur C, dans lequel la vapeur se liquéfie, une circulation d'eau froide étant utilisée pour extraire la chaleur de la vapeur. Le liquide passe alors à travers la vanne d'étranglement V et sa pression s'abaisse pour devenir égale à celle régnant dans le serpentin réfrigérent. La chaleur se transmet de la « brine » au liquide et à la vapeur de travail, la température dans les serpentins R correspondant à la pression de vapeur et étant réglée à l'aide de la valve V de manière à être inférieure à la température de la *brine*. La pompe de circulation N est destinée à produire une circulation de la *brine* entre le réservoir de réfrigération et les chambres F de réfrigération. Dans

quelques cas la brine est supprimée et les serpentins de réfrigération R
sont placés directement dans les chambres de réfrigération.

Quel que soit le liquide ou la substance de travail, l'essai d'un réfrigérant aura pour but :

1° De déterminer la capacité de l'installation par unité de temps.

2° De déterminer la puissance requise pour la conduite du compresseur.

3° De déterminer la quantité de chaleur absorbée par unité de travail
dépensé, c'est-à-dire le coefficient de rendement.

4° De déterminer le rapport du rendement réel au rendement théorique
d'un réfrigérant imaginaire.

5° De déterminer les causes d'écart entre ces 2 valeurs de rendement.

Les diverses variables à considérer pour cet essai sont :

(1) Température de l'eau de condensation.

(2) Température de la brine et sa densité.

(3) Pression d'aspiration et température.

(4) Poids d'eau de condensation circulant par unité de temps.

(5) Poids de brine circulant par unité de temps.

(6) Poids de la substance de travail utilisée dans l'installation.

(7) Vitesse du compresseur.

(8) Pression à la sortie du compresseur.

(9) Température à la sortie du compresseur.

(10) Modification aux dispositions générales de l'installation.

L'expérience montre que la plupart des variables ci-dessus sont plus
ou moins interdépendantes. Dans les conditions usuelles de marche les
températures de la *brine* dépendent quelque peu de son débit par unité
de temps et de la température d'aspiration de la substance de travail.
Les températures de l'eau de condensation ou de refroidissement peuvent
dépendre du débit d'eau et de la quantité de chaleur à emporter, tandis
que la pression à la sortie du compresseur et la température de la substance de travail, dépendront des autres conditions de marche telles que :
la pression d'aspiration, l'humidité de la vapeur aspirée, la température
de l'eau de condensation, le poids de la totalité de la substance de travail,
la quantité de chaleur extraite de la brine, qui dépend elle-même de la
différence de température existant entre la brine et la substance de travail.

Le réglage précis des conditions prévues pour un essai de réfrigérant
est d'une difficulté assez grande. Il est toujours désirable de ne commencer
l'essai qu'après avoir obtenu un régime aussi stable que possible, car le
réglage de l'une quelconque des variables affecte toutes les autres, le résultat
final ne se manifestant pas généralement avant un temps assez long. Il
conviendra donc de ne faire ces réglages que très soigneusement si l'on
désire obtenir des résultats précis et gagner du temps.

Mesure de la capacité d'une installation réfrigérante. — La méthode à appliquer pour la mesure de la capacité d'une installation réfrigérante dépend de la nature de l'installation, du but de l'essai et de la nature des garanties. Dans le cas d'une machine à glace, le fabricant garantira probablement une certaine quantité de glace par heure, dans des conditions données. La capacité de l'installation se déterminera dans ce cas en faisant marcher l'installation dans des conditions de marche aussi voisines que possible des conditions de garantie et en pesant la glace produite pendant un temps assez long, par exemple 1 jour pour une forte installation. Les moules à glace seront maintenus dans la « brine » aussi longtemps qu'il sera nécessaire pour obtenir une prise complète du bloc, mais il ne serait pas équitable de laisser les moules dans la brine après achèvement de la congellation. On déterminera le temps approximatif nécessaire à la prise complète avant le début de l'essai en brisant différents blocs qui ont été maintenus plus ou moins longtemps dans les moules. On pourra réduire le travail de pesée de la glace produite en pesant seulement quelques blocs types, après avoir pris soin au début de l'essai de remplir tous les moules à la même hauteur. Dans ce cas on pourra peser l'ensemble moule et bloc avant de retirer le bloc et le poids du moule vide permettra de déduire le poids du bloc de glace. Le nombre de blocs produits sera soigneusement et systématiquement noté.

Soit t_w = température de l'eau placée dans les moules en degrés centigrades.

t_i = température moyenne de la glace à sa sortie des moules en degrés centigrades.

La quantité de chaleur extraite de chaque kilogramme d'eau et de glace est :

$$t_w + 80 + 0,5t_i.$$

La température de l'eau t_w se détermine aisément et sera prise loin des récipients à brine, mais la température de la glace t_i est plus difficile à obtenir. On admet généralement qu'elle est d'environ de 3°,4 à 2°,2 en dessous de zéro, pour une température de brine de —5°,5. Une petite erreur dans l'évaluation de t_i n'affecte pas matériellement les résultats. La capacité nette par unité de temps mesurée en calories, s'obtient en multipliant la quantité de chaleur extraite de chaque kilogramme d'eau par la production de glace par unité de temps.

Bien que la méthode ci-dessus soit seulement approchée, elle donne satisfaction. Si l'on désire connaître la quantité de chaleur absorbée par la brine par unité de temps, ce qui se produit lorsque l'installation réfrigérante n'est pas destinée à produire de la glace, on mesurera les températures de la brine à l'entrée et à la sortie du réfrigérant, ainsi que le débit de brine et sa densité. La figure 132 représente l'une des méthodes les plus commodes de mesure du débit de brine, soit en utilisant un orifice circulaire à bords minces, soit une série de petits trous. Le récipient jaugé contenant les orifices sera parfaitement isolé et dimensionné exactement pour l'essai. Il sera placé au-dessus du récipient réfrigérant de telle sorte que la « brine » tombe directement dans ce réservoir avec le minimum d'exposition à l'air. La formule $Q = kav\sqrt{2gh}$, est encore applicable et le poids s'obtient en multipliant le volume par la densité. La densité sera mesurée en pesant soigneusement un volume donné soit 5 ou 10 litres. Si W est le poids de 10 litres de brine la densité de la brine sera $\frac{W}{10}$ par litre. La densité peut également se mesurer à l'aide d'un salinomètre ou hydromètre.

Les températures d'entrée et de sortie de la *brine* seront mesurées aussi près que possible du réfrigérant à l'aide de thermomètres placés dans des tubes plongeant dans le sein du liquide. Le contact entre le tube et le thermomètre est amélioré en mettant dans le tube un peu de mercure, d'huile ou de solution saline.

Soit W = poids total de brine en kgs,

t_1 = température moyenne de la brine à son entrée au réfrigérant,

t_2 = »   »   »   à sa sortie   »   »

t_i = température de la brine à son entrée au réfrigérant au début de l'essai,

t_i' = »   »   »   »   »   à la fin de l'essai,

M = Poids de brine contenue dans le bassin réfrigérant R (fig. 163) y compris l'équivalent calorifique du métal évalué en kgs de brine,

T_1 = température moyenne de la brine au début de l'essai

$$= \frac{\text{température entrée} + \text{température de sortie}}{2}$$

T_2 = température moyenne de la brine à la fin de l'essai

$$= \frac{\text{température entrée} + \text{température de sortie}}{2}$$

s = chaleur spécifique de la brine (voir table à la fin du volume),

n = durée de l'essai en minutes.

Chaleur enlevée à la brine au cours de l'essai due à la chute moyenne de température $\Big\} = Ws(t_1 - t_2)$ calories

Chaleur enlevée à la brine due à la chute de la température moyenne dans le réfrigérant $\Big\} = Ms(T_1 - T_2)$ calories

Chaleur restituée correspondant au passage de la brine de la la température d'entrée à la température du récipient $\Big\} = Ms(t_i - t_i')$ calories

Chaleur enlevée à la brine par minute [1]

$$= \frac{Ws}{n}(t_1 - t_2) + \frac{Ms}{n}\left[(T_1 - T_2) - (t_i - t_i')\right] \text{ calories.}$$

[1]. Les variations de la température seront petites et se produiront graduellement.

Autant que possible la température de la brine restera uniforme. Afin de se rapprocher de cette condition, l'essai ne commencera qu'après stabilisation, ce qui exigera quelques heures pour les grosses installations et une période moins longue pour les petites installations.

Si l'installation réfrigérante comporte des canalisations de brine circulant dans les chambres de réfrigération, l'humidité de l'air et des substances entreposées se condense et gèle sur ces tubes et s'y accumule, augmentant ainsi la résistance à la transmission de la chaleur. Au cours de l'essai il y a donc lieu de noter l'état de ces tubes et à moins que spécifié, ces tubes devront être dans leurs conditions normales.

Mesure de la capacité nette d'une installation réfrigérante, par condensation de vapeur. — Lorsque l'on dispose de vapeur et que l'arrêt de la fabrication de la glace est possible on peut utiliser la méthode par condensation de vapeur, pour déterminer la capacité nette de l'installation. Cette méthode convient également très bien lorsqu'il s'agit de petites installations réfrigérantes, telles que celles que l'on rencontre dans les laboratoires et qui servent aux expériences. La brine circule dans le récipient réfrigérant suivant le chemin normal, mais au lieu de placer de l'eau dans les moules à glace on fait traverser le récipient réfrigérant par un ou plusieurs serpentins de vapeur, ainsi que le représente la figure 164. Le diamètre intérieur des tubes peut varier de 12 à 25 millimètres suivant l'importance de l'installation et l'ensemble devra être facilement démontable. L'extrémité verticale du tube de sortie sera aussi court que possible de manière à éviter la congellation de la vapeur d'eau condensée à l'intérieur du tube et par suite l'arrêt de la circulation. Pour être certain que la vapeur entrant dans le serpentin est sèche on introduira un séparateur entre la conduite principale de vapeur et la vanne d'étranglement à l'entrée du serpentin de telle sorte que la vapeur pourra être légèrement surchauffée par laminage. La pression de vapeur est mesurée par le manomètre G et les températures d'entrée de la vapeur et de sortie de l'eau mesurées par les thermomètres t_1 et t_2 convenablement placés. La pression et la température de la vapeur peuvent être adaptées aux conditions en plaçant le robinet C sur le tuyau de sortie et en réglant le robinet d'entrée et le robinet de sortie jusqu'à ce que l'eau de condensation arrive dans le récipient jaugé aux environs de la température atmosphérique.

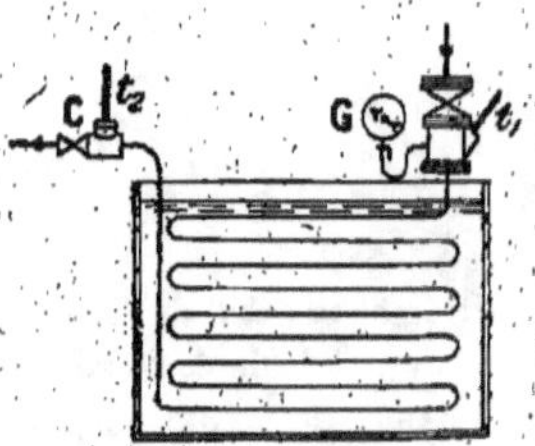

Fig. 164. — Tuyanterie de vapeur pour le chauffage de la brine dans le réservoir.

Si le diamètre du serpentin de vapeur est trop grand il devient difficile de régler la température de sortie de l'eau et, d'autre part, il y a danger de congellation. Il y a donc intérêt à utiliser des tubes de petit diamètre si l'on dispose d'une pression de vapeur suffisante pour avoir une circulation convenable. Une fois bien réglée cette méthode beaucoup plus précise que celle qui consiste à mesurer directement la production de glace, mais elle ne renseigne cependant pas sur la capacité ou le rendement de la brine et des moules à glace ainsi que le fait l'autre méthode.

Si w = poids de vapeur condensée par minute en kgs,

   H = chaleur abandonnée par kg de vapeur = (chaleur latente + chaleur sensible) en calories,

   I = chaleur donnée par kg d'eau convertie en glace.

   X = Production de glace équivalente en kgs : minute.

On aura :

$$\text{Chaleur donnée par la vapeur} = w \times H \quad \text{calories par minutes}$$
$$= X \times I \qquad » \qquad »$$

d'où

$$X = \frac{wH}{I} \text{ kgs.}$$

Pour les petites installations et lorsque l'on dispose de courant électrique, on peut encore produire le réchauffage de la *brine* à l'aide de résistances chauffantes. Connaissant la consommation d'énergie électrique on pourra déduire le nombre de calories fournies.

La température de l'atmosphère étant généralement supérieure à celle de la brine, une certaine quantité de chaleur passe directement de l'atmosphère à la brine et vient s'ajouter à celle provenant soit de la vapeur, soit de l'eau des moules à glace. Une partie de ces calories sont dues à la condensation de la vapeur atmosphérique sur les canalisations de brine, sur les réservoirs à la surface de ces réservoirs et aussi au refroidissement de l'air venant au contact de ces diverses surfaces. Si l'on a fait des mesures précises de températures de la brine, de son débit et de sa densité, on peut calculer la quantité de chaleur fournie par l'atmosphère comme la différence entre la quantité de chaleur donnée par la vapeur et celle absorbée par la brine.

Il est également possible de faire une évaluation approximative du rendement global du réfrigérant en mesurant la quantité de chaleur donnée à l'eau de condensation et le travail total fourni par le condenseur, spécialement si les tuyaux d'aspiration de l'ammoniaque et les cylindres du compresseur sont bien recouverts par un calorifuge.

On a en effet la relation suivante :

$$\left\{\begin{array}{c}\text{Chaleur totale donnée à l'eau}\\\text{de conduction}\end{array}\right\} = \left\{\begin{array}{c}\text{Chaleur totale abandonnée}\\\text{par la brine}\end{array}\right\} +$$

$$+ \left\{\begin{array}{c}\text{Chaleur équivalent au travail fait par}\\\text{les compresseurs y compris le travail}\\\text{de frottement dans les cylindres.}\end{array}\right\} + \left\{\begin{array}{c}\text{Chaleur prise à l'atmosphère entre}\\\text{le bassin réfrigérant et le bassin de}\\\text{condensation.}\end{array}\right\}$$

D'une manière générale la chaleur équivalente correspondant au frottement dans le cylindre du compresseur ainsi que la chaleur prise à l'atmosphère, sont petites comparées à la chaleur totale donnée à l'eau de condensation, de sorte que le rendement global est approximativement défini par la différence entre la quantité de chaleur donnée à l'eau de condensation et la quantité de chaleur équivalente au travail fait par le compresseur. Le poids d'eau condensée est facilement déterminé par l'une quelconque des méthodes indiquées précédemment ; les températures d'entrée et de sortie seront déterminées aussi approximativement que possible ; tandis que le travail du compresseur se calculera en partant des diagrammes relevés (la vitesse du compresseur et ses dimensions étant connues).

Soient

W' = poids d'eau condensée utilisée au cours de l'essai en kgs ;

t'_1 = température moyenne d'entrée ;

t'_2 =   »   »   de sortie ;

t_0 = température d'entrée de l'eau au début de l'essai ;

t'_0 =   »   de sortie   »   »   »

M' = poids d'eau condensée, y compris équivalent calorifique en eau du réservoir ;

T'_1 = température moyenne de l'eau au début = $\dfrac{\text{entrée} + \text{sortie}}{2}$;

T'_2 = température moyenne de l'eau à la fin = $\dfrac{\text{entrée} + \text{sortie}}{2}$;

n = durée de l'essai en minutes.

On aura :

$$\left.\begin{array}{l}\text{Chaleur fournie à l'eau au cours de l'essai, cor-}\\\text{respondant à l'élévation moyenne de tem-}\\\text{pérature.}\end{array}\right\} = W' \times (t'_2 - t'_1) \text{ calories.}$$

$$\left.\begin{array}{l}\text{Chaleur fournie à l'eau due à l'élévation}\\\text{moyenne de température de l'eau dans le}\\\text{réservoir.}\end{array}\right\} = M' \times (T'_2 - T'_1) \text{ »}$$

$$\left.\begin{array}{l}\text{Chaleur introduite par l'eau due à l'élévation}\\\text{de la température d'entrée.}\end{array}\right\} = M' \times t'_0 - t_0) \text{ »}$$

Chaleur fournie à l'eau de condensation par minute :

$$= \left[\frac{W'}{n}(t'_2 - t'_1) + \frac{M'}{n}[(T'_2 - T'_1) - (t'_0 - t_0)]\right] \text{calories.}$$

Autre méthode de mesure du rendement global. — Dans certaines circonstances il peut être impossible de maintenir des conditions constantes pendant un certain temps, on pourra dans ce cas obtenir une évaluation du rendement global en arrêtant la circulation de brine pendant un certain temps et en notant la variation de température qui en résulte dans le récipient réfrigérant (la capacité calorifique de la brine étant connue). La mesure de température de la brine se fera après agitation de celle-ci. Le poids de brine contenue dans le réservoir est calculé d'après les dimensions de celui-ci et d'après la densité de la brine. On tiendra compte de l'équivalent calorifique du réservoir et des serpentins.

La méthode ci-dessous ne donnera que des résultats approximatifs du fait de la difficulté de relever la température moyenne de la brine à un moment donné et du fait de la difficulté d'estimer la capacité calorifique du réservoir. La méthode est sujette encore à des erreurs plus importantes. Si la température de la brine s'abaisse suffisamment pour provoquer la formation de cristaux de sel à l'intérieur de la brine. Ces cristaux abandonnant pour leur formation une certaine quantité de chaleur. En portant les relevés de température sur une courbe tracée en fonction du temps, toute formation de cristaux se manifeste immédiatement par la discontinuité de la courbe des températures. Si l'on note également la température de la vapeur aspirée au compresseur, toute formation de cristaux sur les canalisations correspondra à une différence anormale de température entre la brine et la vapeur.

On pourra encore objecter que dans cette méthode l'échange de chaleur n'est pas aussi actif du fait de la stagnation de la brine que lorsqu'il y a circulation de celle-ci, mais cette objection n'existe plus si au cours de l'essai la brine est convenablement agitée.

Soient :

M = poids de la brine contenue dans les réservoirs en kgs ;

m = » » correspondant à l'équivalent calorifique du réservoir et des serpentins (sans tenir compte de l'isolement calorifique) ;

s = chaleur spécifique de la brine ;

t_1 = température moyenne initiale ;

t_2 = » » finale ;

n = durée de l'essai en minutes.

On aura pour valeur de la quantité de chaleur absorbée à la brine :

$$= \left(\frac{M + m}{n}\right)(t_2 - t_1) \times s \text{ calories par minute).}$$

Puissance indiquée des compresseurs. — Le travail effectué sur la vapeur par le piston du compresseur peut être calculé en partant des diagrammes relevés à l'indicateur, mais ces diagrammes sont plus difficiles à obtenir que sur des machines à vapeur ou sur des compresseurs à air, particulièrement avec des machines à gaz carbonique. La plupart des fabricants ménagent des trous pour le montage d'indicateurs sur le cylindre compresseur. Ces trous doivent être filetés de manière à recevoir le robinet de l'indicateur et être aussi petits et aussi courts que possible de manière à réduire le volume des espaces nuisibles au strict minimum.

Avant de visser le robinet de l'indicateur sur le cylindre du compresseur la valve d'aspiration sera fermée et le compresseur mis à vitesse réduite jusqu'à ce que la pression dans le cylindre soit descendue bien au-dessous de la pression normale de travail ; les valves de refoulement seront alors fermées et le piston du compresseur placé sur la position d'aspiration avant que l'on retire le bouchon obturant l'emplacement du robinet de l'indicateur. Pour éliminer l'air qui aurait pu entrer dans le cylindre pendant le montage du robinet, le piston du compresseur est ramené légèrement en arrière jusqu'à la fin de la course, le robinet de l'indicateur n'étant fermé qu'à la fin de la course. La valve de refoulement du compresseur est alors ouverte, le compresseur mis en route lentement puis la valve d'aspiration ouverte à son tour graduellement.

Toutes les parties d'un indicateur destiné à être utilisé sur un compresseur à ammoniaque devront être [en fer ou en acier, le bronze et le cuivre étant attaqués. On ne pourra employer ces derniers appareils qu'occasionnellement pour le relevé de 1 ou 2 diagrammes et après en avoir enduit convenablement d'huile toutes les parties. Après usage le piston et le ressort seront soigneusement nettoyés puis huilés à nouveau.

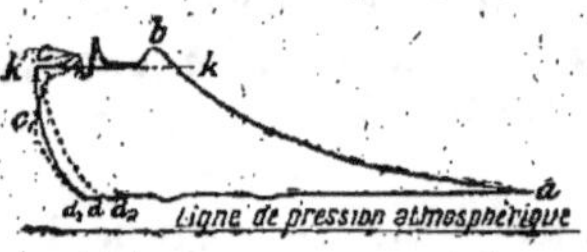

Fig. 165. — Diagramme relevé sur un compresseur à ammoniaque.

Avec les compresseurs à gaz carbonique, le robinet de l'indicateur devra être particulièrement soigné et de faible capacité, le piston de l'indicateur devra être parfaitement ajusté dans le cylindre, faute de quoi il se produira des fuites importantes vu les hautes pressions atteintes dans ces machines.

Le type normal des diagrammes de compresseur est représenté en traits pleins sur la *figure* 165 et correspond à un compresseur où toutes les valves sont automatiques et maintenues en place par des ressorts. Ce diagramme type peut subir diverses modifications. Par exemple si nous considérons le diagramme abc_1d_1 on voit que la ligne pointillée bc_1 coupe la ligne de la pression au refoulement *ck'* ce qui indiquerait soit une fuite au piston, soit une fuite aux valves d'aspiration ou encore dans le cas de petits compresseurs des fuites excessives au piston de l'indicateur pendant le relevé des diagrammes. Considérant maintenant le diagramme *abçd₁*, on voit à première vue qu'un tel diagramme correspond à un volume d'espaces nuisibles trop important ou à des valves de refoulement présentant des fuites, l'une quelconque de ces causes, correspondant à la courbe anormale *cd₁* de ré-expansion. Ce même diagramme pourrait encore être dû à l'entrée d'une quantité excessive de liquide avec la vapeur pendant la course d'aspiration, une partie de ce liquide restant dans le cylindre à la fin de la course de compression et s'évaporant dans le cylindre pendant la course suivante d'aspiration. Les fuites au piston ou aux valves se manifestent sur la ligne de compression et sur la ligne de ré-expansion.

Coefficient de rendement. — Ce coefficient correspond au rapport ci-dessous :

$$\frac{\text{Chaleur prélevée par la substance réfrigérante}}{\text{Chaleur équivalente au travail fait par le compresseur}}$$

Le coefficient de rendement s'appellera coefficient net ou coefficient global suivant que l'on aura envisagé la chaleur nette ou la chaleur globale prélevée par la substance réfrigérante.

Le coefficient de rendement appliqué aux conditions de la pratique est un terme très élastique qui dépend du cycle utilisé et des limites de température entre lesquelles est supposée fonctionner la machine théorique parfaite. Pour une machine à compression de vapeur, travaillant à compression sèche ou humide, le cycle de Rankine inversé peut être pris comme cycle théorique. La température moyenne de la brine ou de toute autre substance peut être prise comme la plus basse température et la température moyenne de l'eau de condensation prise comme la plus haute température.

Le coefficient de rendement théorique peut être encore défini en fonction des conditions du compresseur, les limites inférieures de température et de pression de la substance de travail étant celles du côté aspiration du compresseur et les limites supérieures celles du côté refoulement.

Quand on fait un essai de compresseur dans le but d'établir la répartition exacte de la chaleur, il est nécessaire de mesurer très exactement : 1° la chaleur abandonnée à l'eau de refroidissement, 2° la chaleur prélevée sur la brine, 3° le travail effectué par le compresseur.

Bien qu'il y ait de nombreux types de machines réfrigérantes en dehors des machines à compression de vapeur, il suffit d'avoir compris le mode d'opération de ces machines pour en déduire facilement le rendement d'après résultats d'essais. La théorie et le mode opératoire des divers types de réfrigérants sont décrits dans le livre du professeur Ewing : *La production mécanique du froid.*

Essai effectué sur une petite installation réfrigérante au Royal Technical Collège de Glascow

PARTICULARITÉ DE L'INSTALLATION

Substance de travail : ammoniaque.

La brine est constituée par une solution de chlorure de calcium dans l'eau.

Compresseur du type vertical, à simple action, conduit par courroie ; diamètre du cylindre 125 millimètres, course 125 millimètres, tours par minute, environ 120 ; destiné à travailler suivant le système à compression humide.

Condenseur à ammoniaque. — Du type submergé avec simple serpentin refroidisseur. Nombre de tours du serpentin, 22 ; diamètre moyen du serpentin, 445 millimètres ; diamètre extérieur de la canalisation, 38 millimètres ; diamètre du condenseur, 553 millimètres ; hauteur d'eau dans le condenseur, 1,20 m.

Réfrigérant. — Du type submergé. Le réservoir et le serpentin ayant mêmes dimensions que ceux du condenseur. Matelas isolant constitué par environ 125 millimètres de déchet de liège entouré par garniture en bois.

Les canalisations de brine et les tuyaux d'aspiration d'ammoniaque sont revêtus d'un enduit isolant à base de liège.

Le débit de brine est mesuré à l'aide de 2 réservoirs ayant chacun 50 litres de capacité et placé au-dessus du réservoir d'aspiration de brine. Un bec de gaz spécial est placé sous ce réservoir afin de produire l'échauffement de la brine avant son retour au réfrigérant.

L'eau de circulation est prise sur la canalisation d'eau de la ville et mesurée à sa sortie du condenseur au moyen de réservoirs jaugés.

Les températures sont relevées à l'aide de thermomètres placés dans des poches ménagées aux points convenables.

L'installation a été mise en route 2 à 3 heures avant le début de l'essai de manière à obtenir des conditions stables. Une installation plus importante aurait sans doute requis une plus longue période préparatoire.

RÉSULTATS D'ESSAIS (voir Calculs plus loin)

Durée de l'essai en minutes 60
Pression barométrique en mm. de mercure......................... 754
Température ambiante... 13°,3 Cent.

Compresseur à ammoniaque
- Tours pendant l'essai........................... 7162
- » par minute........................... 119,4
- Pression moyenne d'admission de vapeur.......... 3,9 kgs/cm²
- Puissance indiquée............................. 1,65 HP

Pression à la sortie du compresseur .... 11,25 kgs/cm²
   »   à l'aspiration   »   2,25
Température de l'ammoniaque à la sortie du compresseur.......... 31°,5 Cent.
   »   »   à l'aspiration........................ — 8°
   »   d'entrée au condenseur .... 29°,5
   »   de sortie du condenseur.................... 27°,6
   »   d'entrée du réfrigérant.................... — 9°,5
   »   de sortie du réfrigérant .... — 9°,67
Poids d'eau de condensation utilisée au cours de l'essai........ 150 kgs
  »   »   »   » par minute................. 2,5
  »   »   »   contenue dans le réservoir........... 252
Température moyenne d'entrée de l'eau de condensation........... 7° Cent.
  »   »   de sortie   »   » .... 27°
Elévation moyenne de température de l'eau de condensation ...... 20°

Changement d'$\left(\dfrac{\text{entrée} + \text{sortie}}{2}\right)$ au cours de l'essai de la température

de l'eau.. 0°,61 Cent.
                                        d'élévation
  »   de la température d'entrée de l'eau au cours de l'essai..... 0°,167
Débit de brine au cours de l'essai.............................
  »   » par minute.............................
Température de la brine à son entrée au réfrigérant .... — 3°,28 Cent.
  »   »   à sa sortie   »   .... — 7°,62
Variation de la température de la brine......................... 4°,12

Changement de $\left(\dfrac{\text{entrée} + \text{sortie}}{2}\right)$ au cours de l'essai de la température

de la brine.. 0°,195 Cent.
                                        d'élévation
Changement de la température d'entrée de la brine au réfrigérant....... 0°,056 Cent.
                                        d'abaissement
Densité de la brine.. 1,2
Chaleur spécifique de la brine................................. 0,72
Débit de la brine par minute................................... 11,61 kgs
Poids de brine contenu dans le réfrigérant..................... 354
Chaleur abandonnée à l'eau de condensation en calorie par minute...... 51,75 cal.
Chaleur prise à la brine en calorie par minute................. 35,4
Chaleur équivalent au travail indiqué produit par le compresseur en calories
   par minute.. — 1
Coefficient de rendement réel (1)............................. 2,03
    »   »   théorique (cycle de Rankine inversé et tempéra-
tures du compresseur prises comme limites).................... 6,41
Rapport $\dfrac{\text{coefficient de rendement réel}}{\text{coefficient de rendement théorique}}$ .... = 0,317
Chaleur enlevée à la brine par minute par le compresseur 21,7

(1) Une installation plus importante travaillant dans les mêmes conditions de température aurait probablement un meilleur coefficient.

Calculs. — Chaleur emportée par l'eau de condensation :

$$150 (27 - 7) + 292(0,61 - 0,167) = 3105 \text{ calories.}$$

Chaleur emportée par l'eau de condensation par minute :

$$\frac{3105}{60} = 51,75 \text{ calories.}$$

Chaleur prise à la brine par minute :

$$11,65 \times 0,72 \times (7,63 - 3,28) + \frac{354}{60} \times 0,72 \,(- 0,195 - 0,056) = 35,4 \text{ calories.}$$

Chaleur équivalente au travail indiqué (fourni par le compresseur) :

$$\frac{1,63 \times 75 \times 60}{425} = 17,35 \text{ calories.}$$

Chaleur transmise par l'atmosphère à l'installation, y compris les pertes par frottement, par minute :

$$51,75 - 35,4 - 17,35 = - 1 \text{ calories}$$

Coefficient de rendement réel :

$$\frac{35,4}{17,35} = 2,03.$$

Coefficient de rendement théorique avec compression humide :

$$= \frac{q_3 L_3 - s(T_1 - T_3)}{L_1 + s(T_1 - T_3) - q_3 L_3} \quad \text{(voir chapitre I)}$$

formule où :

$s = $ chaleur spécifique de l'ammoniaque liquide soit 0,95 environ ;

$T_1 = $ température absolue correspondant à la sortie du compresseur, soit :

$$- 8 + 273 = 265° \text{ absolu} ;$$

$$q_3 = \frac{T_3}{T_1}\left(0,95 \log \frac{T_1}{T_3} + \frac{L_1}{T_1}\right) = \frac{265}{578}\left(0,9 \times \log_e \frac{265}{304,5} + \frac{521}{304,5}\right) = 0,893.$$

Le coefficient de rendement théorique est :

$$\frac{0,893 \times 578 - 0,95\,(31,5 + 8)}{521 + 0,95\,(31,8 + 8) - 0,893 \times 578} = 6,41.$$

On a

$$\frac{\text{coefficient de rendement réel}}{\text{coefficient de rendement théorique}} = \frac{2,05}{6,41} = 0,317$$

chaleur prélevée à la brine par minute et par H. P. du compresseur :

$$\frac{35,4}{1,63} = 21,7 \text{ calories.}$$

CHAPITRE XIV

—

ESSAIS DES COMPRESSEURS D'AIR, MOTEURS A AIR, ETC...

Compresseur d'air et moteurs à air. — L'air comprimé est maintenant utilisé pour toutes sortes de travaux et pour la commande de certaine catégorie d'outils. On utilise pour sa production des compresseurs à double effet, à 1, 2 ou 3 étages, conduits directement par moteur à vapeur, à essence ou électrique, les compresseurs de petite dimension étant quelquefois entraînés par courroie. Des compresseurs rotatifs à commande par turbine à vapeur ont été utilisés depuis un certain nombre d'années, le compresseur travaille alors sur le principe inverse de la turbine.

Quel que soit le type de compresseur envisagé un essai courant portera sur les points suivants : (1) sécurité de fonctionnement du compresseur dans les conditions ordinaires de travail, (2) rendement mécanique, (3) rendement volumétrique, production d'air comprimé, et lois de la compression.

Au sujet des essais de machines en général nous avons déjà mentionné que dans une série d'essais, on ne doit faire varier qu'une seule variable indépendante, à la fois.

Les principales variables indépendantes à envisager dans un compresseur d'air sont : 1º Pression de l'air à la sortie du compresseur ; 2º Vitesse de rotation, 3º Température des enveloppes d'eau et réfrigérants intermédiaires, 4º Température et pression de l'air d'admission ; 5º Détails de construction du réfrigérant.

Pour les moteurs à air les variables indépendantes sont : 1º Pression d'air à l'entrée au moteur, 2º température de l'air à son entrée au moteur et aux divers étages s'il y en a, 3º qualité de l'air au point de vue humidité, 4º vitesse de rotation, 5º détails de construction.

Pour déterminer le rendement mécanique, le rendement volumétrique apparent et le rendement en air d'un compresseur ou d'un moteur il est nécessaire de relever des diagrammes avec toute la précision possible. Si le compresseur est conduit directement par moteur à vapeur, le rendement mécanique sera défini par le rapport :

$$\frac{\text{Puissance indiquée au compresseur}}{\text{\textguillemotright} \qquad \text{\textguillemotright} \quad \text{au cylindre à vapeur}}$$

Avec tout autre mode de commande il sera nécessaire de mesurer la puissance requise pour la conduite du compresseur et la valeur trouvée viendrait au dénominateur dans l'expression ci-dessus. Le rendement mécanique d'un moteur à air s'obtiendra de la même manière que pour un moteur à vapeur travaillant dans les mêmes conditions.

Rendement volumétrique apparent. — Le diagramme d'un compresseur à 1 seul étage ou le diagramme de l'étage basse pression d'un compresseur à étage multiple peuvent être représentés par le diagramme de la figure 166. AL est la ligne atmosphérique, la course d'aspiration se faisant de A vers L. Du fait de la ré-expansion de l'air des espaces nuisibles la période d'aspiration réelle ne commence qu'au point B où la ligne de ré-expansion coupe la ligne atmosphérique. La compression a lieu entre C et D, tandis que le

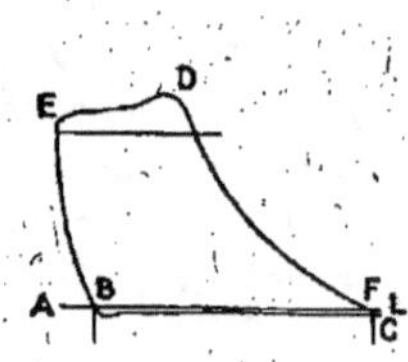

Fig. 166. — Diagramme relevé sur la basse pression d'un compresseur d'air.

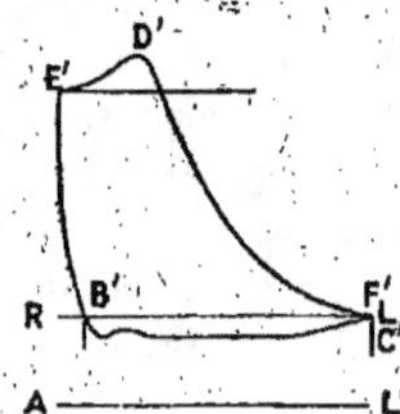

Fig. 167. — Diagramme relevé sur la haute pression d'un compresseur d'air.

refoulement de l'air se fait de D en E. Du fait de la ré-expansion de l'air des espaces nuisibles et de la valeur de la pression d'aspiration, légèrement inférieure à la pression atmosphérique, le volume d'air aspiré (à la pression atmosphérique normale) est représenté par la distance BF, toutes fuites aux valves étant négligées. Le rapport $\frac{BF}{AL}$ s'appelle rendement volumétrique apparent du cylindre considéré. Il est évident que plus les espaces nuisibles sont réduits et plus la pression d'aspiration est voisine de la pression atmosphérique, plus grande sera la distance BF et par suite le rapport $\frac{BF}{AL}$.

Similairement le rapport $\frac{B'F'}{RL}$ de la figure 167 représente le rendement volumétrique apparent d'un étage quelconque du compresseur, la ligne RL correspondant à la pression de refoulement de l'étage inférieur.

Diagrammes combinés. — Afin d'étudier les relations existantes entre les différents étages d'un moteur à air ou d'un compresseur à étages multiples, il est souvent utile de reporter les diagrammes sur une même base de volume. La figure 168 représente le diagramme combiné d'un compresseur à 2 étages. KM et GH représentent respectivement à la même échelle les volumes balayés par les pistons des cylindres à basse et à haute pres-

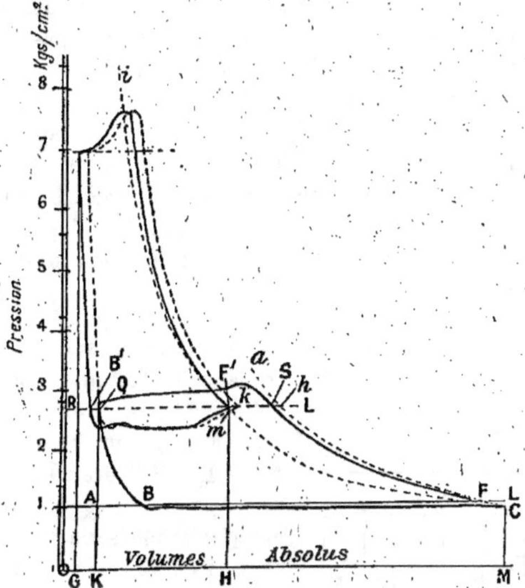

Fig. 186. — Diagrammes composés pour un compresseur à 2 étages.

sion et OK et OG représentent les espaces nuisibles de ces mêmes cylindres. Dans le cas présent un réfrigérant est utilisé entre les 2 étages et la différence entre le volume QS et le volume B'F' mesurée sur la ligne de pression au réfrigérant représente la contraction de volume de l'air pendant son passage à travers le réfrigérant, en admettant que les fuites d'air aux valves et pistons soient négligeables. Dans cette hypothèse on aura :

$$\frac{B'F'}{QS} = \frac{\text{température absolue en F'}}{\text{»}\qquad\text{»}\qquad\text{en S}}$$

La température absolue en S sera approximativement la température de l'air à sa sortie de l'étage basse pression et en F' celle de l'étage haute pression.

La ligne Ci tracée sur le diagramme représente une isotherme passant par C et telle que $PV = C^{te}$, égalité ou P représente la pression absolue et V le volume. Similairement la ligne Ca représente une courbe de compression adiabatique, tracée pour $PV^{1,4} = C^{te}$. On voit que la ligne de compression (basse pression) est située entre l'isotherme Ci et l'adiabatique Ca. Il serait peut-être plus correct de déplacer le diagramme haute pression vers la droite (pointillé) de manière que les points B' et Q coïncident et l'on pourrait étudier l'influence du réfrigérant par la comparaison des points h, s, k et m.

A première vue il semblerait que plus la ligne de compression CS se rapproche de l'isotherme Ci, plus le rendement du compresseur est élevé, mais il n'en est ainsi que si les fuites d'air aux valves et aux pistons sont négligeables. Par exemple il est évident que si les valves d'aspiration fuient pendant la période de compression la courbe CS se rapprochera de Ci. Par conséquent le simple fait de la coïncidence de ces 2 lignes ne suffit pas pour prouver un haut rendement du compresseur. En même temps le rapprochement de la ligne CS de l'adiabatique Ca indique la présence de fuites aux valves d'échappement ou un refroidissement insuffisant pendant la compression.

Loi de la compression. — Dans les conditions normales de travail la loi de la compression est $PV^n = C^{te}$, dans laquelle P est la pression absolue, V le volume absolu, l'index n ayant pour l'air une valeur comprise entre 1 et 1,405. La meilleure méthode pour déterminer la loi de compression consiste à enregistrer une série de valeurs des pressions absolues et des volumes en partant de la ligne de compression et de porter les logarithmes de ces nombres sur papier millimétré. Si la loi $PV^n = C^{te}$ s'applique, la ligne obtenue sera sensiblement une ligne droite, semblable à celle de la figure 169, et la pente de la ligne indiquera l'index n. En effet si $PV^n = C^{te}$, on a :

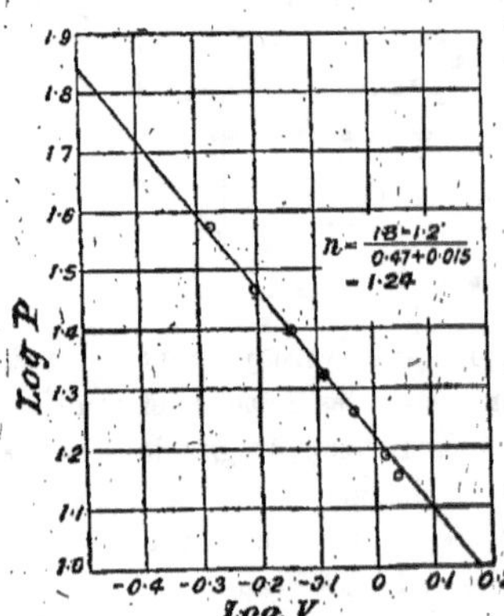

$$n = \frac{1\cdot8 - 1\cdot2}{0\cdot47 + 0\cdot015} = 1\cdot24$$

Fig. 169. — Graphique pour la détermination de l'index n dans la formule $PV^n = C^{te}$.

$$\log P + n \log V = \log C = C'$$

équation qui représente une ligne droite de pente n. Pour obtenir correctement la valeur de n il y aura lieu de calculer 7 à 8 points.

La méthode ci-dessus nécessite la connaissance du volume des espaces nuisibles afin de connaître le volume absolu pour un point quelconque de la courbe de compression, mais cette détermination est en général difficile à faire d'une façon précise et doit être faite soit d'après l'examen des dessins d'exécution, soit d'après la mesure de la position du piston en fin de course. La mesure de volume des espaces nuisibles par remplissage d'eau n'est pas généralement satisfaisante, les valves d'admission et d'échappement n'étant pas toujours étanches ; de toutes façons si les valves d'échappement sont du type équilibré elles doivent être alors appliquées sur leur siège afin d'éviter leur ouverture sous l'effet de la pression d'eau.

La méthode suivante, applicable lorsque les fuites d'air sont négligeables permet de déterminer le volume des espaces nuisibles en partant du diagramme du compresseur. Si $A_1\, A_2\, A_3$ (fig. 170) représente la courbe de compression, OV la pression absolue zéro et OP le volume absolu zéro. De O traçons la ligne OC_1 faisant un angle convenable α avec OP. En partant d'un point quelconque A_1 sur la courbe menons A_1D_1 et $A_1\,M_1E_1$ respectivement parallèles à OV et à OP. Menons D_1C_2 faisant un angle de 45°

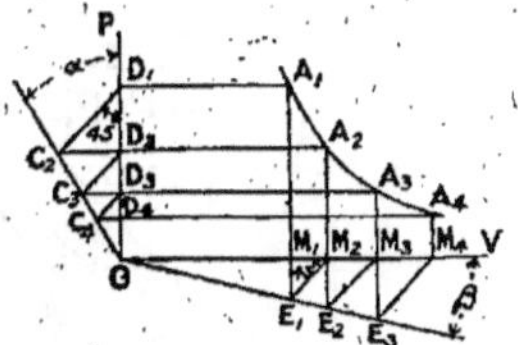

Fig. 170 — Méthode graphique pour la détermination de l'exposant n dans l'expression $PV^n =$ constante.

avec OP et coupant la ligne OC_1 au point C_2. De ce dernier point menons $C_2D_2A_2$ parallèle à OV et qui coupe la courbe en A_2. Maintenant menons $A_2M_2E_2$ parallèle à OP et traçons M_2E_1 faisant un angle de 45° avec OV. Puis traçons OE_1 faisant un angle β avec OV.

Si la courbe obéit à la loi $PV^n = C^{te}$ on a :

$$M_1A_1 \times OM_1{}^n = C = M_2A_2 \times OM^n{}_2$$

or :

$$M_1A_1 = OD_2 + D_2D_4$$

et

$$OM_2 = OM_1 + M_1M_2$$

donc

$$(OD_2 + D_2D_4)\, OM_1{}^n = OD_2 \times (OM_1 + M_1M_2)^n$$

mais

$$D_2D_4 = D_2C_2 \text{ et } M_1M_2 = M_1E_1$$

donc

$$1 + \frac{D_2C_2}{OD_2} = \left(\frac{OM_1 + M_1E_1}{OM_1}\right)^n = \left(1 + \left(\frac{M_1E_1}{OM_1}\right)\right)^n$$

mais

$$\frac{D_2C_2}{OD_2} = \operatorname{tg} \alpha \quad \text{et} \quad \frac{M_1E_1}{OM_1} = \operatorname{tg} \beta$$

donc

$$1 + \operatorname{tg} \alpha = (1 + \operatorname{tg} \beta)^n.$$

La construction précédente peut être continuée et l'on déterminera une série de points sur la ligne OE₁ à condition que la même loi de compression subsiste.

Considérons maintenant la figure 171 pour laquelle le volume des espaces nuisibles n'est pas connu et la position de OP non encore déterminée. Traçons une ligne quelconque QY à angle droit avec OV et prenons un point convenable A₁ sur la courbe de compression. Menons A₁D₁ et appli-

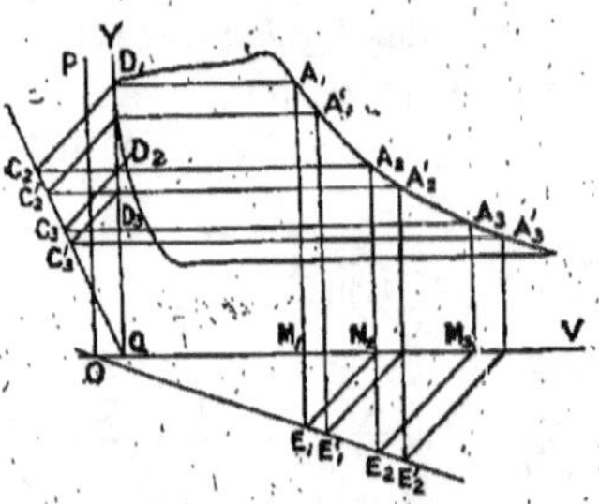

Fig. 171. — Méthode graphique pour la détermination du volume des espaces nuisibles d'un compresseur d'air, supposé sans fuites

quons la construction indiquée précédemment pour la détermination des points E₁, E₂, E₂₃... Si l'on trace une droite passant par ces différents points E₁ E₂ E₃... elle coupera QV au point O et la ligne OP représentera la ligne des ordonnées (pressions). On pourra déterminer également une autre série de points en partant de A'₁.

Deux hypothèses ont été faites qui pourront être ou ne pas être justifiées suivant les circonstances, savoir : 1° si l'exposant n dans la formule $PV^n = C^{te}$ est constant pour toutes les parties de la courbe de compression et 2° si les fuites pendant la compression sont négligeables. Si les points E₁ E₂ E₃... ne sont pas sur une ligne droite ou si la ligne OP est trop proche ou trop éloignée de l'extrémité du diagramme, on pourra en déduire qu'il se produit des fuites pendant la compression et la méthode sera à rejeter.

La méthode ci-dessus ne s'applique pas à la détermination du volume des espaces nuisibles des machines à vapeur et des cylindres de compresseurs de vapeur, elle permet seulement au cas où ces volumes sont connus de déterminer la valeur de l'exposant n.

Mesure du volume d'air débité. — Les dimensions des cylindres d'un compresseur à air à mouvement alternatif dépendent du volume « d'air libre » qui doit être comprimé, le terme « d'air libre » désignant l'air à la pression et à la température atmosphérique.

Nous avons vu que sur le diagramme de la figure 166 la distance BF représente à une certaine échelle le volume d'air libre aspiré à chaque course du piston ; mais du fait des fuites aux soupapes d'aspiration et de refoulement, du fait du léger réchauffage que subit cet air au contact des parois chaudes du cylindre et des soupapes, le véritable volume d'air refoulé, ramené à la pression et à la température atmosphérique est toujours inférieur au volume indiqué par BF.

La figure 172 représente une disposition permettant la mesure facile du volume d'air débité par des compresseurs de puissance moyenne. Les 2 récipients jaugés R_1 et R_2 ayant chacun une capacité correspondant à un débit du compresseur de 5 à 6 minutes sont reliés à la conduite M de refoulement du compresseur au moyen des robinets C_1 et C_2. Chacun de ces récipients est muni d'un robinet d'échappement O_1 et O_2, d'un manomètre, de poches profondes pour thermomètres T_1 ou T_2, d'une soupape de sûreté et d'un robinet de jauge au point bas. On opère de la façon suivante. L'air provenant du cylindre haute pression du compresseur, traverse le petit récipient R, uniquement destiné à éviter des variations excessives de pression dans la conduite pendant les mesures. Supposons les robinets C_1 et C_2 fermés et le compresseur en opération depuis un temps suffisamment long pour que le régime soit établi. La pression et la température à l'intérieur des récipients R_1 et R_2 correspondant à la pression et à la température atmosphérique. A un signal donné on ferme le robinet C et l'on ouvre C_1 progressivement de manière à maintenir constante la pression en R. (Après quelques essais ce résultat s'obtient sans difficultés). Aussitôt que le robinet C_1 est ouvert en grand, c'est-à-dire aussitôt que la pression à l'intérieur de R_1 devient égale à la pression de R on ferme C_1 et l'on

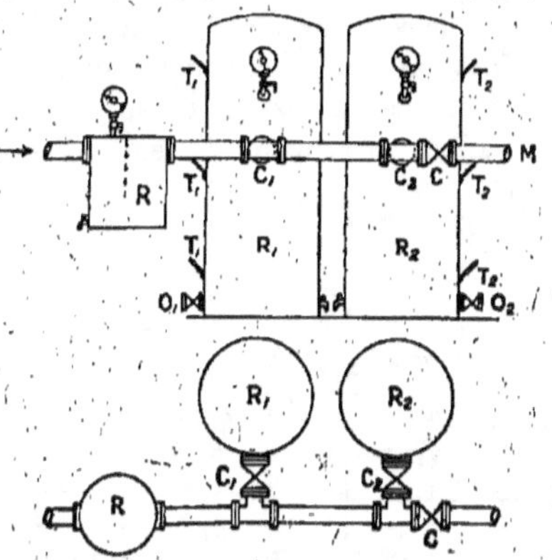

Fig. 172. — Montage de récipients jaugés pour la mesure directe du débit d'un compresseur.

ouvre graduellement C_2. La température moyenne et la pression de l'air en R_1 sont alors lues aussi rapidement que possible et l'air est ensuite déchargé par le robinet O_1. Juste avant d'ouvrir à nouveau C_1 on fermera O_1 et l'on lira la pression (probablement égale à celle de l'atmosphère) et la température de R_1. Quand l'air en R_2 atteint une pression égale à la pression en R, C_2 est fermé et C_0 ouvert progressivement et le même cycle d'opérations se reproduit. Les résultats obtenus seront encore plus précis si l'on intercalle un réfrigérant entre le compresseur et les récipients R_1 et R_2.

Les divers robinets seront essayés à la pression avant le début de l'essai et s'il se produit des fuites en cours d'essai, l'essai sera immédiatement arrêté. L'échappement de l'air par les robinets O_1 et O_2 est généralement très bruyant et peut, dans certaines circonstances, être gênant. Cet inconvénient peut être atténué en fixant un ajustage convenable sur ces robinets.

Généralement l'essai exige 2 opérateurs, dont l'un fait les lectures et l'autre manœuvre les robinets. Il est également possible de n'utiliser qu'un récipient jaugé au lieu de 2, les mesures se font alors par intermittence, l'air s'échappant par la canalisation M pendant la vidange du récipient. Bien employée cette méthode peut donner de très bons résultats.

Les volumes des récipients jaugés seront calculés d'après leurs dimensions intérieures. Le volume, la température et la pression absolue de l'air contenu dans le cylindre étant connus le poids d'air correspondant peut être facilement calculé (voir chapitre I), ainsi que les volumes à la pression et à la température atmosphérique. Dans les calculs tenir toujours compte de la quantité d'air initial contenue dans les récipients jaugés. Si le degré d'humidité de l'air est mesuré à son entrée au compresseur, le poids de vapeur contenu dans l'air pourra être calculé par la méthode exposée au sujet des moteurs à combustion interne, mais un tel calcul est en général inutile dans les essais courants.

Le modèle suivant de feuille d'essai est fourni à titre d'information :

*Date de l'essai*________________________

*Nom de l'observateur*________________________

*Pression barométrique*________________________

*Volume du récipient jauge n° 1*________________________

*Volume du récipient jauge n° 2*________________________

N° de l'essai	Heure	Récipient 1				Récipient 2				Volume d'air			Volume total depuis le début de l'essai
		Températures			Pression en kgs cm²	Températures			Pression en kgs cm²	Réduits à la pression et à la température atmosphérique			
		1	2	3		1	2	3		Volume initial	Volume final	Différence = volume refoulé aux récipients	

Le poids d'air débité par un cylindre quelconque d'un compresseur peut être mesuré chaque fois qu'il existe un réfrigérant suffisamment bien calorifugé pour éviter toutes pertes par radiation (1). La chaleur

(1) On pourra d'ailleurs pour réaliser cette mesure adjoindre un réfrigérant provisoire à une installation qui n'en posséderait pas.

abandonnée par l'air dans le réfrigérant est sensiblement égale à la chaleur emportée par l'eau du réfrigérant. Les températures de l'air et de l'eau seront mesurées aussi près que possible du réfrigérant à l'aide de thermomètres insérés dans des poches profondes et plongeant dans le milieu du courant d'air ou d'eau. L'eau de refroidissement sera mesurée à l'aide de récipients jaugés, tandis que la vapeur d'eau condensée provenant de l'air sera mesurée en purgeant de temps en temps cette eau dans un petit récipient calibré et en prenant garde qu'aucune fuite d'air ne résulte de cette jauge. On s'assurera de l'étanchéité du réfrigérant.

Si

$W =$ poids d'eau de circulation en kgs par minute ;

$M =$ » d'air traversant le réfrigérant en kgs par minute ;

$t_1 =$ température d'entrée de l'eau en degrés cent.

$t_2 =$ » de sortie » » »

$T_1 =$ » d'entrée de l'air » »

$T_2 =$ » de sortie » » »

$s =$ chaleur spécifique de l'air à pression constante $= 0,24$ (la vapeur d'eau étant négligée) ;

$w =$ poids de la vapeur d'eau condensée en kgs par minute (provenant de l'air) ;

$h =$ chaleur abandonnée par la condensation de 1 kg de vapeur.

En négligeant les pertes par radiation on a :

$$W(t_2 - t_1) = Ms(T_1 - T_2) + wh.$$

d'où

(1)
$$M = \frac{W(t_2 - t_1) - wh}{s(T_1 - T_2)} \text{ kgs : minute.}$$

Le volume d'air à la pression et à la température atmosphérique peut s'obtenir ainsi que nous l'avons vu, en partant de la formule $\frac{PV}{\tau} = C^{te}$. On voit que cette méthode n'entraîne point l'immobilisation de l'installation à essayer.

La méthode décrite au chapitre suivant sous le nom de méthode des orifices, bien que moins précise que les méthodes directes que nous venons de décrire pourra également être employée pour la mesure de la quantité d'air débité par un compresseur en connectant la boîte C (fig. 180) au petit récipient R de la figure 172 et si besoin était en plaçant une vanne d'étranglement à réglage facile entre les 2 de telle sorte que la pression à la boîte C ne dépasse pas 125 à 150 millimètres de hauteur d'eau. Les calculs correspondants sont donnés dans le même chapitre.

Rendement volumétrique réel. — Soient :

A = surface du piston du compresseur ;
L = course   »   »
N = nombre de courses par minute ;
W' = poids d'air débité par minute ;
V = volume d'air par unité de poids à la pression et à la température atmosphérique ;

Le volume déplacé par le piston par minute = ALN.

Le volume réel débité ramené à la pression
et à la température atmosphérique = W'V.

Le rendement volumétrique réel = $\dfrac{W'V}{ALN}$.

Travail théorique correspondant à la compression et au refoulement de l'air. — Plusieurs comparaisons sont possibles entre le travail réel effectué par un compresseur et le travail théorique nécessaire pour refouler la même quantité d'air dans des conditions données. Connaissant le poids d'air véritablement débité, on trouve pour valeur du travail nécessaire au refoulement de 1 kilogramme d'air :

$$\frac{\text{puissance indiquée relevée au compresseur en kgm}}{\text{poids d'air débité en kgs sec}}$$

Le travail théorique par kilogramme d'air dépend des conditions imposées, savoir : compression isothermique ou adiabatique ou intermédiaire entre les 2. Si la compression n'est pas isothermique le travail théorique dépend encore de l'utilisation ou de la non-utilisation de réfrigérants parfaits entre les étages de pression. Considérons la figure 173, si S1 représente la pression d'aspiration à l'atmosphère et 2d la pression de refoulement. La surface 12dS1 représente le travail théorique effectué par kilogramme d'air pour une courbe de compression 12 suivant la loi $PV^n = C^{te}$, tandis que la surface 12'dS1 représente le même travail avec une courbe de compression isothermique. Si le compresseur a 2 étages, admettons que l'air à sa sortie du premier étage à la pression P, traverse un réfrigérant qui le ramène à la température atmosphérique et ramène son volume de 3 en 4. L'air est alors à nouveau comprimé dans le cylindre haute pression suivant la loi $PV^n = C^{te}$.

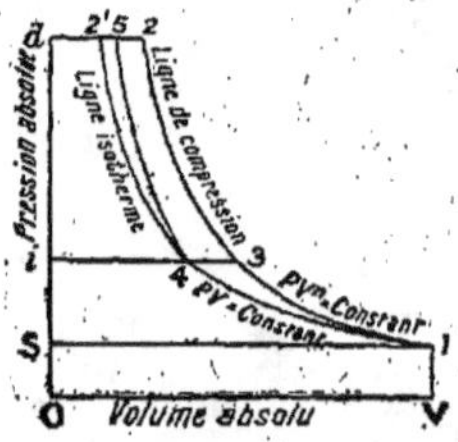

Représentons par P, V et S les pressions, volumes et températures et par un index les points correspondants du diagramme, nous aurons pour 1 kilogramme d'air :

Fig. 173. — Diagramme théorique d'un compresseur à air.

Travail effectué pendant la compression
$$\text{isotherme de 1 en } 2' = P_1 V_1 \log_e \frac{P_2}{P_1}$$

Travail pendant le refoulement de $2'$ en $d = P_2 V'_2$;

$\qquad$ » $\qquad$ » $\qquad$ l'aspiration de S à $1 = P_1 V_1$;

$$(1) \begin{cases} \text{Travail net effectué par le compresseur } = P_1 V_1 \log_e \frac{P_2}{P_1} + P_2 V'_2 - P_1 V_1 \\[2mm] \qquad\qquad\qquad\qquad = P_1 V_1 \log_e \frac{P_2}{P_1} = CT_1 \log \frac{P_2}{P_1} \\[2mm] \qquad\qquad\qquad\qquad \text{car } P_2 V'_2 = P_1 V_1. \end{cases}$$

Avec la courbe de compression 12 pour laquelle $PV^n = C^{te}$.

$$\text{Travail pendant la compression} = \frac{P_2 V_2 - P_1 V_1}{n-1}$$

$\qquad$ » $\qquad$ » $\qquad$ refoulement $= P_2 V_2$

$\qquad$ » $\qquad$ » $\qquad$ aspiration $= P_1 V_1$.

$$(2) \begin{cases} \text{Travail net effectué par le compresseur } = \dfrac{P_2 V_2 - P_1 V_1}{n-1} + P_2 V_2 - P_1 V_1 \\[3mm] \qquad\qquad\qquad\qquad = (P_2 V_2 - P_1 V_1)\,\dfrac{n}{n-1} \\[3mm] \qquad\qquad\qquad\qquad = \dfrac{n}{n-1} \times C\tau_1 \left[\left(\dfrac{P_2}{P_1}\right)^{\frac{n-1}{n}} - 1 \right] \end{cases}$$

Avec un compresseur à 2 étages de pression, travaillant suivant la loi $PV^n = C^{te}$.

$$(3) \qquad \text{Travail net effectué dans le cylindre BP} = \frac{nC\tau_1}{n-1}\left[\left(\frac{P_3}{P_1}\right)^{\frac{n-1}{n}} - 1\right]$$

$$(4) \qquad \text{»} \qquad \text{»} \qquad \text{»} \qquad \text{»} \qquad \text{HP} = \frac{nC\tau_4}{n-1}\left[\left(\frac{P_5}{P_4}\right)^{\frac{n-1}{n}} - 1\right].$$

On voit que si dans les 2 expressions (3) et (4) l'exposant n est le même, le travail total est minimum lorsque :

$$P_4 = P_3 = \sqrt{P_1 P_5}$$

et ainsi :

$$\frac{P_3}{P_1} = \sqrt{\frac{P_5}{P_1}} = \sqrt{\frac{P_2}{P_1}}$$

et identiquement :

$$\frac{P_5}{P_4} = \sqrt{\frac{P_5}{P_1}} = \sqrt{\frac{P_2}{P_1}}$$

de même

$$\tau_4 = \tau_1$$

par suite :

$$(5) \qquad \text{Travail total effectué} = \frac{2n}{n-1} C\tau_1 \left[\left(\frac{P_2}{P_1}\right)^{\frac{n-1}{2n}} - 1\right].$$

τ_1 représente la température absolue de l'air au voisinage du compresseur. Pour des compressions adiabatiques $n = 1,4$, cette valeur étant applicable quand les cylindres ne sont pas à enveloppe d'eau ou à refroidissement quelconque. Pour des cylindres à circulation d'eau n est généralement compris en 1,25 et 1,3.

$$\text{Rendement de compression de l'air} = \frac{\text{travail théoriquement requis par kg d'air}}{\text{travail réel par kg d'air}}$$

Des comparaisons semblables peuvent être faites pour les moteurs à air tournant à des vitesses quelconques, il suffit pour cela de relever des diagrammes et de connaître la quantité d'air consommé. En négligeant les fuites d'air on peut évaluer la consommation d'air en partant des pressions, volumes et températures de l'air contenu dans le cylindre moteur au moment de la fermeture de l'admission et en notant le nombre de courses utiles du piston. Dans le cas où l'air est réchauffé avant d'être admis au moteur une évaluation de la consommation d'air peut se faire aisément en introduisant un simple réfrigérant bien calorifugé entre le réchauffeur et le moteur et en procédant comme indiqué précédemment. Dans ce cas le réfrigérant devra pouvoir supporter la pression de l'air et d'autre part le refroidissement ne devra pas être trop élevé. Si l'air est fourni au moteur à la température ambiante, on pourra si l'on dispose d'une fourniture de vapeur disposer un réchauffeur d'air. En mesurant les températures d'entrée et de sortie de l'air et de la vapeur, ainsi que le poids de vapeur condensée on pourra calculer la quantité d'air ayant traversé le réchauffeur. Cette méthode n'est toutefois pas très précise à moins qu'elle soit très soigneusement employée et que la qualité de la vapeur utilisée soit exactement connue.

La quantité d'air s'échappant du moteur peut être mesurée approximativement au moyen de la méthode des orifices décrite plus loin. La tuyauterie d'échappement sera connectée à un petit récipient sur lequel sera monté un orifice à bords minces. La pression à l'intérieur du récipient sera mesurée au moyen d'un manomètre à colonne d'eau ; la température de l'air sera également mesurée dans le récipient, mais étant donné que cette température est en général inférieure à la température ambiante le thermomètre sera placé à peu de distance de l'orifice d'entrée. L'air sera comme de bien entendu rendu à l'atmosphère.

Essai effectué sur un compresseur horizontal à 2 étages à commande par machine à vapeur, au Technical College de Glascow. — La figure 174 montre la disposition du compresseur. Un réfrigérant est placé entre les 2 étages de pression.

Diamètre ext. et int. du piston HP. = 457 et 362 mm. soit une surface de : 615 cm²
» » » » BP. = 457 mm. soit une surface de : 1210 cm²
» » » du piston à vap. = 267 mm. soit une surface de : 527 cm²
Course = 279,5 mm.

Fig. 174. — Montage du compresseur d'air.

Aucune mesure n'a été faite au cours de l'essai, pour la mesure de la quantité d'air débité et à titre d'exemple, il a été convenu de se servir du réfrigérant convenablement calorifugé, pour cette détermination. La quantité de chaleur abandonnée au réfrigérant a donc été notée.

<h3 style="text-align:center">RÉSULTATS D'ESSAI</h3>

1. Durée de l'essai en minute 30
2. Température de l'air à l'aspiration BP. .... 21,1° cent.
3. Température de l'air au refoulement BP. .... 111,8° cent.
4. » » l'aspiration HP .... 26,2° cent.
5. » » au refoulement HP .... 116° cent.
6. » ambiante relevée à l'hygromètre, coté sec... *non relevée*
7. » » » humide —
8. Facteur de Glaisher .... —
9. Pourcentage d'humidité de l'air en poids .... —
10. Température d'entrée de l'eau dans les enveloppes d'eau... 6,1° cent.
11. » de sortie » » » » ... 38°
12. Température d'entrée de l'eau au réfrigérant intermédiaire. 6,1°
13. » de sortie » » » 25,5°
14. Pression barométrique { en mm. de mercure............. 771
{ en kgs : cm²..................... 1,042 kgs : cm²
15. Pres. de l'air à son passage au réfrigér. interm. { mesurée.. 1,65 kgs : cm²
{ absolue .. 2,7 —
16. Pression au refoulement HP { mesurée................. 7,35 —
{ absolue .... 8,4 —
17. Consommation d'eau de circulation dans les enveloppes d'eau, au cours de l'essai.................................... 100
18. Consommation d'eau dans les enveloppes par minute....... 3,33
19. » » dans le réfrigérant au cours de l'essai.. 190
20. » » » » par minute......... 6,33
21. Chaleur spécifique de l'air à pression constante (chiffre admis). 0,24
22. Vapeur obtenue par condensation dans le réfrigérant........ 0
23. Poids d'air et de vapeur traversant le réfrigérant en kgs

$$\text{minute} \quad \frac{6,33 \times (25,5 - 6,1)}{(115,8 - 26,2) \times 0,24} = \dots\dots\dots\dots\dots\dots \quad 5,73 \text{ kg.}$$

24. Volume de cet air à la pression atmosphérique en mètres cubes (le volume de vapeur d'eau est négligé)

$$= \frac{5,73 \times 29,27 \times (21,1 + 278)}{1,042 \times 104} = \dots\dots\dots\dots\dots \quad 4,75$$

25. Rendement volumétrique réel du cyl. BP. $=$

$$= \frac{4,75 \text{ m}^3 \times 10^6}{1615 \times 28 \times 129} \dots\dots\dots\dots\dots\dots\dots\dots \quad 0,813$$

26. Rendement volumétrique apparent du cyl. HP. déduit des diagrammes $= \dfrac{\text{longueur du diag. coupé par la ligne atmosphér.}}{\text{longueur totale du diagramme}}$ 0,85

27. Nombre de tours pendant l'essai..............................   3866

28.   »   »   par minute.............................   129

29. Vitesse du piston en mètres par minute.....................   70,8 m

30. Pression moyenne dans le cyl. BP...........................   1,30 kg : cm²

31.   »   »   » HP.............................   3,2 —

32. Puissance indiquée déduite du diagramme relevé au cyl. BP.   16,8 HP

33.   »   »   »   » HP.............   16,6 HP

34. Puissance indiquée totale...................................   32,4 HP.

35. Rapport des puissances indiquées pour les 2 cylindres......   1,08

36. Pression moyenne dans le cyl. à vapeur

       côté fond de cyl...   4,54 kg p cm²
       côté manivelle....   4,46 —
       moyenne..........   4,55 —

37. Puissance indiquée au cylindre à vapeur

       côté manivelle ...   19,1 HP.
       côté fond de cyl...   18,8 HP.
       totale............   37,9 HP.

38. Rendement mécanique $= \dfrac{32,4}{37,9}$ 0,855

39. Chaleur équivalente au travail fait sur l'air par minute

$$\frac{32,4 \times 75 \times 60}{425} \dots\dots\dots\dots\dots\dots\dots\dots \quad 316 \text{ calories.}$$

40. Chaleur transmise aux enveloppes d'eau par minute

$$3,33 \times (33^\circ - 6,1)\dots\dots\dots\dots\dots\dots\dots \quad 89 \text{ calories.}$$

41. Chaleur transmise au réfrigérant intermédiaire par minute

$$6,33 \times (25,6 - 5,1) \dots\dots\dots\dots\dots\dots \quad 123,5 \text{ calories.}$$

42. Chaleur emportée par minute $= 5,73 (116 - 21,1) 0,24$..   131 calories.

43. Chaleur non évaluée : (1) $346 - (89 + 123,5 + 136)$....   2,5 calories.

44. (2) Puissance théorique indiquée requise pour la compression isothermique du même poids d'air.........................   23,1

45. (2) Puissance théorique indiquée requise pour la compression adiabatique avec 2 étages de pression et réfrigérant intermédiaire parfait   25,4

46. Puissance théorique indiquée avec compresseur parfait (compression isothermique et rendement volumétrique égal à l'unité)...   28,6

47 (3) Rapport $\dfrac{\text{Puis. théorique avec compression isothermique}}{\text{Puissance réelle}}$ 0,723

48 (3) Rapport $\dfrac{\text{Puis. théorique avec compres. adiabatique (2 étages)}}{\text{Puissance réelle}}$ 0,738

49. Rapport $\dfrac{\text{Puis. théorique avec compression parfaite (4)}}{\text{Puissance réelle}}$ 0,895

(1) Cette valeur représente les pertes par radiation et les pertes équivalentes au frottement des pistons.

(2) Les *lignes* 44 et 45 dépendent du débit d'eau adopté au réfrigérant intermédiaire.

(3) Rendement de compression de l'air.

(4) On notera que ce rapport peut avoir une valeur élevée, même avec une compression médiocre, car dans le cas de fuites aux valves et pistons, pour de grands espaces nuisibles et dans certaines circonstances, on peut avoir une réduction de la puissance requise (par rapport à un bon compresseur).

CHAPITRE XV

—

ESSAIS DES VENTILATEURS ET DES SOUFFLANTES

Les ventilateurs et les soufflantes sont utilisés soit dans le but de refouler de l'air ou un gaz quelconque dans une tuyauterie ou une chambre, soit pour aspirer de l'air ou un gaz quelconque. La première méthode correspond par exemple à la ventilation des grands immeubles, où l'air puisé à l'atmosphère est refoulé dans les différentes pièces de l'immeuble sous une légère pression. La deuxième méthode trouve son application dans les mines où le ventilateur est chargé de puiser l'air vicié du fond et de le rejeter à l'atmosphère.

Les essais à effectuer sur les ventilateurs et soufflantes porteront sur la détermination de la puissance et du rendement en marche, valeurs qui se déduisent de la mesure de la pression du gaz, de sa vitesse et de la puissance nécessaire à l'entraînement du ventilateur ou de la soufflante. Quand on opère sur un gaz tel que l'air, les variables à envisager sont les suivantes :

1° Pression de l'air à l'aspiration et au refoulement.

2° Vitesse de rotation.

3° Volume et vitesse du gaz.

4° Modification structurale du ventilateur et des orifices, c'est-à-dire modification des aubes motrices et directrices (s'il en existe) et modification des ouvertures d'admission et de refoulement. Des expériences ont montré (1) que les lois suivantes s'appliquent approximativement aux ventilateurs centrifuges, sauf les 3 premières qui ne s'appliquent qu'aux ventilateurs qui n'ont subi aucune modification structurale.

1° Le volume d'air qui traverse le ventilateur est proportionnel à la vitesse du ventilateur.

2° La pression produite varie comme le carré de la vitesse.

3° La puissance absorbée varie comme le cube de la vitesse.

(1) *Construction et Essais des ventilateurs centrifuges* par HUNAU et GILBERT *Proc. Inst. Civil Eng.*, vol., CXXIII, p. 279.

4° Dans une série de ventilateurs du même type, ayant des dimensions similaires, et le même angle d'aubes et dont les parties extrêmes des aubes ont la même vitesse linéaire, la puissance absorbée et le volume d'air qui traverse le ventilateur sont proportionnels aux carrés des dimensions linéaires des ventilateurs ; étant admis que les conditions d'aspiration ou de refoulement sont semblables.

Il est évident que lorsque la résistance offerte au passage de l'air est constante les 3 premières variables mentionnées ci-dessus sont interdépendantes et qu'il devient nécessaire d'agir par un moyen quelconque sur la résistance externe (4e variable) pour que la modification de la vitesse (2e variable) n'affecte qu'une seule des autres variables. Dans une plate-forme d'essais, la résistance extérieure peut être aisément modifiée par l'introduction d'écrans ou l'ouverture d'orifices dans la conduite de refoulement ou dans la conduite d'aspiration, à une distance convenable du ventilateur.

Les pressions à l'aspiration et au refoulement sont généralement mesurées par rapport à la pression atmosphérique au moyen d'un manomètre ou d'une colonne d'eau, telle que celle représentée figure 28. La pression d'aspiration d'un ventilateur qui puise de l'air à l'atmosphère sera la pression atmosphérique à moins d'avoir une très longue canalisation d'aspiration. La pression de refoulement sera mesurée dans la conduite de refoulement ou dans la chambre où l'air est refoulé. Si un ventilateur aspire l'air d'une chambre et le rejette à l'atmosphère, il est bon de mesurer la pression d'aspiration bien avant l'entrée au ventilateur ; la pression de refoulement pourra être confondue avec la pression atmosphérique, à moins que des dérivations ne soient branchées sur cette conduite.

Il n'y a pas de difficultés particulières à mesurer une pression à l'aspiration ou au refoulement, lorsque le mouvement de la veine gazeuse est insensible ; mais des précautions spéciales doivent être prises lorsqu'il s'agit de relever la pression statique d'un courant de gaz ou d'air, s'écoulant par une conduite. Dans ce cas la connection entre le manomètre et la conduite sera faite par l'intermédiaire d'une faible ouverture, ayant de 5 à 10 millimètres de diamètre, forée dans la conduite en un point de section uniforme et aussi éloignée que possible de tout coude, élargissement, rétrécissement ou joint de la conduite. En aucun cas le tube allant au manomètre ne devra pénétrer à l'intérieur de la conduite, à moins que son extrémité ne porte une plaque circulaire à bords aigus fixée comme le représente la figure 175 et disposée de telle manière que la face plane de la plaque soit parallèle au courant gazeux.

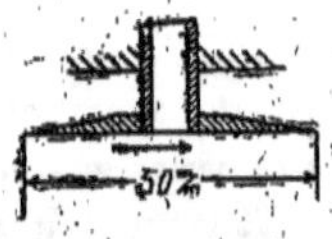

Fig. 175. — Tubulure latérale permettant la mesure de la pression statique d'un courant de gaz.

Ce dispositif est quelquefois appelé « explorateur » du fait qu'il permet de mesurer la pression en un point quelconque de la conduite. Dans les conditions normales, cependant, on trouve que la pression statique est pratiquement constante dans toute la section de la conduite et que pour connaître cette pression il est suffisant d'utiliser un tube affleurant la surface interne de la conduite.

Mesure de la vitesse et du volume de gaz refoulé. — La mesure de la vitesse d'un courant gazeux présente quelque difficulté. L'anémomètre convient lorsque l'on se contente d'un résultat approché, mais ne peut pas être utilisé lorsque l'on désire obtenir une certaine précision. L'anémomètre représenté par la figure 176 se compose d'un certain nombre de *pales* montés sur un arbre central, dont le nombre de rotations est enregistré par un compteur de tours et qui peut être arrêté ou mis en route au moyen d'un déclic spécial. Pour la mesure de la vitesse du courant gazeux, on place l'instrument face au courant et à un moment donné on actionne le déclic de démarrage, le chiffre indiqué par le compteur ayant été tout d'abord reevé. Le courant d'air provoque la rotation de la roue à pales et au bout de 1 ou 2 minutes on actionne le déclic d'arrêt et l'on fait une nouvelle lecture du compteur. Du nombre de tours pendant un temps donné, on pourra déduire par simple lecture sur un graphique, la vitesse correspondante du courant gazeux. On peut réaliser la mise en place de l'appareil au moyen d'un support ou d'un bras métallique, en évitant que l'observateur ait à pénétrer à l'intérieur de la conduite. Pour déterminer la vitesse moyenne du gaz dans une forte conduite il est généralement avantageux de diviser la section en parties égales au moyen de fils légers (le nombre de parties dépendant de la précision que l'on désire obtenir) et de placer l'anémomètre successivement au centre de chacune de ces sections élémentaires, les lectures étant faites aussi vite que possible. On trouve généralement que le maximum de vitesse se trouve près du centre de la conduite, tandis que les vitesses les plus faibles se rencontrent le long des parois de la conduite.

Fig. 176. — Anémomètre de Biram.

Les anémomètres sont généralement étalonnés en les montant à l'extrémité d'un support animé d'un mouvement de rotation, de telle sorte que la vitesse du centre de l'anémomètre représente sensiblement la vitesse à l'intérieur du courant gazeux. En comparant les indications du compteur, on pourra donc en faisant des essais à différentes vitesses tracer une courbe d'étalonnage. On a trouvé cependant que des anémomètres ainsi étalonnés donnent des indications par excès, c'est pourquoi il conviendra de regarder avec suspicion les résultats donnés par ce genre d'appareil.

L'emploi du tube de Pitot pour la mesure de la vitesse des gaz, peut donner des résultats très précis si elle est appliquée avec soin. La figure 177 donne un schéma de l'installation à réaliser. Le tube de Pitot « A » se compose d'un tube en laiton d'environ 3 millimètres de diamètre intérieur, dont les bords extrêmes sont amincis et dirigés face au courant gazeux. Le mouvement du gaz crée à l'extrémité du tube une pression qui est supérieure à la pression statique à l'intérieur de la conduite et cet excès peut s'évaluer aisément

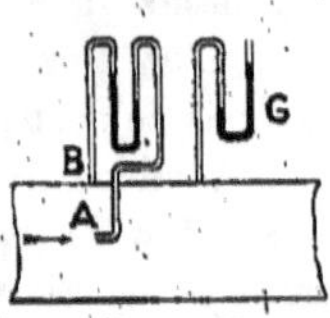

Fig. 177. — Montage des tubes de Pitot.

en reliant ce tube avec un tube manométrique ordinaire B (pour la mesure des pressions statiques) par l'intermédiaire d'un tube en V contenant un liquide convenable (généralement de l'eau). La différence de hauteur du liquide dans les 2 branches du tube fera connaître la pression due au mouvement du gaz. La disposition représentée figure 175, qui est due au professeur Unwin est utilisée quelquefois en connexion avec le tube de Pitot. Le micromanomètre dû à M. Threlfall (fig. 29) permet la mesure de très petites différences de pression.

La figure 178 représente les types de « tube de face » et de « tube de côté » utilisés au « National Physical Laboratory ». Le « tube de face » A a ses parois extrêmes très amincies, tandis que le tube de côté B est terminé par une pointe très effilée et la connection entre l'intérieur du tube et le milieu gazeux est faite par l'intermédiaire d'une série de petits trous forés dans le tube, ainsi que le représente la figure.

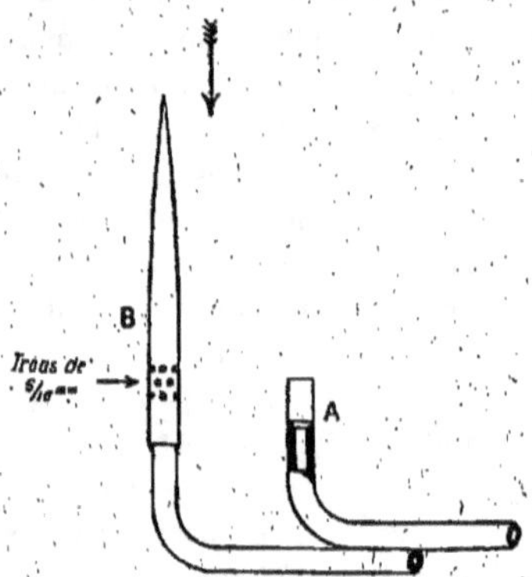

Fig. 178. — Tubes de Pitot utilisés au National Physical Laboratory (vraie grandeur).

Vitesse de l'air et volume d'air refoulé.

Si v = vitesse de l'air en mètres par secondes ;
$\quad$ R = densité　　» 　en kgs par mètre cube ;
$\quad$ P_v = pression due à la vitesse du déplacement en kgs par mètre carré.

Nous aurons d'après la théorie :

$$P_v = \rho v^2 \times 0,296 \text{ kilogrammes par mètre carré}$$

d'où

$$v = \sqrt{\frac{P_v}{0,296\ H\rho}} \text{ mètres par seconde.}$$

Les résultats de la pratique montrent que les tubes de Pitot donnent des résultats qui concordent très sensiblement avec ceux donnés par la formule ci-dessus.

Si : i_v représente la hauteur en centimètres de la colonne d'eau correspondant à une pression de P_v kilogrammes par m² (cas de l'emploi d'un tube semblable à celui représenté sur la figure 177), l'expression ci-dessus se réduit à :

$$v = \frac{1}{5,4}\sqrt{\frac{P_v}{\rho}}$$

La densité de l'air se calcule aisément, connaissant la température, la pression absolue et l'état hygrométrique (chapitre XI).

Pour déterminer le volume d'air ou de gaz qui s'écoule par une conduite, il est nécessaire de connaître la vitesse moyenne des filets gazeux. Une conduite circulaire pourra par exemple être divisée entre 10 ou 15 sections annulaires, de même section autant que possible, et l'on placera les extrémités du tube de Pitot successivement au milieu de chacune de ces sections annulaires (et sur un même diamètre), ainsi que le montre la figure 179. La vitesse moyenne obtenue multipliée par la section totale de la conduite donnera le volume de gaz qui traverse la conduite.

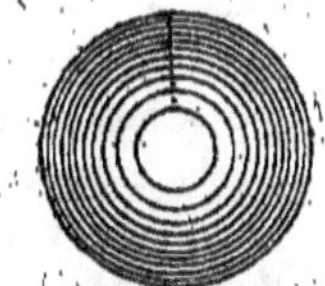

Fig. 179. — Position convenable à adopter pour des tubes de Pitot avec une conduite circulaire.

Si les diverses sections annulaires n'ont pas la même surface, mais ont respectivement des surfaces $a_1\ a_2\ a_3...$, Le volume de gaz sera pour des vitesses $v_1\ v_2...$ relevées dans chacune de ces sections. :

$$v_1 a_1 + v_2 a_2 + v_3 a_3 ... + v_n a_n = V = V_m A$$

où V_m = vitesse moyenne des filets gazeux et A = section de la conduite.

Une canalisation à section rectangulaire peut nécessiter plusieurs tubes explorateurs, la section totale étant divisée en une série de sections élémentaires carrées ou rectangulaires et les tubes explorateurs étant ajustés au centre de ces éléments. Le volume total de gaz et la vitesse moyenne d'écoulement seront déterminés par une méthode identique à celle utilisée pour une conduite circulaire.

Dans la communication citée plus haut M. Threlfall, à la suite d'une série d'expériences sur l'écoulement des gaz dans des conduites circulaires ayant des diamètres compris entre 155 millimètres et 900 millimètres, arrive aux conclusions suivantes :

1º Le rayon du cercle de vitesse moyenne est sensiblement égal à 0,775 du rayon de la conduite (dans le cas de conduites n'ayant pas une longueur infinie, mais une longueur comparable à celle que l'on rencontre dans les usines à gaz).

2º Avec une conduite de gaz de 400 millimètres de diamètre et pour des lectures faites à 10 mètres du joint le plus rapproché, la rayon du cercle de vitesse moyenne est égal à 0,9 du rayon de la conduite.

3º Dans aucun cas le rayon de vélocité moyenne n'atteint la limite inférieure de 0,689 indiquée par Darcy pour l'écoulement de l'eau dans les conduites.

4º Les conditions ci-dessus restent vraies, quelle que soit la répartition des zones de vitesse et quelle que soit la valeur de la vitesse moyenne. Les essais ont porté sur des vitesses allant de 18 mètres par seconde à 3 mètres par seconde, vitesse pour laquelle des résultats précis ont été acquis.

5º Le rapport de la vitesse moyenne à la vitesse maxima est constant dans de très larges limites de vitesse et pour des modes très divers de distribution. Sa valeur moyenne est 0,873.

6º Chaque fois que dans la pratique on désirera obtenir des résultats précis, on devra calibrer la conduite au point de vue de la distribution des vitesses. Par la suite le tube de Pitot pourra être placé en un point quelconque de la conduite, le rapport de la vitesse en ce point, à la vitesse moyenne étant donné par le calibrage effectué. Cependant la vitesse étant maximum au centre de la conduite, il est intéressant de placer en ce point l'extrémité du tube de Pitot.

Si l'on croit pouvoir se dispenser d'un calibrage il est préférable de placer l'extrémité du tube de Pitot sur le cercle de rayon 0,775 (du rayon de la conduite) et de considérer les lectures comme correspondant à la vitesse moyenne, plutôt que de placer l'extrémité du tube au centre de la conduite et d'en déduire la valeur de la vitesse moyenne à l'aide du coefficient 0,873 (1).

M. Longridge, ingénieur en chef de la British Engine, Boiler and Electrical Insurance Co Ltd, donne dans son rapport de 1909 quelques indications concernant l'essai d'une soufflante actionnée par une turbine à vapeur Rateau. La mesure de la vitesse de l'air s'effectuait au moyen de tubes de Pitot semblables à ceux figurés sur la figure 178. La conduite de décharge ayant 400 millimètres de diamètre. La pression de l'air a varié

____

(1) En ne calibrant pas la conduite on est capable de faire des *erreurs considérables*.

dans les différents essais de 0,175 kg. à 0,98 kg. au-dessus de la pression atmosphérique. Pour des vitesses d'air moyennes comprises entre 26,1 m. et 65,4 m. par seconde le rapport de la vitesse moyenne de l'air à l'intérieur de la conduite, à la vitesse maxima était de 0,955. Pour les valeurs extrêmes de la vitesse ce chiffre varie de moins de 2 °/₀. Le rayon du tube d'air de vitesse moyenne était plus variable ses valeurs extrêmes s'écartant de 4 °/₀ du chiffre moyen 0,72. Ces résultats d'expérience tendraient à démontrer que si l'on doit estimer la vitesse moyenne de l'air à l'intérieur d'un tube, par une simple mesure, il est préférable de placer l'orifice du tube de Pitot au centre du tube et de multiplier la vitesse en ce point par 0,955 plutôt que de le placer sur le cercle de rayon 0,72. Ces résultats diffèrent de ceux rapportés un peu plus haut, du fait des différences notables de vitesse dans les 2 cas. De toutes façons lorsque les mesures auront de l'importance, le rapport de la vitesse moyenne à la vitesse maxima devra être déterminé dans chaque cas, les valeurs que nous venons de donner ne convenant pas, cela va de soi, à toutes les conditions particulières.

Mesure de la quantité de gaz qui s'écoule à travers un orifice donné. — On peut admettre que d'une façon générale la vitesse d'écoulement de l'air à travers un orifice est donnée par l'expression :

$$(4) \qquad \frac{v_2^2 - v_1^2}{2g} = \left[\frac{\gamma}{\gamma - 1} P_1 V_1 \left[1 - \left(\frac{P_2}{P_1} \right)^{\frac{\gamma - 1}{\gamma}} \right] \right]$$

formule où :

$v_1 = $ vitesse de l'air avant l'entrée de l'orifice ;
$v_2 = $ » » après la sortie de l'orifice ;
$P_1 = $ pression absolue à l'entrée de l'orifice ;
$P_2 = $ » » à la sortie de l'orifice ;
$V_1 = $ volume de l'unité de masse d'air à la pression P_1 ;
$\gamma = $ un coefficient qui varie avec la nature du gaz.

Si l'orifice est pratiqué dans la paroi d'un réservoir de capacité telle que la vitesse V_1 soit négligeable et si m est le coefficient de vitesse pour l'orifice, nous aurons :

$$(5) \qquad v_2 = m \sqrt{ \left(2g \frac{\gamma}{\gamma - 1} P_1 V_0 \right) \left[1 - \left(\frac{P_2}{P_1} \right)^{\frac{\gamma - 1}{\gamma}} \right] }.$$

Quand la différence des pressions $P_1 - P_2$ est très faible par rapport aux valeurs absolues de P_2 et de P_1 l'expression (4) peut se réduire à :

$$1 - \left(\frac{P_2}{P_1} \right)^{\frac{\gamma - 1}{\gamma}} = \frac{\gamma - 1}{\gamma} \times \frac{P_1 - P_2}{P_1}$$

d'où l'on tire :

$$(6) \qquad v_2 = m \sqrt{2g\, V_1 (P_1 - P_2)}.$$

Poids de fluide refoulé. — Si :

$a =$ section de l'orifice de décharge ;

$f =$ coefficient de contraction pour l'orifice considéré ;

$V_2 =$ volume de l'unité de masse du fluide à l'orifice ;

$W =$ poids de fluide refoulé par unité de temps.

Nous avons :

$$W = \frac{f \times a \times v_2}{V_2}$$

le coefficient d'écoulement étant :

$$K = f \times m$$

nous aurons :

$$(7) \qquad W = \frac{Ka}{100} \sqrt{\left(2g\, \frac{\gamma}{\gamma - 1} \frac{P_1}{V_1}\left[\left(\frac{P_2}{P_1}\right)^{\frac{2}{\gamma}} \cdot \left(\frac{P_2}{P_1}\right)^{\frac{\gamma + 1}{\gamma}}\right]\right)}$$

formule dans laquelle :

$a =$ section de l'orifice en cm² ;

$P_1 =$ pression absolue en kg : cm² avant l'orifice ;

$P_2 =$ »   »   » après   »

$V_1 =$ volume absolu de 1 kg d'air à la pression P_1 en dcm² ;

$g = 9{,}81$ mètres ;

$\gamma = 1{,}4$;

$W =$ poids de l'air refoulé en kg par seconde.

Quand la différence des pressions $(P_1 - P_2)$ est petite, la valeur de V_2 donnée par l'expression (6) peut être utilisée pour le calcul du poids de l'air refoulé par seconde et l'on a alors :

$$W = \frac{Ka}{100} \times \frac{1}{V_2} \sqrt{2g(P_1 - P_2)V_1}.$$

Or nous avons très sensiblement :

$$V_2 = V_1$$

et

$$\frac{P_1 V_1}{T_1} = 29{,}27 \text{ pour l'air}$$

donc :

$$(8) \qquad W = \frac{Ka}{100} \sqrt{\frac{2g\, P_1\, (P_1 - P_2)}{29{,}27\, T_1}}\,\bigg) \text{ kgs par seconde}$$

Si la différence des pressions est i en kgs : cm², l'expression ci-dessus se réduit à :

$$(9) \qquad W = 0,00795\ Ka\sqrt{\frac{P_1 i}{T_1}}\ \text{kgs par seconde}$$

La table suivante donne les valeurs du coefficient K dans le cas d'un orifice circulaire à bords aigus (1).

Diamètre de l'orifice en mm.	Différence de pression sur les 2 faces de l'orifice en millimètres d'eau				
	25,4	50,8	76,2	101,6	127,0
7,94 mm.	0,603	0,606	0,610	0,613	0,616
12,70	0,602	0,605	0,608	0,610	0,613
25,4	0,601	0,608	0,605	0,606	0,607
50,8	0,600	0,600	0,600	0,600	0,600
76,2	0,599	0,598	0,597	0,596	0,596
101,6	0,598	0,597	0,595	0,594	0,593
114,3	0,598	0,596	0,594	0,593	0,592

Une disposition pratique pour la mesure de la quantité d'air refoulé par un ventilateur est représentée par la figure 180. Le ventilateur est disposé de manière à refouler dans un tuyau étanche ou dans une boîte C de grand diamètre et de faible longueur et dans laquelle on dispose un ou deux écrans en treillis métallique B. Un orifice circulaire O à bords amincis et d'un diamètre convenable est pratiqué dans une plaque mince de fer ou de laiton et cette plaque est ensuite fixée à l'autre extrémité du

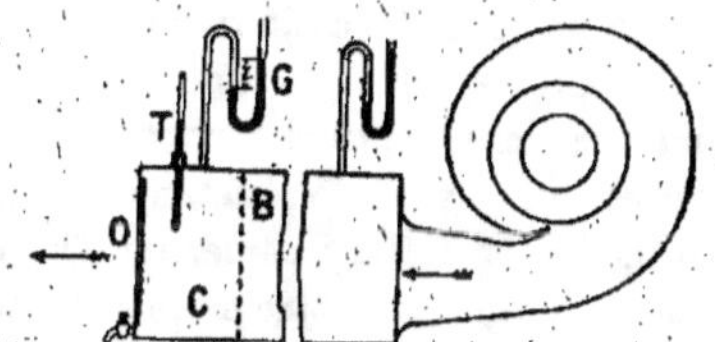

Fig. 180. — Mesure du débit d'air de ventilateurs au moyen d'orifice calibré.

tuyau ou de la boîte C, de manière à former joint étanche. La pression de l'air peut être mesurée à l'aide du manomètre G et la température à l'aide du thermomètre T. Pour le calcul de la quantité d'air on peut utiliser l'une des équations (8) ou (9).

On manque complètement d'informations sûres au sujet de la valeur du coefficient k pour les différentes sortes d'orifices, quand la différence des pressions entre les 2 côtés de l'orifice est importante ; mais quelques expérimentateurs ont utilisé des orifices en forme de tronc de

(1) *Trans. Amer. Society Mech. Eng.*, vol. XXVII, 1905-06, par R. J. DURLEY.

cône pour la mesure du débit d'air sous des pressions modérées. Dans les expériences mentionnées précédemment, M. M. Longridge compare les résultats obtenus en appliquant l'équation (7) au calcul de la quantité d'air déchargé à travers un orifice convergent, à ceux déduits des lectures faites au tube de Pitot et trouve des résultats analogues. Il adopte la valeur de 0,98 pour le coefficient de décharge K et prend pour a la section la plus réduite correspondant à l'extrémité du cône. 2 ajutages différents ont été essayés, dans l'un le diamètre de l'orifice se réduisait de 280 millimètres à 228 millimètres pour une longueur de 106,7 mm. ; dans l'autre le diamètre se réduisait de 228 millimètres à 178 millimètres pour une même longueur de 106,7 mm. L'air était déchargé directement à l'atmosphère.

La quantité d'air refoulé par un fort ventilateur ou par une soufflante peut être déterminée approximativement, lorsque l'on dispose de vapeur saturée en utilisant un serpentin réchauffeur. Ce serpentin est placé dans la conduite d'air et l'on mesure d'une part la température de l'air avant et après son passage dans le serpentin et d'autre part, la température de la vapeur à son entrée dans le serpentin et la température de l'eau condensée. On fait ces mesures à intervalles réguliers pendant le cours de l'essai, tandis que l'on mesure la quantité d'eau condensée au moyen de récipients calibrés ou plus simplement par pesée. Dès lors en négligeant les pertes par radiation on peut poser une égalité entre la quantité de chaleur perdue par la vapeur et la quantité de chaleur gagnée par l'air et en déduire la quantité d'air refoulé.

Le professeur C. C. Thomas (1) a créé un appareil électrique pour la mesure des quantités d'air ou de gaz, dans lequel le fluide à mesurer traverse une série de résistances convenables renfermées dans une conduite spéciale. En faisant passer un courant à travers ces résistances la température du gaz peut être élevée de quelques degrés, les variations de température étant indiquées par des thermomètres spéciaux à résistance de platine et enregistrées sur un tambour. Les watts consommés par les résistances chauffantes sont indiqués par un wattmètre enregistreur. En connaissant la chaleur spécifique de l'air ou du gaz et en égalant les quantités de chaleur fournies et reçues, le poids de gaz et par suite son volume, devient immédiatement calculable.

L'air refoulé par un ventilateur peut être mesuré directement en employant 1 ou 2 gazomètres convenables dans lesquels refoulent le ventilateur (2 gazomètres sont nécessaires si l'on veut un enregistrement continu). Cette méthode est d'une manière générale difficilement applicable sauf pour les petits ventilateurs.

(1) *Trans. Americ. Soc. Mech. Eng.*, décembre 1909.

Une approximation grossière de la vitesse de l'air dans une large conduite peut être mesurée en utilisant 2 observateurs placés à environ 30 mètres de distance à l'intérieur de la conduite et dans une portion droite. Chaque opérateur est muni d'un chronomètre à secondes, les 2 chronomètres ayant été au préalable contrôlés ou mis en route au même instant. A un moment donné l'un des observateurs brise une petite bouteille d'éther ou tire un coup de pistolet et l'autre observateur note l'instant de l'arrivée de la vapeur d'éther ou de la fumée de pistolet. (On pourrait également faire jeter une poignée de petites plumes légères par le premier observateur). Cette méthode est sujette à des erreurs considérables. En sus des erreurs personnelles provenant des 2 observateurs, le 2e observateur a généralement quelque difficulté à estimer l'instant précis de l'arrivée des dites substances. Il peut, il est vrai, noter le moment du premier et du dernier passage et prendre la moyenne, mais rien ne garantit encore de l'exactitude du résultat ; aussi cette méthode ne convient-elle que pour des estimations grossières.

Variation de la résistance externe. — En vue de recherches expérimentales, M. Bryan Donkin (1) fait varier la résistance offerte au passage du gaz en utilisant des filets convenables et des plaques de zinc perforées qu'il place dans le tuyau de décharge à environ 2,40 m. de la sortie du ventilateur. Une autre méthode employée par MM. Heenan et Gilbert consiste à fermer partiellement l'extrémité d'une large conduite de décharge (la conduite avait 5,4 millimètres de longueur) au moyen d'une plaque ayant un orifice central, disposition analogue à celle de la figure 180. Des orifices de différentes sections permettent d'obtenir la résistance désirée. Le reproche que l'on fait à cette méthode est basé sur la production de remous à l'intérieur de la conduite lorsque la section de l'orifice de sortie est relativement petite.

Si nous nous reportons aux différentes variables indépendantes que l'on rencontre dans l'essai d'un ventilateur (page 338), il est évident que la vitesse du ventilateur et la résistance externe sont les seules variables indépendantes que l'on peut envisager sans faire de modifications à la structure du ventilateur.

Dans les essais courants sur les ventilateurs on fixe généralement la résistance externe à la valeur requise et l'on fait varier la vitesse. D'après les lois énoncées page 338, on voit que cette manière de faire implique une variation simultanée de la pression et de la vitesse de l'air ; mais ce

____

(1) « Expériences sur les ventilateurs à force centrifuge ». *Proc. Inst. Civil. Eng*, volume CXXII, p. 265.

n'est point au fond un désavantage, si le ventilateur est appelé à travailler dans ses conditions normales avec une résistance externe constante. Si l'on désirait cependant faire varier seulement la résistance de l'air, la pression statique restant constante, ou inversement, il serait nécessaire de faire varier la résistance externe en même temps que la vitesse.

Rendement mécanique. — Le rapport de la puissance emmagasinée dans l'air à la sortie d'un ventilateur à la puissance requise pour actionner ce ventilateur représente le rendement mécanique de cet appareil.

La mesure de la puissance absorbée par le ventilateur s'évaluera de façons différentes suivant le mode de commande du ventilateur. Si le moteur d'entraînement est calé directement sur l'axe du ventilateur ou l'entraîne au moyen d'une courroie, il devient possible de connaître la puissance développée à une charge quelconque par un essai préalable du moteur primaire. Si le ventilateur est entraîné par moteur électrique et que le rendement de ce moteur soit connu à toutes charges, la puissance absorbée est donnée par les appareils de mesure électrique en tenant compte du rendement propre du moteur. Si le ventilateur est actionné par un autre procédé il faudra faire usage d'une transmission dynamométrique.

La puissance emmagasinée dans l'air à sa sortie du ventilateur est déterminée par le poids de l'air refoulé et par l'augmentation d'énergie potentielle et cinétique de l'unité de masse d'air.

Si Q = nombre de mètres cubes d'air refoulés par seconde

W = poids d'air correspondant en kgs : seconde

ρ_i = densité de l'air près de l'entrée du ventilateur en kgs : m³

ρ_o = » la sortie »

p_i = pression absolue près de l'entrée du ventilateur en kg : m²

p_o = » la sortie »

v_i = vitesse moyenne de l'air près de l'entrée du ventilateur en mètres : seconde

v_o = » la sortie »

On a :

$$W = \rho_o Q$$

Si les sections d'aspiration ou de refoulement du ventilateur sont divisées en sections élémentaires $a_1, a_2, a_3, \ldots a_n$ et que la vitesse de l'air soit pour ces diverses sections : $v_1 \; v_2 \; v_3 \ldots v_n$, nous aurons :

$$(10) \qquad v_i^2 \text{ ou } v_o^2 = \frac{v_1^3 a_1 + v_2^3 a_2 + \ldots + v_n^3 a_n}{a_1 v_1 + a_2 v_2 + \ldots + a_n v_n}$$

En négligeant les variations de température et les différences de niveau entre l'entrée et la sortie du ventilateur nous aurons :

$$(11) \qquad \text{Energie disponible dans 1 kg d'air à sa sortie du ventilateur} \left\{ = \left(\frac{p_0}{\rho_0} - \frac{p_1}{\rho_1} + \frac{v_0^2 - v_1^2}{2} \right) \text{ kilogramètre} \right.$$

Et pour les W kgs. d'air par seconde :

$$(12) \qquad \frac{W}{75} \left(\frac{p_0}{\rho_0} - \frac{p_1}{\rho_1} + \frac{v_0^2 - v_1^2}{2} \right) \text{ chevaux à vapeur}$$

La variation de la densité de l'air dans les ventilateurs ordinaires est généralement très petite et si R représente la densité moyenne, l'expression (12) peut encore s'écrire :

$$(13) \qquad \text{Pair} = \frac{W}{75} \left(\frac{p_0 - p_1}{\rho} + \frac{v_0^2 - v_1^2}{2} \right) \text{ chevaux vapeur}$$

Quand un ventilateur aspire directement à l'atmosphère ou dans une large chambre et qu'il n'y a aucun étranglement à l'aspiration, la pression p_1 est égale à la pression atmosphérique ou à celle de la chambre et la vitesse v_1 est égale à zéro.

On peut trouver que les expressions ci-dessus sont trop favorables au ventilateur, car elles ne tiennent pas compte du fait que l'air doit posséder une certaine vitesse quand il est aspiré ou refoulé dans une conduite. Si l'on admet cette manière de voir, on ne mesurera pas la vitesse de l'air à sa sortie immédiate du ventilateur, mais en un point de la conduite où elle est redevenue normale. Il est toutefois évident que dans un rapport d'essai on devra indiquer clairement de quelle manière l'énergie de l'air refoulé et le rendement du ventilateur ont été évalués.

Si le ventilateur aspire en même temps de divers canaux, comme cela se rencontre dans les mines, par exemple, la pression d'air p_1 et la vitesse v_1 devront être mesurées à peu de distance de l'entrée du ventilateur, tandis que la pression p_0 sera mesurée dans des conditions à fixer. On pourra, par exemple, admettre que la mesure de la pression et de la vitesse se feront au moment où l'air fait retour à l'atmosphère, ou encore considérer la pression comme étant égale à la pression atmosphérique et la vitesse comme étant égale à zéro.

De toutes façons il est évident que si les pressions à l'entrée et à la sortie sont mesurées en des points où les vitesses V_1 et V_0 sont approximativement égales, le terme vitesse s'annule dans les formules 12 et 13.

Rendement d'un diffuseur. — Dans quelques circonstances le rendement d'un ventilateur peut être augmenté en adaptant à la sortie une cheminée d'un modèle spécial, telle que celle représentée entre 1 et 2 sur la figure 181.

Si

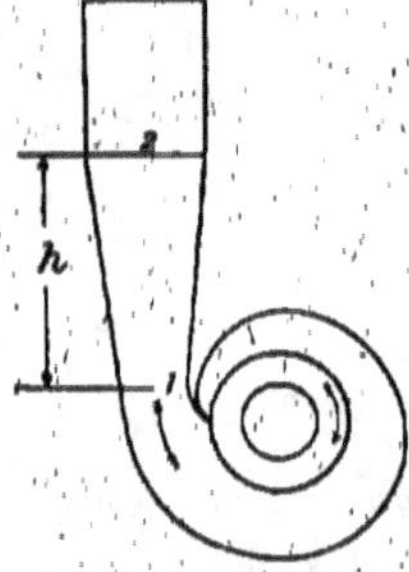

Fig. 181. — Cône d'expansion placé à la sortie d'un ventilateur.

v_1 = vitesse moyenne de l'air au point 1 en mètres : seconde

v_2 = vitesse moyenne de l'air au point 2 en mètres : seconde

p_1 = pression absolue de l'air en 1, en kgs : mètre carré

p_2 =   »   2

p^a = pression atmosphérique en kgs : mètre carré

h = différence de niveau entre les points 1 et 2 en mètres

ρ = densité moyenne de l'air entre les points 1 et 2 en kgs par m³.

En négligeant les petites différences de température qui pourraient exister on a :

$$(14) \qquad \frac{p_1}{\rho} + \frac{v_1^2}{2g} = \frac{p_2}{\rho} + \frac{v_2^2}{2g} + h + f$$

formule où f représente l'énergie perdue par kilogramme d'air entre 1 et 2

$$f = \frac{p_1 - p_2}{\rho} + \frac{v_1^2 - v_2^2}{2g} - h \text{ kilogrammètres par kilog d'air}$$

Si p'_2 représente la pression absolue calculée au point 2 en kilogrammes par mètre carré, et en admettant qu'il n'y ait aucune perte d'énergie :

$$\frac{p_1}{\rho} + \frac{v_1^2}{2g} = \frac{p'_2}{\rho} + \frac{v_2^2}{2g} + h$$

ou

$$\frac{p'_2 - p_1}{\rho} = \frac{v_1^2 - v_2^2}{2g} - h$$

Et le rendement de la cheminée est égal à :

$$(15) \qquad \frac{\dfrac{p_2 - p_1}{\rho}}{\dfrac{p'_2 - p_1}{\rho}} = \frac{p_2 - p_1}{p'_2 - p_1}$$

Cette formule représente le rendement de la cheminée quand l'air est refoulé dans une conduite où sa vitesse moyenne est la même qu'au point 2 ; mais quand l'air est refoulé directement à l'atmosphère au point 2, le rendement peut s'exprimer par :

(16)
$$\frac{p_a - p_1}{p_3 - p_1}$$

où :

$$p_3 = p_1 + \frac{\rho V_1^2}{2g} - h\rho$$

En comparant les expressions (15) et (16) on voit que dans des conditions identiques le rendement dans le 2ᵉ cas a une
valeur plus faible que dans le 1ᵉʳ cas, bien que la
cheminée ait été désignée de manière que la vitesse à la sortie soit relativement petite.

Les valeurs de V_2^2 et V_1^2 pourront être déterminées à l'aide de l'équation (10), bien que l'on
puisse se rendre compte que la vitesse est très
variable pour les différents points de chacune de
ces sections et particulièrement dans la section 1.

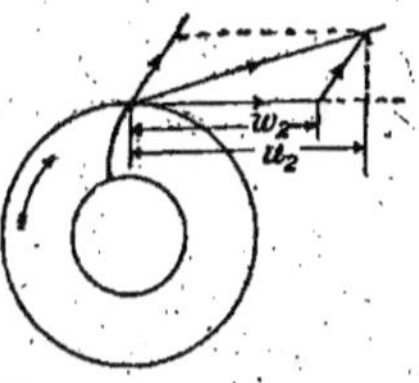

Fig. 182. — Diagramme des vitesses aux extrémités des aubes.

Il existe plusieurs équations d'un emploi général
et qui sont quelquefois intéressantes aussi bien pour la comparaison des
résultats obtenus avec des ventilateurs similaires, que pour l'étude de
l'influence des résistances extérieures variables.

Soit :

H = énergie totale emmagasinée par kg d'air

= (énergie emmagasinée sous forme de pression +

(énergie emmagasinée sous forme d'énergie cinétique)

$$= \left(\frac{p_o - p_1}{\rho} + \frac{v_3^2 - v_1^2}{2g} \right) \text{ kilogrammètres par kg d'air}$$

Si nous nous reportons à la figure 182 :

soit w_2 = vitesse de la circonférence extérieure des aubes en m : seconde

u_2 = projection du vecteur représentant la vitesse de sortie de l'air, sur le vecteur w_2

r = rayon extérieur des aubes en mètres

V = volume d'air (en m³ par seconde) traversant le ventilateur.

nous aurons les différentes expressions suivantes :

$$\text{Rendement au point de vue pression} = \frac{gH}{w_2^2}$$

$$\text{Rendement manométrique} = \frac{gH}{w_2 u_2}$$

$$\text{Coefficient de débit} = \frac{V}{r^2 w_2} \text{ pour un ventilateur à 1 entrée}$$

$$= \frac{V}{2r^2 w_2} \text{ pour un ventilateur à 2 entrées}$$

$$\text{Orifice équivalent} = \frac{V}{0,65 \sqrt{2 \times g \times H}} = \text{mètres carrés}$$

La constante 0,65 est le coefficient de contraction pour les orifices à bords minces.

L'expression suivante est due à M. Rateau :

$$\text{Ouverture} = \frac{V}{\sqrt{gH}} = \text{orifice équivalent} \times 0,92$$

Les courbes de la figure 183 sont extraites des résultats d'essais effectués par Heenan et Gilbert (dont nous avons parlé antérieurement). Le ventilateur étudié se composait de 6 pales ayant 200 millimètres de largeur, le diamètre extérieur des pales étant de 432 millimètres et le diamètre intérieur de 235 millimètres. L'extrémité externe des aubes est radiale, tandis que la partie interne est inclinée sur le plan de rotation d'un angle de 65°. La vitesse de l'extrémité de l'aube est de 60 mètres par seconde. L'aspiration du ventilateur se fait directement à l'atmosphère et la courbe de compression montre la variation de la pression statique ou compression avec la variation du débit d'air quand les résistances externes varient. La ligne pointillée marquée « pression au manomètre »

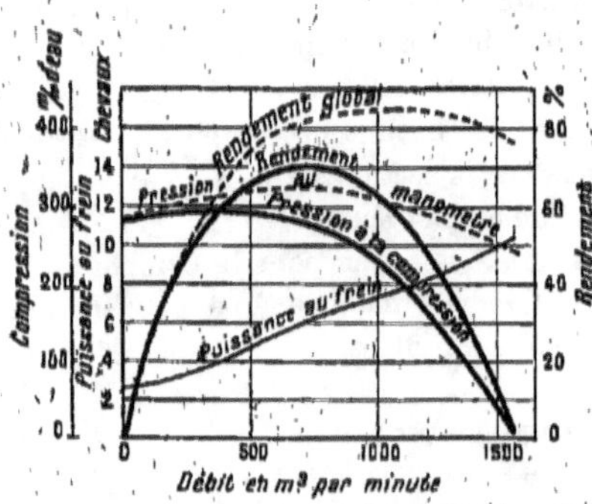

Fig. 183. — Résultats d'essais d'un ventilateur ayant une vitesse circonférencielle de 60 mètres/seconde.

représente la variation des indications du tube de Pitot (pression statique + pression cinétique). Les courbes de rendement en trait plein et en trait pointillé représentent les rendements correspondants du ventilateur suivant que l'on tient compte des variations de la pression statique seule ou des variations de la « pression totale ». Dans ces essais la puissance transmise sur l'arbre du ventilateur a été mesurée au moyen d'une transmission dynamométrique.

CHAPITRE XVI

—

ESSAIS DES TURBINES ET DES POMPES A EAU

Il n'entre pas dans nos intentions de donner une description quelconque des différents types de turbines, moteurs ou pompes à eau qui sont actuellement employés, ni de donner une théorie de leur fonctionnement et nous renvoyons pour ce sujet aux ouvrages spéciaux écrits sur cette question.

Quand on exécute un essai sur des turbines à eau ou des moteurs à eau on peut se proposer :

1º De déterminer la puissance développée.

2º De déterminer le rendement de chacune des parties de l'installation et le rendement global de l'installation.

Comme pour tous les essais en général, il y aura lieu de ne faire varier à la fois, sauf raisons tout à fait spéciales, qu'une seule variable.

Les principales variables peuvent être :

(1) Variation de la hauteur d'eau.

(2) Variation de la vitesse de rotation.

(3) Variation du débit d'eau.

(4) Modification des guides, vannes, tuyauteries de connexion... Toutes ces conditions peuvent ne pas être indépendantes. Avec une turbine le débit d'eau dépend de la hauteur d'eau et de la section de passage de l'eau. Dans le cas d'un moteur à mouvement alternatif la condition (3) dépend de la condition (2).

Au chapitre III nous avons parlé de l'installation des freins en général. La disposition la plus commode pour l'essai d'un moteur à eau, dépend de la puissance, de la vitesse, des dimensions et de la nature de la machine entraînée. Le frein de Prony vu son faible prix d'établissement convient pour l'essai des turbines de puissance moyenne, tournant à grande vitesse. Dans le cas de turbine à axe vertical on supporte le frein sur tout son pourtour. Bien que l'on puisse utiliser avantageusement le frein à ruban pour les petites puissances il est préférable d'adopter un frein hydraulique dès que la puissance de la machine s'élève et qu'elle n'est pas connectée avec une machine génératrice électrique.

Rendement global de la turbine. — Le rendement global s'exprime par le rapport :

$$\frac{\text{Travail développé sur l'axe de la turbine par unité de temps}}{\text{Puissance correspondant au débit d'eau}}$$

Le numérateur de cette expression se déduit aisément d'un essai au frein. Quant au dénominateur il dépend uniquement du poids d'eau débité par seconde et de la différence de niveau. Si le débit est de W kgs d'eau par seconde et H_1 et H_2 les niveaux d'eau supérieur et inférieur la puissance correspondante est :

$$\frac{W(H_1 - H_2)}{75} \text{ chevaux.}$$

(1)	Le rendement global s'évaluera $\dfrac{\text{B.H.P. (puissance au frein)} \times 75}{W(H_1 - H_2)}$.

La quantité d'eau traversant une turbine peut se déterminer facilement à l'aide d'un déversoir à minces parois, placé après la turbine ou au contraire avant le bassin de prise en charge.

La vitesse moyenne de l'eau passant à travers une conduite peut s'obtenir également à l'aide d'un compteur Venturi, placé dans une partie droite de la canalisation ou à l'aide de tubes de Pitot. Connaissant la vitesse de l'eau et la section de la conduite, le débit est aisément déduit.

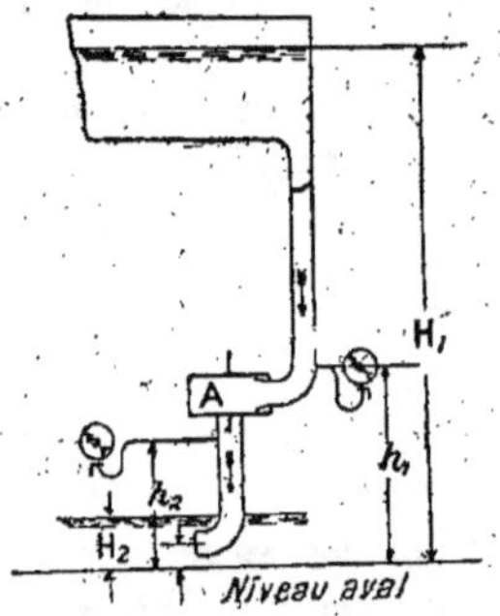

Si la différence de niveau $H_1 - H_2$ est trop grande pour être mesurée directement, on pourra utiliser une conduite de très faible section communiquant avec la prise d'eau, à débit très faible et que l'on mettra en relation avec un manomètre ordinaire ou à colonne de mercure.

H_1
A
h_2
H_2
h_1
Niveau aval

Fig. 184. — Schéma de l'installation d'une turbine à eau.

Le dit manomètre peut encore être raccordé directement à la conduite d'alimentation de la turbine, l'indication n'étant exacte que lorsqu'il n'y a cependant aucun mouvement d'eau dans la conduite. De toutes façons il est nécessaire que la canalisation de connection au manomètre soit pleine d'eau et que le manomètre ait été étalonné dans les mêmes conditions.

Rendement des turbines, en ne considérant que la roue et l'enveloppe. — Reportons-nous au schéma de la figure 184, dans lequel A représente l'enveloppe de la turbine.

Soit

$P_1 =$ pression absolue à l'entrée de l'enveloppe de la turbine en kg : cm²

$P_2 =$ pression absolue à la sortie de l'enveloppe de la turbine en kg : cm²

$P_a =$ pression atmosphérique en kg : cm²

$h_1 =$ hauteur de l'entrée de la turbine au-dessus du niveau de la dalle d'évacuation

$h_2 =$ hauteur de la sortie de la turbine au-dessus du niveau de la dalle d'évacuation

$\rho =$ densité de l'eau aux températures ordinaires

$v_1 =$ vitesse moyenne de l'eau à son entrée dans la turbine, en mètres : seconde

$v_2 =$ » » » sa sortie »   »

$g =$ accélération de la pesanteur $= 9^m.81$ par seconde. seconde.

D'après la loi de Bernouilli l'énergie totale renfermée dans chaque kilogramme d'eau sera :

$$(3)\begin{cases} \text{à l'entrée de la turbine} = \left(\dfrac{P_1}{\rho} + h_1 + \dfrac{v_1^2}{2g}\right)\text{kgm} \\[2ex] \text{à la sortie} \quad\quad » \quad = \left(\dfrac{P_2}{\rho} + h_2 + \dfrac{v_2^2}{2g}\right) \quad » \end{cases}$$

Si le débit au travers de la turbine est de W kgs par seconde, la perte d'énergie de l'eau à l'intérieur de la turbine est :

$$(4)\qquad W\left(\frac{P_1 - P_2}{\rho} + h_1 - h_2 + \frac{v_1^2 - v_2^2}{2g}\right)\text{kgm. sec.}$$

et le rendement de la turbine s'évalue :

$$(5)\qquad \frac{\text{B.H.P. (puissance au frein)}}{W\left(\dfrac{P_1 - P_2}{\rho} + h_1 - h_2 + \dfrac{v_1^2 - v_2^2}{2g}\right)}$$

Les pressions P_1 et P_2 à l'entrée et à la sortie de la turbine peuvent être mesurées au moyen de manomètres et l'on ajoutera aux lectures faites au manomètre la valeur de la pression atmosphérique.

S'il s'agit d'une turbine à réaction, l'eau remplira entièrement l'enveloppe de la turbine et la tuyauterie d'évacuation d'eau. Avec une turbine à action la pression à l'intérieur de l'enveloppe de la turbine sera sensiblement égale à la pression atmosphérique, l'enveloppe et la tuyauterie d'évacuation d'eau n'étant pas pleines d'eau.

La différence $\left(\dfrac{v_1^2 - v_2^2}{2g}\right)$ dans les formules 4, 5 et 6 est en général relativement petite et peuvent être négligées, sauf cependant le cas où la différence des niveaux $H_1 - H_2$ est relativement petite et les tuyauteries d'entrée et de sortie d'eau, de sections différentes.

Pertes d'énergie. — Les pertes d'énergie à l'intérieur de la turbine sont dues : à des variations de vitesse ou à des chocs, à des frottements et à des tourbillons. Il n'existe pas de moyens d'évaluation de ces différentes pertes séparées, mais la perte totale s'évalue par la différence :

$$(6) \qquad \left[W\left(\frac{P_1 - P_2}{\rho} + h_1 - h_2 + \frac{v_1^2 - v_2^2}{2g} \right) - B.H.P. \times 75 \right] \text{kgm}$$

Les pertes d'énergie qui se produisent dans la conduite d'amenée d'eau sont dues : aux frottements dans la conduite, aux tourbillons et aux chocs qui se produisent dans les coudes et aux points d'élargissement brusques ou de rétrécissement de la conduite. Si la vitesse d'entrée est nulle ces pertes sont représentées par :

$$(7) \qquad \left[W(H_1 - h_1) - W\left(\frac{P_1 - P_a}{\rho_1} \right) + \frac{v_1^2}{2g} \right] \text{kgm}$$

Dans la tuyauterie d'évacuation d'une turbine à réaction, on aura une perte identique à laquelle s'ajoutera encore la totalité ou une partie de la perte d'énergie cinétique :

$$(8) \qquad W\left[\frac{P_2 - P_a}{\rho} + h_2 - H_2 + \frac{v_2^2}{2g} \right] \text{kgm}$$

Quand il s'agit d'une turbine à action et que l'eau est évacuée librement à sa sortie de l'enveloppe de la turbine, la perte totale correspondante est :

$$(9) \qquad W\left[h_2 - H_2 + \frac{v_2^2}{2g} \right]$$

Le terme $\frac{v_2^2}{2g}$ peut généralement être négligé dans les 2 expressions (6) et (9), quand il s'agit de turbines à action à échappement libre.

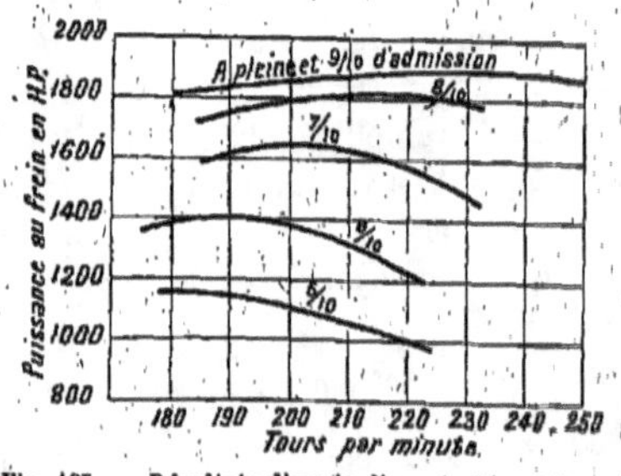

Les courbes 185 et 186 correspondent à l'essai d'une turbine à eau à réaction essayée en ordre de marche, à l'aide d'un frein à disque multiple de Alden. La turbine comportait 2 roues de 115 centimètres de diamètre montées sur le même arbre et travaillant sous une différence de niveau $H_1 - H_2 = 13,20$ m., la vitesse normale de rotation étant de 200 tours par minute.

Fig. 185. — Résultats d'essais d'une turbine à eau.

La figure 185 donne les variations de la puissance développée en fonction de la vitesse et pour différentes valeurs d'ouverture des vannes. On notera que la vitesse correspondant au maximum de puissance développé varie pour chaque valeur d'ouverture des vannes, cette vitesse augmentant avec le degré d'ouverture.

Les résultats consignés sur la figure 186 ont été obtenus pour une hauteur constante de chute de 13,30 m. et une vitesse constante de 200 tours par minute. En abscisse on a porté les ouvertures des vannes d'admission et d'échappement.

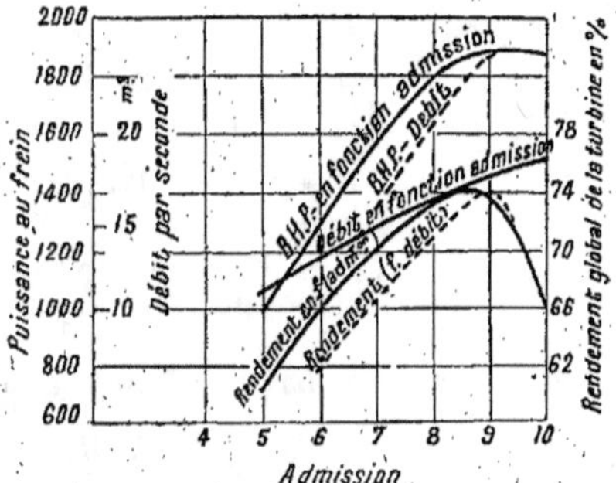

Fig. 186. — Résultats d'essai d'une turbine à eau

On voit que le maximum de rendement s'obtient pour une ouverture comprise entre 8/10 et 9/10 de l'ouverture maxima des vannes d'admission et que la puissance reste pratiquement constante pour toute admission supérieure à cette valeur.

Essai des pompes rotatives. — Les pompes rotatives sont de 2 types, les unes qui sont pratiquement l'inverse des turbines à réaction, tandis que les autres, telles les pompes à engrenages, dépendent de la rotation d'un organe convenable à l'intérieur d'une enveloppe. Les pompes peuvent être conduites par moteur à vapeur, moteur à combustion interne, moteur électrique ou au moyen d'une courroie par une source quelconque d'énergie. Les méthodes d'essai pourront être les mêmes que celles utilisées pour les ventilateurs et soufflantes.

Dans le cas de petites pompes, le poids ou le volume d'eau pompé pourra être mesuré directement à l'aide de récipients jaugés, mais pour des pompes de moyen ou de grand débit cette évaluation se fera à l'aide d'orifices en

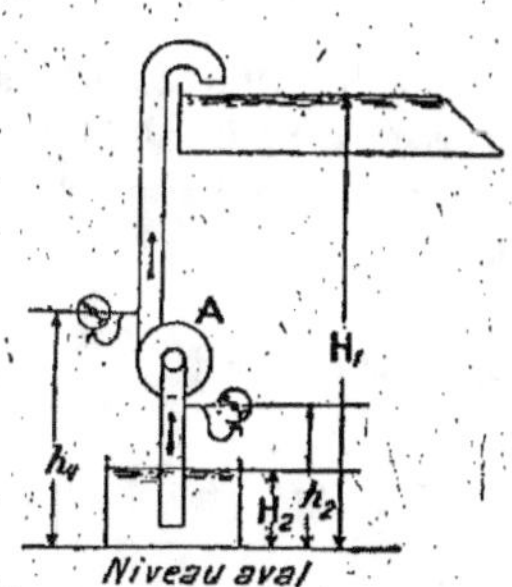

Fig. 187. — Schéma de montage d'une pompe rotative.

mince paroi, qui permettront la mesure du débit de l'eau, soit lorsqu'elle se rend dans le bassin d'aspiration, soit lorsqu'elle vient d'être déchargée. A titre d'indication on pourra introduire un compteur Venturi ou un tube de Pitot dans le circuit de refoulement de la pompe. Avec les pompes centrifuges ordinaires il sera bon de les placer un peu au-dessous du niveau du bassin d'aspiration à moins que l'on ne dispose d'un moyen spécial pour faire le plein de la canalisation d'aspiration et du corps de pompe.

Reportons-nous à la figure 187, si P_2, h_2 et V_2 représentent respectivement la pression, le niveau et la vitesse de l'eau à l'entrée de l'enveloppe de la pompe et P_1, h_1 et V_1 les mêmes éléments à la sortie de la pompe :

Si $H_2 =$ niveau de l'eau du bac d'aspiration en mètres
        $H_1 =$ »   »   de refoulement   »
        $W =$ débit d'eau d'un litre par seconde
        $H.P. =$ puissance développée sur l'arbre de la pompe.

Le rendement global de la pompe sera :

$$(10) \qquad = \frac{W(H_1 - H_2)}{HP \times 75}$$

La perte d'énergie à l'intérieur de la pompe due aux chocs, frottements, tourbillon, est :

$$(11) \quad H.P \times 75 - W\left[\left(\frac{P_1 - P_2}{\rho} + h_1 - h_2 + \frac{v_1^2 - v_2^2}{2g}\right)\right] \text{kgm. par seconde.}$$

Le rendement de la pompe est :

$$(12) \qquad = \frac{W\left(\dfrac{P_1 - P_2}{\rho} + h_1 - h_2 + \dfrac{v_1^2 - v_2^2}{2g}\right)}{HP \times 75}$$

Il est possible de faire une évaluation des pertes par frottement dans les paliers et presse-étoupe, en mesurant la puissance requise pour faire tourner la pompe à vitesse constante après avoir retiré la roue ou les aubes.

La perte d'énergie dans la conduite d'aspiration est :

$$(13) \qquad = \left[W H_2 - W\left(\frac{P_2 - P_0}{\rho} + h_2 + \frac{v_2^2}{2g}\right)\right] \text{kgm. par seconde}$$

La perte d'énergie dans la conduite de refoulement est :

$$(14) \qquad = \left[W\left(\frac{P_1 - P_b}{\rho} + h_1 + \frac{v_1^2}{2g}\right) - WH_1\right] \text{kgm}$$

Si la pompe est essayée avant sa mise en place définitive il n'est pas nécessaire d'avoir une longue canalisation pour obtenir la différence de niveau $(H_1 - H_2)$, il suffira d'une vanne d'étranglement placée sur la conduite pour obtenir la pression désirée. L'eau déchargée est à nouveau remontée au bassin d'aspiration.

Les pompes centrifuges haute pression sont en général composées d'une
série de pompes ayant leurs roues calées sur le même arbre, chacune de ces
roues travaillant dans une chambre distincte. La figure 188 représente
schématiquement une pompe à 5 compartiments. L'eau
arrive à la chambre N° 1, venant du tuyau d'aspiration,
à sa sortie de la chambre N° 1, elle pénètre dans le tuyau
d'aspiration de la chambre N° 2 et ainsi de suite jusqu'à
la dernière chambre. Il y a ainsi augmentation de pression à chaque étage. La figure 188 montre une disposition pratique et économique pour la mesure de la
pression à chaque étage. Le manomètre sera essayé périodiquement et la manœuvre des robinets sera faite soigneusement de manière à éviter des chocs excessifs.

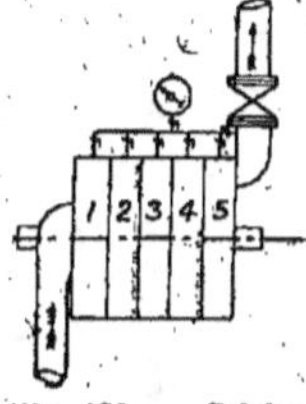

Fig. 188. — Schéma
d'une pompe multi-
cellulaire.

Un manomètre à colonne de mercure ne conviendrait pas pour ces mesures, du fait du prix élevé et de la hauteur trop grande de la colonne,
ainsi que des oscillations à redouter au moment de la mise en communication du manomètre avec le corps de pompe.

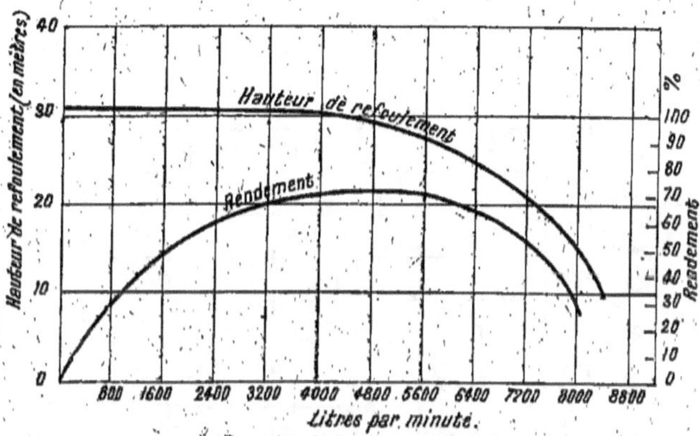

Fig. 189. — Essai d'une pompe centrifuge à haute pression tournant à vitesse constante.

Les figures 189, 190, 191 montrent les résultats obtenus avec une pompe
centrifuge à haute pression, construite par MM. Mather et Platt de Manchester. Dans la figure 189 la vitesse étant maintenue à 700 tours, on a
porté les débits en abscisse et en ordonnée la pression de refoulement
et le rendement. Dans la figure 190 le débit a été maintenu constant, on
a porté la vitesse en abscisse et en ordonnée la pression de refoulement et
le rendement. Dans la figure 191 la pression de refoulement a été maintenue constante, on a porté le débit en abscisse et en ordonnée le nombre

de tours et le rendement. On voit que dans chaque cas le rendement passe par un maximum. La figure 191 montre également que sans une charge

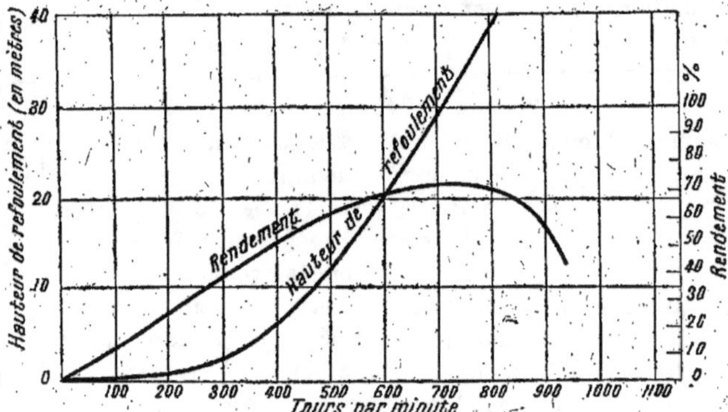

Fig. 190. — Essais d'une pompe centrifuge à haute pression pour un débit constant.

constante le débit augmente considérablement pour une faible variation de vitesse.

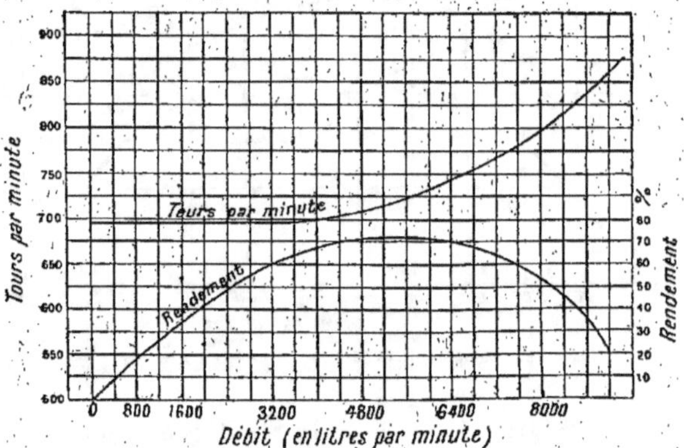

Fig. 191. — Essais d'une pompe centrifuge à haute pression pour une hauteur de refoulement constante.

Essais des pompes à mouvement alternatif. — L'essai des pompes à mouvement alternatif porte généralement sur les points suivants :

1° Détermination de la puissance absorbée par la pompe.

2° Détermination du rendement mécanique.

3º Détermination du rendement en eau de la pompe, du rendement global.

4º Détermination de la quantité de vapeur, de combustible ou de chaleur par unité de puissance développée et détermination du rendement thermique de l'installation.

Les petites pompes peuvent être conduites par des moteurs à vapeur, à gaz, à huile lourde, électrique.... soit directement, soit par courroies ; tandis que les grosses pompes sont généralement conduites par moteur à vapeur ou à gaz. Si la pompe est conduite directement par moteur à gaz ou à vapeur, la puissance absorbée peut être déterminée par relevé de diagrammes. Si la commande est faite par courroie la puissance n'est pas facilement mesu-

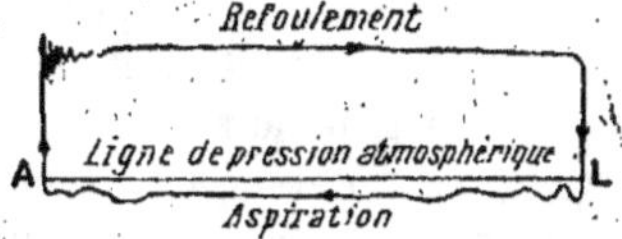

Fig. 192. — Diagramme d'une pompe à eau à mouvement alternatif.

rable car le couple avec une pompe à 1 ou 2 cylindres varie considérablement à moins d'emploi d'un volant très lourd. Le dynamomètre de transmission à ressort n'est guère utilisable, sauf cependant si la pompe est à 3 cylindres calés à 120º les uns des autres.

En relevant un diagramme sur le cylindre de la pompe on pourra évaluer la puissance absorbée, la figure 192 représente un tel diagramme.

Le rendement mécanique s'évalue alors :

$$(15) \qquad E_0 = \frac{\text{Puissance indiquée relevée à la pompe}}{\text{Puissance sur l'arbre moteur}}$$

En utilisant les mêmes symboles que pour les pompes centrifuges, la perte d'énergie dans les cylindres de la pompe est de même :

$$(16) \quad (\text{Puissance indiquée relevée à la pompe}) \times 75 - W\left(\frac{P_1 - P_2}{\rho} + h_1 - h_2 \frac{v_1^2 - v_2^2}{2g}\right)$$

et le rendement de la pompe est :

$$(17) \qquad E_1 = \frac{W\left[\dfrac{P_1 - P_2}{\rho} + h_1 - h_2 + \dfrac{v_1^2 - v_2^2}{2g}\right]}{(\text{puissance indiquée relevée à la pompe} \times 75}$$

Le rendement en eau de la pompe est :

$$(18) \qquad E_2 = \frac{W(H_1 - H_2)}{\text{Puissance indiquée} \times 75}$$

Le rendement global est :

$$(19) \qquad E = E_0 \times E_2 = \frac{W(H_1 - H_2)}{\text{Puissance sur l'arbre de la pompe} \times 75}$$

Les pertes dans les conduites sont les mêmes que pour les pompes centrifuges. Les vitesses v_1 et v_2 et pressions P_1 et P_2 de l'eau varieront quelque peu pendant chaque cycle à moins d'adopter des réservoirs d'air sur les tuyauteries d'aspiration et de refoulement, mais dans les calculs on prendra pour valeur de la vitesse et de la pression les valeurs moyennes déterminées par le débit et la section des conduites. Le débit d'eau sera mesuré comme précédemment en tenant compte que les tubes de Pitot et les compteurs Venturi ne donnent d'indications exactes que pour des pressions et des vitesses très uniformes. Au cas où il y aurait des fuites importantes aux joints ou aux robinets il y a lieu d'en tenir compte.

Si les variations de pression au refoulement de la pompe sont excessives, on peut obtenir la pression moyenne au manomètre en fermant presque complètement le robinet du manomètre, il y a lieu cependant de faire très attention à ne pas fermer complètement les robinets et enregistrer ainsi une valeur erronée. Pour obtenir une indication à peu près constante au manomètre, on pourra également placer un petit réservoir d'air sur la conduite du manomètre.

Les fuites au piston de la pompe correspondent à la différence existant entre le volume balayé par le piston et le volume d'eau réellement refoulé. Elles s'évaluent soit en litre par minute, soit en pour cent du débit de la pompe. Dans quelques circonstances, par exemple aux vitesses élevées le débit peut devenir supérieur au volume balayé, c'est-à-dire que les fuites au piston deviennent négatives (1).

La course d'un piston de pompe fixé sur un arbre manivelle est nécessairement constante à toutes les vitesses, mais dans quelques pompes à action directe sans arbre manivelle la longueur de la course peut varier légèrement avec la vitesse ou avec la pression de refoulement ; c'est pourquoi pour de telles pompes on mesurera la course d'après le mouvement du plongeur ou du piston pour la vitesse et la pression d'essai et cette mesure sera renouvelée périodiquement au cours de l'essai.

Soit

L = course en mètre
A = surface du piston en m²
N = nombre de tours par minute
V = Débit de la pompe en m³ par minute.

Les fuites au piston seront :

$$= (LAN - V) \text{ m}^3 \text{ par minute}$$
$$= (LAN - V)\ 1000 \text{ litres par minute}$$

ou encore :

$$= \frac{(LAN - V)}{LAN}\ 100 \text{ en } \% \text{ du débit théorique.}$$

(1) Voir *Proc. Inst. of Mech. Eng.*, 1903, part. I, l'article du professeur Godman.

Dans quelques cas il peut être intéressant de mesurer les fuites aux valves ou au piston. La pompe devra dans ce cas être stationnaire et les méthodes à employer dépendront des dispositions mécaniques. De toutes façons il conviendra de se rappeler que la mesure des fuites à l'arrêt ne donne qu'une idée très imparfaite de l'ordre de grandeur des fuites en marche.

Les fuites aux plongeurs à simple action peuvent être estimées en recueillant les fuites d'eau aux joints pendant la marche. Avec les pompes à piston à double action on enlèvera l'un des fonds de cylindre et après s'être assuré qu'aucune des valves d'aspiration ou de refoulement de cette extrémité ne fuit on ouvrira l'une des valves de refoulement de l'autre extrémité du cylindre et l'on donnera la pression normale, les fuites pourront alors être recueillies. Si la pompe est du type vertical on pourra retirer le fond de cylindre supérieur et siphoner les fuites au fur et à mesure qu'elles se produiront. Si elles sont de peu d'importance on les mesurera dans des récipients jaugés, ou si elles sont de plus d'importance elles seront mesurées par déversoir ou orifices tarés. On fera une série d'essais pour les diverses positions du piston. Les fuites aux valves seront contrôlées en retirant les couvercles des chambres d'inspection correspondantes.

L'essai complet d'une installation de pompage conduite par machine à vapeur nécessitera l'essai des chaudières et des moteurs des pompes au point de vue consommation, ces essais seront conduits ainsi que nous l'avons indiqué aux chapitres VII, VIII, V et VI.

Efficacité des installations de pompage. — En Angleterre cette efficacité se définit pour les pompes conduites par machines à vapeur par le nombre de pied livre de travail fait sur l'eau par 112 livres de charbon brûlé.

Aux Etats-Unis cette efficacité se définit souvent par le nombre de *pied-livre* de travail fait sur l'eau par 100 livres de charbon brûlé ou par 1.000 livres de vapeur consommée. Un Comité de l'American Society of Mechanical Engineers (vol. XI des comptes rendus de la Société), conseille d'évaluer cette efficacité en kilogrammètres par 251.000 calories de chaleur fournies au moteur.

Quelle que soit la méthode adoptée on devra de toutes façons définir nettement les bases du calcul.

Essai d'un groupe moto-pompe à triple expansion à Milwaukee (1). — La pompe est commandée par machine à vapeur, les pistons de la pompe étant directement articulés sur les tiges des pistons moteurs, chaque arti-

---

(1) Professeur Carpenter, *Trans. Americ. Soc. Mech. Eng.*, vol. XV, p. 317-373.

culation est reliée par une bielle à une manivelle de l'arbre. Les cylindres de la machine sont à enveloppe de vapeur et l'on utilise des réchauffeurs entre chaque cylindre. Les résultats suivants ont été choisis de manière à servir d'exemple.

DIMENSION DU GROUPE MOTO-POMPE

Diamètre du cylindre à vapeur HP	712 mm.
»　　　　»　　　　» MP	1220 mm.
»　　　　»　　　　» BP	1880 mm.
Courses du piston et des plongeurs	1550 mm.
Nombre de plongeurs à simple action	3
Diamètre des plongeurs	815 mm.

RÉSULTATS D'ESSAI

Puissance indiquée (à la machine à vapeur)	573,9 HP.
»　　　　» (à la pompe)	521
Rendement mécanique de la pompe	98,8 %
Consommation de vapeur par cheval heure	5,3 kgs.
Chaleur fournie par la vapeur par cheval indiqué et par minute	54,5 calories
Pression barométrique	1,015 kgs.
Pression absolue de la vapeur	9,5 kg cm²
Vide	0,97 kg cm²
Durée de l'essai	24 heures
Température de l'eau (à l'aspiration)	1° Cent.
Poids du mètre-cube d'eau	1100 kgs.
Poids d'eau pompée par tour	2370 kgs.
Pression de l'eau au refoulement	3,94 kg cm²
Hauteur d'eau correspondante	39,40 mètres
Hauteur du manomètre de refoulement au-dessus du centre du cylindre de la pompe	5,90
Hauteur d'aspiration	3,24 —
Hauteur totale d'élévation (en négligeant la vitesse de l'eau)	48,54 —
Tours par heure	1218,8
Charbon humide consommé par heure	344 kgs.
Charbon sec	322 kgs.

	Pied livres.
Efficacité réelle par 100 livres de charbon sec brûlé	143.300.000
»　　　　　» 　» humide brûlé	135.770.000
»　　　　100 livres de vapeur	152.450.000
»　　　　251.000 calories	137.660.000
Débit d'eau en 24 heures	68.600 m³
Débit d'eau par heure	2.850 —

Compteur Venturi. — Le compteur Venturi est un appareil pratique et bon marché, permettant la mesure du débit d'une canalisation traversée par un courant d'eau à vitesse constante. En un point convenable de la conduite on introduit un étranglement d'une section a (voir fig. 193) qui peut osciller entre le 1/9 et le 1/7 de la section A de la conduite, lorsque la pression d'eau est modérée. Il est évident qu'en passant de A en a la vitesse de l'eau doit augmenter et ce, aux dépens de la pression.

Soit $P_A =$ pression absolue en A en kgs par mètre carré

            $P_a =$ » a »

            $v_A =$ vitesse en A en mètres par seconde

            $v_a =$ » a »

            $\rho =$ densité de l'eau en kgs par mètre cube.

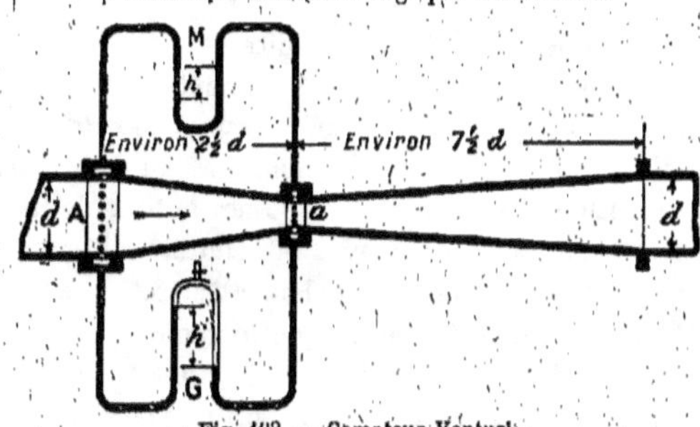

Fig. 193. — Compteur Venturi.

Si le tuyau est horizontal et si l'on néglige les pertes par frottement et tourbillons on a :

$$\frac{P_A}{\rho} + \frac{v_A^2}{2g} = \frac{P_a}{\rho} + \frac{v_a}{2g}$$

ou

$$\frac{P_A - P_a}{\rho} = \frac{v_a^2 - v_A^2}{2g}$$

mais

$$v_a = v_A \times \frac{A}{a}$$

donc

$$\frac{P_A - P_a}{\rho} = \frac{v_A^2}{2g}\left[\left(\frac{A}{a}\right)^2 - 1\right]$$

et

$$v_A = \sqrt{\frac{2g\,(P_A - P_a)}{\rho\left[\left(\frac{A}{a}\right)^2 - 1\right]}} \quad \text{mètres par seconde}$$

Si nous introduisons le coefficient k pour tenir compte des pertes nous avons :

$$v_A = k\sqrt{\frac{2g\,(P_A - P_a)}{\left[\rho\left(\frac{A}{a}\right)^2 - 1\right]}} \quad \text{mètres par seconde}$$

La valeur de k varie quelque peu avec le diamètre et la nature des conduites et avec la vitesse d'écoulement de l'eau, augmentant généralement avec le diamètre de la conduite et la vitesse de l'eau. Les petites variations qui peuvent survenir dans l'état de la conduite n'influent que très peu sur k.

Herschell a trouvé que k varie entre 0,94 et 1, bien que pour les tuyaux de petit diamètre il soit intéressant d'étalonner le compteur.

L'expression ci-dessus peut s'écrire :

$$v_k = m \sqrt{P_A - P_a}$$

où m dépend des dimensions de la conduite.

La différence $P_A - P_a$ se mesure généralement soit à l'aide d'un manomètre différentiel à mercure, dans le cas de moyennes différences de pression, soit à l'aide d'un manomètre différentiel à eau dans le cas de faibles différences de pression. En A et a on disposera autour de la conduite une chambre annulaire communiquant avec la conduite elle-même, au moyen d'un certain nombre de trous convenablement alésés. Les tubes allant au manomètre M seront connectés ainsi que le montre la figure et seront entièrement remplis d'eau. La différence de pression est donnée par la position des colonnes de mercure et il est bon d'avoir un robinet d'étranglement sur chacun des tubes de manière à permettre l'amortissement des oscillations de pression.

Si h centimètre est la différence de niveau entre les 2 colonnes de mercure dans le manomètre M, la différence de pression est :

$$P_A - P_a = h \times (13,59) \text{ kgs : cm}^2$$

Cette formule tient compte de l'effet de la hauteur d'eau sur les colonnes de mercure. Si la conduite était inclinée ou même placée verticalement le manomètre M permettrait encore l'emploi de la formule ci-dessus sans aucune modification, les hauteurs des colonnes d'eau dans les tubes compensant automatiquement les différences de niveau entre les points A et a. Lorsque l'on utilise le manomètre G il peut être nécessaire d'employer l'air sous pression afin d'utiliser la totalité de l'échelle du manomètre. Les tubes de connection devront être remplis d'eau.

On construit des compteurs Venturi à enregistrement qui conviennent particulièrement pour le contrôle des installations.

Le compteur Venturi est seulement utilisable lorsque le débit est relativement constant, il devient d'une utilité douteuse, par exemple, si on l'utilise pour mesurer le débit d'une pompe à mouvement alternatif.

TABLES DE CONVERSION,

TABLES DE VAPEUR, ETC.

TABLE DE CONVERSION
ÉQUIVALENCE DES TEMPÉRATURES

Cent.	Fahr.	Cent.	Fahr.	Cent.	Fahr.	Cent.	Fahr.	Cent.	Fahr.	Cent.	Fahr.	Cent.	Fahr.
— 25°	— 13°	50°	122°	125°	257°	200°	392°	275°	527°	350°	662°	425°	797°
— 20	— 4	55	131	130	266	205	401	280	536	355	671	430	806
— 15	+ 5	60	140	135	275	210	410	285	545	360	680	435	815
— 10	14	65	149	140	284	215	419	290	554	365	689	440	824
— 5	23	70	158	145	293	220	428	295	563	370	698	445	833
0	32	75	167	150	302	225	437	300	572	375	707	450	842
5	41	80	176	155	311	230	446	305	581	380	716	455	851
10	50	85	185	160	320	235	455	310	590	385	725	460	860
15	59	90	194	165	329	240	464	315	599	390	734	465	869
20	68	95	203	170	338	245	473	320	608	395	743	470	878
25	77	100	212	175	347	250	482	325	617	400	752	475	887
30	86	105	221	180	356	255	491	330	626	405	761	480	899
35	95	110	230	185	365	260	500	335	635	410	770	485	905
40	104	115	239	190	374	265	509	340	644	415	779	490	914
45	113	120	248	195	383	270	518	345	653	420	788	495	923

Complément à la table ci-dessus, pour permettre l'interpolation.

1°C. = 1,8°F. 4°C. = 7,2°F. 7°C. = 12,6°F. | 1°F. = 0,55°C. 4°F. = 2,22°C. 7°F. = 3,88°C.
2 = 3,6 5 = 9,0 8 = 14,4 | 2 = 1,11 5 = 2,87 8 = 4,44
3 = 5,4 6 = 10,8 9 = 16,2 | 3 = 1,66 6 = 3,33 9 = 5,00

Longueur, surface et volume

1 cm.	=	0,3937*	inch	1 inch	=	2,54001	cm.
1 mètre	=	3,28083	ft.	1 ft.	=	0,30480	m.
1 sq. cm.	=	0,15500	sq. in.	1 sq. in.	=	1,4516	sq. cm.
1 sq. mètre	=	10,7639	sq. ft.	1 sq. ft.	=	0,092903	sp. m.
1 cu. cm.	=	0,061028	cu. in.	1 cu. in.	=	16,387	cu. cm.
1 cu. mètre	=	35,3145	cu. ft.	1 cu. ft.	=	0,028317	cu. ft.
1 litre	=	0,26417	gal. (U.S.A.)	1 gal. (U.S.A.)	=	3,5454	litres
1 litre	=	0,22	gal. (Imp.)	1 gal. (Imp.)	=	4,5459	litres

Masse et densité

1 kg.	=	2,204622	lbs.	1 lb.	=	0,453592	kg.
1 gr./cm.³	=	62,4283	lbs./ft.³	1 lb./ft.³	=	0,016018	gr./cm.³
Densité du Hg	=	0,491170	lbs./in.³ (à 32°F)	Densité du Hg	=	13,59545	gr./cm.³ (à 0°C.)
g (standard)	=	32,1740	ft. sec.²	g (standard)	=	980,665*	cm.² sec.

Pression

1 kg./cm.²	=	14,223	lbs./in.²	1 lb./in.²	=	0,070307	kg./cm.²
(» metric	=	28,958	in. of Hg		=	2,0360	in. of Hg
atmosphère »)	=	735,54	mm. of Hg		=	51,718	mm. of Hg
	=	32,84	ft. of H_2O (at 60°)		=	27,71	ins. of H_2O (à 60°)
	=	0,9678	atmos.		=	0,068044	atmos.
	=	0,980665*	megabars †	...	=	0,068917	megabars †
1006 mm. de Hg	=	1,3158	atmos.	1 atmo.	=	760,0*	mm. of Hg
	=	39,37*	in. de Hg		=	29,921	in. of Hg
	=	44,65	ft. de H_2O à 60°F)		=	33,93	ft. of H_2O (à 60°F)
	=	19,337	lbs./in.²		=	14,696	lbs./in.²
	=	1,3595	kg./cm.²		=	1,0333	kg./cm.²
	=	1,3333	megabars †		=	1,0133	megabars †

Valeur exacte par définition   † megabar = 10⁶ dynes par cm².

Energie

1 ft.-lb. = 32,174 ft.-poundals	1 ft.-poundal = $3,1081 \times 10^{-2}$ ft.-lbs.
= 0,13826 kg. mètre	1 kg. mètre = 7,2330 »
= 1,3558 Joules †	1 Joule † = 0,73756 »
= $1,2861 \times 10^{-3}$ mean B.Th.U.	1 mean B.Th.U. = 777,5 »
= 0,3241 gr. calorie	1 gr. calorie = 3,086 »
= $7,145 \times 10^{-4}$ lb. °C cals.	1 lb. °C. cal. = $1,3996 \times 10^{3}$ »
= $1,3381 \times 10^{-2}$ litre atmos.	1 litre atmos. = 74,735 »
= $4,7253 \times 10^{-4}$ cu. ft. atmos.	1 cu. ft. atmos. = $2,1163 \times 10^{3}$ »
= $5,0505 \times 10^{-7}$ H.P. hours	1 H.P. hour = $1,98^{*} \times 10^{6}$ »
= $5,1206 \times 10^{-7}$ chv. vap. hrs.	1 chv. vap. hr. = $1,9529 \times 10^{6}$ »
= $3,7662 \times 10^{-4}$ watt hours	1 watt hour = $2,6552 \times 10^{3}$ »

1 Joule † = 0,10197 kg. mètre	1 kg. mètre = $9,80665^{*}$ Joules †
= 0,73756 ft.-lb.	1 ft.-lb. = 1,3558 »
= 23,730 ft.-poundals	1 ft.-poundal = $4,2140 \times 10^{-2}$ »
= $9,486 \times 10^{-4}$ mean B.Th.U.	1 mean B.Th.U. = $1,0542 \times 10^{3}$ »
= 0,2390 gr. calories	1 gr. calorie = 4,1834 »
= $5,270 \times 10^{-4}$ lb. °C. cal.	1 lb. °C. cal. = $1,8976 \times 10^{3}$ »
= $9,8690 \times 10^{-3}$ litre atmos.	1 litre atmo. = $1,0133 \times 10^{2}$ »
= $3,4852 \times 10^{-4}$ cu. ft. atmos.	1 cu. ft. atmo. = $2,8693 \times 10^{3}$ »
= $3,7251 \times 10^{-7}$ H.P. hours	1 H.P. hour = $2,6845 \times 10^{5}$ »
= $3,7767 \times 10^{-7}$ chv. vap. hrs.	1 ch. vap. hr. = $2,6479 \times 10^{5}$ »
= $2,7778 \times 10^{-4}$ watt. hours	1 watt. hour = $3,6^{*} \times 10^{4}$ »

1 B.Th.U. = $2,5200 \times 10^{2}$ gr. calories	1 gr. calorie = $3,9683 \times 10^{-3}$ B.Th.U.
= 0,5556 lb. °C. cal.	1 lb. °C. cal. = $1,8^{*}$ »
= 777,5 ft.-lbs.	1 ft.-lb = $1,2861 \times 10^{-3}$ »
= $2,5016 \times 10^{4}$ ft.-poundals	1 ft.-poundal = $3,997 \times 10^{-5}$ »
= $1,0750 \times 10^{2}$ kg. mètres	1 kg. mètre = $9,302 \times 10^{-3}$ »
= $1,0542 \times 10^{3}$ Joules †	1 Joule † = $9,486 \times 10^{-4}$ »
= 10,414 litre atmos.	1 litre atmo. = $9,612 \times 10^{-2}$ »
= 0,3674 cu. ft. atmos.	1 cu. ft. atmo. = 2,722 »
= $3,927 \times 10^{-4}$ H.P. hours	1 H.P. hour = $2,547 \times 10^{3}$ »
= $3,981 \times 10^{-1}$ chev. vap. hrs.	1 chev. vap. hr. = $2,512 \times 10^{3}$ »
= 0,2928 watt hours	1 watt hour = 3,415 »

1 gr. cal. = $3,9683 \times 13^{-3}$ mean B.Th.U.	1 mean B.Th.U. = $2,5200 \times 10^{2}$ gr.cal.
= $2,2046 \times 20^{-2}$ lb. °C. cal.	1 lb. °C. cal. = $4,5359 \times 10^{3}$ »
= 3,086 ft.-lbs.	1 ft.-lb. = 0,3241 »
= 99,27 ft.-poundals	1 ft.-poundal = $1,0079 \times 10^{-2}$ »
= 0,4266 kg. mètre	1 kg. mètre = 2,3442 »
= 4,1834 Joules †	1 Joule † = 0,2390 »
= $4,1286 \times 10^{-2}$ litre atmos.	1 litre atmo. = 24,22 »
= $1,4580 \times 10^{-3}$ cu. ft. atmos.	1 cu. ft. atmo. = $6,859 \times 10^{2}$ »
= $1,5583 \times 10^{-6}$ H.P. hours	1 H.P. hour = $6,417 \times 10^{5}$ »
= $1,5800 \times 10^{-6}$ chev. vap. hrs.	1 chev. vap. hr. = $6,329 \times 10^{5}$ »
= $1,1621 \times 10^{-3}$ watt hours	1 watt hour = $8,605 \times 10^{2}$ »

Puissance

1 horse-power (H.P.) is 550 ft.lbs. per second. 1 watt is 1 Joule per second or 10^{7} ergs per second. 1 kilowatt (K.W.) is 1000 watts. 1 Cheval-vapeur, or pferdekraft, or « continental horse-power, » is 75 kg. mètre per second. 1 poncelet is 100 kg. mètres per second.

1 K.W. = 1,3410 H.P.	1 H.P. = 0,7457 K.W.
= 1,3597 chev. vap.	= 1,0139 chev. vap.
= 1,0197 poncelets	= 0,7604 poncelets
= 737,56 ft.-lbs./sec.	= $550,0^{*}$ ft.lbs./sec.
= 101,97 kg.m./sec.	= 76,040 kg.m./sec.
= ,9486 B.Th.U./sec.	= 0,7074 B.Th.U.
= 239,04 gr. cals./sec.	= 178,25 gr. cal./sec.

Valeur exacte par définition   † 1 Joule = 10^{7} ergs.

2 B

PROPRIÉTÉS THERMIQUES DE L'EAU A LA PRESSION DE SATURATION

(MARKS ET DAVIS)

Température Degrés	Pression absolue en kg/cm²	Volume spécifique cm³/gr.	Densité gr./cm³	Chaleur spécifique
— 6,66	0,0042	1,00101	0,99899	1,0168
— 1,66	0,0056	1,00022	0,99978	1,0098
4,44	0,0084	1,00000	1,00000	1,0045
10	0,0126	1,00027	0,99973	1,0012
15,55	0,0182	1,00096	0,99904	0,990
21,11	0,0252	1,00201	0,99799	0,9977
26,66	0,0357	1,00338	0,99663	0,9970
32,22	0,049	1,00504	0,99498	0,9967
37,77	0,0665	1,00698	0,99307	0,9967
43,33	0,0889	1,00915	0,99093	0,9970
44,88	0,1188	1,01157	0,98857	0,9974
54,44	0,1554	1,01420	0,98600	0,9979
60	0,2028	1,01705	0,98324	0,9986
65,55	0,2597	1,02011	0,98029	0,9994
71,11	0,3318	1,02337	0,97707	1,0002
76,66	0,4198	1,02682	0,97388	1,0040
82,22	0,5257	1,03047	0,97043	1,0019
87,77	0,6538	1,03430	0,96683	1,0029
93,33	0,8064	1,03885	0,96307	1,0039
98,88	0,9891	1,04256	0,95917	1,0050
104,44	1,2038	1,0469	0,9552	1,007
110	1,4589	1,0515	0,9510	1,009
115,55	1,7479	1,0562	0,9468	1,012
121,11	2,0874	1,0611	0,9425	1,015
126,66	2,4794	1,0662	0,9379	1,018
132,22	2,9295	1,0715	0,9332	1,020
137,77	3,4426	1,0771	0,9284	1,023
143,33	4,0285	1,0830	0,9234	1,026
148,88	4,69	1,0890	0,9183	1,029
154,44	5,4369	1,0953	0,9130	1,032
160	6,2741	1,1029	0,9075	1,035
165,55	7,21	1,1088	0,9019	1,038
171,11	8,26	1,1160	0,8961	1,041

Température Degrés	Pression absolue en kg/cm²	Volume spécifique cm³/gr.	Densité gr./cm³	Chaleur spécifique
176,66	9,45	1,1235	0,8902	1,045
182,22	10,71	1,1313	0,8840	1,048
187,77	12,11	1,1396	0,8776	1,052
193,33	13,72	1,1483	0,8709	1,056
198,88	15,4	1,1578	0,8642	1,060
204,44	17,29	1,167	0,857	1,064
210	19,32	1,177	0,850	1,068
215,55	21,56	1,187	0,843	1,072
221,11	24,01	1,197	0,835	1,077
226,66	26,67	1,208	0,828	1,082
232,22	29,47	1,220	0,820	1,086
237,77	32,55	1,232	0,812	1,091
243,33	35,91	1,244	0,804	1,096
248,88	39,55	1,256	0,796	1,101
254,44	43,54	1,269	0,787	1,106
260	47,88	1,283	0,779	1,112
265,55	52,57	1,297	0,771	1,117
271,11	57,54	1,312	0,763	1,123
276,66	62,79	1,329	0,755	1,128
282,22	68,39	1,35	0,74	1,134
287,77	74,34	1,37	0,73	1,140
293,33	80,64	1,39	0,71	1,146
298,88	87,29	1,42	0,70	1,152
304,44	94,43	1,44	0,69	1,158
310	102,06	1,46	0,68	1,165
315,5	110,18	1,49	0,67	1,172
321,11	118,79	1,52	0,60	—
326,66	127,89	1,56	0,64	—
332,22	137,55	1,60	0,63	—
337,77	147,77	1,64	0,61	—
343,33	158,55	1,69	0,59	—
348,88	169,96	1,75	0,57	—
354,44	181,93	1,84	0,55	—
365	205,29	3,04	0,33	∞

(1) Les volumes spécifiques et les densités en-dessous de 315,55 ont été extraits de la 3ᵉ édition (1905) des tables de physiques de Landolt et Börnstein.

Point d'ébullition pour la graduation des thermomètres

(Marks et Davis)

Press. de mercure	Temp. Cent.	Press. de mercure	Temp. Cent.	Press. de mercure	Temp. Cent.	Press. de mercure	Temp. Cent.	Press. de mercure	Temp. Cent.
550	91,19	700	97,71	725	98,68	750	99,63	775	100,55
60	91,67	1	97,75	6	98,72	1	99,66	6	100,59
70	92,14	2	97,79	7	98,76	2	99,70	7	100,62
80	92,60	3	97,83	8	98,80	3	99,74	8	100,66
90	93,06	4	97,87	9	98,84	4	99,78	9	100,69
600	93,51	705	97,91	730	98,87	755	99,81	780	100,73
05	93,73	6	97,95	1	98,91	6	99,85	1	100,77
10	93,96	7	97,99	2	98,95	7	99,89	2	100,80
15	94,18	8	98,03	3	98,99	8	99,92	3	100,84
20	94,40	9	98,07	4	99,03	9	99,96	4	100,87
625	94,61	710	98,10	735	99,06	760	100,00	785	100,91
30	94,83	1	98,14	6	99,10	1	100,04	6	100,95
35	95,04	2	98,18	7	99,14	2	100,07	7	100,98
40	95,25	3	98,22	8	99,18	3	100,11	8	101,02
45	95,47	4	98,26	9	99,21	4	100,15	9	101,05
650	95,68	715	98,30	740	99,25	765	100,18	790	101,09
55	95,89	6	98,34	1	99,29	6	100,22	1	101,12
60	96,10	7	98,38	2	99,33	7	100,26	2	101,16
65	96,30	8	98,41	3	99,36	8	100,29	3	101,20
70	96,51	9	98,45	4	99,40	9	100,33	4	101,23
675	96,71	720	98,49	745	99,44	770	100,37	795	101,27
80	96,91	1	98,53	6	99,48	1	100,40	6	101,30
85	97,12	2	98,57	7	99,51	2	100,44	7	101,34
90	97,32	3	98,61	8	99,55	3	100,48	8	101,37
95	97,52	4	98,65	9	99,59	4	100,51	9	101,41

VAPEUR SATURÉE — TABLE DES PRESSIONS (MARKS ET DAVIS)

Pression en kg : cm²	Température en degrés cent.	Volume de 1 kg. vapeur en m³	Chaleur du Liquide	Chaleur latente d'évaporation	Chaleur totale	Entropie		
						Eau	Évaporation	Vapeur
0,07	38,8	20,8	39,8	575	614,8	0,1327	1,8427	1,9754
0,14	52,35	10,85	52,2	568	620,2	0,1749	1,7431	1,9180
0,21	60,8	7,4	60,9	563	623,9	0,2008	1,6840	1,8848
0,28	67,35	5,65	67,2	559	626,2	0,2198	1,6416	1,8614
0,35	72,5	4,58	72,3	556	628,3	0,2348	1,6084	1,8432
0,42	76,7	3,87	76,7	554	630,7	0,2471	1,5814	1,8285
0,49	80,5	3,35	80,5	551	631,5	0,2579	1,5582	1,8161
0,56	83,8	2,95	84	549	633	0,2673	1,5380	1,8053
0,63	86,9	2,65	87	547	634	0,2756	1,5202	1,7958
0,70	89,7	2,4	89,6	546	635,6	0,2832	1,5042	1,7874
0,77	92,15	2,2	92,2	544,5	636,7	0,2902	1,4895	1,7797
0,84	94,5	2,02	94,5	543	637,5	0,2967	1,4760	1,7727
0,91	96,6	1,895	96,8	541,5	638,3	0,3025	1,4639	1,7664
0,98	98,7	1,75	98,7	540	638,7	0,3081	1,4523	1,7604
1,05	100,5	1,64	100,5	539	639,5	0,3138	1,4416	1,7549
1,12	102,5	1,55	102,5	538	640,5	0,3183	1,4311	1,7494
1,19	104,2	1,46	104,1	537	641,1	0,3229	1,4215	1,7444
1,26	105,6	1,385	106	536	642	0,3273	1,4127	1,7400
1,33	107,4	1,32	107,5	535	642,5	0,3315	1,4045	1,7360
1,4	108,9	1,25	109	534	643	0,3355	1,3965	1,7320
1,47	110,2	1,2	110,5	533	643,5	0,3393	1,3887	1,7280
1,54	111,6	1,15	112	532	644	0,3430	1,3811	1,7241
1,61	113	1,1	113,2	531	644,2	0,3465	1,3739	1,7204
1,68	114,2	1,06	114,5	530	644,5	0,3499	1,3670	1,7169
1,75	115,6	1,02	115,7	529	644,7	0,3532	1,3604	1,7136
1,82	116,9	0,98	117	528	645	0,3564	1,3542	1,7106
1,89	118,	0,95	118,2	527	545,2	0,3594	1,3483	1,7077
1,96	119,2	0,917	119,3	526	645,3	0,3623	1,3425	1,7048
2,03	120,2	0,88	120,5	525,5	646,0	0,3652	1,3367	1,7019
2,10	121,3	0,86	121,6	525	646,6	0,3680	1,3311	1,6991
2,17	122,3	0,83	122,5	524,5	647,0	0,3707	1,3257	1,6966
2,24	123,3	0,809	123,7	524	647,7	0,3733	1,3205	1,6938
2,31	124,3	0.785	124,7	523,5	648,2	0,3759	1,3155	1,6914
2,38	125,3	0,764	125,9	522,5	648,4	0,3784	1,3107	1,6891

Pression en kg : cm²	Température en degrés cent.	Volume de 1 kg. vapeur en m³	Chaleur du Liquide	Chaleur latente d'évaporation	Chaleur totale	Entropie		
						Eau	Evaporation	Vapeur
2,45	126,2	0,744	126,5	522	648,5	0,3808	1,3060	1,6868
2,52	127,1	0,724	127,6	521	648,6	0,3832	1,3014	1,6846
2,59	128	0,705	128,5	520,5	649,0	0,3855	1,2969	1,6824
2,66	129	0,687	129,4	520	649,4	0,3877	1,2925	1,6802
2,73	189,9	0,67	180,3	519,5	649,8	0,3899	1,2882	1,6781
2,80	180,8	0,656	181,1	519	650,1	0,3920	1,2841	1,6761
2,87	181,5	0,64	132,2	518	650,2	0,3941	1,2800	1,6741
2,94	182,3	0,626	182,9	517,5	650,4	0,3962	1,2759	1,6721
8,01	188,1	0,613	188,5	517	650,5	0,3982	1,2720	1,6702
8,08	188,9	0,6	184,6	516	650,6	0,4002	1,2681	1,6683
3,15	184,8	0,588	185,2	515,5	650,7	0,4021	1,2644	1,6665
3,22	185,8	0,575	186	515,1	651,1	0,4040	1,2607	1,6647
3,29	186,2	0,564	186,8	515	651,8	0,4059	1,2571	1,6630
3,86	187	0,553	187,5	514,9	652,4	0,4077	1,2536	1,6618
3,48	187,7	0,542	188,3	514,5	652,8	0,4095	1,2502	1,6597
8,5	188,4	0,582	189	514	658	0,4113	1,2468	1,6581
8,57	189,1	0,522	189,9	513,2	658,1	0,4130	1,2475	1,6565
3,64	189,8	0,512	140,6	512,6	658,2	0,4147	1,2402	1,6549
3,71	140,4	0,504	141,5	511,8	653,3	0,4164	1,2370	1,6534
3,78	141	0,494	142,7	511,8	658,5	0,4180	1,2839	1,6519
3,85	241,7	0,486	142,8	510,8	653,6	0,4196	1,2809	1,6505
3,92	142,3	0,478	143,3	510,4	653,7	0,4212	1,2278	1,6490
3,99	148	0,470	143,9	509,9	658,8	0,4227	1,2248	1,6475
4,06	148,60	0,462	144,4	509,5	653,9	0,4242	1,2218	1,6460
4,13	144,1	0,455	145	509	654	0,4257	1,2189	1,6446
4,2	144,9	0,448	145,6	508,5	654,1	0,4272	1,2160	1,6482
4,27	145,5	0,441	146,2	508,0	654,2	0,4287	1,2182	1,6419
4,34	146	0,434	146,8	507,5	654,3	0,4302	1,2104	1,6406
4,41	146,5	0,428	177,4	507	654,4	0,4316	1,2077	1,6393
4,48	147,2	0,422	148	506,5	654,5	0,4330	1,2050	1,6380
4,55	147,8	0,416	148,6	506	654,6	0,4344	1,2034	1,6368
4,62	148,3	0,410	149,2	505,6	654,8	0,4358	1,2007	1,6355
4,69	148,9	0,404	149,8	505,8	655,1	0,4371	1,1972	1,6343
4,76	149,4	0,398	150,8	504,9	655,2	0,4385	1,1946	1,6331
4,88	150	0,394	150,9	504,5	655,4	0,4898	1,1921	1,6319
4,90	150,5	0,387	151,5	504,1	655,6	0,4411	1,1896	1,6807
4,97	151	0,382	152	503,7	655,7	0,4424	1,1872	1,6296
5,04	151,5	0,377	152,5	503,3	655,8	0,4487	1,1848	1,6285
5,11	152	0,372	153,1	502,9	656,0	0,4449	1,1825	1,6274
5,18	152,6	0,368	153,6	502,5	656,1	0,4462	1,1801	1,6263

Pression en kg. : cm²	Température en degrés cent.	Volume de r kg. vapeur en m³	Chaleur du Liquide.	Chaleur latente d'évaporation	Chaleur totale	Entropie		
						Eau	Évaporation	Vapeur
5,25	153,2	0,363	154,1	502,1	656,2	0,4474	1,1778	1,6252
5,32	153,7	0,359	154,7	501,6	656,3	0,4487	1,1755	1,6242
5,39	154,1	0,855	155,2	501,2	656,4	0,4499	1,1732	1,6231
5,46	154,6	0,350	155,8	500,7	656,5	0,4411	1,1710	1,6221
5,53	155	0,846	156,2	500,4	656,6	0,4523	1,1687	1,6210
5,6	155,5	0,342	156,6	500,1	656,7	0,4535	1,1665	1,6200
5,67	156	0,338	157,1	499,7	656,8	0,4546	1,1644	1,6150
5,74	156,5	0,334	157,7	499,3	657,0	0,4557	1,1623	1,6180
5,81	157	0,33	158,1	499,0	657,1	0,4568	1,1602	1,6170
5,88	157,5	0,326	158,5	498,8	657,3	0,4579	1,1581	1,6160
5,95	158	0,332	159	498,5	657,5	0,4590	1,1561	1,6151
6,02	158,4	0,319	159,5	498,1	657,6	0,4601	1,1540	1,6141
6,09	158,8	0,315	160	497,8	657,8	0,4612	1,1520	1,6132
6,16	159,3	0,312	160,5	497,5	658,0	0,4623	1,1500	1,6123
6,23	159,7	0,309	161	497,2	658,2	0,4633	1,1481	1,6114
6,30	160,1	0,306	161,4	496,9	658,3	0,4644	1,1461	1,6105
6,37	160,5	0,303	162	496,4	658,4	0,4654	1,1442	1,6096
6,44	161	0,3	162,4	496,1	658,5	1,4664	1,1423	1,6087
6,51	161,4	0,197	162,8	495,8	658,6	0,4674	1,1404	1,6078
6,58	161,8	0,294	163,2	495,5	648,7	0,4684	1,1385	1,6069
6,65	162,2	0,291	163,6	495,2	658,8	0,4694	1,1367	1,6061
6,72	162,6	0,288	164	494,8	658,9	0,4704	1,1348	1,6052
6,79	163,1	0,285	164,4	494,6	659,0	0,4714	1,1330	1,6044
6,86	163,6	0,282	165	494,1	659,1	0,4724	1,1312	1,6036
6,93	164	0,270	165,3	494	659,3	0,4733	1,1295	1,6028
7,00	164,4	0,277	165,9	493,5	659,4	0,4743	1,1277	1,6020
7,07	164,9	0,274	166,2	493,25	659,45	0,4752	1,1260	1,6012
7,14	165,2	0,271	166,5	493	659,5	0,4762	1,1242	1,6004
7,21	165,7	0,269	157	492,6	657,6	0,4771	1,1225	1,5996
7,28	166,1	0,267	167,2	492,5	659,7	0,4780	1,1208	1,5988
7,35	166,4	0,264	167,6	492,2	659,8	0,4789	1,1191	1,5980
7,42	166,8	0,262	168,0	491,9	659,9	0,4798	1,1174	1,5972
7,49	167,2	0,26	168,4	491,6	660	0,4807	1,1158	1,5965
7,56	167,6	0,257	168,8	491,3	660,1	0,4816	1,1141	1,5957
7,63	167,9	0,255	169,2	491,0	660,2	0,4825	1,1125	1,5950
7,70	168,3	0,253	169,6	490,7	660,3	0,4834	1,1108	1,5942
7,77	168,7	0,25	170,0	490,4	660,4	0,4843	1,1092	1,5935
7,84	169	0,748	170,5	490,0	660,5	0,4852	1,1076	1,5928
7,91	169,4	0,246	170,8	489,8	660,6	0,4860	1,1061	1,5921
7,98	169,7	0,244	171,2	489,5	660,7	0,4869	1,1045	1,5914

Pression en kg.-cm²	Température en degrés cent.	Volume de 1 kg. vapeur en m³	Chaleur du liquide	Chaleur latente d'évaporation	Chaleur totale	Entropie		
						Eau	Évaporation	Vapeur
8,05	170,1	0,242	171,6	489,2	660,8	0,4877	1,1030	1,5907
8,12	170,5	0,24	172,0	488,9	660,9	0,4886	1,1014	1,5900
8,19	170,9	0,238	172,4	488,6	661	0,4894	1,0999	1,5893
8,26	171,2	0,236	172,8	488,3	661,1	0,4908	1,0984	1,5887
8,33	171,6	0,235	173,2	488	661,2	0,4911	1,0969	1,5880
8,40	171,9	0,233	173,55	487,7	661,25	0,4919	1,0954	1,5873
8,47	172,2	0,231	173,9	487,4	661,3	0,4927	1,0939	1,5866
8,54	172,6	0,229	174,3	487,1	661,4	0,4935	1,0924	1,5859
8,61	173	0,227	174,7	486,8	661,5	0,4943	1,0910	1,5853
8,68	173,3	0,225	175,5	486,5	661,55	0,4951	1,0895	1,5846
8,75	173,7	0,223	175,3	486,2	661,6	0,4959	1,0880	1,5839
8,82	174	0,221	175,8	485,9	661,7	0,4967	1,0865	1,5832
8,89	174,3	0,22	176,1	485,7	661,8	0,4974	1,0851	1,5825
8,96	174,7	0,219	176,5	485,4	661,9	0,4982	1,0837	1,5819
9,03	175	0,217	176,8	485,15	661,95	0,4990	1,0823	1,5813
9,10	175,4	0,215	177,1	484,9	662	0,4998	1,0809	1,5807
9,17	175,8	0,214	177,5	484,6	662,1	0,5005	1,0796	1,5801
9,24	176	0,212	177,8	484,4	662,2	0,5013	1,0782	1,5795
9,31	176,3	0,211	178,2	484,05	662,25	0,5020	1,0769	1,5789
9,38	176,6	0,209	178,5	483,8	662,3	0,5028	1,0755	1,5783
9,45	176,9	0,208	178,8	483,6	662,4	0,5035	1,0742	1,5777
9,52	177,2	0,207	179,2	483,3	662,5	0,5043	1,0728	1,5771
9,59	177,5	0,205	179,5	483,1	662,6	0,5050	1,0715	1,5765
9,66	177,9	0,204	179,8	482,85	662,65	0,5057	1,0702	1,5759
9,73	178,2	0,202	180,2	482,5	662,7	0,5064	1,0689	1,5753
9,80	178,5	0,201	180,5	482,25	662,75	0,5072	1,0675	1,5747
9,87	178,8	0,200	180,8	482,0	662,8	0,5079	1,0662	1,5741
9,94	179,1	0,1985	181	481,85	662,85	0,5086	1,0649	1,5735
10,01	179,5	0,197	181,3	481,6	662,9	0,5093	1,0637	1,5730
10,08	179,8	0,1955	181,6	481,15	662,95	0,5100	1,0624	1,5724
10,15	180	0,1942	182	481	663	0,5107	1,0612	1,5719
10,22	180,3	0,193	182,4	480,7	663,1	0,5114	1,0599	1,5713
10,29	180,6	0,192	172,7	480,45	663,15	0,5121	1,0587	1,5708
10,36	180,9	0,1905	183	480,2	663,2	0,5128	1,0574	1,5702
10,43	181,2	0,189	183,3	480	663,3	0,5135	1,0562	1,5697
10,50	181,5	0,188	183,5	479,85	663,35	0,5142	1,0550	1,5692
10,57	181,8	0,187	183,9	479,5	663,4	0,5148	1,0538	1,5686
10,64	182,1	0,1858	184,2	479,25	663,45	0,5155	1,0525	1,5680
10,71	182,4	0,1846	184,5	479	663,5	0,5162	1,0513	1,5675
10,78	182,7	0,1835	184,8	478,75	663,55	0,5169	1,0501	1,5670

Pression en kg. : cm²	Température en degrés cent.	Volume de 1 kg. vapeur en m³	Chaleur du Liquide	Chaleur latente d'évaporation	Chaleur totale	Entropie		
						Eau	Évaporation	Vapeur
10,85	183	0,1825	185,1	478,5	663,6	0,5175	1,0489	1,5664
10,92	183,3	0,1815	185,4	478,25	663,65	0,5182	1,0477	1,5659
10,99	183,6	0,1804	185,7	478	663,7	0,5188	1,0466	1,5654
11,06	183,8	0,1793	186	477,75	663,75	0,5195	1,0454	1,5649
11,13	184	0,178	186,3	477,5	663,8	0,5201	1,0443	1,5644
11,20	184,3	0,177	186,6	477,25	663,85	0,5208	1,0431	1,5639
11,27	184,6	0,176	186,9	477,0	663,9	0,5214	1,0420	1,5634
11,34	184,9	0,175	187,2	476,75	663,95	0,5220	1,0409	1,5629
11,41	185,1	0,174	187,5	476,5	664	0,5226	1,0398	1,5624
11,48	185,3	0,173	187,8	476,25	664,05	0,5233	1,0387	1,5620
11,55	185,6	0,172	188,1	476,0	664,1	0,5239	1,0376	1,5615
11,62	185,9	0,171	188,3	475,85	664,15	0,5245	1,0365	1,5610
11,69	186,2	0,170	188,6	475,6	664,2	0,5251	1,0354	1,5605
11,76	186,5	0,169	188,9	475,4	664,3	0,5257	1,0348	1,5600
11,83	186,8	0,168	189,2	475,15	664,35	0,5268	1,0322	1,5595
11,90	187,1	0,167	189,5	474,9	664,4	0,5269	1,0321	1,5590
11,97	187,3	0,1661	189,8	474,65	664,45	0,5275	1,0311	1,5586
12,04	187,6	0,1653	190,1	474,4	664,5	0,5281	1,0300	1,5581
12,11	187,9	0,1643	190,4	424,2	664,6	0,5287	1,0289	1,5576
12,18	188,2	0,1634	190,7	474	664,7	0,5293	1,0278	1,5571
12,25	188,4	0,1627	190,95	473,8	664,75	0,5299	1,0268	1,5567
12,32	188,6	0,162	191,2	473,58	664,78	0,5305	1,0257	1,5562
12,39	188,8	0,161	191,5	473,31	664,81	0,5311	1,0246	1,5557
12,46	189,1	0,16	191,8	473,04	664,84	0,5317	1,0235	1,5552
12,53	189,5	0,1592	192	472,87	664,87	0,5322	1,0225	1,5547
12,60	189,7	0,158	192,2	472,70	664,90	0,5328	1,0215	1,5543
12,67	189,9	0,1575	192,4	472,53	664,93	0,5334	1,0205	1,5539
12,74	190,1	0,1568	192,7	472,26	664,96	0,5339	1,0195	1,5534
12,81	190,4	0,156	193	471,99	664,99	0,5345	1,0185	1,5530
12,88	190,7	0,155	193,2	471,82	665,02	0,5351	1,0174	1,5525
12,95	190,9	0,1543	193,5	471,55	665,05	0,5356	1,0164	1,5520
13,02	191,0	0,1532	193,8	471,28	665,08	0,5362	1,0154	1,5516
13,09	191,4	0,1527	194	471,11	665,11	0,5367	1,0144	1,5511
13,16	191,7	0,1520	194,3	470,84	665,14	0,5373	1,0134	1,5507
13,23	191,9	0,1512	194,6	470,58	665,18	0,5378	1,0124	1,5502
13,30	192,1	0,1504	194,9	470,31	665,21	0,5384	1,0114	1,5498
13,37	192,3	0,1494	195,2	470,04	665,24	0,5389	1,0105	1,5494
13,44	192,6	0,1488	195,4	469,88	665,28	0,5395	1,0095	1,5490
13,51	192,9	0,1480	195,6	469,72	665,32	0,5400	1,0085	1,5485
13,58	193,1	0,1475	195,9	469,46	665,36	0,5405	1,0076	1,5481

Pression en kg. : cm²	Température en degrés cent.	Volume de 1 kg. vapeur en m³	Chaleur du Liquide	Chaleur latente d'évaporation	Chaleur totale	Entropie		
						Eau	Évaporation	Vapeur
13,65	193,3	0,1468	196,2	429,2	665,40	0,5410	1,0066	1,5476
13,72	193,6	0,1460	196,4	469,05	665,45	0,5416	1,0056	1,5472
13,79	193,8	0,1452	196,6	458,9	665,50	0,5421	1,0047	1,5468
13,86	194	0,1443	196,8	458,75	665,55	0,5426	1,0038	1,5464
13,93	194,2	0,1439	197,1	468,5	665,6	0,5431	1,0029	1,5460
14,00	194,5	0,1431	197,4	468,25	665,65	0,5437	1,0019	1,5456
14,14	195	0,1419	197,8	467,96	665,76	0,5447	1,0001	1,5448
14,28	195,3	0,1405	198,2	467,67	665,87	0,5458	0,9982	1,5440
14,42	195,8	0,1392	198,8	467,18	665,98	0,5468	0,9964	1,5432
14,56	196,2	0,1380	199,3	466,79	666,09	0,5478	0,9946	1,5424
14,70	196,7	0,1368	199,8	466,4	666,2	0,5488	0,9928	1,5416
14,84	197,3	0,1355	200,2	466,11	666,31	0,5498	0,9911	1,5409
14,98	197,7	0,1342	200,6	465,82	666,42	0,5508	0,9893	1,5401
15,12	198,2	0,1330	201	465,53	666,53	0,5518	0,9870	1,5394
15,26	198,5	0,132	201,5	465,14	666,64	0,5528	0,9858	1,5386
15,40	198,9	0,1308	202	464,75	666,75	0,5538	0,9841	1,5379
15,54	199,4	0,1296	202,5	464,86	666,86	0,5548	0,9824	1,5372
15,68	199,8	0,1283	203	463.97	666,97	0,5557	0,9808	1,5365
15,82	200,2	0,1275	203,5	463,7	666,2	0,5567	0,9791	1,5358
15,96	200,5	0,1263	203,9	463,4	667,3	0,5577	0,9774	1,5351
16,10	201	0,125	204,4	463	667,4	0,5586	0,9758	1,5344
16,45	202	0,1228	205,5	462,1	667,6	0,5610	0,9767	1,5327
16,80	203,3	0,1203	206,5	461,3	667,8	0,5633	0,9676	1,5309
17,15	204	0,118	207,5	460,5	668	0,5655	0,9638	1,5293
17,50	205	0,1156	208,5	459,7	668,2	0,5676	0,9600	1,5276
18,20	207	0,1114	210,5	457,9	668,4	0,5719	0,9525	1,5244
18,90	209	0,1075	212,5	456,1	668,6	0,5760	0,9454	1,5214
19,60	210,5	0,1036	214,5	454,3	668,8	0,5800	0,9355	1,5185
20,30	212,6	0,100	216,5	452,5	669,0	0,5840	0,9316	1,5156
21,00	214,2	0,097	218,5	451	669,5	0,5878	0,9251	1,5129
21,70	216	0,939	220	449,65	669,65	0,5915	0,9187	1,5102
22,40	217,6	0,091	222	447,8	669,8	0,5951	0,9125	1,5076
23,10	219,3	0,0884	223,5	446,45	669,95	0,5986	0,9065	1,5051
23,80	220,8	0,0858	225,2	444,9	670,1	0,6020	0,9006	1,5026
24,5	222	0,0834	227	443,25	670,25	0,6053	0,8949	1,5002
25,2	224	0,0812	228,5	441,9	670,40	0,6085	0,8894	1,4979
25,9	225,2	0,079	230	440,55	670,55	0,6116	0,8840	1,4956
26,6	226,7	0,077	231,5	439,2	670,70	0,6147	0,8788	1,4935
27,3	228	0,075	233	437,85	670,85	0,6178	0,8737	1,4915

Pression en kg. : cm²	Température en degrés cent.	Volume de 1 kg. vapeur en m³	Chaleur du Liquide	Chaleur latente d'évaporation	Chaleur totale	Entropie		
						Eau	Évaporation	Vapeur
28,00	229,5	0,0731	234,5	436,5	671	0,621	0,868	1,489
28,70	231	0,0713	236,5	434,65	671,15	0,624	0,863	1,487
29,40	232,2	0,0694	237,5	433,8	671,30	0,627	0,858	1,485
30,10	233,6	0,0682	239	432,45	671,45	0,629	0,854	1,483
30,80	234,8	0,0663	241	430,6	671,60	0,632	0,849	1,481
31,50	236	0,065	242	429,75	671,75	0,635	0,844	1,479
32,20	237	0,0631	243,8	428,1	671,9	0,637	0,840	1,477
32,90	238,20	0,0618	244,5	427,55	672,05	0,640	0,835	1,475
33,60	239,6	0,0606	246,3	427,95	672,25	0,643	0,830	1,473
34,30	241	0,0594	247,5	425	672,5	0,645	0,826	1,471
35,00	242	0,0581	249	423,5	672,5	0,648	0,822	1,470
36,75	245	0,055	252,5	420	672,5	0,654	0,811	1,465
38,50	248	0,0519	255,5	417	672,5	0,659	0,801	1,460
40,25	250	0,0494	258,5	414	672,5	0,664	0,792	1,456
42,00	252,5	0,0475	260,5	412	682,5	0,670	0,783	1,453

TABLE DE MOLLIER POUR LA VAPEUR D'AMMONIAQUE SATURÉE (AzH³)

Température Cent.	Volume de 1 kg. de vapeur saturée en m³	Pression absolue de vapeur en kgs. : cm²	Chaleur du liquide en calories par kgs.	Chaleur latente en calories par kgs.	Entropie	
					Liquide	Liquide + Vapeur
— 40	0,951	0,71	— 33,6	333	— 0,132	1,293
— 35	0,746	0,93	— 29,4	332	— 0,116	1,274
— 30	0,593	1,183	— 25,55	330	— 0,099	1,258
— 25	0,475	1,49	— 21,5	329	— 0,083	1,242
— 20	0,383	1,89	— 17,3	328	— 0,066	1,224
— 15	0,314	2,35	— 13,1	326	— 0,05	1,208
— 10	0,255	2,90	— 8,94	322	— 0.033	1,191
— 5	0,211	3,57	— 4,47	320	— 0,017	1,174
0	0,1755	4,32	0	317	0,0	1,159
+ 5	0,147	5,21	4,54	312	0,017	1,137
10	0,124	6,23	9,2	308	0,033	1,121
15	0,1055	7,41	13,85	305	0,050	1,108
20	0,0905	8,75	19,75	300	0,066	1,089
25	0,078	10,29	23,5	294	0,083	1,071
30	0,0672	11,90	28,5	290	0,099	1,055
35	0,0583	13,84	33,5	285	0,116	1,038
40	0,0505	15,93	38,75	278	0,132	1,020

(1) Volume de l'ammoniaque liquide = 0,³021 mm³ par kgs.

TABLE DE MOLLIER POUR L'OXYDE DE CARBONE SATURÉ (CO_2)

Température en degrés Cent.	Volume de 1 kg de liquide en m³	Volume de 1 kg de vapeur saturé en m³	Pression absolue de la vapeur en kgs/cm²	Chaleur contenue dans le liquide en calories par kg.	Chaleur latente en calories par kg.	Entropie	
						Liquide	Liquide + Vapeur
− 30	0,00127	0,0864	14,91	− 18,8	70,4	− 0,053	0,235
− 25	0,00128	0,08	17,39	− 11,7	68,55	− 0,045	0,230
− 20	0,00135	0,0256	20,17	− 9,57	64,4	− 0,036	0,225
− 15	0,00134	0,0219	23,38	− 7,35	64,2	− 0,028	0,220
− 10	0,001365	0,0188	26,95	− 5	61,5	− 0,019	0,214
− 5	0,001405	0,0160	30,80	− 2,56	58,6	− 0,010	0,208
0	0,001445	0,01865	35,21	0	55,5	0,0	0,203
+ 5	0,001475	0,0117	40,04	2,72	51,8	0,010	0,196
+ 10	0,001535	0,0098	45,50	5,72	47,7	0,021	0,189
+ 15	0,00161	0,00825	51,88	9,0	48	0,032	0,181
+ 20	0,001715	0,0068	57,82	12,9	36,9	0,045	0,171
+ 25	0,001865	0,0055	65,03	17,55	28,8	0,061	0,158
+ 30	0,00219	0,00393	72,8	25,3	15	0,087	0,136
+ 31,3 (1)	0,00288	0,00287	75,	33	0	0,112	

(1) Température critique de l'oxyde de carbone.

TABLE DE LEDOUX POUR L'ANHYDRIDE SULFUREUX SO_2 (1)

Température en degrés cent.	Volume de 1 kg de vapeur saturée en m³	Pression absolue de vapeur en kgs/cm²	Chaleur contenue dans le liquide en calories par kg	Chaleur latente en calories par kg.	Entropie	
					Liquide	Liquide + Vapeur
− 30	1,077	0,388	− 10,8	98,4	− 0,042	0,361
− 25	0,388	0,507	− 9,07	97,2	− 0,035	0,356
− 20	0,664	0,651	− 7,25	96,2	− 0,028	0,351
− 15	0,581	0,82	− 5,44	95	− 0,020	0,347
− 10	0,429	1,03	− 3,63	94	− 0,014	0,343
5	0,35	1,297	− 1,81	92,6	− 0,007	0,338
0	0,289	1,568	0	91,4	0,0	0,334
5	0,239	1,91	+ 1,815	90,3	0,007	0,330
10	0,2	2,331	+ 3,64	89	0,013	0,327
15	0,169	2,8	5,45	87,8	0,019	0,323
20	0,143	3,38	7,28	86,7	0,026	0,321
25	0,122	3,92	9,1	85,4	0,032	0,318
30	0,1039	4,62	10,95	84,2	0,038	0,315
35	0,089	5,39	12,78	83	0,044	0,312
40	0,0744	6,3	14,6	81,8	0,050	0,310

Volume de 1 kg de 30° liquide : 0,000918 m³.

(1) Ce tableau est tiré des instructions données par la « Linde British Refrigeration Cy ». Les valeurs sont approximatives.

PRODUITS DES SOLUTIONS SALINES (1)

Poids de sel anhydre nécessaire pour la saturation de 10 kg. d'eau

Température en degrés centigrades	NaCl kgs.	CaCl² kgs.	MgCl² kgs.
20	3,6	7,4	5,70
10	3,57	6,0	5,65
0	3,55	5,0	5,60
— 5	3,45	4,5	5,50
— 10	3,35	4,2	5,40
— 15	3,27	3,8	5,35
— 20	3,18	3,6	5,30

(1) Extrait du livre du professeur Hans Lorenz sur les « Machines Réfrigérantes modernes ».

PROPRIÉTÉS DES SOLUTIONS SALINES (1)

Poids de sel par 10 kgs. d'eau	Densité à 15° centigrades			Chaleur spécifique			Point de congélation	
	NaCl	CaCl²	MgCl²	NaCl	CaCl²	MgCl²	ClCl²	NaCl
0	1	1,0	1,0	1,0	1,0	1,0	0	0
0,5	1,035	1,041	1,042	0,945	0,966	0,922	— 3,68	— 2,41
1	1,071	1,085	1,086	0,916	0,878	0,844	— 7,4	— 5,56
1,5	1,109	1,031	1,131	0,874	0,817	0,776	— 11,	— 9,56
2	1,148	1,179	1,178	0,832	0,754	0,688	— 14,45	— 14,7
2,5	1,190	1,231	1,227	0,790	0,700	0,610	— 17,7	— 22,1

(1) Extrait du livre du professeur Hans Lorenz sur les « Machines Réfrigérantes modernes ».

HYGROMÈTRE A AMPOULE SÈCHE ET HUMIDE — FACTEUR DE GLAISHER

Température de l'ampoule sèche en degrés cent.	Facteur	Température de l'ampoule sèche en degrés cent.	Facteur
En-dessous de — 4,45	8,5	De 1,11 à 1,67	2,8
De — 4,45 à — 3,98	6,9	De 1,67 à 4,44	2,5
De — 3,98 à — 3,33	6,5	De 4,44 à 7,22	2,2
De — 3,33 à — 2,78	6,1	De 7,22 à 10	2,1
De — 2,78 à — 2,22	5,6	De 10 à 12,8	2,0
De — 2,22 à — 1,67	5,1	De 12,8 à 17,8	1,9
De — 1,67 à — 1,11	4,6	De 17,8 à 1,83	1,8
De — 1,11 à — 0,555	4,1	De 18,3 à 22	1,8
De — 0,555 à 0	3,7	De 22 à 23,9	1,7
De 0 à + 0,555	3,3	De 23,9 à 26,7	1,7
De + 0,555 à 1,11	3,0	De 26,7 à 29,5	1,6

Densité, Chaleur Spécifique et Coefficient de Dilatation Linéaire

Matériel	Densité en kgs. : dem³	Chaleur spécifique	Coefficient de dilatation linéaire
Aluminium fondu	2,6	0,212	0,00002346
Laiton	8,05	0,094	0,00001802
Cuivre	8,8	0,095	0,00001666
Acier coulé	7,25	0,18	0,00001862
Acier forgé	9,28	0,11	0,00001140
Plomb	11,35	0,031	0,00002799
Platine	21,4	0,033	0,0000907
Argent	10,45	0,056	0,00001936
Etain	7,23	0,055	0,00002269
Zinc	7,13	0,094	0,00002269
Verre	3,47	0,19	0,00001988
Glace à 0° cent	4	0,504	0,00005180

Conductibilité Thermique des Corps Usuels a 0° cent.

(En calories par seconde par centimètres, par degrés et par cm²)

Corps	Conductibilité	Corps	Conductibilité
Aluminium	0,8485	Etain	0,1528
Ardoise	0,0033	Feldspath	0,0058
Argent	1,09	Fer	0,166
Argentan	0,109	Granit	0,0058
Bois (sens des fibres)	0,0003	Laiton	0,2041
Bois (perpendiculairement aux fibres)	0,00009	Marbre	0,0047
		Mercure	0,0148
Bronze	0,2460	Mica	0,00441
Cadmium	0,220	Plomb	0,0836
Cire d'abeille	0,00009	Zinc	0,3080
Cuivre rouge	0,819		

Point d'Ebullition a la Pression Atmosphérique Normale

Eau	100° cent.
Huile de Turpentine	159° 5
Aniline	184°
Naphtaline	218°
Soufre	444°

CHALEUR SPÉCIFIQUE DES GAZ SOUS PRESSION CONSTANTE

	0° cent.	100° cent.	200° cent.
Air	0,2389		
Hydrogène	3,41		
Oxyde de carbone	0,2426		
Acide carbonique	0,1952	0,2169	0,2387
Ammoniac	0,5009	0,5817	0,5629
Ethylène	0,3364	0,4189	0,5015

CHALEUR SPÉCIFIQUE DU GAZ CARBONIQUE A PRESSION CONSTANTE

Température	Regnault	Wiedemann	Mallard et Le Châtelier	Langen	Holborn et Austin
0	0,1870	0,1952	0,188	0,198	0,2028
100	0,2145	0,2169	0,214	0,210	0,2161
200	0,2396	0,2387	0,239	0,222	0,2285
400			0,284	0,245	0,2502
600			0,323	0,269	0,2678
800			0,355	0,252	0,2815

La chaleur spécifique moyenne à pression constante entre 0° et $t°$ peut être donnée par la formule suivante (Holborn et Austin).

$$C_p = 0,2028 + 0,0000692\,t - 0,0000000167\,t^2.$$

Suivant Holborn et Henning la chaleur spécifique moyenne de la vapeur d'eau à la pression atmosphérique entre 110° C. et $t°$ C. est :

$$C_p = 0,446\,(1 + 000096\,t).$$

$$\text{VALEUR DE } \gamma = \frac{Cp}{Cv} \text{ ou } \frac{Kp}{Kv}$$

Gaz	Dulong	Masson	Wüllner	
			0° cent.	100° cent.
Air	1,405	1,405	1,4058	1,4051
Oxygène	1,402	1,405	—	—
Azote	—	1,405	—	—
Hydrogène	1,394	1,405	—	—
Oxyde de carbone	1,410	1,418	1,4032	1,3970
Gaz carbonique	1,326	1,277	1,3118	1,2843
Ammoniaque	—	1,304	1,3172	1,2791
Ethylène	1,228	1,260	1,2455	1,1889
Gaz des marais	—	1,319	—	—
SO²	—	1,248	—	—

Extrait du livre de Haber « Thermodynamics of Technical Gas-Reactions ».

TABLE DES MATIÈRES

CHAPITRE PREMIER

CHAPITRE II

CHAPITRE III

CHAPITRE IV

CHAPITRE VIII

CHAPITRE IX

CHAPITRE X

CHAPITRE XI

CHAPITRE XII

CHAPITRE XIII

CHAPITRE XIV

CHAPITRE XV

CHAPITRE XVI

SAINT-AMAND, CHER. — IMP. R. BUSSIÈRE

9 782329 205649